이론과 실무

건설계약관리

contract management

한울출판사

Preface

건설은 주거, 레저, 교육, 무역, 교통, 플랜트 등 인류의 이상과 가치를 충족하기 위해 필수적인 요소가 되고 있습니다. 이러한 건설목적물을 만드는 사업을 건설사업이라 하며, 건설사업은 매우 도급계약인 관계로 장래에 제공할 목적물을 만드는 서비스 계약을 통해 이루어지게 됩니다.

건설은 짧게는 1개월 이내에 이뤄질 수도 있지만 때로는 장기간에 걸쳐 이뤄지기도 하고, 규모면에서도 아주 적은 금액부터 국가적인 재정의 상당부분을 투입하는 경우 등 매우 다양합니다. 이러한 건설사업을 수행하기 위해서는 일정규모이상이라면 계약서에 서명함으로써 비로소 계약이 체결됩니다. 건설계약이 체결되었다는 의미는 누구도 장래를 예측할 수 없기 때문에 분쟁을 내재한 계약을 체결하였다는 의미와 동일한 개념으로 이해할 수 있습니다.

우리나라에서는 1998년 공공발주자를 상대로 하는 건설클레임이 공식적으로 제기됨으로써 계약당사자뿐만이 아니라 건설관계자들이 건설클레임을 새롭게 인식하는 계기가 되었습니다. 해외의 경우 건설계약의 이행과 관련하여 계약당사자가 적극적인 의사표시를 하는 경우가 많았고, 이러한 의사표시는 클레임이 되기도 하였는데, 이러한 클레임에 대하여 수많은 판결이나 판정 등이 나타나게 되었습니다. 이러한 판결이나 판정을 바탕으로 계약주체들은 새롭게 계약조건 등을 변경해 왔으며, 법원이나 분쟁기구등에서는 각 클레임별로 처리 규칙을 만들고, 이러한 규칙의 기준을 모아 원칙을 만들어 적용해 왔습니다.

우리나라의 경우 공개되는 건설클레임은 거의 없고, 소송결과는 극히 일부분이 단편적으로 공개되어 일반인들이 건설클레임이나 분쟁을 체계적으로 이해하는 데는 한계가 있었습니다. 이 책은, 자료수집의 한계나 필자의 능력한계로 인해 다소 미진한 부분이 있습니다.

본 서적은 해외의 분쟁 판결이나 판정과 국내의 판결 등을 기초로 발주자, CM사업단과 감리단, 건설회사의 기술자들이 건설현장에서 활용할 수 있고, 이 분야에 관심을 갖고 연구하고자 하는 대학생, 대학원생들이 이해하고, 추가적인 연구를 할 수 있도록 구성하였습니다.
본 서적을 구성하면서 제1편은 건설계약관리이론에 대해 다루고, 제2편에서는 건설계약관리 실무를 다루고 있습니다.
본 서적의 제2편은 개인적인 의견을 다루는 부분이 있습니다. 이는 지극히 사견에 불과하며, 개별사업마다 사건의 유형이 달라 구체적인 자료를 함께 검토하지 않으면 적용할 수 없는 경우가 있으므로 참고용으로 활용하시기 바랍니다.
이 책은 건설업계에서 계약당사자들 사이에 건전한 계약문화를 창달하기 위한 조그마한 초석이 되길 기원하는 마음에서 작성하였습니다. 아직도 이 책은 미완성상태이며, 독자제위께서 행여 그러한 사항을 발견하셨을 경우 지도편달해 주시기를 당부드립니다.
용어를 통일하여 적용하는 것이 맞는데도 불구하고 시공자가 계약상대자, 수급인, 원도급자, 채무자 등으로 표기되고, 발주자는 발주처, 발주기관 등으로 표기되는 경우가 있는데, 이는 다양한 문헌의 의미를 최대한 반영하기 위하여 원문의 내용을 살려두었기 때문입니다. 몇 개 법령을 참조하면서 약어를 사용하였는데, 독자제위께서 충분히 이해할 수 있는 사항이라 판단되어 원문을 기재하지 않았습니다.
이 책이 세상에 나올 수 있기까지 많은 분들의 직접적이며 간접적인 도움이 있었습니다.
이 책을 쓸 수 있는 용기를 주신 김문한교수님, 현창택교수님께 먼저 감사의 말씀을 전하고자 합니다. 그리고 옆에서 조언을 아끼지 않은 윤찬호대표님과, 이 책의 2편부분이 출판되도록 허락하시고 마무리교정까지 꼼꼼히 봐주신 정재욱팀장님께 감사의 말씀을 전합니다.
마지막으로 이 책이 세상에 나올 수 있도록 출판을 허락해 주신 한올출판사 임순재 사장님과 궂은 일 마다 않고 도와주신 편집부 관계자에게 감사의 말씀을 전합니다.

● 사랑스런 아내와 가족에게 ●

2010년 1월
만인재에서
저자 조 영 준

Contents

제 3 장 패스트트랙 계약관련 … 297

제 7 장 발주자의 지시 관련 … 319

제 8 장 설계하자관련 … 326

제 9 장 심의지적사항 반영 관련 … 335

Table Contents

Figure Contents

제 1 편

Construction Contract Management

계약관리(契約管理)

제 1 장

계약의 의의

우리나라 민법의 내용을 보면 계약, 사무관리(事務管理), 부당이득(不當利得), 불법행위 등 4가지를 채권(債權) 발생원인으로 규정하고 있다. 로마법에서도 계약, 준계약(準契約), 불법행위, 준불법행위(準不法行爲) 등 4가지를 채권 발생원인으로 인정하였다. 로마의 경우 사무관리와 부당이득은 준계약에 속한다고 했다.

준계약은 당사자 사이에 합의(合意)가 없어서 계약에 속하지 않으나 계약에서와 같은 효과가 인정되는 경우를 말하고, 준불법행위(準不法行爲)는 불법행위에서와 비슷한 요건하에 불법행위의 효과, 즉 손해배상 의무가 발생하는 경우를 말한다.

이상에서 언급하고 있는 채권 발생원인은 대표적인 발생원인에 지나지 않으며, 채권 발생원인을 구체적으로 다루는 것은 별도의 추가 학문영역에 속하는 분야이다. 법률행위는 여러 가지의 표준에 의해 분류되지만 가장 기본적인 분류는 그 요소인 의사표시의 모습에 의한 분류이고, 이 분류에 의하면 단독행위, 계약, 합동행위(合同行爲)로 나누어진다.

법률행위 중 계약에 의해 발생하는 채권관계(債權關係)가 가장 많이 다루어지고 있고, 단독행위가 그 다음으로 다루어진다. 법률의 규정에 의한 채권의 발생으로 가장 중요하게 다루어지는 것은 불법행위[1]이다.

본 장에서는 우선 계약의 의의 및 작용부터 살펴보고자 한다. 불법행위는 타인에게 손해를 주는 위법한 행위이며, 불법행위자는 피해자에게 그의 행위로 인하여 생긴 손해를 배상해야 하는 것을 말한다.

1) 민법 제750조 참조.

광의의 개념으로 계약은 사법상(私法上)의 일정한 법률효과(法律效果) 발생을 목적으로 하는 2인 이상의 당사자 의사표시 합치, 즉 합의(合意)에 의하여 성립하는 법률행위를 말한다[2]. 광의의 계약에는 채권의 발생을 목적으로 하는 합의뿐만 아니라 물권(物權)의 변동을 목적으로 하는 합의, 채권의 양도(讓渡)와 같은 물권 이외의 재산권(財産權) 변동을 목적으로 하는 합의 등도 포함하는 넓은 개념이다.

그러나 우리나라 민법에서는 광의의 계약이론에 관한 통칙(通則)을 두고 있지 않고, 채권편(債權編)에 채권계약에 관한 통칙만을 규정하고 있으며, 채권의 발생을 목적으로 하는 합의를 채권계약(債權契約)이라 규정하고 있다.

계약이 성립되기 위해서는 반드시 합의(Agreement)가 수반되어야 하는데 우선 당사자의 의사표시가 내용적으로 합치해야 한다. 합의가 있다고 하기 위해서는 외부에 나타난 표시행위로부터 알 수 있는 표시상의 효과의사(效果意思, Objective Appearance)가 그 내용과 일치하고, 이와 같이 객관적으로 합치하는 의사표시가 상대방의 의사표시와 결합해서 일정한 법률효과를 발생시키려는 의의를 가지는 것이어야 한다. 즉 의사표시의 진정한 의도(Real Intention)가 서로 합치해야 계약이 성립된다는 의미이다[3].

제1절 ... 계약의 성립

계약이 성립하려면 상대방의 서로 대립되는 여러 의사표시(Expression of Willingness)의 합치, 즉 합의가 반드시 있어야 한다.

이러한 합의는 보통 청약(Offer)과 승낙(Acceptance)으로 성립한다. 합의가 성립되기 위해서는 전술한 바와 같이 객관적 합치가 있어야 하며, 이는 모든 계약의 성립에 공통적으로 요구되는 최소한도의 요건이다.

참고로 당사자가 계약체결하려는 의도(Intention)에 대해 쟁점이 있을 경우 영국 법원에서는 객관적 접근법(Objective Approach)을 채택하고 있다[4].

여러 개의 의사표시가 내용적으로 일치하는 것이 객관적 합치이다. 내용적으로 일치해야

---

2) 곽윤직, 『채권각론(민법강의 IV)』, 박영사, 1999, p.11.
3) G.H. Treitel, 『The Law of Contract』, 10ed, Sweet & Maxwell, 1999, p.1.
4) Kim Lewison, 『The Interpretation of Contracts』, Sweet & Maxwell, 1997, p.8.

Kim Lewison(1997) "The Interpretation of Contracts"
In attempting to reach a conclusion, as to the presumed intention of the parties, the court will generally adopt an objective approach, that is to say that it will consider what would have been the intention of reasonable persons in the position of the actual parties to the contract.
결론에 도달하는데 있어, 당사자들의 예정된 의도에 관해, 법원은 일반적으로 계약의 실제 당사자 지위에 있는 합리적인 사람이라면 행할 수 있는 객관적인 접근법을 채택한다.

한다는 것은 당사자의 주관적 의식과정(意識過程)까지 관찰할 것을 요구하는 것은 아니고 외부에 나타나고 있는 표시행위(表示行爲)로부터 판단하여 인정되는 것을 말한다.

이러한 의사의 합치는 당해 계약의 내용을 이루는 모든 사항에 관하여 있어야 하는 것은 아니나 그 본질적 사항이나 중요 사항에 관하여는 구체적으로 의사의 합치가 있거나, 적어도 장래 구체적으로 특정할 수 있는 기준과 방법 등에 관한 합의는 있어야 한다[5].

계약이 성립하기 위해서는 당사자의 서로 대립하는 수개의 의사표시의 객관적 합치가 필요하고 객관적 합치가 있다고 하기 위해서는 당사자의 의사표시에 나타나 있는 사항에 관하여는 모두 일치하고 있어야 하는 한편, 계약 내용의 '중요한 점' 및 계약의 객관적 요소는 아니더라도, 특히 당사자가 그것에 중대한 의의를 두고 계약성립의 요건으로 할 의사를 표시한 때에는 이에 관하여 합치가 있어야 계약이 적법 · 유효하게 성립한다[6].

예를 들어 건설공사를 계약할 때 발주기관이 개략적인 도면과 시방서를 제공하면서 중급자재를 사용하여 평당 200만원의 품질로 공사해 달라고 주문하고, 시공자도 그에 따라 공사하는 것으로 했다면 이들의 의사표시는 객관적으로 보아 완전히 일치하는 내용이라고 볼 수 있다. 그러나 계약체결 전 발주기관이 계약체결과 동시에 도심지 중앙에 위치한 대지에 공사를 완성하기를 원하고, 시공자는 외곽지에 위치한 대지에 공사하기를 원했다면 그 계약은 성립하지 못한다. 왜냐하면 계약의 중요한 점인 이행의 시기, 장소, 방법 등에 관하여 합치되지 않았기 때문이다. 통상적으로 중요하지 않은 점에 관해서 합치가 없는 경우에는 계약의 해석에 따라 이를 보충하게 된다.

그리고 계약은 법률행위 중에서 매우 중요하기 때문에 효력을 발생하기 위해서는 일반적 요건으로 당사자가 권리능력(權利能力) 및 행위능력(行爲能力)을 가지고 있어야 하며, 의사

5) 대법원 2001. 3. 23. 선고 2000다51650 판결, 대법원 2006.11.24. 선고 2005다39594 판결 등
6) 대법원 2003. 4. 11. 선고 2001다53059 판결

표시의 의사(意思)와 표시가 일치하고 하자(瑕疵)가 없어야 하며, 그 내용이 확정 · 가능 · 적법(適法)해야 하고 사회적 타당성이 있어야 한다.

국가를 당사자로하는 계약에 관한 법률(이하 '국가계약법' 이라 한다) 제11조에서는 계약담당공무원이 계약을 체결하고자 할 때 계약의 목적, 계약금액, 이행기간, 계약보증금, 위험부담, 지체상금, 기타 필요한 사항을 명백히 기재한 계약서를 작성하도록 규정하고 있다. 따라서 국가계약법에 의할 경우 계약서의 작성은 계약의 성립요건이 되는 것으로 해석[7]하고 있다. 다만 계약금액이 3000만원 이하인 계약을 체결하는 등 일부의 경우에는 국가계약법시행령 제49조에 따라 계약서를 작성하지 않아도 된다.

국가계약법 제11조 (계약서의 작성 및 계약의 성립)

① 각 중앙관서의 장 또는 계약담당공무원은 계약을 체결하고자 할 때에는 계약의 목적 · 계약금액 · 이행기간 · 계약보증금 · 위험부담 · 지체상금 기타 필요한 사항을 명백히 기재한 계약서를 작성하여야 한다. 다만, 대통령령이 정하는 경우에는 이의 작성을 생략할 수 있다.

② 제1항의 규정에 의하여 계약서를 작성하는 경우에는 그 담당공무원과 계약상대자가 계약서에 기명 · 날인 또는 서명함으로써 계약이 확정된다.

국가계약법시행령 제49조 (계약서 작성의 생략)

법 제11조제1항 단서의 규정에 의하여 계약서의 작성을 생략할 수 있는 경우는 다음 각호와 같다.〈개정 1999.9.9〉

1. 계약금액이 3천만원이하인 계약을 체결하는 경우
2. 경매에 부치는 경우
3. 물품매각의 경우에 있어서 매수인이 즉시 대금을 납부하고 그 물품을 인수하는 경우
4. 각 국가기관 및 지방자치단체 상호간에 계약을 체결하는 경우
5. 전기 · 가스 · 수도의 공급계약등 성질상 계약서의 작성이 필요하지 아니한 경우

7) 곽윤직, 앞의 책, p.59.

제2절 ... 청 약

청약(請約)은 승낙(承諾)과 결합하여 일정한 계약을 성립시킬 것을 목적으로 하는 일방적(Certain) · 확정적(Final) 의사표시이다. 예를 들어 타인을 유인(誘引)하여 자기에게 청약하게 하려는 행위, 이른바 청약의 유인이나 계약을 체결해도 좋다는 생각이 있다는 사실의 통지와 같은 것은 청약으로 인정할 수 없다. 통상적으로 건설공사에서 청약은 입찰(Bid 또는 Tender)이다. 그런데 국가계약법에 의해 시행되는 대부분의 공사는 입찰이 있기 전에 입찰공고를 하게 된다. 입찰에 부친다는 표시는 원칙적으로 청약의 유인[8]에 지나지 않는다.

대법원 1977.2.22 [74 다 402]

입찰공고안내에 낙찰로부터 30일 이내에 계약을 체결한다는 기재에 따라 낙찰 후에 계약을 체결한 것이라면 입찰계약은 입찰매매에 있어서의 일반의 경우처럼 입찰과 낙찰로서 계약이 성립되는 것이 아니고 입찰과 낙찰행위가 있은 후에 더 나아가서 별도로 본 계약을 체결한다는 취지로 인정될 수 있어 이 경우의 입찰과 낙찰은 계약의 예약이라고 아니 볼 수 없어 공고내용은 청약이 아니라 청약의 유인에 지나지 않는다고 할 것이니 공고안내에 이 건 관광호텔을 취득함에는 등록세의 면세특권이 있다는 안내가 있더라도 본 계약에서 문제가 되고 있지 않다면 그 사실이 계약의 내용을 이룬다고 할 수 없다.

참고로 대규모 아파트 등을 분양하는 자가 분양광고나 분양안내책자, 모델하우스 설치 등을 통하여 아파트의 입지조건이나 주변 자연환경), 교통환경, 시설 등에 관하여 다소 과장되게 광고를 하였다고 하더라도 그러한 광고내용이 분양계약서에 포함되어 있지 않은 경우에는 그것이 상거래 관행이나 신의칙(信義則)에 비추어 그 상당성(相當性)을 인정할 수 있는 한도 내에서는 '청약의 유인' 에 불과할 뿐 분양계약의 내용이 되었다고 보지 않으며, 따라서 이는 기망행위(欺罔行爲)에 해당하지 않는 것으로 보고 있다[9].

8) 대법원 1977.2.22[74 다 402]
9) 서울고법 2007.1.10. 선고 2006나45598 판결(확정)

Ⅰ. 청약의 효력발생 시기

청약도 하나의 의사표시이므로 그의 효력발생 시기는 의사표시의 효력발생 시기에 관한 일반원칙에 의하여 결정된다. 청약은 원칙적으로 도달에 의하여 효력이 발생한다[10]. 참고로 공공건설사업에서 계약문서가 되는 기획재정부 회계예규인 공사계약일반조건 제5조제3항에도 통지의 효력은 계약문서에 따로 정하는 경우를 제외하고는 계약당사자에게 도달한 날부터 발생하는 것으로 규정하고 있다. 이 경우 도달일이 공휴일인 경우에는 그 익일부터 효력이 발생하는 것으로 하고 있다.

Ⅱ. 청약의 구속력

청약은 그것이 효력을 발생한 때 청약자(請約者)가 이를 마음대로 철회하지 못하는데[11] 이를 청약의 구속력이라 한다. 청약은 법률행위가 아니므로 그 자체만으로는 아무런 효력을 발생시키지 못한다. 그러나 청약자(Offeror)가 청약을 한 경우 피청약자(Offeree)는 이를 승낙함으로써 계약을 체결할 수 있는 기회를 가지게 되고, 청약을 믿고 그에 대한 승낙을 할 것인지의 여부를 고려하는 등 계약체결을 위한 준비를 하게 된다. 따라서 민법에서는 청약에 대해 구속력(拘束力)을 두고 있는 것이다. 이 법률상의 지위는 하나의 권리로 볼 수도 있고, 피청약자(彼請約者)의 권리는 이른바 형성권으로서의 성질을 갖게 된다.

그런데 승낙기간(承諾期間)을 정하여 청약을 한 경우에, 청약자는 그 기간 내에는 철회하지 못하고, 그 기간이 경과한 후에 청약은 그 효력을 잃게 되므로 철회의 문제도 생기지 않는다. 일반적인 거래에서는 승낙기간을 청약자가 자유로이 정하는 경우가 많으나 공공건설공사계약에서는 국가계약법령에 따라 그 기간이 미리 정해지는 경우도 있다.

미국의 경우 청약을 철회할 경우 후술하는 약속에 대한 금반언(Promissory Estoppel)의 문제로 다루어진다. 우리나라에서는 기획재정부 회계예규인 공사입찰유의서 제7조에 의할 경우 청약자인 입찰자를 피청약자인 발주기관이 낙찰자로 결정했는데도 낙찰자가 기한 내에 계약을 체결하지 않을 경우, 입찰보증금은 국고(國庫)에 귀속된다. 여기서 입찰보증금은 통상 입찰금액의 100분의 5이상에 상당하는 현금 또는 보증서를 말한다.

---

10) 민법 제111조 1항 참조.

11) 민법 제527조 참조.

제3절 ··· 승낙

승낙(承諾)은 수약자(受約者)가 청약에 응하여 계약을 성립시킬 목적으로 청약자(請約者)에 대하여 행하는 의사표시이다. 그리고 승낙은 청약의 내용과 일치해야 하며, 청약에 조건을 붙이거나 청약의 내용을 변경하는 승낙은 청약을 거절하고 새로운 청약을 하는 것으로 보게 된다.

그리고 승낙은 청약이 효력을 가지는 기간 내에 해야 하며, 그 기간이 경과한 후에는 승낙이 도달해도 계약은 성립되지 않는 것이 원칙이다. 승낙의 방식이나 방법은 자유이지만 특정한 방법이 지정된 경우에는 그에 따라야 한다.

또한 승낙은 청약자의 청약에 대해 명시적이든 묵시적이든 상관없이 명백하게 표시되어야 한다. 당사자가 서로 사전에 양해를 하거나 동종의 거래가 계속되고 있는 경우와 같이 특별한 경우의 침묵도 승낙이 될 수 있다. 그러나 원칙적으로 침묵은 청약에 대해 승낙한다는 적극적인 행위가 아니기 때문에 승낙이 되지 못함을 유의해야 한다.

청약자가 미리 정한 기간 내에 이의를 제기하지 아니하면 승낙한 것으로 간주한다는 뜻을 청약시 표시한 경우 그 효력이 문제가 될 수 있다.

이에 대해 청약이 상시 거래관계에 있는 자 사이에 그 영업부류에 속한 계약에 관하여 이루어진 것이어서 상법 제53조가 적용될 수 있는 경우가 아니라면, 청약의 상대방에게 청약을 받아들일 것인지 여부에 관하여 회답할 의무가 있는 것으로 보고 있다.

그러므로 청약자가 미리 정한 기간 내에 이의를 하지 아니하면 승낙한 것으로 간주한다는 뜻을 청약시 표시하였다고 하더라도 이는 상대방을 구속하지 아니하고 그 기간은 경우에 따라 단지 승낙기간을 정하는 의미를 가질 수 있는 것으로 보고 있다[12].

제4절 ··· 대가(Consideration)

원래 대가(Consideration)는 우리나라에서 약인(約因)이나 대가로 번역하는 경우가 많은데, 이는 원래 영미법에서 가장 중요한 개념이면서도 쉽게 이해되지 않는 개념이다.

12) 대법원 1999. 1. 29. 선고 98다48903 판결

영국법에서 일반적으로 약속은 날인증서(Deed)나 "Consideration"으로 보충되지 않으면 계약으로 구속되지 않는 것으로 규정하고 있다[13]. 미국 캘리포니아주 민법전 제1550조에 의하면 계약의 존속을 위해서는 필수적으로 충분한 원인(Cause)이나 Consideration이 있어야 하는 것으로 규정하고 있다.

Consideration법리에도 예외사항이 있는데 리스테이트먼트에 정리되어 있으며, 대표적인 것이 약속에 의한 금반언(Promissory Estoppel), 사전(past)의 Consideration, 도덕적 의무(Moral Obligation), 날인증서(Deed)로 작성된 약속 등이 있다.

이외에도 계약을 변경하는 합의하는 경우[14], 계약위반으로 발생한 손해배상청구권을 피해당사자가 서명하여 교부한 서면으로 포기하는 경우[15], 확정적 청약(Firm Offer)의 경우에는 Consideration없이도 구속력을 가진다[16].

Restatement of the Law of Contract(Second)는 1932년 1차로 완성되었고, 1981년에 2차로 완성되어 공포되었다. 이는 미국법학원(American Law Institute)에서 막대한 수의 판례를 성문법형태의 조문으로 작성한 것으로, 미국계약법이라 불려지고 있으며 그 자체가 법적 구속력은 없으나, 고도의 설득력은 인정받고 있다.

도덕적 의무란 약속자(約束者)가 실질적인 이익을 얻은 경우에는 도덕적 의무가 후속(後續)의 지급 약속을 지지해주는 충분한 Consideration이 된다는 것은 확립된 원칙이다[17].

날인증서(捺印證書)로 작성된 약속에서 날인(捺印)은 매우 중요한 합의에 도달하였다는 것을 확인(증명적 기능과 주의적 기능 : Evidentiary and Cautionary Functions)하는 중요한 절차임에도 불구하고 날인이 형식에 흐르게 되었다.

이후 날인증서에 대한 의문이 제기되어 미국의 많은 주에서 그 효력이 부인되거나 제한되고 있으며 미국의 통일상법전 제2-203조에서 동산매매에 있어서 날인의 효력을 부인하고 있다[18].

약속에 대한 금반언(禁反言)의 법리[19]를 적용하기 위해서는 수약자(Promisee)가 현실적으로 그 약속을 신뢰하고, 약속자(Promisor)는 수약자(受約者)의 신뢰를 원하지 않았을지

13) Treitel(1999), 앞의 책, p.63.
14) 미국 통일상법전(U.C.C) 제2편 제209조 제1항(§2-205(1)), 미국 리스테이트먼트 제89조
15) U.C.C §1-107, 양명조, 앞의 책 p.38 재인용
16) U.C.C §2-205, 양명조, 위의 책 p.38 재인용
17) USA Case, Webb v. McGowin, 27 Ala. App. 82, 168 So. 196(1935) : 양명조, 법학총서 미국계약법, 법문사, 1996, p.34 재인용
18) 양명조, 『법학총서 미국계약법』, 법문사, 1996, p.36 재인용
19) 미국 제2리스테이트먼트 제90조, 양명조, 위의 책 p.31 재인용

미국 통일상법전(U.C.C) 제2-205조 Firm Offers

An offer by a merchant to buy or sell goods in a signed writing which by its terms gives assurance that it will be held open is not revocable, for lack of consideration, during the time stated or if no time is stated for a reasonable time, but in no event may such period of irrevocability exceed three months; but any such term of assurance on a form supplied by the offeree must be separately signed by the offeror.

상인에 의해 서명된 서면의 동산매매청약으로 그 조항에서 승낙적격을 보장하고 있는 것은, 대가가 없다고 하여, 기재된 기간 또는 기간의 표시가 없는 경우에는 상당기간 동안 취소할 수 없다. 그러나 어떠한 경우에도 그 취소불능기간은 3개월을 초과하지 못한다. 다만 피청약자가 제공한 서식에 기재된 보장조항은 청약자에 의해 별도로 서명되어야 한다.

라도 그러한 신뢰가 생길 것이라고 알 수 있어야 하며, 정의의 실현에 필요한 한도 내에서 제한적으로 구제될 수 있다는 점이 고려되어야 한다.

Consideration의 개념을 이해하기 위해 미국 리스테이트먼트 제71조의 내용을 보면 "약속자가 그의 약속의 대가로 요구하여야 할 뿐 아니라, 수약자가 약속에 대한 대가로 제공하여야 한다"로 규정되어 있다. 약속자가 약속을 하고 수약자가 약속을 하거나 어떤 실행을 한 경우에 우리는 교환이 있었음을 추정할 수 있으나 수약자의 그러한 행위가 대가로서 거래된 것이 아니라면 약속자의 약속은 Consideration을 결여한 것이 된다[20].

이와 같이 영미법의 판례서적이나 이론서 등에서도 Consideration의 개념은 통일성있게 정리되어 있지 않기 때문에 구체적이고 명확한 정의를 내리기가 쉽지 않다[21].

일반적으로 약속과 교환하여 대가로 제공하는 어떠한 것도 그 약속에 대한 Consideration이 될 수 있다. 예를 들어 대가로서 거래된 것의 일부가 그것만으로는 Consideration이 될 수 없다고 하더라도 그 전부가 Consideration이 되는 것을 방해하지는 않는다[22].

미국의 경우 계약상대방의 신뢰보호 등 거래관행의 필요에 따라 Consideration이 결여된 경우에도 약속에 구속력을 부여해야 할 필요성이 대두되었고, 이러한 경우를 합리적으로 해결할 수 있는 새로운 이론이 등장하여 발전되었다. 그 한 예로 약속에 대한 금반언(禁反言 ; Promissory Estoppel) 또는 신뢰로 인한 손해(Detrimental Reliance)라고 불리는

20) 양명조(1996), 위의 책 p.8.
21) 양명조(1996), 위의 책 p.8.
22) 1 A. Corbin, Contracts SS 125, 126, Restatement S 80(1). 양명조, 위의 책, p.14.

법리가 발전되었으며, 이는 Consideration의 법리보다 계약강제의 근거로서 더 넓은 적용범위를 확보하게 되었다. 따라서 이제는 미국에서 Consideration이 없다고 해서 약속의 구속력을 부정할 수 없게 되었다.

그러나 아직도 계약책임을 인정하기 위해서는 Consideration이 있어야 한다는 것이 원칙이며, Consideration이 없더라도 약속에 구속력을 부정해야 할 경우가 몇 가지 있다는 것으로 인정하는 것이 판례와 학설의 지배적 경향이다[23].

이상에서 언급한 청약, 승낙, 대가와 관련하여 계약의 구성요소를 간략히 그림으로 살펴보면 다음과 같다.

그림 1 … 계약의 삼각관계

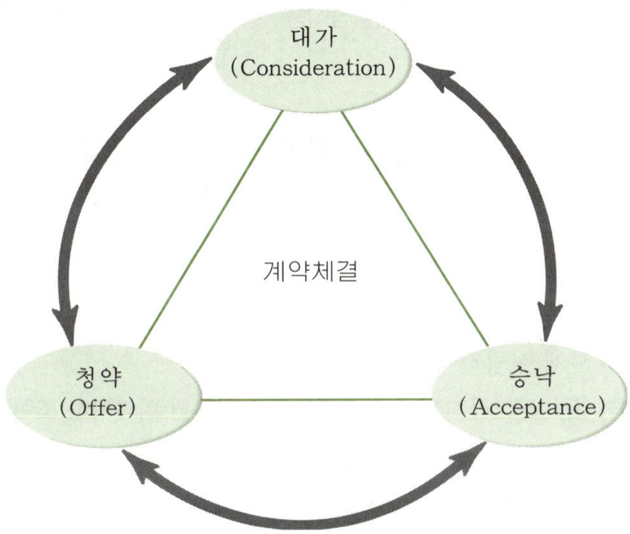

제5절 … 계약체결상의 과실

계약체결상의 과실이란 계약의 성립과정에 있어서 당사자 일방이 그에게 책임있는 사유로 상대방에게 손해를 준 때에 부담해야 할 배상책임이다. 여기에는 계약성립 과정뿐만 아

23) 양명조(1996), 앞의 책, p.39 참조.

니라 계약체결을 위한 준비단계에 있어서 과실의 경우도 포함된다.

현행 민법은 원시적 불능(原始的不能, Antecedent Impossibility)의 경우에 계약체결상의 과실을 인정하는 규정을 두고 있다[24]. 원시적 불능이란 계약체결 이전의 어떤 사유에 의해 계약을 이행하는 것이 가능하지 않게 되는 것을 말하는데, 계약체결 전에 불능이 발생하기 위해서는 도급계약에서는 가능하지 않고 매매계약 등에서 일어날 수 있다.

계약이 유효하게 성립한 경우에는 계약체결상의 과실이 있을 경우 통상적으로 불완전이행(不完全履行)의 문제가 되고, 계약체결상의 과실을 계약책임이라고 하는 데는 어려움이 없다. 그러나 계약이 성립되지 않았을 경우에는 계약책임이라고 하기 곤란하다. 왜냐하면 계약이 존재하지 않기 때문이다. 따라서 이러한 경우 준계약책임(準契約責任)이라는 용어의 도입을 제안[25]하는 학자도 있다. 계약체결상의 과실책임은 대륙법권에서 주로 다루어지는 사항이고, 영미법권의 경우 전술한 바와 같이 약속에 대한 금반언 또는 신뢰로 인한 손해로 다루어지게 된다.

계약체결상의 과실을 건설계약에 도입해 보면 입찰자나 발주기관에게 계약체결 전에 각종의 통지를 게을리하는 경우가 발생할 수 있다. 이러한 경우에 그 통지나 고지가 잘못되어 발주기관 및 시공자에게 손해가 발생하게 되었다면 계약체결상의 과실이 된다. 계약체결상의 과실책임을 묻기 위해서는 다음의 요건을 갖추어야 한다.

첫째, 계약이 유효하게 성립해야 한다.
둘째, 계약성립 전에 일방 당사자가 신의칙상(信義則上)의 통지의무를 위반함으로써 상대방이 계약성립 후 손해 원인이 되어야 한다.
셋째, 그 원인을 주는데 과실이 있어야 한다.
넷째, 상대방은 선의 · 무과실이어야 한다.

참고로 일본의 경우 계약내용에 따라서 공사를 하면 시공자가 공사 전문가로서 부담해야 할 주의를 기울여도 제3자에 대해 손해를 주는 경우를 피할 수 없는 경우, 주문 자체의 과실이 문제로 인식되고 있다.

예를 들면 토지에 소정의 건물을 건축하려고 하면 지반이 연약하기 때문에 인접지의 지반에 영향을 주고, 그 지상건물을 손상시키는 경우가 있다. 발주기관이 권한을 가진 부지에서 공사하는 경우, 그에 따라 인접지의 지반과 그 지상건물을 손상할 것을 예견할 수 있음

24) 민법 제535조 참조
25) 곽윤직(1999), 앞의 책, p.90.

에도 불구하고, 억지로 공사를 했기 때문에 발생시킨 손해에 대해서는 이것을 배상해야 할 책임이 있는 것으로 판결[26]하고 있다.

> **요코하마 지판 1988년 6월 17일 (판시 1300호 86항)**
> 배수로 보수공사에 대해 그 지질구성, 피해가옥의 위치 및 구조, 공사내용 등에서 인접가옥부지의 부동침하는 피할 수 없었다고 한 뒤, 어떤 보수공사를 시공자에게 주문하여 시공케 하고, 그 결과 주변 건물에 부동침하의 영향으로 인한 손상을 일으키고, 제3자의 생활이익을 위법으로 침해한 자는 피해자에 대해 불법행위책임을 부담해야 한다.

그리고 흙막이공사 등은 일반적으로 계약내용으로는 되어 있지 않고, 시공자가 그 판단으로 할 수 있다. 그러나 큰 공사에서는 시방서에 이들에 대해 지시한 경우가 있고, 그 경우에는 흙막이공사도 계약내용이 있어 시공자는 그에 따라야 한다. 이 경우 그 내용에 과실이 있으면 주문상의 과실을 추궁당하게 된다[27].

> **東京 지판 1935년 11월 27일 신문 3944호 3항**
> 지하철공사에서 흙막이로 강판을 사용하고, 이것을 판재바닥 이하 깊게 처넣어 지하수 침입을 방지하면 피해를 방지할 수 있는 데, 강판을 타격하고 가로버팀대를 설치하여 굴착심도에 따라 강판사이에 흙막이판을 삽입하고 강판과 흙막이판과의 사이에 말뚝을 쳐서 흙막이판을 토류벽에 밀착시키는 등 설계를 하여 발주한 것은 설계상의 과실이 있다.

우리나라의 경우에도 발주자가 1992년 지하철 발주를 위하여 입찰공고를 할 때 공구별로 현격하게 예정가격이 차이나게 결정되었다. 입찰자인 시공자는 국가계약법령(당시는 예산회계법령)에 따라 낙찰되기 위해 예정가격 이하로 입찰할 수 없었다고 하면서 발주기관을 상대로 계약체결상 과실책임을 물어 건설클레임을 제기한 경우가 있으나 법원의 판결을 받지는 못했다[28].

---

26) 일본, 요코하마 지판 1988년 6월 17일(판시 1300호 86항)
27) 일본, 東京 지판 1935년 11월 27일 신문 3944호 3항
28) SS, SH, HJ, BS, KH, SY 6개사, ㅇㅇ건설공사 계약금액조정청구 자료, 1998.2

제6절 ··· 계약자유와 그 한계

Ⅰ. 계약자유의 원칙

계약자유(契約自由)의 원칙(The Principle of Freedom of Contract)은 사적자치의 원칙 또는 법률행위 자유의 원칙이라고도 하며, 소유권 절대 및 과실책임주의와 함께 근대 민법의 3대원칙을 이루고 있다.

계약자유의 원칙 내용으로는 체결의 자유, 상대방 선택의 자유, 내용결정의 자유, 방식의 자유 등 4가지를 들 수도 있지만 상대방 선택의 자유는 체결 자유의 한 내용으로 볼 수 있으므로 체결의 자유, 내용결정의 자유, 방식의 자유로 나눌 수도 있다.

사적 자치에 의하여 당사자는 일단 성립된 계약을 나중에 맺는 다른 계약으로 해제하거나 또는 이미 이행한 일부의 계약관계를 종료시킬 수 있다.

Ⅱ. 계약자유의 원칙에 대한 제한

근대 시민사회 출발 당시 예정했던 계약의 자유는 현실적 · 실질적 자유가 아니었으며 추상적 · 형식적 자유에 불과하였다. 본래 계약자유의 원칙은 사람은 태어나면서부터 자유이고 평등하다는 사상을 기본으로 하여 구상된 것이지만 현실적으로 본다면 사람들은 완전히 자유롭지 못하고 평등하지 않기 때문에 계약자유의 원칙이 흔들리게 되었다.

1. 체결자유의 제한

독점기업의 체결의무를 공법에서 강제하여 계약자유중 체결의 자유에 대해 제한을 두고 있다. 예를 들어 생활에 필수적인 수도, 전기, 가스, 통신 등의 재화를 공급하는 공익적 독점기업은 정당한 이유없이 공급제공을 거절하지 못하도록 관련법령에서 규정한다. 만약 제공을 거절하게 된다면 관련법령에 따라 공법 제재를 받게 되고, 아울러 사법상으로는 불법행위에 의한 손해배상의무가 발생하게 된다. 체결거절이 계속되어 손해가 커지게 될 가능성이 있다면 소송을 통해 계약체결을 강제하게 할 수도 있다.

2. 계약내용 결정의 제한

계약내용을 결정하는데 있어서도 제한을 받는데, 강행법규(强行法規)에 반하는 법률행위는 효력이 인정되지 않는다.

건설분야에서 경제적 약자인 하도급자를 보호하기 위한 하도급거래공정화에관한법률 제4조(부당한 하도급대금의 결정 금지)에 규정된 사항을 위반한 경우 동법제22조에 따라 이 사실을 공정거래위원회에 신고할 수 있고, 공정거래위원회는 위반행위에 대해 시정을 권고하거나 명할 수 있으며, 동법제25조에 따라 과징금을 부과할 수도 있다.

하도급거래공정화에 관한 법률

제4조 (부당한 하도급대금의 결정 금지)

① 원사업자는 수급사업자에게 제조등의 위탁을 하는 경우에 부당한 방법을 이용하여 목적물등과 동종 또는 유사한 것에 대하여 통상 지급되는 대가보다 현저하게 낮은 수준으로 하도급대금을 결정(이하 "부당한 하도급대금의 결정"이라 한다)하거나 하도급받도록 강요하여서는 아니된다. 〈개정 2005.3.31〉

② 다음 각호의 1에 해당하는 원사업자의 행위는 제1항의 규정에 의한 부당한 하도급대금의 결정으로 본다. 〈개정 2005.3.31〉

1. 정당한 이유없이 일률적인 비율로 단가를 인하하여 하도급대금을 결정하는 행위
2. 협조요청등 명목여하를 불문하고 일방적으로 일정금액을 할당한 후 당해 금액을 감하여 하도급대금을 결정하는 행위
3. 정당한 이유없이 특정 수급사업자를 차별취급하여 하도급대금을 결정하는 행위
4. 수급사업자에게 발주량등 거래조건에 대하여 착오를 일으키게 하거나 다른 사업자의 견적 또는 거짓 견적을 내보이는 등의 방법으로 수급사업자를 기만하고 이를 이용하여 하도급대금을 결정하는 행위
5. 원사업자가 수급사업자와의 합의 없이 일방적으로 낮은 단가에 의하여 하도급대금을 결정하는 행위
6. 수의계약으로 하도급계약을 체결함에 있어서 정당한 사유 없이 대통령령이 정하는 바에 따른 직접공사비 항목의 값을 합한 금액보다 낮은 금액으로 하도급대금을 결정하는 행위
7. 경쟁입찰에 의하여 하도급계약을 체결함에 있어서 정당한 사유없이 최저가로 입찰한 금액보다 낮은 금액으로 하도급대금을 결정하는 행위

제25조 (시정조치)

① 공정거래위원회는 제3조(서면의 교부 및 서류의 보존) · 제4조(부당한 하도급대금의 결정금

지) 내지 제12조(물품구매대금등의 부당결제청구의 금지)·제12조의2(경제적 이익의 부당요구 금지)·제13조(하도급대금의 지급등)·제13조의2(건설하도급 계약이행 및 대금지급 보증)·제14조(하도급대금의 직접지급) 내지 제20조(탈법행위의 금지)의 규정에 위반한 발주자 및 원사업자에 대하여 하도급대금등의 지급, 법위반행위의 중지 기타 당해 위반행위의 시정에 필요한 조치를 권고하거나 명할 수 있다.

제25조의3 (과징금)

① 공정거래위원회는 다음 각호의 1에 해당하는 발주자·원사업자 또는 수급사업자에 대하여 수급사업자에게 제조등의 위탁을 한 하도급대금이나 발주자·원사업자로부터 제조등의 위탁을 받은 하도급대금의 2배를 초과하지 아니하는 범위안에서 과징금을 부과할 수 있다. ....전략(前略) 3. 제4조(부당한 하도급대금의 결정금지) 내지 제12조(물품구매대금등의 부당결제청구의 금지)·제12조의2(경제적 이익의 부당요구 금지)·제13조(하도급대금의 지급등)·제13조의2(건설하도급 계약이행 및 대금지급 보증)의 규정을 위반한 원사업자 ... 후략(後略) ...

3. 계약방식의 제한

계약을 어떠한 방식으로 체결하느냐는 원칙적으로 자유이며, 구두로 체결할 수도 있고, 서면의 작성 등 방식을 정할 수도 있다.

건설산업기본법 제22조에서는 건설공사 도급계약 당사자는 일정사항을 계약서에 명시하고, 서명·날인한 계약서를 교부하여 보관하도록 규정하고 있다. 그러나 이는 훈시규정으로 이를 위반하였을 경우 계약의 효력에 영향이 없는 것으로 보고 있다.

다만, 공사금액이 수백억이고 공사기간도 14개월이나 되는 장기간에 걸친 대규모 건설하도급공사에 있어서는 특별한 사정이 없는 한 공사금액 외에 구체적인 공사시행 방법과 준비, 공사비 지급방법 등과 관련된 제반 조건 등 그 부분에 대한 합의가 없다면 계약이 체결되지 않았으리라고 보이는 중요한 사항에 관한 합의까지 이루어져야 비로소 그 합의에 구속되겠다는 의사의 합치가 있었다고 본다. 따라서 하도급계약의 체결을 위하여 교섭당사자가 견적서, 이행각서, 하도급보증서 등의 서류를 제출하였다는 것만으로는 하도급계약이 체결된 것으로 보지 않는다[29].

29) 대법원 2001. 6. 15. 선고 99다40418 판결

▌건설산업기본법

22조 (건설공사에 관한 도급계약의 원칙)

① 건설공사에 관한 도급계약(하도급 계약을 포함한다. 이하 같다)의 당사자는 대등한 입장에서 합의에 따라 공정하게 계약을 체결하고, 신의에 따라 성실하게 계약을 이행하여야 한다.

② 건설공사에 관한 도급계약의 당사자는 그 계약의 체결에 있어서 도급금액 · 공사기간 기타 대통령령이 정하는 사항을 계약서에 명시하여야 하며, 서명 · 날인한 계약서를 서로 교부하여 보관하여야 한다. .... 후략 ...

제25조 (공사도급계약의 내용)

① 법 제22조제2항의 규정에 의하여 공사의 도급계약에 명시하여야 할 사항은 다음 각 호와 같다. 〈개정 2005.5.7, 2007.12.28〉

1. 공사내용
2. 도급금액과 도급금액중 노임에 해당하는 금액
3. 공사착수의 시기와 공사완성의 시기
4. 도급금액의 선급금이나 기성금의 지급에 관하여 약정을 한 경우에는 각각 그 지급의 시기 · 방법 및 금액
5. 공사의 중지, 계약의 해제나 천재 · 지변의 경우 발생하는 손해의 부담에 관한 사항
6. 설계변경 · 물가변동 등에 기인한 도급금액 또는 공사내용의 변경에 관한 사항
7. 법 제34조제2항의 규정에 의한 하도급대금지급보증서의 교부에 관한 사항(하도급계약의 경우에 한한다)
8. 법 제35조제1항의 규정에 의한 하도급대금의 직접지급사유와 그 절차
9. 「산업안전보건법」 제30조의 규정에 의한 표준안전관리비의 지급에 관한 사항
10. 법 제87조제1항의 규정에 의하여 건설근로자퇴직공제에 가입하여야 하는 건설공사인 경우에는 건설근로자퇴직공제가입에 소요되는 금액과 부담방법에 관한 사항
11. 「산업재해보상보험법」에 의한 산업재해보상보험료, 「고용보험법」에 의한 고용보험료 기타 당해 공사와 관련하여 법령에 의하여 부담하는 각종 부담금의 금액과 부담방법에 관한 사항
12. 당해 공사에서 발생된 폐기물의 처리방법과 재활용에 관한 사항
13. 인도를 위한 검사 및 그 시기
14. 공사완성후의 도급금액의 지급시기
15. 계약이행지체의 경우 위약금 · 지연이자의 지급 등 손해배상에 관한 사항
16. 하자담보책임기간 및 담보방법
17. 분쟁발생시 분쟁의 해결방법에 관한 사항
18. 「건설근로자의 고용개선 등에 관한 법률」 제7조의2에 따른 고용 관련 편의시설의 설치 등에 관한 사항

▌국가를 당사자로 하는 계약에 관한 법률

제11조 (계약서의 작성 및 계약의 성립)

① 각 중앙관서의 장 또는 계약담당공무원은 계약을 체결하고자 할 때에는 계약의 목적 · 계약금액 · 이행기간 · 계약보증금 · 위험부담 · 지체상금 기타 필요한 사항을 명백히 기재한 계약서를 작성하여야 한다. 다만, 대통령령이 정하는 경우에는 이의 작성을 생략할 수 있다.

② 제1항의 규정에 의하여 계약서를 작성하는 경우에는 그 담당공무원과 계약상대자가 계약서에 기명 · 날인 또는 서명함으로써 계약이 확정된다.

이상에서 본 바와 같이 계약자유의 원칙을 관련법령을 통해 제한하기도 한다. 그러나 관련법령에 계약과 관련된 모든 사항을 제한하는 것은 불가능할 뿐만 아니라 효율적이지 않으므로 사회질서의 유지를 위해 국가가 직접적, 간접적으로 통제하고 있다[30)31)].

제7절 … 계약조건과 약관

계약자유(契約自由)에 대하여 해당 법령을 통해 직접 제한하는 경우도 있으나, 이와 같은 규범적(規範的) 제한 이외에도 약관(約款)에 의해 제한하는 경우가 있다.

대량거래의 계약은 약관에 의해 체결되는 것이 일반적이며, 그 결과 약관은 현대계약법상 중요문제의 하나가 되어 있다. 그 결과 각국은 약관을 규제하는 법률을 제정하고 있으며, 우리나라에서도 불공정한 약관을 규제함으로써 소비자를 보호할 목적으로 약관의 규제에 관한 법률(이하 '약관규제법' 이라 한다)을 제정하였다.

참고로 약관규제법이 적용되는 범위는 상법 제3편(회사법)과 근로기준법, 그리고 대통령령으로 정하는 비영리사업의 분야에 속하는 계약에 관한 약관에 한하며, 다른 특별법으로 규제되고 있는 약관에 대해서는 약관규제법의 전부 또는 일부가 적용되지 않는다.

약관이라 함은 계약의 일방 당사자가 다수의 상대방과 계약을 체결하기 위해 일정한 형식에 따라 미리 준비한 계약의 내용이 되는 것을 말한다. 여기에서 "사업자"라 함은 계약의 일

30) Treitel(1999), 앞의 책, p.3.
31) 곽윤직(1999), 앞의 책, p.19.

방 당사자로서 타방 당사자에게 약관을 계약의 내용으로 할 것을 제안하는 자를 말한다[32].

우리나라의 기획재정부가 사용하고 있는"공사계약 일반조건"은 기획재정부가 계약의 일방당사자로서 다수의 상대방과 계약을 체결하기 위해 일정한 형식에 의거하여 미리 마련한 계약의 내용이 되는 것으로 약관규제법 제2조제1항의 규정에 의한 약관에 해당되는 것[33]으로 보고 있다.

따라서 약관규제법 제4조 및 제5조에 따라 기획재정부의 공사계약 일반조건은 상대방에 따라 다르게 해석해서는 안 되며, 약관의 조항 가운데에 의미가 명확하지 않는 것이 있을 때에는 상대방에게 유리하게 해석해야 하고, 상대방의 합의가 계약조항에 우선하여 적용되어야 한다.

일반적으로 공사계약 일반조건이라는 명칭으로 사용되고 있지만 일본의 경우 공공공사청부계약약관(公共工事請負契約約款)으로 표시하고 있음을 유의할 필요가 있다.

32) 약관의 규제에 관한 법률 제2조 참조.

33) 공정거래위원회, 제1소회의 의결(약) 제2003-049호(2003.6.11.)

제 2 장

이행불능과 목적달성불능

이행불능(Impossibility)과 목적달성불능(Frustration)은 비슷해 보이지만 내용상으로 보면 상당한 차이가 있다. 계약체결 후 이행이 가능하지 않게 되었을 때는 절대적으로 이행할 수 없다는 것을 의미하는 것이고, 계약체결 후 목적달성불능에 빠졌다는 것은 현실적으로 이행할 수 없다는 것을 의미한다.

따라서 이행불능의 문제는 이행불능이 발생하였을 때 계약당사자를 어떻게 대우할 것인가의 문제로 귀결되고 이는 위험배분(Risk Management) 문제가 된다. 목적달성불능은 이행불능과는 달리 이행의무를 면제해주지 않지만 이행이 본질적으로 소용없게 되거나, 상황이 근본적(Fundamental)으로 변경된 경우 구제가 허용될 수 있다.

제1절 … 이행불능의 유형

미국의 경우 이행불능을 다양한 유형으로 구분하고 있는데, 사망, 계약목적물의 멸실(滅失), 위법성, 파업과 노동쟁의, 기술상의 불능 등이며, 구체적으로 살펴보면 다음과 같다[34].

첫째, 채무자가 이행기 전 또는 이행기 후 사망한 경우를 들 수 있다. 일반적으로 자연인이 사망을 하게 된다면 자연인의 노무공급 자체가 불가능하게 되므로 인정될 수

34) 양명조(1996), 앞의 책, pp.203~207 참조

있다. 그러나 법인을 대표하여 사장이 계약을 체결하고 사장이 사망하였다고 하여 법인의 채무가 이행불능상태에 빠지는 것은 아니다. 따라서 사망의 경우에도 법인과 개인으로 구분하여 다룰 필요가 있고, 개인의 경우 의학적인 사망으로 보고, 법인의 경우 파산(Bankrupt)이나 청산(Liquidation)으로 이해하여야 할 것이다.

둘째, 계약목적물이 멸실되는 경우이다. 미국의 리스테이트먼트(Restatement) 제263조에서는 채무의 이행에 특정물의 존재가 요구되는 경우 그것의 멸실, 파괴 기타 이행을 불가능하게 하는 훼손을 불능사유로 인정하고 있다. 멸실의 시점은 계약체결시와 이행기 사이에 발생해야 하고 그 멸실이 진정으로 이행을 불능상태에 빠지게 해야 한다.

셋째, 계약을 이행할 경우 의회를 통과한 법을 위법하게 되는 문제이다. 미국의 경우 법원의 명령(命令), 입법부의 조례(條例), 행정부의 법규, 집행명령(執行命令) 모두가 법규로 인한 불능사유가 된다. 예측가능성(Foreseeability)은 위법성을 판단하는데 중요한 쟁점이 된다.

넷째, 이행당사자(시공자)의 피용자 파업과 노동쟁의로 인해 계약을 이행할 수 없게 되는 경우이다. 이는 대부분 표준약관이나 계약에 파업이나 노동쟁의로 인한 경우 목적달성불능되는 것으로 규정한 경우 면책된다.

다섯째, 기술상의 불능으로 인해 계약이행이 불가능해지는 경우이다. *Bennett*송사[35]에서 시공자는 기상상태 및 기타 문제들로 인해 건물이 붕괴되었고, 이는 자신이 통제할 수 있는 범위를 넘어서는 사항이라 항변하였으나 계약의무가 면제되지 않았다. 그리고 이행당사자가 사업계획과 시방서를 작성하지 않는 한[36], 위험은 그 상대방이 부담하는 것으로 보았다[37]. 또한 이행당사자의 작위(作爲)나 부작위(不作爲)로 문제가 발생한 경우 목적달성불능이나 이행불능의 항변을 주장할 수 없다[38].

35) USA Case, *School Trustees of Treton v. Bennett* : 양명조(1996), 앞의 책, p.207 재인용

36) USA Case, *Coto-Matic, Inc. v. The home indem.* Co., 354 F. 2d 720(10th Cir. 1966) : 양명조(1996), 앞의 책, p.207 재인용

37) USA Case, *J.A. Mauer, Inc. v. United States*, 485. F. 2d 588 (Ct. Cl. 1973). : 양명조(1996), 앞의 책, 207 재인용

38) USA Case, *Martin v. Star Publishing Co.*, 126 A. 2d 238(Del. 1956). : 양명조(1996), 앞의 책, 207 재인용

제2절 ... 목적달성불능이론의 전개

불가항력(Force Majeure)과 관련한 목적달성불능의 법리는 이행불능(Impossibility)의 항변을 주장하기 위한 코먼로(Common Law)상의 엄격한 요건을 갖추지 못한 사례를 해결하기 위한 수단으로 발전해 왔다.

이와 관련하여 다양한 이론이 전개되고 발전되어 왔지만 그 중에서도 가장 핵심이 되는 이론은 절대적 계약이론(The Doctrine of Absolute Contract 또는 The Principle of Sanctity: pacta sunt servanda)과 후발사상에 의한 목적달성불능이론(Discharge by Supervening Events: rebus sic stantibus)으로 대별된다.

이는 영미법권의 계약법 내지는 채권법(Contract Law)을 이해하는데 도움을 주기 위해 앞에서도 여러 번 인용한 적이 있는 G. H. Treitel 경의 저서인 「목적달성불능과 불가항력(Frustration and Force Majeure)」[39]과 양명조 박사의 저서를 참조하였다.

Ⅰ. 절대적 계약이론의 등장

절대적 계약이론은 1647년 영국의 *Paradine v. Jane*송사에서 정립된 이론이며, 이는 목적달성불능이론이 체계적으로 정립되기 이전까지 절대적 지위를 누려왔다.

*Paradine v. Jane*송사는 21년 임대차계약을 체결한 농장의 임차인(소작인)이, 임대차계약 개시 후 약 6년 후에 청교도혁명의 내란기간 중 적군(King's Enemies : Prince Rupert)의 침략에 의해 2년 동안 토지를 빼앗겨, 토지로부터 발생되는 이익을 취득하는데 방해받았다.

그래서 임차인은 토지로부터 발생되는 소득을 올릴 수 없었으나, 토지를 빼앗긴 기간동안에 대해서는 임대차계약(Lease)에 따라 임대인이 임차(Rent)에 대한 채무(Debt)를 요구하였고, 법원에서는 임차인은 토지를 강탈당한 기간에 대해서도 임차에 대한 의무가 있다고 판결하였다[40].

이 송사의 판결내용은 다음과 같다.

39) Treitel, 『Frustration and Force Majeure』, Sweet & Maxwell, London, 1994, pp.1-61 요약.
40) UK Case, *Paradine v, Jane*(1647)

1647년 영국의 *Paradine v. Jane*송사

"…..where the law creates a duty and the party is disabled to perform it without any default in him, and hath no remedy over, there the law will excuse him. As in the case of waste, if a house is destroyed by tempest or by enemies, the lessee is excused …… But the party by his own contract creates a duty or charge upon himself, he is bound to make it good if he may, notwithstanding any accident by inevitable necessity, because he might have provided against or by his contract. And therefore if a lessee covenant to repair a house, though it be burnt by lightening or thrown down by enemies, yet he ought to repair it."

"법에 의해 의무가 부과되며 당사자의 과실이 없이 계약을 이행할 수 없게 되고, 어떠한 구제책도 없다면 당사자는 법에 의해 용서된다. 쓰레기송사에서처럼, 주택이 폭풍우나 외적에 의해 파괴된다면, 임차인은 용서된다……. 그러나 계약에 의해 당사자에게 의무가 부과된다면 그것은 계약에 의해 부과된 의무이기 때문에 불가피한 사고가 있더라도 그는 계약을 완수해야 한다. 따라서 임차인이 주택 보수계약을 체결하였다면 주택이 번개에 의해 불타든 외적에 의해 부서지든, 여전히 임차인은 주택을 보수해야 한다."

*Paradine v. Jane*송사의 내용을 분석해 보면 다음과 같다. 법에 의해 의무가 부과된다(where the law creates a duty)는 의미는 계약의 의해 의무가 부과된다(the party by his own contract creates a duty)는 의미와 대조되고 있다.

전자의 의무를 계약외적 의무(Non-contractual Duty)로 보아 부과된 의무를 준수하지 않은 것을 현대의 불법행위(Tort)로 보는 것은 무리가 있고, 후자를 전적인 계약적 의무(Contractual Obligation 또는 Contractual Duty)로 보아 이를 준수하지 않은 것을 단순히 계약의무위반(Breach of Contract)으로 보는 것도 무리가 있다.

*Paradine v. Jane*송사에서 언급하는 의무를 현대적인 의미에서 분석한다면 오히려 명시적 계약조항(Express Terms)에 속하는지 묵시적 계약조항(Implied Terms)에 속하는지로 구분하는 편이 나을 수도 있다.

II. 절대적 계약이론의 완화(예외사항 인정)

절대적 계약이론만을 고집하기에는 다소 당사자일방에게 일방적으로 가혹한 책임을 요구하게 되기 때문에 다음의 몇 가지 경우에는 예외적으로 일방당사자의 목적달성불능을 인정하고 있었다.

첫째, 계약당사자가 이행해야 하는(If he may) 사항이 법적으로 이행이 금지되거나 후발불법(後發不法, Supervening Illegality)이라면 계약당사자는 계약이행의무가 면제되었다[41]. *Esposito v. Bowden*(1857) 송사에서는 크림전쟁의 발발에 따라 계약을 이행해야 하는 목적지 항구가 적군에 의해 함락되어 적군의 항구가 되었을 때, 용선계약자(傭船契約者) 일방은 계약이 해제되었다.

둘째, 임치(Bailment)와 관련하여 임치인(任置人)이 사물을 임치한 후 소멸되었다면 수치인(受置人, Bailee)의 사물을 돌려주어야 하는 수치인의 의무는 면제된다[42]. *Cogg v. Bernard*(1703) 송사에서는 말의 수치인은 임치인이 말의 반환을 요청하기 전에 수치인의 책임없이 말이 죽었기 때문에 수치인이 말을 반환하지 못하더라도 그에 대해 책임을 묻지 않았다.

셋째, 개인의 지속적인 존재를 요구하는 개인용역(Personal Service)과 관련하여 용역을 수행하기로 한 개인이 부재중이거나 사망했다면 개인의 용역을 이행하는 것은 목적달성불능이 된다[43][44]. *Sparrow v. Southgate*(1622) 송사에서는 채무자가 사망하였기 때문에 채무자가 채권자(Creditor)에게 대가를 지불하기로 약속한 보증(Surety)은 목적달성불능된 것으로 보았다. 동일한 원칙은 도제(徒弟, Apprenticeship)나 용역계약에도 적용되었다. 또한 *Lawrence v. Twentiman*(1611) 송사에서는 목수(木手)가 페스트발병 이전에 집을 짓기로 날인계약을 체결하였고, 집을 짓고자 한 날(착공일) 이전에 페스트가 발병하였으며, 착공일 이후까지도 계속되었다면, 착공일에 목수가 집을 짓지 않았다면 목수는 계약위반책임을 부담하지 않았다. 법은 목수가 계약이행을 완수하기 위해 자신의 생명을 담보로 모험하는 것을 원하지 않았기 때문이며, 목수는 페스트 이후에 계약이행을 완수해야 하는 것으로 하였다.

넷째, 특정일에 도달해야 하는 특정상품이 매도인의 과실없이 파괴되었을 때 혹은 그들 속에 있는 재산(Property)이 매수인에게 전달된 이후 가치가 소멸(Perish)되었다면 계약을 이행해야 하는 매도인의 책임은 목적달성불능이 되었다[45][46]. *Howell v.*

41) UK Case, *Esposito v Bowden*(1857)
42) UK Case, *Cogg v. Bernard*(1703)
43) UK Case, *Sparrow v Southgate*(1622)
44) UK Case, *Lawrence v. Twentiman*(1611)
45) UK Case, *Howell v. Coupland*(1876)
46) UK Case, *Rugg v. Minett*(1809)

Coupland(1876) 송사에서는 매도인의 어떠한 과실도 없이, 감자 마름병(Blight)의 결과로 수확이 불가능할 때, 항상 특정토양에서만 성장하는 감자를 판매한 매도인에게 책임을 묻지 않았다. 매도인은 매수인이 어느 장소에서 어떻게 목적물을 활용할 것인지에 대해 물어보지 못할 수도 있는데, 이런 사실이 매도인의 책임부담근거는 되지 못한다. 만약 매수인이 특정지역에 감자를 심어도 되는 감자모종을 요구하였는데 적합하지 않은 모종을 매도인이 제공하였다면 그 책임을 벗어나기는 어려울 것이다.

또한 *Rugg v. Minett*(1809) 송사에서는 매도인(Seller)에 의해 거명된 배의 화물로부터 통에 채워진 테레빈유(Turpentine)가 동일한 양으로 25개의 작은 통이 담겨진 두 개의 큰 통에 있었고, 매수인(Buyer)은 27개로 된 낱개 중에서 24개를 구매했는데, 작은 통의 몇 개가 뒤에 채워진 후에, 테레빈유 전체가 화재사고에 의해 멸실되었다. 이 때 통에 채워진 테레빈유에 대해서는 매수인(Buyer)에게 책임이 있고, 아직 채워지지 않은 부분에 대해서는 책임이 없는 것으로 하였다.

다섯째, 제해권(制海權)과 관련하여 선원(Mariner)들은 선원의 계약위반없이 하선하여 계약서에 합의된 작업을 이행하지 못하였다면 용서받아야 하는 것으로 하였다[47]. *Elizabeth*(1819) 송사에서는 원고가 포츠무스(Portsmouth)에서 피츠버그(St. Petersburg)에 갔다가 다시 포츠무스로 돌아오는 항해를 위한 계약에 서명하였다. 배가 짐을 실은 이후, 누구의 과실도 없이, 배가 1818년 9월 26일에 발틱(Baltic)에 일시 방문한 결과, 배는 심각하게 손상을 입어, 그해 발틱해에 머무르는 동안 항해를 완수할 수 없게 되었다. 선장은 1818년 10월 21일, 영국에 되돌아가 다음해 1월 런던에 도착한 선원(명백하게 선장으로부터 어떠한 도움을 받은)들을 해고(Discharge)하였고, 이후 스웨덴에서 배를 수리하여, 스웨덴 선원들에 의해 1819년 4월에 영국으로 되돌아 왔다. 선주는 선원들의 해고기간 중 급료에 대한 책임만을 인정하고, 반면에 선원들은 배가 되돌아온 때까지의 급료를 주장하였다. 법원에서는 선장이 선원들을 해고한 것은 명백한 잘못이 아니지만, 선주는 계약에 따라 선원들에게 영국에 도착할 때까지의 급료와 그들의 집으로 갈 여비를 지급하도록 하였다.

47) UK Case, *Elizabeth*(1819)

Ⅲ. 후발사상에 의한 쌍방 목적달성불능이론의 등장

절대적 계약이론이 예외적으로 인정되어 왔지만 이는 계약당사자 일방의 일방적인 계약불이행(契約不履行) 상황이 도래했을 경우 계약당사자 일방의 계약이행책임(契約履行責任)에 대한 목적달성불능만을 다루고 있었다.

그러나 다음에서 다룰 영국의 *Taylor v. Caldwell*송사에서는 계약당사자 쌍방의 계약이행에 대한 목적달성불능을 다루고 있어 주목된다. 이는 214년 동안 불문율처럼 적용되던 *Paradine v. Jane*송사에서 내려진 절대적 계약이론이 파괴되는 신호탄이 되었고, 동시에 목적달성불능 항변의 기원이 되었으며, 이후 후발사상(後發事象)에 의한 목적달성불능이론은 획기적으로 발전하게 되어 절대적 계약이론보다 우위를 점하게 되었다.

Taylor v. Caldwell 송사[48]가 발생하게 된 계기는 다음과 같다. 1861년 5월 27일 신청인(申請人)과 피신청인(被申請人)과 대형콘서트를 위하여 6월 17일, 7월 15일, 8월 5일, 1월 19일 4차례에 걸쳐 Surrey Gardens과 Music Hall을 사용하도록 계약을 체결하였다.

신청인은 콘서트가 개최(開催)되는 날 저녁마다 피신청인에게 £100 지급하고, 그 대신에 신청인은 Box-Office 입장료 징수에 대한 권리를 가지는 것으로 계약하였다. 그리고 계약에서 각 콘서트가 개최되는 날로부터 1주일 이전에 정원의 입구에서 콘서트를 광고할 권리를 부여하였다.

피신청인도 건물을 가용상태로 만들고, 정원의 특정 Side-Show를 유지하도록 작업하였다. 그런데 6월 11일 Music Hall은 화재에 의해 불이나 콘서트를 개최할 수 없게 되었다. 화재의 원인은 Music Hall의 지붕에서 불씨를 방치하여 남겨둔 배관공의 부주의로 밝혀졌다. 그리하여 신청인은 콘서트를 준비하고 광고하는데 소요된 경비와 관련하여 손해를 청구하였으나 기각되었다.

이 판결내용을 간략히 살펴보기로 한다.

Taylor v. Caldwell(1863)

"... from the nature of the contract, it appears that the parties must .... have known that it could not be fulfilled unless ... some particular specified thing continued to exist. .... the parties shall be excused in case, before breach,

48) UK Case, *Taylor v. Caldwell*, 122 Eng. Rep. 309 (Q.B. 1863). : 양명조(1996), 앞의 책, p.208 재인용

performance becomes impossible from the perishing of the thing without default of the contractor ... in contracts in which the performance depends on the continued existence of a given person or thing, a conditions is implied that the impossibility of performance arising from the perishing of the person or thing shall excuse the performance."

"... 계약의 속성으로부터 특정화된 사실이 지속적으로 존재하지 않는 한 계약당사자들은 계약이 완수될 수 없었다는 것을 알고 있어야 하는 것처럼 보인다. ... 계약위반이전에 계약당사자의 과실이 없었는데도 사물이 소멸함으로써 이행할 수 없게 되었다면 계약당사자들은 용서되어야 한다. ... 계약에서 정해진 사람이나 사물의 존재유무에 따라 계약이행이 결정되는 계약에서, 계약조건들은 사물이나 사람이 소멸함으로 인해 계약을 이행할 수 없게 되더라도 계약당사자들은 용서되어야 한다는 것을 암시하고 있다...."

물론 *Taylor v. Caldwell* 송사에서 언급하는 목적달성불능이론은 현대의 목적달성불능이론과는 상당한 차이가 있음은 물론이다. 일반적으로 영미법에서는 불능의 경우를 계약당사자가 하자있는 계약을 이행한 것으로 보아 하자담보책임(瑕疵擔保責任)을 부담시키는 것이 아니라 그 어떤 경우든 막론하고 채무불이행(債務不履行)의 한 형태로 파악하고 있기 때문이다[49].

이 송사 이후로 목적달성불능이론은 발전을 거듭하며 절대적 계약이론을 대체하게 되었다.

제3절 ... 목적달성불능이론의 1차 확장

당초 목적달성불능이론이 성립될 경우만 하더라도 불능을 포괄적인 개념으로 인식하여 전체 목적물의 파괴 등을 고려했으나 불능의 경우가 부분적이거나 일시적으로 발생할 경우, 현실적으로 이행하는 것이 곤란한 경우 등으로 다양하게 전개되어 이를 수용하지 않을 수 없게 되었다.

처음에 미국법원에서는 목적달성불능의 법리를 적극적으로 채택하지 않았다. 1916년에

49) 이상광, 『하자담보책임론』, 법원사, 2000. 1, p.321.

야 비로소 처음으로 캘리포니아주 대법원[50]에서 당초 목적으로 하였던 자갈을 채취하는데 비용이 상당히 증가하여 계약목적의 달성을 불가능하게 한다는 판결을 내리게 되었다.

이후에도 미국에서는 간간이 목적달성불능의 법리를 주장하는 소송이 있었지만 목적달성불능에 대한 미국법의 이론은 별로 발전되지 않았다. 왜냐하면 부분적으로 계약문서에 불가항력(Force Majeure) 또는 신의 행위(Act of God) 등의 면책조항을 삽입하였기 때문이다. 이로 인해 건설공사에서 목적달성불능과 관련하여 발생되는 많은 문제들은 계약해석상의 문제가 되었고, 법원에서는 새로운 법 원칙을 개발할 필요가 없었기 때문이다[51].

영국의 경우 이러한 이론의 확장을 유도한 대표적인 예는 수에즈와 관련된 송사이며, 수에즈 운하가 1956년, 1967년에 봉쇄되었고(물론, 1973년에도 봉쇄되었지만 송사는 제기되지 않았고, 전세계적인 에너지 위기를 초래하였다), 이로 인해 매매송사(賣買訟事)와 운송송사(運送訟事)가 제기되었다. 대체적으로 매매송사는 영국에 국한되지만 운송송사는 영국과 미국 양국에 해당된다.

매매계약은 c.i.f.계약(물건값(Cost), 보험료(Insurance), 운임(Freight)이 포함되는 계약의 일종)으로 체결되었고, 이러한 경우 매도인은 대부분 가격에 물건값, 보험료 및 운임을 포함시키게 되며, 운임은 계약이 체결될 당시 사용할 수 있는 통상의 통로를 활용하는 것으로 한다. 일반적이지는 않지만 운송통로를 계약에 명시하는 경우도 있지만 수에즈 송사의 경우 명시되지 않았다.

수에즈 운하가 봉쇄되자 매도인은 당초 계약에 운반경로가 명시되어 있지 않지만 통상적인 통로인 수에즈 운하를 활용하지 못함으로 인해 남아프리카공화국의 희망봉(Cape of Good Hope)을 우회해야 하므로 c.i.f.계약에는 운반경로변경에 대한 추가비용이 포함되어 있지 않아, 수에즈 운하의 봉쇄는 당초계약대로 이행할 수 없게 되었다고 주장하였고, 매도인의 주장은 소기의 성과를 거두었다[52].

그러나 1960년 *Geon* 송사에서는 계약체결(1956. 10. 4) 당시 1956년 11월과 12월 동안 쌍방 계약당사자는 수에즈 운하를 경유하는 것으로 예상(Contemplate)하였다. 그해 11월 2일 운하가 봉쇄되었으나, 계약서에 수에즈 운하를 경유하도록 명시하지 않았을 뿐만 아니라, 어떠한 암시적인 사항도 명시하지 않았기 때문에 2.5배의 기간과 2배의 비용이 소요되더라도

50) USA Case, *Mineral Park Land Co. v. Howard*, 156 P.458(Cal 1916) : 양명조(1996), 앞의책, p.210 재인용

51) 양명조(1996), 앞의 책, p.212 참조

52) UK Case, *Carapanayoti v E.T. Green* 1959년

충분히 근본적(Fundamental)이지 않아 계약을 이행할 수 없는 상태가 아닌 것으로 보았다.

이때 발생한 수에즈 매매송사의 요지는 다음과 같다.

① 희망봉을 경유한다는 것이 어떠한 방법으로든 매수인에게 고지되지 않았다. 그리고 운송상품도 운송기간이 추가된다고 하더라도 부패되지 않는 것이었으며, 또한 계절적으로 상품에 대한 수요가 발생하는 것이 아니었다.

② c.i.f.계약에서는 계약의 특성상 운임의 변동위험 분담사항이 언급되어야 한다. 매매가에 미래의 특정시점에 운송될 상품의 운임을 포함시키게 되면 매도인은 운임의 인상에 대한 위험을 부담하게 되고, 이는 매매가의 상승위험을 부담하게 되는 것이 된다. 역으로 매수인도 운임이 떨어질 수 있는 위험을 부담하게 된다.

③ 그 결정은 가격의 변동추이에 따라 변경될 수 있었다. 1956년 12월에 선적이 완료되었고, 1957년 1월초에 호도가격이 톤당 68파운드 15실링(계약가격은 50파운드였다)으로 상승하였다. 시장가격은 추가로 7파운드 10실링이 상승하여 매수인은 그에 대한 추가이익을 남길 수 있었다.

운송계약은 운송되는 화물의 양을 산출한 후 정액대가로 지정된 항구에서 지정된 항구까지 운송하는 것으로 합의하는 것이 통상적이다. 운송주에게 수에즈 운하의 봉쇄가 있을 것이라는 것이 예상되었다면 그에게는 운송기간의 연장에 따른 추가운임이 발생하기 때문에 운임을 인상해야 한다. 따라서 운송주는 계약을 당초대로 이행할 수 없다고 주장하였다. 수에즈 운하를 둘러싸고 다양한 운송계약관련 송사가 발생하였는데, 그 중 대표적인 2가지만 보면 다음과 같다.

동인도 해변에서 Massalia로 철광석 원석을 운송하는 계약이 1956년 10월 18일 체결되었고, 그해 11월 2일 운하가 봉쇄되어 희망봉을 경유하게 됨으로써 운송기간이 2배로 늘어나게 되어, 운송주는 계약은 당초의 목적대로 이행할 수 없고 동시에 톤당 195실링의 추가운임을 받아야 한다고 주장하였다. 법원은 본 건의 경우 희망봉을 경유하는 것이 원래의 계약과 다르고 상당히 우회하는 것이라 하여 운송주의 주장을 받아들였다[53].

그러나 인도로부터 미국까지 물품을 운송하는데 "주문자 선택에 따라 수에즈, 희망봉 또는 파나마를 경유"하도록 한 운송계약에서는 수에즈 운하가 봉쇄되더라도 계약을 이행할 수 없는 것은 아닌 것으로 보았다[54].

53) UK Case, *Tunisienne d' Armement. v Sidermar Spa*

54) USA Case, *Glidden v Hellenic Line*

제4절 ••• 목적달성불능이론의 2차 확장

미국에서는 제1리스테이트먼트 제454조에서 극단적이고 부당한 곤경, 비용, 상해 또는 손해가 초래될 경우[55]의 실행불가능성(實行不可能性) 개념을 계약이행 면책사유로 들고 있었지만 그다지 이론이 확장되지 못했음은 앞에서 살펴본 바와 같다.

목적달성불능이론은 1957년을 전후한 수에즈 운하 사건을 정점으로 그 개념이 확장되었으며, 그 이후에는 실행불가능성(Impracticability)이라는 개념을 도입하게 되었다.

참고로 불능과 실행불가능성의 차이점을 간단히 설명하기로 한다.

만약 아폴로 로켓이 달에 착륙하기 이전에 갑과 을이 달암석을 한 달 만에 100만원에 채취하여 제공하는 계약을 체결하였다면 이는 불능(Impossibility)이고, 달에 착륙한 이후에 동일한 계약을 체결하였다면 이는 경제적으로 실행할 수 없는 계약에 해당하므로 실행불가능(Impracticability)에 해당한다.

실행불가능에 대해서도 최초에는 전체적인 불능의 경우에 대해 면책되었으나 이후에는 일시적 불능(Temporary Impracticability)의 문제 및 부분적 불능(Partial Impracticability)의 문제까지도 면책될 수 있는 것으로 이론이 전개되었다.

미국의 경우 매도인의 불능항변(不能抗辯)의 주장이나 불가항력 조항의 전면적 승인에 대한 미국법의 불비를 보완하고 이에 대한 법원의 엄격한 태도를 극복하기 위해 통일상법전 제2-615조가 입법되었으며, 여기에 상업적 불능(Commercial Impracticability)의 개념이 도입되었다[56].

당초 의도는 목적달성불능의 개념과 묵시적 조건에 관한 영국법의 개념을 망라하는 광범위한 상황에 적용될 수 있는 일반적 면책이론을 규정하고자 했던 것으로 보인다[57].

미국 통일상법전 제2-615조 (a)

계약체결 당시 예상하지 못했던 어떤 사건이, 계약의 유무효와는 관계없이 계약체결 이후 어떤 사건이 발생하여 국내 또는 외국의 법규나 명령을 선의로 준수함으로써 계약의 이행이 실행불능으로 될 경우 매도인은 이행책임을 면한다.

55) 양명조(1996), 앞의 책, p.210.
56) 양명조(1996), 앞의 책, p.212.
57) H. Hunter, Modern Law of Contract, pp.12-45. 양명조(1996) 위의 책 p.219 재인용

계약이 성립한 후 당사자 일방의 주된 목적이 당사자의 과실이 없음에도 불구하고 계약체결 당시 예상하지 못했던 어떤 사건의 발생으로 인하여 실질적으로 목적달성불능으로 된 경우 그의 잔여이행의무는 그와 반대되는 표시나 기타 사정이 없는 한 면책된다.

통상적으로 미국에서 인정되고 있는 후발적 불능사유들은 사망(리스테이트먼트 제262조), 계약목적물의 멸실(리스테이트먼트 제263조), 위법성(리스테이트먼트 제264조), 파업과 노동쟁의(제작공급계약이나 서비스제공계약의 표준약관), 기술상의 불능(목적달성불능의 법리 적용) 등이다[58].

이러한 계약이론의 획기적인 발전은 1990년에 체결된 국제물품매매계약에 관한 유엔협약[59] 뿐만 아니라 우리나라의 국가계약법체계에 직·간접적으로 지대한 영향을 미치게 되었다.

58) 양명조(1996), 앞의 책, pp.203-207.

59) UNCISG, The United Nations convention on contracts for international sale of goods, Vienna, 1990.

제 3 장

계약의 구분

우리나라 민법에서는 증여(贈與), 매매(賣買), 교환(交換), 소비대차(消費貸借), 사용대차(使用貸借), 임대차(賃貸借), 고용(雇傭), 위임, 현상광고(懸賞廣告), 도급, 임치(任置), 조합(組合), 종신정기금(終身定期金), 화해(和解)의 14가지 전형계약(典型契約)에 관하여 규정하고 있다.

특히 건설계약은 민법상의 전형계약에 포함되지 않는 대표적인 비전형계약(非典型契約)이다. 따라서 건설계약의 특성을 파악하기 위해 전형계약 · 비전형계약(유명계약(有名契約) · 무명계약(無名契約)), 쌍무계약(雙務契約) · 편무계약(片務契約), 유상계약(有償契約) · 무상계약(無償契約), 낙성계약(諾成契約) · 요물계약(要物契約), 계속적 계약 · 일시적 계약, 유인계약(有因契約) · 무인계약(無因契約), 요식계약(要式契約) · 불요식계약(不要式契約) 등으로 계약을 구분하여 살펴보고자 한다.

제1절 … 전형계약 · 비전형계약

민법 제3편 제2장에 기술되어 있는 14종의 계약을 전형계약(典型契約)이라 하며, 그 밖의 계약을 비전형계약(非典型契約)이라고 한다. 전형계약은 법률상 각각의 명칭이 부여되어 있기 때문에 유명계약(有名契約)이라고도 한다. 비전형계약은 법률상 특별한 명칭이 없기 때문에 무명계약(無名契約)이라고도 한다.

전형계약에 속하는 사항이 다른 전형계약에 포함되거나 전형계약에 포함되지 않는 사항이 전형계약에 포함되어 계약의 내용을 이룰 수도 있는데 이를 혼합계약(混合契約)이라고 부른다.

건설공사계약은 도급, 위임, 고용(雇傭) 등 다양한 계약이 복합적으로 포함[60]되어 있기 때문에 대표적인 혼합계약의 한 형태로 볼 수 있다.

제2절 ··· 쌍무계약 · 편무계약

계약의 당사자가 서로 대가적(代價的) 의미를 가지는 채무를 부담하는 계약을 쌍무계약(雙務契約)이라고 한다. 민법 제664조에 도급은 당사자 일방이 어떤 일을 완성할 것을 약정하고 상대방이 그 일의 결과에 대하여 보수를 지급할 것을 약정)함으로써 그 효력이 생기는 것으로 규정하고 있다.

즉 당사자 일방이 일을 완성할 채무를 부담하게 되는 것이고, 상대방은 일의 결과에 대하여 보수를 지급하는 채무를 부담하게 되어 쌍무계약이 되는 것이다. 만약 한 당사자가 일을 완성할 채무를 부담하게 되지만 상대방이 그에 대한 보수를 지급하지 않는 것으로 계약을 체결했다면 편무계약(片務契約)이 되는 것이다.

전형계약 중에서 매매, 교환, 임대차, 고용, 도급, 조합, 화해는 쌍무계약이며, 소비대차, 위임, 임치도 유상인 경우에는 쌍무계약이 된다.

편무계약은 당사자 일방만 채무를 부담하거나 쌍방이 채무를 부담하더라도 그 채무가 서로 대가적 의미를 갖지 않는 것을 말한다. 전형계약 중에서 증여, 사용대차, 현상광고는 편무계약이며, 소비대차, 위임, 임치도 무상인 때에는 편무계약이 된다.

60) 『두산세계대백과 Encyber』, http://kr.encycl.yohoo.com, 2009. 6. 14.

제3절 ··· 유상계약 · 무상계약

계약의 당사자가 모두 대가적 의미를 갖는 출연(出捐) 내지 출재(出財) 유무에 따라 유상계약(有償契約)과 무상계약(無償契約)으로 구별된다. 즉 계약의 모든 과정을 살펴서 당사자 사이에 재산상의 변동이 발생했다면 당사자 일방은 재산상의 이득이 발생하게 되고, 상대방은 재산상의 손실을 가져오게 된다. 유상계약은 계약당사자가 서로 대가적 의미 있는 재산상의 출연을 하는 계약이다.

쌍무계약으로 볼 수 있는 건설공사 계약은 필연적으로 유상계약이 된다. 무상계약은 계약당사자의 일방만이 급부를 할 뿐이라던가, 쌍방 당사자가 급부를 하더라도 그 급부 사이에 대가적 의미가 있는 의존관계가 없는 계약을 말한다. 통상 건설공사계약에서 무상으로 지어 기부 · 채납하는 경우가 발생하게 되는 것이다.

엄격히 구분하여 기부 · 채납하는 계약만을 보면 순수한 무상계약인 것처럼 보인다. 그러나 건설공사의 경우 시공자가 입찰하더라도 공사의 연관성, 공사실적, 연고 등을 복합적으로 고려하여 낙찰되는 경우가 많기 때문에 입찰부터 낙찰까지 적용되는 각종 제도를 충분히 고려하여 계약의 유형을 결정해야 할 것으로 판단된다.

그림 2 ··· 쌍무계약과 편무계약

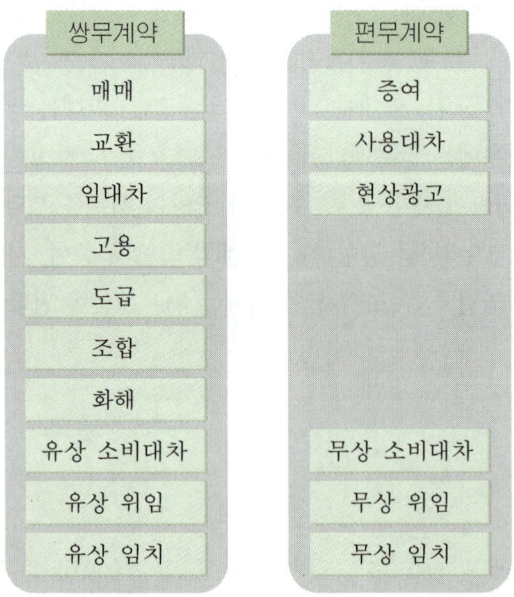

제4절 ··· 낙성계약 · 요물계약

당사자의 합의(合意)만으로 성립하느냐 아니면 특별한 법률사실(法律事實)이 있어야만 성립하느냐에 따라 낙성계약(諾成契約)과 요물계약(要物契約)으로 구별할 수 있다.

낙성계약은 민법상의 전형계약인 현상광고를 제외하고는 모두 이에 속한다. 요물계약은 당사자의 합의와는 별도로 당사자의 일방이 물건의 인도, 기타의 급부를 해야 성립하는 계약이다. 민법의 전형계약 중 요물계약이라고 할 수 있는 것은 현상광고뿐이다.

최근에는 요물계약을 인정해야 할 이론적 근거나 합리적 이유가 없고, 요물계약을 규정하더라도 계약자유가 인정되므로 낙성계약은 유효하게 성립된다.

제5절 ··· 계속적 계약 · 일시적 계약

계속적(繼續的) 계약 · 일시적(一時的) 계약을 구분하는 기준은 채권 · 채무의 내용을 이루는 급부가 어떤 시점에서 행해져야 하느냐 또는 어느 기간 동안 계속해서 행해져야 하느냐에 달려 있다.

그림 3 ··· 일시적 계약과 계속적 계약

계속적 계약	일시적 계약
소비대차	매매
사용대차	교환
임대차	도급
고용	증여
위임	현상광고
임치	
조합	
종신 정기금	

일반적으로 계속적 계약에서는 어떤 기간에 걸친 급부의무가 채무의 내용을 이루고, 채무는 이행기가 도래한 때에 이행함으로써 끝나는 것은 아니며, 그 존립의 전 기간을 통해 이행되어야 하는 것이다.

즉 단순한 이행행위가 아니라 기간의 경과에 따른 이행을 완료해야 채권관계가 소멸된다. 민법의 전형계약에서는 소비대차, 사용대차, 임대차, 고용, 위임, 임치, 조합, 종신정기금 등이 계속적 계약에 속하게 된다.

통상적으로 건설공사계약의 경우 채무가 특정한 시점에 집중되는 것이 아니라 효율적인 공사관리를 위해 일을 공종별로 구분하기도 하고, 착공일과 준공일을 명시하여 정해진 기간 내에 일을 완성시켜야 하는 경우가 많기 때문에 일시적 계약이나 계속적 계약으로 그 성질을 구분하기는 쉽지 않다.

계속적 계약은 이행기가 장기간에 걸치게 되므로 해지권(解止權)이 인정된다. 그리고 계약기간 중 경제적 사정의 큰 변동과 같은 사태가 일어나는 경우에는 처음의 계약내용을 그대로 이행케 하는 것이 부당하게 되는 경우가 있다. 따라서 사정변경(事情變更)의 원칙이 고려된다.

건설공사계약의 경우도 국가를 당사자로 하는 계약에 관한 법률(이하 '국가계약법' 이라 한다)에서 계약의 해제(解除)나 해지(解止)가 인정되고 있으며, 계약체결후 일정기간(예를 들어 90일)이 경과하고, 물가가 일정범위(예를 들어 3% 이상) 변동할 경우 물가변동으로 인한 계약금액조정을 인정하고 있다.

제6절 ··· 유인계약 · 무인계약

어떤 법률행위의 효력이 그 기초가 되는 무효 · 취소, 기타의 사유로 효력이 없게 된 경우에 영향을 받아 역시 효력이 없어지면 유인계약(有因契約)이 되고, 기초적 법률관계의 영향을 받지 않을 경우 무인계약(無因契約)이 된다. 현행민법에서 무인적 전형계약은 인정되어 있지 않기 때문에 이러한 구별은 계약법에 있어서는 별로 의미가 없다.

제7절 ··· 요식계약 · 불요식계약

계약체결시 일정한 양식이 요구되는 것을 요식계약(要式契約)이라 하고, 일정 양식 없이도 계약이 성립되는 것을 불요식계약(不要式契約)이라고 한다.

일반적으로 계약체결시 계약서가 없어도 구두계약으로도 성립할 수 있으나, 국가계약법령에 의한 계약은 계약금액이 적거나 경매에 부치는 경우 등 특별한 경우가 아니면 계약서를 작성해야만 효력이 발생하는 것으로 규정하고 있어 전형적인 요식계약(要式契約)으로 볼 수 있다.

계약서의 작성이 생략되었다고 하여 계약담당공무원이 계약체결 증거를 남기지 않아야 한다는 의미는 아니므로, 국가계약법 시행규칙 제50조에 따라 그 증거가 될 수 있는 서류를 구비하여야 한다.

국가계약법 제11조 (계약서의 작성 및 계약의 성립)

① 각 중앙관서의 장 또는 계약담당공무원은 계약을 체결하고자 할 때에는 계약의 목적 · 계약금액 · 이행기간 · 계약보증금 · 위험부담 · 지체상금 기타 필요한 사항을 명백히 기재한 계약서를 작성하여야 한다. 다만, 대통령령이 정하는 경우에는 이의 작성을 생략할 수 있다.

② 제1항의 규정에 의하여 계약서를 작성하는 경우에는 그 담당공무원과 계약상대자가 계약서에 기명 · 날인 또는 서명함으로써 계약이 확정된다.

국가계약법 시행령 제49조 (계약서작성의 생략)

법 제11조제1항 단서의 규정에 의하여 계약서의 작성을 생략할 수 있는 경우는 다음 각호와 같다. 〈개정 1999.9.9〉

1. 계약금액이 3천만원이하인 계약을 체결하는 경우
2. 경매에 부치는 경우
3. 물품매각의 경우에 있어서 매수인이 즉시 대금을 납부하고 그 물품을 인수하는 경우
4. 각 국가기관 및 지방자치단체 상호간에 계약을 체결하는 경우
5. 전기 · 가스 · 수도의 공급계약등 성질상 계약서의 작성이 필요하지 아니한 경우

국가계약법 시행규칙 제49조 (계약서의 작성)

① 각 중앙관서의 장 또는 계약담당공무원은 계약상대자를 결정한 때에는 지체없이 별지 제7호서식, 별지 제8호서식 또는 별지 제9호서식의 표준계약서에 의하여 계약을 체결하여야 한다.

② 각 중앙관서의 장 또는 계약담당공무원은 제1항의 규정에 의한 표준계약서에 기재된 계약일반사항외에 당해계약에 필요한 특약사항을 명시하여 계약을 체결할 수 있다.

③ 각 중앙관서의 장 또는 계약담당공무원은 제1항의 규정에 의한 서식에 의하기가 곤란하다고 인정될 때에는 따로 이와 다른 양식에 의한 계약서에 의하여 계약을 체결할 수 있다.

④ 각 중앙관서의 장 또는 계약담당공무원은 영 제50조제6항제1호 내지 제3호 및 제5호의 규정에 의하여 계약보증금의 전부 또는 일부의 납부를 면제하는 경우에는 계약서에 그 사유 및 면제금액을 기재하고 계약보증금지급각서를 제출하게 하여 이를 첨부하여야 한다. 〈개정 1996.12.31, 2003.12.12〉

국가계약법 규칙 제50조 (계약서의 작성을 생략하는 경우)

각 중앙관서의 장 또는 계약담당공무원은 영 제49조의 규정에 의하여 계약서의 작성을 생략하는 경우에는 계약상대자로부터 청구서 · 각서 · 협정서 · 승낙사항등 계약성립의 증거가 될 수 있는 서류를 제출받아 비치하여야 한다. 다만, 기획재정부장관이 따로 정하는 회계경리에 관한 서식에 의한 경우에는 그러하지 아니하다.〈개정 1999.9.9〉

제 4 장

선급과 개산급

선급금(先給金)은 우리나라, 일본, 벨기에 정부조달규정, 사우디 아라비아 정부조달법령, FIDIC 계약조건 등에서 활용되는 특수한 유형의 대가지급형태이다.

일본의 경우 중앙정부는 회계법제22조 및 예산결산 및 회계 및 회계령제57조에 근거하고 있으며, 지방공공단체는 지방자치법제232조의5제2항의 규정에 의하고 있다.

선금 또는 선급금을 전불금(前拂金)으로 표기하고 있으며, 국가공사에서는 계약금액의 30%를 선급금의 기본으로 하고 있고, 발주자에 따라 특별히 10%를 가산하여 40%까지 지출할 수 있다. 계약약관에 근거하여 공사가 일정부분 진행된 단계에서는 시공자는 20%의 중간선급을 추가요구할 수 있다. 따라서 선급은 최대 60%까지 가능하다[61]. 실제 공사에 적용할 경우 공공공사표준청부계약약관에 그 비율을 명시하여 적용하도록 하고 있다[62].

벨기에의 경우 조달가격이 40만 벨기에 프랑을 초과하는 경우 조달완료(준공)까지의 기간동안 시공자에 의한 계약의 완전이행을 담보하기 위해 당국은 공공조달보증을 청구할 수 있고, 조달의 지불은 선불, 중간불, 준공불로 나누는데, 선불은 한정된 수의계약 낙찰에 대해 선급금 지불을 인정할 수 있고, 조달 총액의 50%를 초과할 수 없다[63].

사우디 아라비아의 경우 정부조달 및 관급공사의 수행에 관한 법률(Royal Decree No. M/14(1977. 3. 27)) 제8조 (a)항에는 계약금액의 20%범위내에서 선급금을 지급할 수 있는 것으로 하였다. 이후, FIDIC 3판을 기본으로 하여 1988년 공공공사표준계약조건을 제정하

61) Wikipedia, フリー百科事典『ウィキペディア』, *http://ja.wikipedia.org/wiki/*, 2009. 06. 13
62) *http://www.mlit.go.jp/common/000004788.pdf*, 2009. 06. 13
63) 長谷川德之輔, 한국건설산업연구원 譯, 『유럽연합의 건설공사 입찰 · 계약제도』, 1995. 11. p.47

면서 20%까지 지급할 수 있도록 하였고, 제50조(a)항에서 그 비율을 10%까지 하향조정할 수 있도록 하였다[64][65].

FIDIC[66]의 경우 선급금을 Advance Payment로 표기하고 있으며, 별도의 지급비율은 명시하고 있지 않다.

미국의 경우에도 일반적으로 규정하는 사항은 아니고 1984년 후반기 FED(극동공병단)에서 지명받은 수의지명의 경우, 내자재(內資材)에 대하여 특별히 지정된 경우 선급금을 청구할 수 있고, 내자재 선수금(先受金)을 수령한 이후에는 기성 청구시 현장에서 소모되어 공사기성으로 포함되어 들어간 자재대금을 매번 선수금 계정에서 줄여가도록 한다[67].

이상에서 보는 바와 같이 선급금은 보편적인 사항은 아니고, 해당국가의 경제 사정, 자재수급 사정, 시공자의 상태 등을 종합적으로 고려하여 발주자가 대가지급이전에 시공자에게 미리 지급하는 것이고, 기본적인 사항이 변경되면 그 비율이 조정될 수 있는 사항이다.

선금은 선급금, 선수금 등으로 부르기도 한다. 선급금은 상품이나 제품, 원재료 등의 매입이나 외주가공을 의뢰시 거래처의 자금사정이나 거래의 이행을 확실히 하기 위해 그 대금의 일부 또는 전부를 거래처에 선지급하는 금액을 처리하는 계정을 말한다. 선급금은 기업 정관상의 사업목적에서 일어나는 일반적인 상거래에 해당되는 것으로 그 지출이 상품이나 원재료 등의 구입처와 같은 정규 매입처인 경우에 한한다. 그 이유는 실질적으로는 대여금이면서 그 절차를 간단히 하기 위하여 선급금으로 계상하는 경우가 많기 때문이다. 또한 선급금은 금전상환청구가 아닌 물품이나 용역의 제공을 청구할 수 있는 권리를 가지는 것으로써 채권보존을 위해 거래처에 대해 일정한 자격기준을 설정할 필요가 있다. 그리고 자주 거래가 발생하는 경우에는 선급금 명세서와 같은 보조부를 작성하도록 하는데, 건설사업에서는 선금사용계획서를 작성하도록 한다. 선급금은 유동 자산 항목으로 당좌자산에 속하며, 증가는 차변에, 감소는 대변에 기록한다[68].

통상 선급금은 선금을 지급하는 발주자의 입장에서 보는 용어이고, 선수금은 선금을 수령하는 자의 입장에 본 용어로 이해하면 된다.

영문으로는 선금은 Advance Payment 또는 Advanced Payment로 불리워지고 있다.

64) *http://www.i-law.com/ilaw/doc/view.htm?id=129976*, 2009. 06. 13
65) 박준기, 『건설계약론』, 기공사, 1995, p.92
66) FIDIC, Conditions of Contract for EPC/Turnkey Project(The Silver Book), 2003, Sub-Clause 14.2
67) 김지한, 민창기, 『對美建設 契約要論』, 1985, p.371
68) *http://www.iquest.co.kr/aihtm/ai03066.htm*, 2009. 6. 14

유사한 용어로 선급비용(Prepaid Expense)이라는 것도 있으나 이는 일정한 계약에 따라 계속적으로 용역의 제공을 받을 경우, 아직 제공되어 있지 않은 용역에 대하여 지급된 대가를 말한다. 선급보험료 · 선급임차료 등이 그 예이며 선급비용으로 발생하는 선급이자는 미경과이자라고도 한다[69].

다음은 우리나라에서 규정하고 있는 선급과 개산급에 대하여 살펴보고자 한다.

제1절 ... 선급 및 개산급의 정의

도급이라 함은 당사자 일방이 어느 일을 완성할 것을 약정하고 상대방이 그 일의 결과에 대하여 보수를 지급하는 것을 약정함으로써 그 효력이 생긴다(민법 제664조). 여기서 보수는 완성된 목적물의 인도와 동시에 지급되는 것이 일반적이다(민법 제665조).

그러나 도급기간이 장기간이고 도급액이 큰 경우에는 착수시점에 상당한 액수의 자금을 필요로 하게 된다. 또한 계약을 완료한 후에 보수(대가)를 지급받는 것이 민법의 규정인 것은 사실이나, 동법 제656조에서 보수는 약정한 시기에 지급하여야 하며, 시기의 약정이 없으면 관습에 의하고 관습이 없으면 약정한 노무를 종료한 후 지체없이 지급토록 규정하고 있다.

이에 정부에서는 건설공사의 경우 그 성질상 미리 지급하지 않거나 개산하여 지급하지 않으면 사업에 지장을 가져올 우려가 있는 경비의 경우 미리 지급하거나 개산하여 지급할 수 있도록 하고 있다(국고금관리법 제26조).

> **국고금관리법 제26조 (선급과 개산급)**
> 지출관은 운임, 용선료, 공사 · 제조 · 용역계약의 대가 그 밖에 대통령령이 정하는 경비로서 그 성질상 미리 지급하지 아니하거나 개산하여 지급하지 아니하면 사무 또는 사업에 지장을 가져올 우려가 있는 경비의 경우에는 이를 미리 지급하거나 개산하여 지급할 수 있다.

"선급(先給)"이라 함은 확정된 채무에 대하여 지급기간의 도래 전에 채무액의 일부 또는

69) 두산백과사전, *http://100.naver.com/100.nhn?docid=90591*, 2009. 6. 14

전액을 지급하는 것을 말하고, "개산급(槪算給)"이라 함은 채무는 존재하나 지급할 금액이 미확정인 경우 채무이행기 도래 이전에 개략금액으로 지급하고 채무액이 확정된 후 정산하는 것을 말한다.

> **수입 · 지출등에 관한 회계예규 (2200.01-115-4 (2003.07.21))**
>
> 제23조 (선급 및 개산급의 정의)
>
> ① 국고금관리법 제26조에서 "선급"이라 함은 확정된 채무에 대하여 지급기간의 도래 전에 채무액의 일부 또는 전액을 지급하는 것을 말하며, 동조에서 "개산급"이라 함은 채무는 존재하나 지급할 금액이 미확정인 경우 채무이행기 도래이전에 개략금액으로 지급하고 채무액이 확정된 후 정산하는 것을 말한다.

공사도급계약에서 지급되는 선금은 자금 사정이 좋지 않은 수급인으로 하여금 자재 확보, 노임 지급 등에 어려움이 없이 공사를 원활하게 진행할 수 있도록 하기 위하여, 도급인이 장차 지급할 공사대금을 수급인에게 미리 지급하여 주는 선급 공사대금으로 보고 있다[70].

또한 공사도급계약에 있어서 수수되는 이른바 선급금은 수급인으로 하여금 공사를 원활하게 진행할 수 있도록 하기 위하여 도급인이 수급인에게 미리 지급하는 공사대금의 일부이므로 하도급거래공정화에관한법률 제17조의 하도급대금에 해당하는 것으로 본다[71].

제2절 ··· 선금 및 개산금 지급근거

민간공사에 적용되고 있는 건설산업기본법의 경우 공사도급계약을 체결할 때, 도급금액의 선급금이나 기성금)의 지급에 관하여 약정을 한 경우에는 각각 그 지급의 시기 · 방법 및 금액을 도급계약에 명시하여야 하는 것으로 규정하고 있다.

70) 대법원 2002. 9. 4. 선고 2001다1386 판결【공사대금】[공2002.10.15.(164),2312]
71) 대법원 2003. 5. 16. 선고 2001다27470 판결【보증금】[공2003.6.15.(180),1302]

> **건설산업기본법시행규칙 제25조 (공사도급계약의 내용)**
>
> ① 법 제22조제2항의 규정에 의하여 공사의 도급계약에 명시하여야 할 사항은 다음 각 호와 같다. 〈개정 2005.5.7, 2007.12.28〉
>
> 1~3 ... 생략...
>
> 4. 도급금액의 선급금이나 기성금의 지급에 관하여 약정을 한 경우에는 각각 그 지급의 시기·방법 및 금액
>
> 5~18 ...생략...

정부에서 집행하는 건설사업의 경우 선금을 계약금액의 70%이내까지 지급할 수 있도록 규정하고 있다(국고금관리법시행령 제40조 및 「정부 입찰·계약 집행기준」 제33조).

> **국고금관리법시행령 제40조 (선급)**
>
> ① 법 제26조에 따라 미리 지급할 수 있는 경비는 다음 각 호와 같다. 〈개정 2003.12.30, 2005.6.30, 2008.9.26〉
>
> 1~13 ... 생략 ...
>
> 14. 계약금액이 3천만원 이상인 공사 또는 제조와 계약금액이 5백만원 이상인 용역에 있어서 계약금액의 100분의 70을 초과하지 아니하는 금액
>
> 15~16 ... 생략 ...
>
> 17. 재해구호 및 복구에 소요되는 경비
>
> ② ... 생략 ...
>
> ③ 제1항제14호에 따른 경비를 선급으로 지급하는 경우에는 계약체결 후 계약상대자의 청구를 받은 날부터 14일 이내에 지급하여야 한다. 다만, 불가피한 사유로 인하여 지급이 불가능하여 그 사유를 계약상대자에게 문서로써 통지한 경우에는 그러하지 아니하다. 〈개정 2008.9.26〉

> **「정부 입찰·계약 집행기준」(회계예규 2200.04-159-5, 2007.10.12)**
>
> 제33조(적용범위)
>
> ① 계약담당공무원은 다음 각호의 요건을 충족하는 경우로서 계약상대자가 선금의 지급을 요청할 때에는 계약금액의 100분의 70을 초과하지 아니하는 범위 내에서 선금을 지급할 수 있다.
>
> 1. 계약금액(단가계약의 경우에는 선금지급요청일까지의 발주금액)이 3천만원 이상인 공사 또는 물품 제조계약과 5백만원 이상인 용역계약(발주기관이 시스템 특성 등에 맞게 소프트웨어의 일부에 대하여 수정·변경을 요구하여 체결한 소프트웨어사업을 포함)

2. 계약의 이행기간(공사의 경우에는 설계서상의 이행기간을 말한다. 이하 같다)이 60일 이상인 계약 또는 계약의 이행기간이 60일이내인 계약 중 선금을 지급하지 아니하고는 계약이행이 곤란하다고 인정되는 경우
3. 시행령 제76조의 규정에 의한 입찰참가자격제한을 받고 그 제한기간 중에 있지 아니한 경우

한편, 개산급의 경우 물가변동, 설계변경 및 그 밖의 계약내용의 변경으로 인하여 계약금액이 변동될 것으로 예상되는 경우에는 경비를 개산하여 지급할 수 있도록 규정하고 있다(국고금관리법시행령 제41조 및 시행규칙 제72조).

국고금관리법시행령 제41조 (개산급)

법 제26조의 규정에 따라 개산하여 지급할 수 있는 경비는 다음 각호와 같다. 〈개정 2008.2.29〉

1~3 ...생략...

4. 재해구호 및 복구에 소요되는 경비
5. 그 밖에 기획재정부령이 정하는 경비

국고금관리법시행규칙 제72조 (개산급)

영 제41조제5호에서 "기획재정부령이 정하는 경비"란 다음 각 호의 경비를 말한다. 〈개정 2005.6.30, 2008.10.1〉

1. 국가의 사무 또는 사업을 위탁하거나 대행하게 하는 경우 그에 소요되는 경비
2. 「국가를 당사자로 하는 계약에 관한 법률 시행령」 제64조부터 제66조까지에 따른 물가변동 · 설계변경 및 그 밖의 계약내용의 변경으로 인하여 계약금액이 변동될 것으로 예상되는 경우에 지급하는 기성대가 또는 기납대가

제3절 … 선급금 대상과 범위

「정부 입찰 · 계약 집행기준」(회계예규 2200.04-159-7, 2008.11.1) 제9장 제33조에는 선금을 지급해야하는 범위와 대상에 관하여 규정하고 있다. 그리고 국가계약법 시행령 제76조에서는 부정당업자의 입찰참가제한자격에 대하여 규정하고 있다.

Ⅰ. 선급금의 대상 및 지급시점

선금은 계약금액, 계약의 이행기간, 계약의 종류 등으로 구분하여 지급대상을 명시하고 있다. 또한 선금은 선금을 지급하지 아니하고는 계약이행이 곤란하다고 인정되는 경우에 지급하는 것이며, 반드시 계약상대자의 청구를 받고 지급해야 한다.

계약담당공무원은 계약금액(단가계약의 경우에는 선금지급 요청일까지의 발주금액)이 3천만원 이상인 공사 또는 물품 제조계약, 5백만원 이상인 용역계약(발주기관이 시스템 특성 등에 맞게 소프트웨어의 일부에 대하여 수정·변경을 요구하여 체결한 소프트웨어사업을 포함), 계약의 이행기간(공사의 경우에는 설계서상의 이행기간을 말한다. 이하 같다)이 60일 이상인 계약 또는 계약의 이행기간이 60일이내인 계약 중 선금을 지급하지 아니하고는 계약이행이 곤란하다고 인정되는 경우에는 계약상대자의 청구를 받은 날로부터 14일이내에 지급하여야 한다.

Ⅱ. 선급금 지급범위

1. 지급 가능범위

우리나라 국가계약에서는 국가계약법 시행령 제76조의 규정에 의한 부정당업자로 입찰참가자격 제한을 받고 그 제한기간 중에 있지 아니한 경우로 계약상대자가 선금의 지급을 요청하는 경우에는 계약금액의 100분의 70을 초과하지 아니하는 범위내에서 선금을 지급할 수 있다.

참고로 부정당업자로 입찰참가자격 제한을 받는 자는 다음과 같다.

> **국가계약법시행령 제76조 (부정당업자의 입찰참가자격 제한)**
>
> ① 각 중앙관서의 장은 다음 각 호의 어느 하나에 해당하는 계약상대자 또는 입찰자(계약상대자 또는 입찰자의 대리인·지배인 기타 사용인을 포함한다)에 대하여는 법 제27조의 규정에 의하여 당해 사실이 있은 후 지체없이 1월 이상 2년 이하의 범위내에서 입찰참가자격을 제한하여야 한다. 〈개정 1996.12.31, 1997.12.31, 1998.2.2, 1999.9.9, 2000.12.27, 2003.12.11, 2005.9.8, 2006.5.25, 2006.12.29, 2007.10.10〉
>
> 1. 계약을 이행함에 있어서 부실·조잡 또는 부당하게 하거나 부정한 행위를 한 자
> 2. 「건설산업기본법」·「전기공사업법」·「정보통신공사업법」 기타 다른 법령에 의한 하도

급의 제한규정에 위반(하도급통지의무위반의 경우를 제외한다)하여 하도급한 자 및 발주관서의 승인없이 하도급을 하거나 발주관서의 승인을 얻은 하도급조건을 변경한 자

3. 「독점규제 및 공정거래에 관한 법률」 또는 「하도급거래 공정화에 관한 법률」의 규정에 위반하여 공정거래위원회로부터 입찰참가자격제한 요청이 있는 자

3의2. 「대 · 중소기업 상생협력 촉진에 관한 법률」 제27조제5항에 따라 중소기업청장으로부터 입찰참가자격 제한의 요청이 있는 자

4. 조사설계용역계약 또는 원가계산용역계약에 있어서 고의 또는 중대한 과실로 조사설계금액이나 원가계산금액을 적정하게 산정하지 아니한 자

4의2. 「건설기술관리법」 제2조에 따른 타당성조사용역계약에 있어서 고의 또는 중대한 과실로 수요예측 등 타당성조사를 부실하게 수행하여 발주기관에 손해를 끼친 자

5. 계약의 이행에 있어서 안전대책을 소홀히 하여 공중에게 위해를 가한 자 또는 사업장에서 「산업안전보건법」에 의한 안전 · 보건조치를 소홀히 하여 근로자등에게 사망등 중대한 위해를 가한 자

6. 정당한 이유없이 계약을 체결 또는 이행(제19조에 따른 부대입찰에 관한 사항, 제42조제5항에 따른 계약이행능력심사를 위하여 제출한 하도급관리계획, 외주근로자 근로조건 이행계획에 관한 사항과 제72조 및 제72조의2에 따른 공동계약에 관한 사항의 이행을 포함한다)하지 아니한 자

7. 경쟁입찰에 있어서 입찰자간에 서로 상의하여 미리 입찰가격을 협정하였거나 특정인의 낙찰을 위하여 담합한 자

8. 입찰 또는 계약에 관한 서류(제39조의 규정에 의하여 지정정보처리장치에 의하여 입찰서를 제출하는 경우의 「전자서명법」 제2조제8호의 규정에 의한 공인인증서를 포함한다)를 위조 · 변조하거나 부정하게 행사한 자 또는 허위서류를 제출한 자

9. 고의로 무효의 입찰을 한 자

10. 입찰 · 낙찰 또는 계약의 체결 · 이행과 관련하여 관계공무원(법 제29조제1항에 따른 국제계약분쟁조정위원회, 이 영 제42조제7항에 따른 입찰금액적정성심사위원회, 제43조제8항에 따른 제안서평가위원회, 제94조제1항에 따른 계약심의위원회, 건설기술관리법에 의한 중앙건설기술심의위원회 · 특별건설기술심의위원회 및 설계자문위원회의 위원을 포함한다)에게 뇌물을 준 자

11. 입찰참가신청서 또는 입찰참가승낙서를 제출하고도 정당한 이유없이 당해 회계연도중 3회이상 입찰(제39조제2항에 따라 지정정보처리장치에 의하여 입찰서를 제출하게 한 입찰을 제외한다)에 참가하지 아니한 자

12. 입찰참가를 방해하거나 낙찰자의 계약체결 또는 그 이행을 방해한 자

13. 감독 또는 검사에 있어서 그 직무의 수행을 방해한 자

14. 정당한 이유없이 제42조제1항에 따른 계약이행능력의 심사에 필요한 서류의 전부 또는 일부를 제출하지 아니하거나 서류제출 후 낙찰자 결정 전에 심사를 포기한 자

14의2. 제42조제4항에 따른 입찰금액의 적정성심사의 대상자로 선정된 후 정당한 이유없이 심사에 필요한 서류의 전부 또는 일부를 제출하지 아니하거나 서류제출 후 낙찰자 결정 전에 심사를 포기한 자

15. 제87조에 따라 일괄입찰의 낙찰자를 결정하는 경우에 실시설계적격자로 선정된 후 정당한 이유없이 기한내에 실시설계서를 제출하지 아니한 자

16. 감리용역계약에 있어서 「건설기술관리법 시행령」 제52조 및 계약서 등에 따른 감리원 교체사유 및 절차에 의하지 아니하고 감리원을 교체한 자

2. 의무적 지급범위

당초 선급금의 지급을 발주자의 재량범위에 두었는데, 본래 의도와는 달리 많은 발주자가 예산사정 등을 이유로 선금을 제대로 지급하지 않는 사례가 많아 계약금액의 규모에 따라 일정률을 반드시 지급하도록 하였다[72].

선급금의 지급 범위는 시대적 상황을 반영하여 지급율을 정하고 있으며, 우리나라에서 당초에는 공사, 물품의 경우만 명시하였다가, 이후 용역이 추가되었고, 다시 수해복구공사도 추가되었다.

2009년 6월 현재 우리나라에서 선급금의 지급범위는 대상과 규모에 따라 차등을 두어 지급하도록 규정하고 있는데, 특히 「정부 입찰 · 계약 집행기준」 제70조의4(원자재 가격급등 등으로 계약이행이 곤란한 경우 계약금액조정)에서 규정하는 바와 같이 원자재의 가격급등 등이 발생하여 계약이행이 곤란하다고 인정되는 경우 또는 신기술을 사용하는 물품 및 용역계약에 있어서 기술개발투자를 위한 자금이 계약이행초기에 집중적으로 소요되는 경우에는 계약상대자의 청구에 의해 다음의 율에 해당하는 금액이외에 당해 계약금액의 100분의 10 범위내에서 추가로 지급하여야 한다.

참고로, 원자재의 가격 급등 등이 발생하여 계약이행이 곤란하다고 인정되는 경우란 구체적으로 다음의 경우를 말한다.

첫째, 공사, 용역, 물품제조계약에서 품목조정률이나 지수조정률이 5%이상 상승한 경우

둘째, 물품구매 계약에서 품목조정률이나 지수조정률이 10%이상 상승한 경우

셋째, 공사, 용역 및 물품제조계약에서 품목조정률이나 지수조정률이 3%(물품구매계약에서는 6%)이상 상승하고, 기타 객관적 사유로 조정제한기간 내에 계약금액을 조

72) 장훈기, 『최신 정부계약제도』, 범신사, 1996, p.525

정하지 아니하고는 계약이행이 곤란하다고 계약담당공무원이 인정하는 경우

1) 공사

가. 계약금액이 100억원이상인 경우 : 100분의 20.

나. 계약금액이 20억원이상 100억원 미만인 경우 : 100분의 30

다. 계약금액이 20억원 미만인 경우 : 100분의 50

2) 물품의 제조 및 용역

가. 계약금액이 10억원이상인 경우 : 100분의 20

나. 계약금액이 3억원이상 10억원 미만인 경우 : 100분의 30

다. 계약금액이 3억원 미만인 경우 : 100분의 50

3) 수해복구공사

가. 계약금액이 20억원미만인 경우 : 100분의 70

나. 계약금액이 20억원이상인 경우 : 100분의 50

III. 선급금 지급 기준금액

선급금 지급의 기준이 되는 금액은 다음과 같이 정하고 있다.

첫째, 기성부분 또는 기납부분(旣納部分)에 대하여 대가를 지급한 때에는 계약금액(단가계약의 경우에는 발주금액)에서 그 대가를 공제한 금액을 기준으로 한다.

둘째, 계속비와 명시 이월비 예산에 의한 계약에 대하여 선금을 지급하는 경우에는 계약금액중 당해년도 이행금액을 기준으로 하며, 장기계속계약의 경우는 각 연차계약금액을 기준으로 한다.

셋째, 국고채무부담행위예산에 의한 계약에 대하여 선금을 지급하는 경우에는 국고채무부담행위액 상환을 위한 세출예산이 계상된 년도에만 할 수 있다.

IV. 선급금 지급제한

선급금은 계약상대자의 편의를 위해 시행하는 제도이므로 발주자의 자금사정 등이나 계약당사자에게 지급을 제한해야 하는 불가피한 사유가 있을 경우에는 선급금 지급을 제한할 수 있다.

이 경우에는 계약담당공무원은 지체없이 소속 중앙관서의 장의 승인을 얻어 계약상대자에게 그 사유를 서면으로 통지하여야 한다.

"선금지급이 불가능한 경우"라 함은 다음의 경우를 말한다.

첫째, 자금배정이 지연될 경우. 단, 자금배정이 있을 경우 즉시 선금지급을 하여야 함

둘째, 계약체결 후 불가피한 사유로 이행착수가 상당기간 지연될 것이 명백한 경우 단, 이러한 사유 해제시 즉시 선금지급을 하여야 함

셋째, 계약상대자로부터 선금지급 요청이 없거나 유예신청이 있는 경우

넷째, 선금을 지급할 수 있는 경우에도 잔여이행기간이 선금지급신청일을 기준으로 30일을 초과하지 아니할 경우

이상의 경우에는 선급금을 지급하지 않을 수 있으나 계약의 이행기간이 선금을 지급하지 아니하고는 계약이행이 곤란하다고 인정되는 경우에는 잔여이행기간이 선금지급 신청일을 기준으로 30일 이내인 경우에도 선금을 지급할 수 있다.

또한 계약담당공무원은 계약이행에 필요한 기간 등에 비추어 계약을 체결한 연도내에 당해 예산을 전액 집행할 수 없는 경우로서 당해 예산의 사고이월(事故移越)이 불가피하다고 인정되는 때에는 계약을 체결한 연도내에 집행할 수 있는 금액을 한도로 선금을 지급하여야 하며, 지급하여야 할 선금중 미지급된 금액은 예산이 이월된 연도에 지급하여야 한다.

제4절 … 선급금 지급조건

발주자가 선급금을 지급하기 위해서는 계약체결시 채권확보조치, 선급금의 사용, 정산, 반환청구, 기타 필요한 사항 등과 같은 조건이 충족되어야 한다.

Ⅰ. 채권확보조치

1. 원 칙

계약담당공무원은 선금을 지급하고자 할 경우에는 계약상대자로 하여금 시행령 제37조 제2항의 규정에 의한 증권 또는 보증서를 제출하게 하여야 한다.

2. 예 외

국가, 지방자치단체, 「공공기관의 운영에 관한 법률」에 따른 공공기관 중 공기업과 준정부기관, 특별법에 의하여 정부가 보호 육성하는 법인으로서 정부가 출연한 법인, 「농업협동조합법」에 의한 조합 및 그 중앙회, 「수산업협동조합법」에 의한 어촌계 · 수산업협동조합 및 그 중앙회, 「산림조합법」에 의한 조합 및 그 중앙회 또는 「중소기업협동조합법」에 의한 중소기업협동조합 및 그 중앙회와 계약을 체결한 경우에는 증권이나 보증서를 제출하지 않아도 된다.

이 경우에는 제37조의 규정에 의하여 반환 사유가 발생한 때에 계약상대자로 하여금 선금잔액에 해당하는 금액을 현금(체신관서 또는 「은행법」의 적용을 받는 금융기관이 발행한 자기앞수표를 포함한다)으로 반납할 것을 보장하기 위하여 그 지급을 확약하는 내용의 문서를 제출하게 하여야 한다.

3. 약정이자

계약담당공무원이 채권확보조치를 하는 경우 보증 또는 보험금액은 선금액에 그 금액에 대한 보증 또는 보험기간에 해당하는 약정이자상당액 [사유발생 시점의 금융기관 대출평균금리(한국은행 통계월보상의 대출평균금리)에 의하여 산출한 금액을 말한다]을 가산한 금액 이상으로 하여야 한다.

선급금을 정산하였을 때에는 계약상대자의 요청에 의하여 당해 선금잔액(선금액에서 제36조의 규정에 의한 선금정산액을 공제한 금액을 말한다. 이하 같다)에 당해 약정이자상당액을 가산한 금액을 기준으로 채권확보조치를 할 수 있다.

보증 또는 보험기간의 개시일은 선금지급일 이전이어야 하며 그 종료일은 이행기간의 종료일 다음날부터 60일이상(제33조제1항제2호 후문의 규정에 의한 경우는 30일이상)으로 하여야 한다. 다만, 계약담당공무원이 그 이행기간을 연장하고자 할 경우에는 계약상대자로 하여금 당초의 보증 또는 보험기간에 그 연장하고자 하는 기간을 가산한 기간을 보증 또는 보험기간으로 하는 증권 또는 보증서를 제출하게 하여야 한다.

II. 선급금의 사용 및 정산

1. 선급금의 사용

계약담당공무원은 선금을 지급하고자 할 때에는 당해 선금을 계약목적달성을 위한 용도 이외의 다른 목적에 사용하게 할 수 없으며, 노임지급 및 자재확보에 우선 사용하도록 하여야 한다.

계약담당공무원은 지급된 선금이 노임지급이나 자재확보 용도로 사용되었는지 여부를 확인하기 위하여 선금전액 사용시에는 계약상대자로 하여금 사용내역서를 제출하게 하여야 한다.

이때, 계약상대자가 사용내역서를 거짓으로 고지(告知)할 수도 있는 바, 보증계약에서 선급금의 액수와 그 지급방법 및 선급금이 정하여진 용도로 실제 사용될 것인지 여부 등은 계약상 중요한 사항으로서 조합원 등이 이를 거짓으로 고지하는 것은 공제조합에 대한 기망행위(欺罔行爲)에 해당할 수 있고, 기망행위에 해당하는 경우 공제조합은 민법의 일반원칙에 따라 그 보증계약을 취소할 수 있는 것으로 볼 수 있음을[73] 참작하여야 한다.

선금을 전액 정산하기 이전에는 계약에 의하여 발생한 권리의무를 제3자에게 양도해서는 안된다.

2. 선급금의 정산

선금은 기성부분 또는 기납부분의 대가 지급시마다 다음 방식에 의하여 산출한 선금정산액 이상을 정산하여야 한다.

$$\text{선금정산액} = \text{선금액} \times \frac{\text{기성(또는 기납)부분의 대가상당액}}{\text{계약금액}}$$

Ⅲ. 선급금의 반환청구

선금을 지급한 후 다음에 해당하는 경우에는 당해 선금잔액에 대해서 계약상대자에게 지체없이 그 반환을 청구하여야 한다. 다만, 계약상대자의 귀책사유에 의하여 반환하는 경우에는 당해 선금잔액에 대한 약정이자상당액을 가산하여 청구하여야 한다.

1. 계약을 해제 또는 해지하는 경우
2. 선금지급조건을 위배한 경우
3. 사고이월 등으로 반환이 불가피하다고 인정하는 경우

73) 대법원 2002. 11. 26. 선고 2002다34727 판결【보증금】[공2003.1.15.(170),208]

이자상당액의 계산방법은 매일의 선금잔액에 대한 일변계산에 의하며, 계산기간은 반환시까지로 한다.

선급금 반환청구시 기성부분에 대한 미지급액이 있는 경우에는 선금잔액을 그 미지급액에 우선하여 충당하여야 한다.

선금과 관련하여 몇 가지 쟁점이 발생할 수 있는 바, 이를 살펴보면 다음과 같다.

선금을 기성부분에 대한 미지급액에 우선 충당할 때 계약상대자의 의견을 구해야 하는지가 쟁점이 될 수 있는데, 이에 대해 법원에서는 선급금이 공사대금의 일부로 지급된 것인 이상 선급금은 별도의 상계 의사표시없이 그때까지의 기성고에 해당하는 공사대금에 당연 충당되고, 그래도 공사대금이 남는다면 그 금액만을 지급하면 되는 것으로 보며, 하도급자가 시공한 부분도 수급인의 기성으로 보고 있다[74].

공급계약(供給契約)에서 수수된 선급금에 부가가치세가 포함되어 있어 이에 관한 세금계산서를 발행받아 위 부가가치세 상당액을 매입세액(買入稅額)으로 환급받은 경우, 위 공급계약의 해제에 기한 원상회복으로 반환하여야 할 금액에서 그 환급세액을 공제함이 상당한 것으로 본다[75].

공동수급체의 구성원이 발주자에 대한 계약상의 의무이행에 대하여 연대하여 책임을 진다고 규정되어 있다고 하더라도, 도급계약의 내용에 선급금 반환채무 등에 관한 다른 구성원의 의무에 관하여는 명시적인 규정이 없고, 선급금에 관하여는 별도의 규정을 두어 그 반환채무의 담보 방법으로 수급인이 제출하여야 할 문서로서 보험사업자의 보증보험증권이나 건설공제조합의 지급보증서 등 그 담보력이 충분한 것으로 제한하고 있다면, 공동수급체의 각 구성원의 연대책임의 범위는 선급금 반환채무에까지는 미치지 아니한다고 봄이 상당하므로, 공동수급체의 구성원으로서는 특별한 사정이 없는 한 다른 구성원의 선급금 반환채무에 관하여는 책임을 부담하지 않는 것으로 본다[76].

선급금 반환에 관한 보증계약의 경우 보증인은 주채무자의 선급금 반환채무의 이행을 보증하는 것이므로 그 보증금 지급사유의 발생 및 범위에 관하여는 당해 보증의 대상으로 된 도급계약의 내용을 기준으로 판단하여야 할 것이므로 선급금의 충당 대상이 되는 기성공사대금의 내역을 어떻게 정할 것인지는 도급계약 당사자의 약정에 따라야 하는 것으로 본다[77].

74) 대법원 2007. 9. 20. 선고 2007다40109 판결【보증금】[공2007.10.15.(284),1636]
75) 대법원 2006. 4. 28. 선고 2004다16976 판결【보험금】[공2006.6.1.(251),908]
76) 대법원 2004. 11. 26. 선고 2002다68362 판결【보증채무금】[공2005.1.1.(217),12]
77) 대법원, 선고 2002다68362 판결

정부나 지방자치단체의 공사도급계약에 있어서는 선급금과 공사대금은 각 구성원별로 따로 따로 정산된다면, 이에 따라 공동수급체의 구성원은 다른 구성원이 반환하여야 할 선급금에 대하여 아무런 책임을 부담하지 아니하고, 다른 구성원의 지분비율에 해당하는 공사대금의 지급을 구할 아무런 권리가 없다 할 것이므로, 기성공사대금을 가지고 선급금을 반환하여야 할 구성원의 선급금을 충당함에 있어서는 그 공사대금 중 해당 구성원의 지분비율에 해당하는 금액에만 충당되는 것으로 본다[78].

다만, 「건설산업기본법」 및 「하도급 거래공정화에 관한 법률」에 의하여 하도급대금 지급보증이 되어 있지 않은 경우로서 회계예규 「공사계약일반조건」 제43조제1항의 규정에 의하여 하도급대가를 직접 지급하는 때에는 우선적으로 하도급대가를 지급한 후 기성부분에 대한 미지급액의 잔액이 있을 경우 선금잔액과 상계할 수 있다.

제5절 ... 개산급의 지급

Ⅰ. 개산급 지급방법

계약담당공무원은 계약금액조정 전에도 국고금관리법 시행규칙에 근거하여 기성대가를 지급할 수 있다.

이때 지급하는 기성대가를 개산급이라고 하며, 계약금액이 증액될 경우에는 당초 산출내역서를 기준으로 산출한 기성대가를 지급할 수 있고, 감액이 예상되는 경우에는 예상되는 감액금액을 제외하고 지급해야 한다[79].

계약상대자는 기성대가를 개산급으로 지급받고자 하는 경우에는 기성대가신청시 개산급 신청사유를 서면으로 작성하여 첨부하여야 한다.

Ⅱ. 개산액의 산정

국고금관리법령에 의한 개산급의 지급과 관련한 분쟁은 찾기 쉽지 않다. 개산금과 관련

78) 대법원 2001. 7. 13. 선고 99다68584 판결【채무부존재확인】[공2001.9.1.(137),1842]
79) 공사계약일반조건 제39조의2(계약금액조정전의 기성대가지급)(2008. 12. 29)

된 사항을 주로 산재보험료를 납부할 때 개산보험료 형태로 납부하게 되는데, 이와 관련하여 몇 가지 판례들이 있다. 이와 함께 아파트 재건축과 관련하여 건물 철거 및 신축과 관련하여 금액을 산정해야 하는 바 이때에도 개산금과 관련된 판결이 있으며, 이를 간략히 살펴보면 다음과 같다.

특히 집합건물의 경우 집합건물의 소유 및 관리에 관한 법률을 적용받는 바, 이 법률 제47조 제3항에 의하면 재건축결의를 할 때에는 건물의 철거 및 신건물의 건축에 소요되는 비용의 개산액과 그 분담에 관한 사항 등을 정하여야 한다고 규정하고 있다.

이 재건축비용의 개산액과 분담에 관한 사항은 구분소유자들로 하여금 상당한 비용을 부담하면서 재건축에 참가할 것인지, 아니면 시가에 의하여 구분소유권 등을 매도하고 재건축에 참가하지 않을 것인지를 선택하는 기준이 되는 것이므로 재건축결의에서 누락하여서는 아니 되는 것이기는 하나, 이를 정하는 방법은 재건축의 실행단계에서 다시 비용 분담에 관한 합의를 하지 않아도 될 정도로 그 분담액 또는 기준을 정하면 족한 것으로 본다[80].

여기에 재건축은 다양한 이해관계가 교차되어 의견통일이 쉽지 않고, 그 추진과정에서 추진계획이 변경되거나 좀 더 구체화될 수 밖에 없다는 점 등을 종합하여 보면, 판시와 같은 원고 조합의 재건축결의는 구분소유자들로 하여금 재건축결의에 참가할 지 여부를 결정하는 기준이 되기에 충분할 정도의 구체성을 갖추어 유효하다고 판단하였다.

이 재판에서 원고 조합의 재건축결의에 건물의 철거 및 신건물의 건축에 소요되는 비용의 개산액에 관하여 건축비, 감리비, 안전진단비, 인입공사, 조합운영비, 회계, 서무, 등기비용, 감정평가, 소송비용, 인허가비용, 부가가치세, 예비비 등을 항목별로 산출내역과 개산금액까지 정하여 둔 점, 각 조합원별 분담금 산출계산의 기준식을 명시하여 각 평형별로 조합원의 예상비용 분담액을 10,000원 단위까지 표시하여 둔 점, 상가에 대하여도 별도로 그 비용분담의 원칙을 구체적으로 규정하여 둔 것이 잘못된 것은 아닌 것으로 본다.

80) 대법원 2006. 2. 23. 선고 2005다19552,19569 판결【구분소유권등매도청구등】[공2006. 4.1.(247),482]

제 5 장

현장여건의 상이

공사도중 마주치게 되는 지하조건은 건설사업에 있어서 중요한 리스크중의 하나이다. 따라서 현장여건(現場與件)의 상이 조항은 건설계약의 경쟁력을 제고하고 경제성을 증가시키기 위해 오래 전부터 도입되어 왔다[81].

만약 입찰자에게 지하조건에 대한 전적인 책임을 부담하도록 하면, 입찰자는 과도한 지질조사를 하거나 자신에게 불리하게 작용할 수 있는 현장여건을 상쇄할 수 있는 비용을 공사비에 포함시키게 될 것이다.

마찬가지로 발주자도 시공자를 선정하기 위한 입찰을 하기 전에 지하조건으로 인한 비용을 설계가에 반영하고자 할 것이다. 따라서 대부분의 발주자는 입찰하기 전에 현장설명을 하면서 자신이 보유하게 된 정보를 입찰자에게 제공하게 되고, 현장설명시 정보를 제공받은 입찰자는 예상치 못한 조건으로부터 발생될 수 있는 위험으로부터 보호받게 된다.

예전에는 건설사업을 이행하더라도 지표면 위에서 이루는 작업이 주종을 이뤘기 때문에 지하조건에 대해 그다지 심각하게 다루지 않았다.

그러나, 오늘날 건설장비의 발달 및 도심지의 지가앙등 등으로 인해 대심도 지하공간을 활용하는 사례가 증가하게 되었고, 이러한 사실은 지하조건의 변경으로 인해 발생되는 문제를 일반적인 설계변경과 분리하는 결과를 초래하게 되었다.

현장여건의 상이와 관련하여 계약문서에서 보편적으로 사용되는 용어는 국가마다, 계약문서마다 조금씩 상이하지만 근본내용에는 큰 차이가 없다.

81) Richter, Irv and Mitchell, Roy, 『Handbook of Construction Law and Claims』, Reston Publishing Company, INC, A Prentice Hall Company, Reston Virginia, 1982, p.146

우리나라에서는 지질, 용수 등의 상태로 현장상태가 설계서와 상이한 경우로 표현하고, 일본은 공사현장의 형상, 지질, 용수 등의 상태, 시공상의 제약 등 설계도서에 제시된 자연적 또는 인위적인 시공조건과 실제 공사현장의 불일치로 표현한다.

FIDIC에서는 Unforeseeable Physical Conditions로 표기하며, 미국에서는 Con cealed Conditions[82], Changed Conditions 또는 Differing Site Conditions("DSC")로 표기하고 있다.

본 장에서는 현장여건의 상이와 관련하여, 미국 연방정부 계약에서 다양하게 정립된 이론과 실제 사례를 살펴보고, 일본, FIDIC, 우리나라의 계약조항 내용을 비교하면서 살펴보고자 한다.

제1절 ··· 미 국

Ⅰ. 연방조달규정 52.236-2(1984)

현재 미국의 연방조달규정(Federal Acquisition Regulation) 52.236-2 상이한 현장조건(Differing Site Conditions) (Apr. 1984)에서는 다음과 같이 규정하고 있다.

F.A.R 52.236-2 Differing Site Conditions (Apr. 1984)

(a) The Contractor shall promptly, and before the conditions are disturbed, give a written notice to the Contracting Officer of-
  (1) Subsurface or latent physical conditions at the site which differ materially from those indicated in this contract; or
  (2) Unknown physical conditions at the site, of an unusual nature, which differ materially from those ordinarily encountered and generally recognized as inhering in work of the character provided for in the contract.

(a) 시공자는 즉시, 조건이 방해받기 전에, 계약담당공무원에게 다음의 사항을 통지해야 한다.
  (1) 계약에 규정된 것과 본질적으로 다른 부지내에서의 지하조건 또는 합리적인 조사를 하더라도 알 수 없는 감추어진 조건; 또는

82) AIA A201 General Condition 12.2.1 Concealed Conditions

(2) 계약에서 제공되는 작업에 내재된 것으로 일반적으로 인식되고 통상적으로 직면하게 되는 본질적으로 다른 것으로 비정상적인 부지내에서의 알려지지 않은 물리적 조건

(b) The Contracting Officer shall investigate the site conditions promptly after receiving the notice. If the conditions do materially so differ and cause an increase or decrease in the Contractor's cost of, or the time required for, performing any part of the work under this contract, whether or not changed as a result of the conditions, an equitable adjustment shall be made under this clause and the contract modified in writing accordingly.

(b) 계약담당공무원은 통지를 접수한 후 즉시 현장조건을 조사해야 한다. 현장조건이 본질적으로 다르고 본 계약에 따라 작업의 일부를 이행하는데 있어 시공자의 비용 또는 요구되는 기간을 증감시킨다면, 조건의 결과에 따라 변경되든 되지 않든, 적절하게 조정되어야 하고 그에 따라 계약은 문서로 수정되어야 한다.

(c) No request by the Contractor for an equitable adjustment to the contract under this clause shall be allowed, unless the Contractor has given the written notice required; provided, that the time prescribed in paragraph (a) of this clause for giving written notice may be extended by the Contracting Officer.

(c) 시공자가 요구되는 문서통지를 하지 않는 한, 시공자는 본 절에 따른 계약의 합리적인 조정을 할 수 없다; 단, 문서통지를 규정하는 본 절 (a)항에 명시된 기간은 계약담당공무원에 의해 연장될 수도 있다.

(d) No request by the Contractor for an equitable adjustment to the contract for differing site conditions shall be allowed if made after final payment under this contract.

(d) 본 계약에 따라 최종대가가 지급되었다면 시공자는 현장여건상이에 대하여 적절하게 조정하도록 요구할 수 없다.

이 조항이 정립되기 전에 미국 연방계약에서는 Changed Conditions라 불리워졌으며, 민간계약에서는 현재도 이와 같은 이름으로 사용되는 경우가 있다.

일반적으로 Changed Conditions는 계약이행 이전에 존재한 물리적인 조건중 알려지지 않았거나 잘못 표기된 것에 한하였고, Constructive Changes는 발주자의 문서상의 지시인 공식적 변경지시(Formal Change Order) 발급없이 작업지시를 받았을 때 시공자에게 추가비용 청구권을 부여하는 것이므로 양자에는 차이가 있다[83].

83) USA *Case, Dodson Electric Co.*, ASBCA 5280, 59-2 BCA 2342, *Lee Hoffman v. United States*, 340 F. 2d 645(Ct.Cl 1964)

현재의 조항으로 정립되기 전 연방조달규정은 다음과 같이 표기하고 있었다.

미국 연방조달규정 Changed Conditions (1968. 2. 1)[84)]

... (a) The contractor shall promptly, and before such conditions are disturbed, notify the Contracting Officer in writing of:

(1) subsurface or latent physical conditions at the site differing materially from those indicated in the contract, or

(2) unknown physical conditions at the site, of an unusual nature, differing materially from those ordinarily encountered and generally recognised as inherent in work of the character provided for in this contract.

The Contracting Officer shall promptly investigate the conditions, and if he finds that such conditions do materially so differ and cause an increase or decrease in the contractor's cost of, the time required for, performance of any part of the work under this contract, whether or not changed as a result of such conditions, an equitable adjustment shall be made and the contract modified in writing accordingly.

위의 계약조항과 관련하여 1970년 미국정부와 Foster 시공사 사이의 송사[85)]가 발생하였으며, 송사결과 현재와 같은 조항으로 정립되었으며, 송사의 내용은 다음과 같다.

***Foster Constr. C.A v. United States,* 193 Ct. Cl. 587, 435 F.2d 873(1970)**

"The purpose of the changed conditions clause is thus to take at least some of the gamble on subsurface conditions out of bidding. Bidders need not weigh the cost and ease of making their own borings against the risk of encountering an adverse subsurface. And they need not consider how large contingency should be added to the bid to cover the risk. They will have no windfalls and no disasters. The government benefits from more accurate bidding, without inflation for risks which may not eventuate. It pays for difficult subsurface work only when it is encountered and was not indicated in the logs."

84) Richter, Irv외 1인(1982), 앞의 책, p.148

85) USA Case, *Foster Constr. C.A v. United States*, 193 Ct. Cl. 587, 435 F.2d 873(1970) : 재인용 Cibinic, John and Nash, Ralph, 『Administration of Government Contract』, The George Washington University, 3rd Ed, 1995, p.488

> "변경된 조건을 둔 목적은 입찰시 지하조건의 위험성을 최소화하기 위해서이다. 입찰자는 자신이 직면하게 될 악 지하조건의 위험성을 줄이기 위해 스스로 보링을 실시하여 투입된 비용과 편익을 심사숙고할 필요가 없다. 그리고 입찰자들이 그러한 위험을 부보받기 위해 얼마만큼의 비용을 고려해야 하는지도 생각할 필요가 없다. 입찰자들은 어떠한 횡재나 위험도 가지지 못할 것이다. 정부는 어떠한 위험이 일어나지 않을 것인지에 대한 인플레이션을 고려할 필요없이, 훨씬 정확한 입찰로부터 이익을 획득한다. 이 조건은 변경된 상황이 직면했을 때 어려운 지하공사를 수행하기 위한 것이고 기록지에 표시되어 있지 않다."

DSC조항과 관련하여 미국건축사협회(AIA)의 1976년판, 1987년판, 1984년 미국연방조달규정의 내용을 간략히 비교하면 몇 가지 점에서 차이가 있으며, 그 내용을 요약하면 다음과 같다.

표 1 … 미국 AIA 및 연방조달규정의 DSC 조항 비교

구 분	AIA A201 1976	AIA A201 1987	FAR 1984
통지요건	변경된 조건을 처음 발견한 날로부터 20일 이내에 그 사실을 통지	변경된 조건을 처음 발견한 날로부터 21일 이내에 그 사실을 통지	즉시 통지(give notice promptly)
통지유형	시공자가 계약금액 증액요청시에는 반드시 문서로 통지해야 함	시공자가 계약금액 증액요청시에는 반드시 문서로 통지해야 함	시공자가 반드시 문서로 통지해야 함
적용조건	Type 1 : 계약문서와 차이(variance)가 있는 것 Type 2 : 작업에 내재되어 있거나 정상적인 조건과는 본질적으로 다를 것(differ mater ially)	Type 1 : 계약문서와 본질적으로 차이(differ materially)가 있는 것 Type 2 : 작업에 내재되어 있거나 정상적인 조건과는 본질적으로 다를 것(differ mater ially)	Type 1 : 계약문서와 본질적으로 차이(differ materially)가 있는 것 Type 2 : 작업에 내재되어 있거나 정상적인 조건과는 본질적으로 다를 것(differ mater ially)
구제조치	설계변경에 의해 적절하게 계약금액조정	건축사는 적절하게 조정시 기간과 금액을 증감할 수 있음	계약담당공무원은 적절하게 조정해야 함(equitable adjustment)
상황발생시 시공자 조치	당해공사의 이행 전에 반드시 통지해야 함	조건이 훼손되기 전에 반드시 통지해야 함	조건이 훼손되기 전에 반드시 통지해야 함

II. 본 조항에 적용되는 일반원칙

현재의 연방조달규정 조항은 현장여건의 상이를 두 가지 유형으로 구분하고 있다.

첫째, 계약에서 정해진 것과 달리 현장의 지하조건(Subsurface) 또는 잠재적(Latent), 물리적 조건(Physical Conditions)이 발생(통상 Type I이라 칭한다)

둘째, 일반적으로 인정되면서 통상적으로 직면하게 되는 것과는 실질적으로 상이하고 알려지지 않은 물리적 조건(Unknown Physical Conditions)이 발생(통상 Type II라 칭한다)

1. 계약체결전 조건 선 반영(Condition must predate Contract)

미국에서 현장여건의 상이와 관련된 조항을 얼핏 보면 사상(事象)의 발생시기와 관계없이 시공자가 계약이행중에 마주치게 되는 특정한 조건을 지칭하는 것으로 보이지만, 사법부의 판단이나 계약해석시에는 그다지 넓은 범위로 해석하고 있지는 않다.

일반적으로 받아들여지고 있는 의미는 "계약체결할 당시 존재하고 있는 조건을 의미하는 것이고 그 이후에 발생하는 사항에 대한 것은 아니다"라는 것이다[86]. 실제로 1942년에는 계약이행중 발생한 홍수에 의해 발생한 조건에 대해 현장여건의 상이를 근거로 복구하는 것을 거절하였다[87].

이때까지만 해도 미국 법원이나 계약상소위원회(Contract Appeals Boards)에서는 조건들이 DSC에 반영되어야 하는 특정한 시점, 예를 들어 입찰공고 시점인지, 입찰서제출 시점인지, 낙찰자통지 시점인지, 계약체결 시점인지 등과 같은 정확한 시점을 제시하지는 못하였다.

2. Subsurface와 Latent 의미

"Subsurface"는 지하조건을 포함하는 개념이고, "Latent"는 합리적인 현장조사를 통해서도 알 수 없는 감추어진 조건을 의미한다.

예를 든다면, 지하조건에 포함되는 개념은 계약에 명시되지 않은 거대한 바위의 출현[88],

86) USA Case, *John Mcshain, Inc. v. United States*, 179 Ct. Cl. 632, 638, 375 F.2d 829(1967)
87) USA Case, *Arundel Corp. v. United States*, 96 Ct. Cl. 77(1967)
88) USA Case, *E. Arthur Higgins*, AGBCA 76-128, 79-2 BCA ¶14,050

도면에 명기된 토지(호수면적을 포함하여 토지로 환산)와 가용토지(호수면적제외) 면적 상이[89], 정부의 시추 결과에 나타나지 않는 경암의 출현[90], 작업이 불가능한 작업장 구덩이설계[91], 정부에서 제공한 시추결과보다 풍화도가 훨씬 심한 경우[92] 등을 들 수 있다.

그리고 기존 건물의 습기를 제거하기 위해서는 전체 지붕을 제거해야 하지만 실제로는 1/3만 제거하도록 설계에 반영한 경우[93], 방수공사를 위해 수리해야 하는 지붕의 물 존재를 잘못 표기한 경우[94], 천장속에 숨겨진 급배기 덕트(Air Duct)의 존재를 잘못 표기한 경우[95], 토양의 배수특성과 관련하여 함수량을 잘못 표기한 경우[96] 등은 Latent 조건으로 판단되었다.

3. 물리적인 조건(Physical Conditions)

물리적이란 의미는 작업현장의 조건에 국한하고 있다. 즉, 이는 시공자의 노력을 증가시키는 물리적인 힘을 포함하는 것으로 간주되지는 않는다. 이는 물리적인 특성을 의미하는 것이며, 경제적, 정치적 또는 정부조치 등과는 관계가 없는 것이다.

따라서 노동력의 부족, 자재비 상승, 정부지침의 변경 등의 사항은 본 조항에 따라 보상대상이 되지 않으며, Utility Line, 인도, 고속도로 등과 같은 인위적인 시설물의 표기잘못(Misrepresentation)으로 인한 사항은 클레임 대상이 된다.

4. 부지내에서(At the Site)

부지 또는 현장이라는 용어는 DSC 조항을 적용하는데 있어서 매우 중요한 요소이다. 즉, 현장접속도로나 채석장 등과 같은 사항도 DSC에 포함되느냐가 쟁점이 되었다.

실제로도 법원에서는 계약에 채석장이 별도로 언급되어 있지 않기 때문에 채석장은 계약의 목적을 달성하기 위한 부지라고 보기 어렵다는 판결을 내리기도 했다[97]. 그러나 이 판결

89) USA Case, *Cotrell Engineering Corp.*, Eng. BCA 3964, 4177, 80-1 BCA ¶14,127
90) USA Case, *Baltimore Contractors, Inc.*, GSBCA, 4808R, 80-2 BCA ¶14,676
91) USA Case, *Mann Construction Co., Inc.*, AGBCA 76-109, 80-2 BCA ¶14,674
92) USA Case, *Slattery Associates, Inc., Eng.* BCA 3922, 80-2 BCA ¶14,489
93) USA Case, *Kramer, Inc.*, ASBCA 23820, 80-2 BCA ¶14,465
94) USA Case, *Fermin O. Gonzalez*, ASBCA 21421, 80-1 BCA ¶14,254
95) USA Case, *Joseph Morton Co., Inc.*, GSBCA 4166, 80-2 BCA ¶14,771
96) USA Case, *Southern paving Corp.*, AGBCA 74-103, 77-2 BCA ¶12,813
97) USA Case, *L.G. Everist, Inc., v. United States*, 231 Ct. Cl. 1013(1982)

은 그 지역이 시공자의 계약이행으로 부지의 일부가 되는지, 또는 그 지역이 현장에 있지 않다는 사실에도 불구하고 보상받을 수 있는지 여부에 대해서는 다루지 않고 있기 때문에 판결이 명확하지 않다는 지적이 있었다.

이후 현장조사(Site Investigation)조항이 포함된 계약에서, 계약위원회에서는 부지를 둘러 싼 부근까지 부지에 포함된다는 판결을 내렸다[98].

5. 본질적으로 다를 것(Differing materially)

보상받을 수 있는 조건이 되기 위해서는 공사도중 직면하게 될 것과 본질적으로 달라야 한다는 조항과 관련해서는 많은 다툼이 없었다.

그러나, 법원과 위원회는 보상받기 위해 시공자가 발생한 사실과 다른 점을 증거자료로 제시하도록 하고 있다. 이러한 입증작업 내용은 당초 예상했던 작업보다 실제 작업이 많았다는 것을 입증하는 문서가 될 수도 있다.

실제로 시공자가 지붕철거 작업을 하면서 당초 예상했던 상태가 아니었으므로 추가 작업이 소요되었다고 주장하였고, 위원회에서는 정상적인 상태에서 사용하려 했던 작업방법이 합리적이었고, 변경된 상태의 조건에 따라 특별한 방법을 사용할 수 밖에 없었다고 하면서 이 조건은 본질적으로 다르다고 하였다[99].

이와 같은 판결을 볼 때, 시공자의 비용이 추가되었는지가 주요 쟁점사항 중의 하나가 된다. 실제로 대부분의 송사에서 시공자는 변경된 조건을 극복하는데 자신이 투입한 노력이 증가되었다는 사실을 보여줌으로 인해 본질적으로 다른 사실을 보여주고 있다[100].

시공자는 법원이나 위원회에서 자신이 직면한 조건이 당초 예상했던 조건과 달라 작업하는데 지장이 있었다는 사실(Impact)을 보여주어야 한다.

따라서 본질적으로 다르다는 의미는 시공자가 작업을 이행하는데 있어서 비용과 기간에 확실하게 영향을 주는지 여부의 관점에서 검토되어야 한다[101].

---

98) USA Case, *Praxix-Assurance Venture*, ASBCA 24748, 81-1 BCA ¶15,028
99) USA Case, *Wall Street Roofing*, VACAB 1373, 81-2 BCA ¶15,417 및 *Southern roofing & Petroleum Co.*, ASBCA 12841, 69-1 BCA ¶7599.
100) Cibinic, John and Nash, Ralph,(1995), 앞의 책, p.497
101) Richter, Irv외 1인(1982), 앞의 책, p.150

Ⅲ. Type I(또는 Category I)

연방조달규정 FAR 52.236-2(a)(1)은 현장에 당초 계약에서 지시된 것과 본질적으로 다른 지하부분 또는 잠재적 부분의 물리적 조건으로 규정하고 있다.

처음에 BCA(Board of Contract Appeals)에서는 Type I이 Category I으로도 불리며, 이와 관련하여 시공자가 승소하기 위해서는 앞에서도 살펴본 바와 같이 1970년 Foster 시공사와 연방정부와의 송사에서 다음과 같은 사항을 보여줘야 한다고 하였다.

첫째, 지하조건 또는 합리적으로 조사해도 알 수 없는 물리적인 조건일 것(A subsurface or latent physical condition)

둘째, 현장에 위치할 것(Located at the site)

셋째, 현장의 사항이 계약문서에 명시된 것과 본질적으로 다를 것(That is materially different from those indicated in the contract documents)[102)]

결국 BCA와 법원에서는 앞에서 분석된 내용을 충분히 설명하기 위해 다음과 같은 사항을 요구하게 되었다.

첫째, 현장의 실제조건이 계약문서에 명시된 것과 본질적으로 다를 것(Actual conditions at the site differing materially from those indicated in the contract)

둘째, 그러한 사항은 현장조사와 입찰 전 계약검토에서 확인될 수 없을 것(Which conditions could not been ascertained by a site investigation and a pre-bid review of the contract)

셋째, 계약의 해석사항에 대해 시공자가 신뢰할 것(The contractor' s reliance on its interpretation of the contract)

넷째, 손해가 있을 것(Damage)[103)]

가장 최근에 BCA에서는 Type I 클레임을 검토할 때 다음과 같은 6가지 요소를 살펴보아야 하는 것으로 하였다. 이러한 사항은 앞에서 살펴본 사항보다 훨씬 정제되어 있지만 부수적으로 추가한 사항은 없다.

---

102) USA Case, *Foster Constr. C.A v. United States*, 193 Ct. Cl. 587, 435 F.2d 873(1970)

103) USA Case, *Brechan Enters, Inc., v. United States*, 12 Cl. Ct. 545(1987)

첫째, 계약문서는 단정적으로 클레임의 근거가 되는 지하조건 또는 합리적으로 조사해도 알 수 없는 조건을 명시할 것(Contract documents affirmatively indicate the subsurface or latent conditions forming the basis for the claim)

둘째, 시공자는 계약문서를 해석할 때 합리적이고 신중하게 행동했을 것(The contractor must have acted as a reasonable and prudent contractor in interpreting the contract documents)

셋째, 시공자는 계약에 규정된 지하조건 또는 합리적으로 조사해도 알 수 없는 조건을 신뢰하였을 것(The contractor must have relied on the indications of the subsurface or latent conditions in the contract)

넷째, 현장에서 실제로 발견된 지하조건 또는 합리적으로 조사해도 알 수 없는 조건은 계약문서의 내용과 본질적으로 다를 것(The subsurface or latent conditions actually encountered at the site must materially differ from the contract indications)

다섯째, 발견된 실제 조건은 합리적으로 예측할 수 없었을 것(The actual conditions encountered must have been reasonably unforeseeable)

여섯째, 클레임으로 제기된 금액은 전적으로 본질적으로 다른 지하조건에 기인할 것(The cost claimed must be solely attributable to materially different subsurface conditions)[104)105)]

다음은 위에서 지적한 6가지 사항에 대하여 쟁점이 되는 부분을 살펴보고자 한다.

1. 현장상태의 단정적 표시(Affirmative Indication of Differing Site Condition)

현장상태를 계약문서에 표시하는 방법은 명시적 표시(Express Indication)와 묵시적 표시(Implied Indication)로 구분할 수 있는데, 현장상태의 표시와 관련하여 실무에서는 다양한 송사가 발생하였다.

명시적 표시와 관련하여 시공자가 제기한 몇몇 클레임 및 송사결과를 보면 다음과 같다.

104) USA Case, *Simpson Constr.* Co., VABCA No. 3176, 91-1 BCA(CCH) ¶23,630 at 118, 390(1990) : Robert F. Cushman, David R. Tortorello, 『Differing Site Condition Claims』, John Wiley&Sons, Inc., 1992, pp.148~149

105) USA Case, *Weeks Dredging & Contracting, Inc., v, United States*, 13 Cl. Ct. 193(Fed. Cir. 1987)

첫째, 계약문서에는 모래와 자갈이라고 명시하였지만 현장에서 바위가 발견된 경우[106)]

둘째, 계약문서에는 잔디 배수시스템만 있다고 명시하였지만 현장에서 전선, 대형 나무 뿌리, 바위, 콘크리트, 파이프시설 들이 발견된 경우[107)]

셋째, 계약문서에는 지하수압(Artesian Pressure)과는 문제가 없다고 명시하였으나, 현장에서 지하수압으로 인해 문제가 발생한 경우[108)]

앞에서 살펴본 것과 약간 상이한 송사들도 발생하였는데, 계약문서에는 명시하지 않았지만 현장에서 발견된 경우이다.

첫째, 지하의 콘크리트 구조물을 설계도면에 표기하지 않은 것은 지하에 어떠한 장애물도 존재하지 않는 것이라고 시공자에게 합리적으로 표시한 것[109)]

둘째, 시방서에서 "Running Ground"를 제외하고 토양의 종류를 명시한 것은 현장에서 "Running Ground"가 발견되지 않을 것이라는 것을 표시한 것[110)]

셋째, "Soil Toughness"가 표시되지 않은 것은 토양이 "Tough"하지 않다는 것을 묵시적으로 보장하는 것은 아니다[111)].

넷째, 주관은 석면을 포함하는 관이라고 표기한 것은 모든 관이 석면을 포함한다고 표기한 것은 아니다[112)].

이상과 같이 계약문서에 표시하였으나 다른 사실이 발견되었을 때, 계약문서에는 표시하지 않았으나, 어떤 사실이 발견되었을 때에는 미국에서 명시적 표시(Expressed Indication)로 인한 클레임으로 처리되어 왔다.

명시적 표시로 인한 클레임은 그나마 이해하기 쉽지만 묵시적 표시(Implied Indication)로 인한 클레임은 계약의 해석문제와 관계되기 때문에 처리하기가 훨씬 까다롭다.

묵시적 표시와 관련하여 발생된 몇몇 클레임 및 송사의 예를 들면 다음과 같다.

첫째, 일정 규모와 골재의 형태를 요구하는 제방을 설계하고, 골재의 생산을 위한 채석장을 설계하였다면, 채석장이 건설사업을 수행하는데 필요한 충분한 량의 골재를

106) USA Case, *Dunbar & Sullivan Dredging Co.*, ENGBCA 3165, 73-2 BCA ¶10,285
107) USA Case, *Dawco Constr., Inc., v. United states*, 18 Cl. Ct. 682(1989)
108) USA Case, *Ilbau Constr., Inc.*, ENGBCA 54665, 92-1 BCA ¶24,476
109) USA Case, *Rottau Elec. Co.*, ASBCA 20283, 76-2 BCA ¶12,001
110) USA Case, *Shank-Artukovich v. United States*, 13 Cl. Ct. 346 (1987)
111) USA Case, *Servidone Constr. Co. v. United States*. 19. Cl. Ct. 346 (1990)
112) USA Case, *Schumate Constructors, Inc.*, VABCA 2772, 90-3 BCA ¶22,946

공급해야 하는 것으로 정부(발주자)에서 정보를 제공한 것이라고 암시하는 것[113)]

둘째, 설계도면은 계약 요구조건내에서 굴토작업은 가능하다는 것을 암시하는 것[114)]

셋째, 계약조항에서 폭파를 금지하고 있다면 폭파작업은 없다는 것을 암시하는 것[115)]

넷째, 토양 액성한계(Soil Liquid Limits)를 명시하지 않았다면 추가 노력없이 시방서에 따라 토양이 다져질 수 있다는 것을 암시한 것[116)]

다섯째, 시방서에 중장비를 활용하는 것으로 명시하였다면 실트(Silt)질 토양은 중장비의 무게를 지탱할 만큼 충분히 안정되어 있다는 것을 암시하는 것[117)]

여섯째, 드릴(Drill)작업을 명시하였다면 어려움 없이 드릴로 천공할 수 있는 일정두께의 천공재료가 있고, 석회석과 같은 물질은 없다는 것을 암시한 것[118)]

일곱째, 긁어서 토양을 청소하는 것으로 시방서에 명시한 것은 끈적끈적한 진흙(Muck)이 현장에 없다는 것을 암시하는 것[119)]

이상과 같이 현장상태를 명시적, 묵시적으로 표시하는 것과 관련하여 다양한 클레임이 제기되고 송사가 진행되어 왔다. 이러한 풍부한 클레임과 송사는 현장여건의 상이조항에서 발주자의 표시가 어떤 의미를 지니는지 객관적으로 이해할 수 있게 하는 지표가 되고 있다.

2. 합리적으로 예측할 수 있을 것(Reasonably Unforeseeable)

Type I 조건이 지하조건 또는 합리적으로 조사해도 알 수 없는 조건이 되기 위해서는 시공자가 합리적으로 예측할 수 없었다는 사실을 보여주어야 한다. 이러한 사실은 보이는 것이 아니라 감추어져 있어야 한다는 것은 아니다.

계약문서나 현장을 합리적으로 조사(Reasonable Investigation)하더라도 발견될 수 없는 조건은 합리적으로 예측할 수 없는 것으로 간주된다.

합리적으로 예측될 수 없었던 사항과 관련된 몇 개의 클레임과 송사를 살펴보면 다음과 같다.

---

113) USA Case, *Stock & Grove, Inc. v. United States*, 204 Ct. Cl. 103, 493 F.2d 629 (1974)
114) USA Case, *J.F. Whalen*, ENGBCA 2859, 69-1 BCA ¶7,519
115) USA Case, *Bick-Com Corp.*, VACAB 1320, 80-1 BCA ¶14,285
116) USA Case, *Titan Atlantic Constr. Corp.*, ASBCA 23588, 82-2 BCA ¶15,808
117) USA Case, *S & M-Traylor Bros.*, ENGBCA 3878, 82-1 BCA ¶15,484
118) USA Case, *GIIS Corp.*, DOTCAB 1534, 85-1 BCA ¶17,810
119) USA Case, *Kinetic Builders, Inc.*, ASBCA 32627, 88-2 BCA ¶20,657

첫째, 시공자가 계약문서에 명시된 아스팔트 수량보다 훨씬 많은 수량을 제거함으로써 추가비용이 소요되었다면 시공자가 지하에 있는 아스팔트의 양까지 정확하게 예측하는 것이 가능하지 않다[120].

둘째, 수중 청소와 자재의 육안검사(Visual Inspection)는 시공자가 합리적으로 예측할 수 없는 것이다[121].

셋째, 지하조건 및 합리적으로 조사해도 알 수 없는 사항은 볼 수 없는 것이다[122].

넷째, 지표조건 및 경작 사실은 지하조건이나 합리적으로 조사해도 알 수 없는 사항이라고 볼 수 없다[123].

합리적으로 예측할 수 없는지 여부에 대하여 이상의 사항들과는 약간 상이하게, 예측해야 하는 시점을 입찰시점(At the Time of Bidding)으로 판결한 경우도 있었다[124][125].

3. 합리적으로 해석할 것(Reasonable Interpretation)

시공자는 Type I 클레임으로 인정받기 위해서는 계약문서를 합리적으로 해석하였다는 사실을 보여주어야 한다. 만약 시공자가 계약에서 주어진 데이터를 잘못 이해하거나 잘못 해석하였다면 클레임을 인정받지 못한다.

시공자가 계약문서를 합리적으로 해석하였는지 여부와 관련된 몇 개의 클레임 및 송사를 살펴보면 다음과 같다.

첫째, 계약도면에는 기름탱크의 설치 위치와 정확한 크기를 명시하였는데, 실제로는 오일탱크가 다양한 모양을 가져야 하는 것을 몰랐고, 시공자는 이러한 사실을 합리적으로 예측할 수 없었다고 주장하자 계약위원회에서는 주장을 거절하였다[126].

둘째, 계약도면에는 쓰레기 발생이 적어도 50%(at least 50%)으로 규정되었으나 시공자가 약 50%(about 50%)로 해석한 경우 합리적이지 못하다[127].

120) USA Case, *Dayton Constr. Co.*, HUDBCA 82-C34, 83-2 BCA ¶16,809
121) USA Case, *Gulf Constr. Group, Inc.*, ENGBCA 5850, 93-1 BCA ¶25,229
122) USA Case, *RJS Constructors, Inc.*, ENGBCA 5795, 93-3 BCA ¶26,038
123) USA Case, *Cannon Structures, Inc.*, AGBCA 90-207-1, 93-3 BCA ¶26,059
124) USA Case, *Mojave Enters. v. United States*, 3 Cl. Ct. 353 (1982)
125) USA Case, *Stuyvesant Dredging Co. v. United States*, 834 F.2d 1576(Fed Cir. 1987)
126) USA Case, *Meredith Constr. Co.*, DOTCAB 1548, 85-1 BCA ¶17.895
127) USA Case, *White & McNeil Excavating, Inc.*, IBCA 2448, 92-1 BCA ¶24,534

셋째, 석면 제거 경험이 있는 시공자가 석면이 포함된 재료 파이프 공사가 없다고 적극적으로 표시(Positive Representation)하지 않았다고 하면서 주장하는 것은 합리적이지 못하다[128].

넷째, 액성한계 상관곡선(Liquid Limit Corelation Curve)이 어떻게 만들어졌고, 무엇을 나타내는지를 이해하지 못한 상태에서 시공자가 이 곡선을 해석하였다면 합리적이지 못하다[129].

이상에서 보는 바와 같이 시공자가 합리적으로 해석하였다는 사실을 입증하기 위해서는 입찰과 관련된 제반문서(All Relevant Documents in the Solicitation)을 검토해야 한다. 시공자가 계약문서를 합리적으로 해석하였는지 여부와 관련하여 미국에서 다양한 송사가 있으며, 몇 개를 더 들면 다음과 같다.

첫째, 계약문서의 합리적 해석에 근거하지 않은 코어 보어링에 의한 경암 제거에 대한 시공자의 견적은 불합리하다[130].

둘째, 준설되는 물질은 실트뿐만이 아니라고 규정된 계약규정을 시공자가 선택적으로 무시한 상태에서 딱딱한 물질이 출현하였다고 하여 변경대상은 되지 않는다[131].

셋째, 현관문이 잠겨야 한다는 계약서 상의 의미를 건물 전체에 특별한 보안장치가 필요하다는 것으로 이해하였다면 합리적이지 못하다[132].

넷째, 시공자는 다른 계약문서에 표시하고 있는 균형점(Balance Point)이나 Borrow Information을 고려하지 않았기 때문에 입찰문서에 포함된 전체 굴토량에 근거하여 시공자가 견적하였다고 하더라도 합리적이지 못하다[133].

입찰시에는 극히 일부의 장소에 대한 보링만 실시되기 때문에 시공자는 전체 부지에 대하여 합리적인 추가보링을 실시해야 한다. 현실적으로 볼 때, 도로나 철도의 경우 지속적으로 차량이나 기차가 통행하게 되므로 모든 입찰자가 동일한 지점에서 추가보링을 할 수 없는 경우도 발생하게 된다.

이렇게 될 경우에는 별도로 처리해야 하겠지만 추가보링을 할 수 있음에도 실시하지 않

128) USA Case, *Shumate Constructors, Inc.*, VABCA 2772, 90-3 BCA ¶22,946
129) USA Case, *Servidone Constr. Co. v. United States*, 19 Cl. Ct. 346(1990)
130) USA Case, *M.A. Mortenson Co.*, ASBCA 31903, 90-1 BCA ¶22,313
131) USA Case, *Great Lakes Dredge & Dock Co.*, ENGBCA 5606, 91-1 BCA ¶23,613
132) USA Case, *Fire Sec. Sys., Inc.*, VACAB 3086, 91-2 BCA ¶23,743
133) USA Case, *Gerald Miller constr. Co.*, IBCA 2292, 92-2 BCA ¶23,829

아 발생된 문제에 대해서는 시공자가 책임을 벗어나기 어렵다. 발주자가 제공한 지질조사자료에 표시된 사항은 전체 부지의 지하에 동일하게 분포할 것이라고 가정하여 물량을 산출한 경우, 시공자의 가정은 합리적이지 못한 것으로 결정되었다[134].

그리고, 시공자는 자신이 제공한 조사결과가 명백하게 애매(Patent Ambiguity)하다면 계약문서를 합리적으로 해석한 것으로 보지 않는 경우가 많다[135].

4. 합리적으로 신뢰할 것(Reasonable Reliance)

Type I 클레임에서 합리적인 신뢰는 필수적인 요소이다. 계약에 표시된 사항을 시공자가 신뢰하지 않는 한 현장의 조건이 달라지더라도 시공자의 클레임은 성공하지 못하게 된다. 그리고 시공자가 계약 표시사항을 신뢰하지 않을 경우 계약으로부터 발생되는 손해를 당하지도 않을 것이므로 복구받을 수 없게 된다[136].

시공자가 계약에 표시된 모든 사항을 검토하지 않고 입찰한 경우 합리적으로 신뢰한 것으로 보지 않는다[137].

그리고 정부가 제공한 정보는 시공자의 정보에 대한 신뢰가 합리적인지 여부의 판단기준이 되었다. 그와 관련된 몇 개의 클레임과 송사를 살펴보면 다음과 같다.

첫째, 정부가 단지 참고자료(Guide)로 규정하여 제공한 과거자료에 의존하는 것은 합리적이지 못하다[138].

둘째, 시공자는 입찰금액을 정할 때 오류가 있는 정보가 사용되었다는 것을 보여줌으로 인해 복구받을 수 있다. 따라서 시공자는 입찰금액을 산정하는 데 있어서 충분한 증빙자료를 작성해야 한다[139].

셋째, 알래스카와 같은 극한지역에서 작업한 경험이 있는 시공자는 현재 주어진 계약도면에 별도의 명시가 없더라도 영구 동토지역을 만나게 될 것이라는 것을 예상했어야 한다[140].

---

134) USA Case, *Weeks Dredging & Contracting, Inc. v. United States*, 13 Cl. Ct. 193(Fed. Cir. 1988)
135) USA Case, *InsulGlass, Inc.*, ASBCA 33577, 89-3 BCA ¶22,033; *Beacon Constr. Co. v. United States*, 161 Ct. Cl. 1, 314 F.2d 501(1963) 등
136) USA Case, Robert F. Cushman, David R. Tortorello(1992) p.154 재인용
137) USA Case, Samford, Inc., DOTCAB 1457, 85-2 BCA ¶18,081; *P&M Cedar Prods., Inc.*, AGBCA 89-167-1,90-1 BCA ¶22,444 등
138) USA Case, *Massman Contracting Co. v. Inited States*, 23 Cl. Ct. 24 (1991)
139) USA Case, *Perini corp.*, ENGBCA 4735, 86-1 BCA ¶18,524
140) USA Case, *John Massman Contracting Co. v. United States*, 23. Cl. Ct. 24 (1991)

넷째, 계약문서에 무엇이라고 기재되어 있든 관계없이 현장에서 홍수가 발생된다는 조건을 알고 있었다면 시공자는 보상받지 못한다[141].

5. 조건에 기인한 비용(Costs Attributable to Condition)

시공자가 청구하는 초과비용은 현장여건의 상이와 관련해서만 발생된 것이어야 한다. 만약 시공자의 과실과 현장여건의 상이로 인한 사유가 혼합되었을 경우에는 그 비용은 신중하게 구분되어야 한다[142].

Ⅳ. Type II(또는 Category II)

지하 또는 합리적으로 조사해도 알 수 없는 물리적 조건과 관련하여 특정 계약에서 표시를 하지 않았더라도 시공자에게는 합리적인 비용을 보상받을 수 있는 권리가 주어진다.[143]

Type II에 해당하는 사항은 현장여건의 상이 조항에서 "of an unusual nature, which differ materially from those ordinarily encountered and generally recognized as inhering in work of the character provided for in the contract(계약에 규정된 작업에 내재되어 있는 것으로 인식되고, 정상적으로 직면하게 되는 것과 본질적으로 다른 비정상적인 상태)"로 기술하고 있다.

따라서 시공자는 특정 상태에 직면하게 되었을 때 알려지지 않았고, 예측할 수 없었으며 그리고 비정상적인 상태라는 것을 보여줘야 한다[144]. 따라서 미지조건(Unknown Condition), 예측불가 조건(Unforeseeable Condition), 비정상 조건(Unusual Condition)에 대해 살펴보고자 한다.

1. 미지조건(Unknown Conditions)

미지조건(未知條件)이란 시공자가 실시한 계약문서 검토로부터, 현장조사로부터, 그리고 일반적인 시공자의 경험이나 지식으로부터 합리적으로 기대될 수 없었던 어떤 상황을 의미

141) USA Case, *Spirit Leveling Contractors v. United States*, 19 Cl. Ct. 84 (1989)

142) USA Case, *Weeks Dredging & Contracting, Inc. v. United States*, 13 Cl. Ct. 193(Fed. Cir. 1988)

143) USA Case, Robert F. Cushman, David R. Tortorello, p.156

144) USA Case, *Lathan Co. v. United States*, 20 Cl. Ct. 122(1990)

한다. 계약에 기술되어 있다면 미지조건으로 볼 수 없다. 계약에 기술되어 있는데도 불구하고 제대로 검토되지 않았다면 보상의 대상에서 제외된다.

미지조건에 대해 다양한 클레임 및 송사가 있었으며, 몇 가지를 살펴보면 다음과 같다.

첫째, 이판암(Shale)이 지질조사 기록에 명시되어 있어 시공자가 볼 수 있었는데도, 이 판암이 미지조건이라고 주장하는 것은 합리적이지 못하다[145].

둘째, 계약도면에 여러 겹의 지붕널(Shingle)이 있었고, 시공자는 그러한 사실이 있다는 것을 주의 받았으므로 몰랐다고 주장하는 것은 합리적이지 못하다[146].

셋째, 시공자는 계약에서 주어진 데이터로부터 현장의 토질조건을 충분히 알고 있었으므로 몰랐다고 주장하는 것은 합리적이지 못하다[147].

넷째, 협상과정에서 그 사실이 있다고 주의받거나 받아야 하는 경우에는 시공자는 그 사실을 알게 된 것이므로 보상에서 배제된다[148].

2. 예측불가 조건(Unforeseeable Condition)

합리적인 현장조사에 의해 발견될 수 있는 사항이라면 예측불가능(豫測不可能)한 조건이 되지 않는다[149].

예측불가능성이란 당해 분야에 있어서 합리적인 시공자가 갖추어야 하는 표준이 되기도 한다. 그리고 현장조사라는 것은 시공자의 육안조사에 국한되는 것은 아니고 때로는 지역주민, 지역에 해박한 지식을 가진 시공회사까지 확대될 수도 있다.

예측불가 조건에 대해 다양한 클레임 및 송사가 있었으며, 몇 가지를 추가로 살펴보면 다음과 같다.

첫째, 현장조사 기간에 시공자가 배수시스템을 육안으로 관찰할 수 있었다면 시공자는 토사 등 이물질에 의해 측구(Culverts)가 막힐 가능성을 알아야 한다[150].

145) USA Case, *Youngdale & Sons Constr. Co. v. United Steates*, 27 Fed. Cl. 516 (1993)
146) USA Case, *B&M Roofing & Painting Co.*, ASBCA 26998, 86-2 BCA ¶18,833 recons. denied, 86-3 BCA ¶19,306
147) USA Case, *Titan Pacific Constr. Corp.*, ASBCA 24148, 87-1 BCA ¶19,626
148) USA Case, *Gulf Constr. Group, Inc.*, ENGBCA 5850, 93-1 BCA ¶25,229
149) USA Case, *Huntington Constr. Inc.*, ASBCA 33526, 89-3 BCA ¶22,150, recons. denied, 90-2 BCA ¶22,727
150) USA Case, *Betteroads Asphalt Corp.*, ASBCA 32417, 88-1 BCA ¶20,366

둘째, 보링채취샘플은 시공자에게 토양이 느슨한 다짐상태라는 것을 보여주는 것이다[151].

셋째, 현장조사를 할 때 산업계에서 일반적으로 행해지는 부착강도시험을 시공자가 실시하지 않았다면 코팅의 노후화는 예측불가한 사항이라 할 수 없다[152].

넷째, 단순한 육안조사만 있었더라면 다락방에 있는 장애물은 발견할 수 있는 것이다[153].

다섯째, 바닥 카페트가 비정상적으로 과접착된 채로 과도하게 평탄하지 않고 적재되어 있다면 시공자는 콘크리트바닥을 조사할 수 없는 것이다[154].

여섯째, 지역주민들에게 합리적으로 질문하여 알 수 있는 사항이라면 예측불가능한 사항은 아니다[155].

일곱째, 시공자가 해당 지역에 정통하고 경험있는 시공자로부터 정보를 구하지 못하였으므로 보상받지 못한다[156].

여덟째, 강력한 열기가 주어질 때 대부분의 페인팅된 표면은 가연성이기 때문에 페인트 도장된 학교 데크의 가연성을 몰랐다고 하는 것은 부당하다[157].

3. 비정상 조건(Unusual Condition)

비정상적인 조건(Unusual Conditions)은 정상적인 조건(Normal Conditions)을 근거로 하여 판단되어 왔다. 비정상적인 조건이란 현장의 물리적 특성에 국한되는 것이 아니고, 작업의 특성, 재료가 현저하게 정상상태와 다를 때도 해당된다.

또한 법령 등이 개정되기 이전 특정시점에 만들어진 건물이나 적용된 공법이 현장에서 발견되더라도 비정상적인 조건으로 인정받지 못하므로 시공자는 계약문서를 검토할 때 특정시점에 대한 정보를 파악할 필요가 있다.

또한 합리적으로 예상한 것보다 훨씬 높은 정도 또는 비율이 재료에 포함될 경우 비정상적인 것이 될 수 있으며, 이러한 경우에는 개별 사건을 통해 알 수 있다. 그리고 재료가 예상하지 못했던 방법으로 반응하여 비정상적인 상태가 되는 경우도 인정될 수 있다.

---

151) USA Case, *C&L Constr. Co.*, ASBCA 22993, 81-1 BCA ¶14,943, aff'd, 81-2 BCA ¶15,373
152) USA Case, *D.J. Barclay & Co.*, ASBCA 28908, 88-2 BCA ¶20,741
153) USA Case, *Fire Sec. Sys., Inc.*, VACAB 3086, 91-2 BCA ¶23,743
154) USA Case, *Yamas Constr. Co.*, ASBCA 27366, 86-3 BCA ¶19,090
155) USA Case, *Daymar, Inc.*, DOTBCA 77-13, 78-1 BCA ¶12,903
156) USA Case, *CCI Contractors, Inc.*, ASBCA 84-314-1, 91-3 BCA ¶24,225, aff'd, 979 F.2d 216(Fed. Cir. 1992)
157) USA Case, *Engineering Technology Consultants*, ASBCA 44912, 93-1 BCA ¶25,556

비정상 조건에 대해 다양한 클레임 및 송사가 있었으며, 인정되지 못한 몇 가지를 살펴보면 다음과 같다.

첫째, 현장의 토양은 북부 텍사스주 토양과 비교할 때 비정상적이라고 할 수 있다[158].

둘째, 해당 지역주민이나 비버에 의해 발생된 증가된 나무폐기물은 해당지역에서 충분히 예견될 수 있는 사항이다[159].

셋째, 조지아(Georgia)의 해변지역에서 조개껍데기 침대는 비정상적인 것은 아니다[160].

넷째, 지각의 융기(Soil Upheaval)은 잘 알려진 현상이다[161].

다섯째, 저수지(Reservoir) 근처에서 진흙토양이 발견된 것은 비정상적인 것이 아니다[162].

여섯째, 고도로 발달한 도시에서 우수처리관[163]이나 하수관[164]이 발견된 것은 비정상적인 것이 아니다.

일곱째, 고강도 콘크리트가 필요한 구조물에 사용되는 용접철근이 지하층 바닥에 설치된 것은 비정상적인 것이다[165].

비정상 조건에 대해 인정된 몇 가지 사항을 살펴보면 다음과 같다.

첫째, 시공자가 건물 내부에서 벽돌벽은 없을 것으로 예상하였지만 비내력 벽돌벽을 직면하였을 경우 비정상적이다[166].

둘째, 지하측구(Subterranean Culvert)에서 제트 연료와 수증기가 방출되었다면 비정상적이다[167].

셋째, 공사도중 엄청난 량의 거머리말(Eelgrass)을 직면하였다면 이는 비정상적이고 예측불가하다[168].

158) USA Case, *Servidone Constr. Co. v. United States*, 19 Cl. Ct. 346, aff'd, 931 F.2d 860(FED. Cir. 1991)
159) USA Case, *Jack Walser v. United State*, 23 Cl. Ct. 591 (1991)
160) USA Case, *J.A. Laporte, Inc.*, ENGBCA 5252, 88-3 BCA ¶ 20,953
161) USA Case, *Goodwin Contractors, Inc.*, AGBCA 89-148-1, 92-2 BCA ¶ 24,931
162) USA Case, *Fred A. Arnold, Inc.*, ASBCA 20150, 84-3 BCA ¶ 17,624
163) USA Case, *Kora & Williams Corp. v. General Serv. Admin.*, GSBCA 9270, 92-2 BCA ¶ 24,785
164) USA Case, *Baltimore Contractors, Inc. v. United States*, 12 Cl. Ct. 328 (1987)
165) USA Case, *P-B Eng'g Co.*, ASBCA 39041, 90-2 BCA ¶ 22,686
166) USA Case, *Hercules Constr.* Co., VABCA 2508, 88-2 BCA ¶ 20,527
167) USA Case, *W.S. Meadows Eng'g, Inc.*, ASBCA 32536, 88-2 BCA ¶ 20,616
168) USA Case, *Hydro Dredge Corp.*, ENGBCA 5305, 90-1 BCA ¶ 22,370

넷째, 공사도중 시공자가 예상한 것보다 과도한 물이 침투하였다면 이는 비정상적이다[169].

다섯째, 공사도중 엄청난 양의 진흙이 나왔다면 이는 비정상적이다[170].

여섯째, 진흙의 가소성(可塑性)이 예상했던 것보다 훨씬 크거나[171], 암반이 예상한 것과 달리 붕괴되거나[172], 모르터가 비정상적으로 굳었다면[173] 비정상적이다.

Ⅴ. DSC조항 관련 계약불이행

DSC조항과 관련된 계약불이행 유형은 크게 표기잘못(Misrepresentation)과 정부가 알려야 하는 정보를 공개하지 않은 것(Nondisclosure)로 구분된다.

표기잘못으로 인한 사항은 Type I의 범주에 따라 처리되고, 정부가 알려야 하는 정보를 공개하지 않은 사항은 Type II의 범주에 따라 처리된다.

시공자가 Type I으로 인정받기 위해서는 발주자(정부계약의 경우)의 책임(Government Culpability)을 보여주어야 한다.

현장과 관련하여 자체가 가지는 정보를 발주자가 공개하지 않은 것은 Type II에 해당하며 발주자가 계약위반한 것이 된다. Type II의 적용과 관련해서는 앞에서 살펴본 바와 같이 어려운 부분은 있다.

그러나 이를 적용하기 위해서는 발주자가 알고 있고, 그럼에도 불구하고 공개하지 않았어야 하는 사항이 입증되어야 하므로 두 유형사이에는 실무 적용시 현격한 차이가 있다.

실제로 시공자가 입찰시 질문하지 않은 경우와 발주자가 입찰자에게 경고하지 않은 사항이 경합하는 경우에는 발주자가 입찰자에게 경고하지 않은 사항이 우선하여 적용되는 것으로 하였다("any duty to inquire on part is overcome by the Government' s failure to alert bidders.")[174].

---

169) USA Case, *Olson Constr. Co.*, ASBCA 23004, 81-1 BCA ¶14,985

170) USA Case, *Kinetic Builders, Inc.*, ASBCA 32627, 88-2 BCA ¶20,657

171) USA Case, *Paccon, Inc.*, ASBCA 7643, 1962 BCA ¶3546

172) USA Case, *R.A. Heintz Constr. Co.*, ENGBCA 3380, 74-1 BCA ¶10,562

173) USA Case, *George E. Jensen, Inc.*, ASBCA 20234, 76-1 BCA ¶11,741

174) USA Case, *Commercial Mechanical Contractors, Inc.*, ASBCA 25695, 83-2 BCA ¶16,768

VI. 현장조사와 자료검토(Inspection of Site and Investigation of DATA)

입찰문서에는 통상적으로 입찰자가 입찰하기 전에 현장을 방문하여 조사를 하고 자료를 검토하도록 요구하고 있다. 여기에서는 자료검토, 현장조사, 그리고 조사실패시에는 어떻게 되는지에 대해 간략히 살펴보도록 한다.

1. 자료검토

현장여건의 상이를 파악하기 위해 시공자가 검토해야 하는 자료는 계약문서에 국한되지 않는다. 계약문서 이외에 준공도면[175], 지질조사보고서[176]등과 같은 참고문서 등도 검토대상이 된다.

경쟁회사가 알고 있는 정보까지 알아야 하는지에 대해서는 엇갈리는 의견을 보이고 있다. 1964년도의 Hunt & Willet 송사에서는 경쟁회사가 알고 있는 정보를 입찰자가 알아야 하는 것으로 하였다[177].

그러나 1991년도의 *Granite* 송사에서는 무엇이 일어날 지에 대해 경쟁회사가 알고 있는 사항을 입찰자는 의사소통할 필요는 없는 것[178]으로 하였다.

경쟁회사가 알고 있는 정보라는 것이 어떤 성질인가에 따라 그 판단이 달라진 것으로 보인다.

조사의 수준에 대한 사항도 쟁점이 될 수 있는데, 계약문서를 분석할 때 합리적인 시공자의 기본자질(Standard)을 갖추면 되는 것이지 지질전문가를 고용할 필요는 없는 것으로 보고 있다[179]. 그렇다고 하여 전적으로 시공자가 지질을 검토할 필요가 없는 것은 아니다. 발주자가 지하수위가 낮게 나온 코어샘플을 제시하였더라도 입찰문서에 지하수가 나타날 가능성이 많다고 알려준 경우에는 시공자는 코어샘플에 전적으로 의존해서는 안된다[180].

2. 현장조사

현장을 조사한다는 것은 고도의 훈련받은 지질전문가가 발견할 수 있는 것이 아니라 합리적(Reasonable)이고 지적(Intelligent)이며 당해분야에 대한 경험(Experienced in the

175) USA Case, *Klefstad Eng'g Co.*, VACBA 602, 68-1 BCA ¶6965
176) USA Case, *American Structures, Inc.*, ENGBCA 3410, 76-1 BCA ¶11,683
177) USA Case, *Hunt & Willett, Inc. v. United States*, 168 Ct. Cl. 256, 351 F.2d 980 (1964)
178) USA Case, *Granite Constr. Co. v. United States*, 24 Cl. Ct. 735 (1991)
179) USA Case, E. *Arthur Higgins*, AGBCA 76-128, 79-2 BCA ¶14,050
180) USA Case, *Pleasant Excavating Co. v. United States*, 229 Ct. Cl. 654 (1981)

Particular Field of Work)이 있는 시공자가 발견할 수 있는 것이어야 한다[181]. 이와 같이 현장조사시 계약정보와 현장에 불일치가 있을 때 시공자는 이를 발주자에게 알려야 할 책임이 있다. 그렇다고 하여 계약에 표시된 현장조건을 확인하기 위하여 시공자는 과도한 엔지니어링 노력을 들일 필요까지는 없다.

이와 관련된 몇 개의 클레임 및 송사를 추가로 살펴보면 다음과 같다.

첫째, 발주자가 균열과 틈이 있는 테스트 보링결과를 시공자에게 제시하였으므로 시공자가 지하조건이 불안정하다는 사실을 알아야 한다고 주장하였으나 거절되었다[182].

둘째, 합리적인 입찰자라면 지표면에 자갈과 호박돌이 흩어져 있다는 것을 볼 수 있다고 하여 지하에 거대한 암반이 있다는 사실을 알 수 없다[183].

셋째, 티티 나무(Titi 나무는 플로리다 판핸들과 같은 젖은 약산성의 땅에서 10m 높이까지 자라는 식물이다)가 발견되었다고 하여 진흙이 나오게 될 것이라고 알 수 있는 사람은 식물학자이다[184].

넷째, 현장조사를 통해 도면에서 삭제된 사항을 발견하였다면 시공자는 입찰전에 질의해야 할 의무가 있다[185].

3. 조사실패

입찰문서에 현장조사 및 공사에 영향을 주는 조건들을 시공자가 적절히 조사하도록 규정하였으나 시공자가 조사를 하지 못하거나 적절한 조사가 아니었을 경우에도 특정한 조건을 만족할 경우 클레임을 제기할 수 있다.

이러한 조건들은 대개의 경우 개별 사례마다 특징이 다르므로 몇 개만 살펴보도록 한다.

첫째, 시공자에게 현장조사를 요구하는 것은 합리적인 현장조사가 이루어졌다면 발견될 수 있는 사항을 조사를 하지 않거나 적절하지 않게 조사하여 발견하지 못한 시공자가 그에 따르는 리스크를 부담시키려는 취지이다[186].

181) USA Case, *Stock & Grove, Inc. v. United States*, 204 Ct. Cl. 103, 493 F.2d 629 (1974)
182) USA Case, *Kaiser Indus. Corp. v. United States*, 169 Ct. Cl. 310, 340 F.2d 322 (1965)
183) USA Case, *Baltimore Contractors, Inc. v. United States*, 12 Cl. Ct. 328 (1987)
184) USA Case, *Kinetic Builders, Inc.*, ASBCA 32627, 88-2 BCA ¶ 20,657
185) USA Case, *Zinger Constr. Co.*, ASBCA 26331, 82-2 BCA ¶ 15,998, aff'd, 807 F.2d 979 (Fed. Cir. 1986)
186) USA Case, *John G. Vann v. United States*, 190 Ct. Cl. 546, 420 F.2d 968 (1970) 등

둘째, 조사를 수행하지 않거나 합리적인 조사를 하지 않은 시공자는 합리적인 조사에 의해 발견될 수 없는 사항에 대해서만 보상받을 수 있다[187].

셋째, 합리적인 조사에 의해 조건이 밝혀지게 된다면, 조사가 어렵거나 힘들다고 하여 지반조사를 제대로 하지 못한 시공자는 보상을 받을 수 없다[188].

넷째, 현장을 조사했지만 엔지니어 공무원을 통한 검사를 한다거나 하는 등의 특정한 형식을 준수하지 못한 시공자는 조사가 합리적이고 조사에서 특정한 조건을 발견하지 못했다면 보상에서 배제되지 않는다[189].

다섯째, 발주자가 시공자의 추가조사를 허락하지 않았다면 기존에 수행한 시공자의 현장조사는 합리적이다[190].

여섯째, 뱀이 득실거리는 밀림 부지에서는 운전이나 비행으로 조사할 수 밖에 없다.

일곱째, 조사해야 하는 부지가 사유지이므로 조사가 불가능하여 계약에 있는 입면정보(Elevation Information)가 불완전하다고 발주자가 인정하였다면 조사가 불가능한 것으로 보아야 한다[191].

Ⅶ. 통지(Notice)

현장여건이 상이하다는 사실을 발견했을 때 시공자는 계약이행이 방해받기 전에 즉시 계약담당공무원에게 문서로 통지해야 한다. 통지와 관련하여 몇 개의 클레임 및 송사를 살펴보면 다음과 같다.

첫째, 통지를 할 때는 특정한 양식을 따라야 하는 것은 아니고, 사실이 존재한다는 것만 보여주기만 하면 된다[192].

둘째, 시공자가 구두로 통지하였다면 동일한 조건이 발생하였을 때 문서상의 통지는 필요없는 것으로 간주되었다[193].

셋째, 발주자가 조건에 대해 실질적 또는 간접적인 통지(Actual or Constructive

---

187) USA Case, *Bernard McMenamy Contractor, Inc.*, ENGBCA 3413, 77-1 BCA ¶12,335 등
188) USA Case, *M&M Enters.*, ENGBCA 5306, 89-2 BCA ¶21,641
189) USA Case, *Tranco Contracting Co.*,VACBA 1369, 81-1 BCA ¶14,920
190) USA Case, *Hercules Constr. Co.*, VABCA 2508, 88-2 BCA ¶20,527
191) USA Case, *JUD Constr. Co.*, ASBCA 36896, 90-3 BCA ¶22,954
192) USA Case, *T&B Builders, Inc.*, ENGBCA 3664, 77-2 BCA ¶12,663 등
193) USA Case, *Allied Contractors, Inc. v. United States*, 149 Ct. Cl. 671, 277 F.2d 464 (1960)

Notice)를 한 경우 발주자는 통지 요구 의무를 포기한 것이다. 실제로 발주자 담당 공무원이 현장에 매일 방문하였음에도 불구하고 현장에서 현장여건의 변화로 인해 공법을 변경해야 할 때 발주자가 이를 승인하였으나 별도로 통지하지 않았으므로 시공자의 통지요구의무를 포기한 것이다[194].

넷째, 시공자의 미통지에 의해 발주자가 손해를 입지 않았다면 시공자가 제때에 조사하지 않은 사실을 발주자가 알고 있다고 하더라도 시공자는 여전히 보상받을 수 있다[195].

다섯째, 발주자가 손해를 입었다면 그 손해는 시공자의 미통지에 의해 발생하였다는 것을 입증해야 하는 책임을 부담한다.

여섯째, 시공자가 통지하지 않아 발주자가 손해가 증가되었다면, 그 손해의 발생사실이 시공자의 클레임 청구권을 전적으로 박탈하는 것은 아니고, 시공자는 보상받기 위해 더 많은 입증자료를 제시해야 한다는 것을 의미한다[196].

Ⅷ. 처리 절차(Procedure)

우선 시공자는 다른 사실을 발견하면 계약이행에 방해받기 전에 즉시 계약담당공무원에게 통지해야 하는데, 시공자가 이 의무를 위반하였을 경우에는 계약불이행으로 인한 계약해지를 당할 수도 있다[197]. 그런데, 시공자가 통지절차를 이행하는 것이 가능하지 않은 상태에서 계약불이행으로 인한 계약해지 통지를 받았다면 부당한 것으로 보고 있다[198].

계약담당공무원은 시공자의 통지를 받은 후 즉시 현장조건을 조사해야 한다. 대개 이러한 상황이 도래하게 되면 설계변경지시(Change Order)가 내려지거나 또는 문제가 제대로 연구될 때까지 공사중단지시(Stop-Work Order)가 내려지기도 한다.

그리고 조사결과 현장조건이 너무 달라서 시공자의 계약금액을 조정해야 하거나 계약기간을 조정해야 한다면 적절하게 조정(Equitable Adjustment)되고 이에 따라 계약은 문서로 수정되어야 한다. 그리고 현장여건 상이에 대한 통지가 없다면 계약금액이나 계약기간

194) USA Case, *C&L Constr. Co.*, ASBCA 22993, 81-1 BCA ¶14,943

195) USA Case, *R.C. Hedreen Co.*, GSBCA 4289, 77-1 BCA ¶1252, recons. denied, 71-2 BCA ¶12,653

196) USA Case, *Peterson Sharpe Eng'g Corp.*, ASBCA 18780, 77-1 BCA ¶12,511

197) USA Case, *Discount Co. v. United States*, 213 Ct. Cl. 567, 554 F.2d 435, cert. denied, 434 U.S. 938 (1977)

198) USA Case, *Vann v. United States*, 190 Ct. Cl. 546, 420 F.2d 968 (1970)

의 조정은 허용되지 않으며, 이러한 적절하게 조정해 달라는 요청통지는 최종대가지급(Final Payment) 이후에는 허용되지 않는다.

IX. 면책조항(Exculpatory Clauses)

미국에서 시공자의 현장조사 의무에 대하여 수 많은 클레임이 제기되었는데, 법원에서는 시공자가 현장에 대하여 최소한의 조사를 하는 것은 묵시적인 의무(Implied Obligation)로 보아왔다[199]. 클레임 포기조항(Disclaimer)은 현장여건 상이조항의 유효성을 제한할 수 있었다.

따라서 법원은 클레임 포기 조항에 대해 다양한 결과에 도달하게 되었는데, 클레임 포기 조항이 유효하기 위해서는 다음의 요건을 충족해야 한다.

첫째, 발주자가 제공한 정보는 보증(Warrant)되지 않아야 한다.
둘째, 시공자는 그 정보를 신뢰(Rely)하지 않아야 한다는 것이다.

일반적으로 발주자가 DSC 조항에 명시적 또는 묵시적으로 조건에 포함되었다고 하면서 발주자가 목적을 달성할 수 없다고 주장하더라도 면책되지 않았다[200].

다양한 유형의 예시는 다음과 같다.

첫째, 발주자가 자신이 제공한 지하 데이터의 정확성에 대한 책임을 부인하고, 각 입찰자들이 공사중 직면하게 될 지하재료에 대한 특성, 수량 및 품질을 조사하여 만족하기를 기대하는 경우[201]

둘째, 발주자가 자신이 제공하는 데이터는 정확하게 지하조건을 묘사하는 것이라는 것을 보증하지 않고, 입찰자들은 그들이 생각하기 필요하다고 하는 바에 따라 지하조건에 대해 조사하도록 규정한 경우[202]

셋째, 발주자에 의해 제공된 데이터는 "일반적(General)"인 정보를 제공하고 있고, 시공자는 그 자료에 근거하여 현장조사할 책임이 있는 것으로 규정된 경우[203]

---

199) Robert F. Cushman, David R. Tortorello, 앞의 책, p.6 출전 *Mojave Enters. v. United States*, 3 Cl. Ct. 353(1983)

200) USA Case, *United Contractors v. Unites States*, 177 Ct. Cl. 151, 369 F.2d 585 (1966)

201) USA Case, *Morrison-Knudsen Co. v. Unites States*, 397 F.2d *26(Ct. Cl. 1968) 등 : Robert F. Cushman, David R. Tortorello(1992), 앞의 책, p.8,

202) USA Case, *A.S. Horner Constr. Co.*, ASBCA 5335, 59-2 BCA ¶ 2321

203) USA Case, *Kaiser Indus. Corp. v. United States*, 169 Ct. Cl. 310, 340 F.2d 322 (1965)

넷째, "아마도(may)" 현장에서 직면할 수도 있을 것이라고 규정한 경우[204)]

다섯째, 현장에서 직면하게 될 재료의 성질과 관련하여 아무런 대가가 지급되지 않을 것(No Consideration would be given)이라고 규정한 경우[205)]

여섯째, 발주자는 데이터를 제공하지 않고, 시공자가 스스로 데이터를 만들어 결정하도록 한 경우[206)]

제2절 ··· 일본의 공공공사 청부계약 약관

일본의 공공공사 청부계약 약관 제18조 조건 변경 등에서는 공사현장의 형상, 지질, 용수 등의 상태, 시공상의 제약 등 설계도서에 제시된 자연적 또는 인위적인 시공조건과 실제 공사현장이 일치하지 않을 경우 시공자는 즉시 감독원에게 통지하고, 그 확인을 청구하도록 하고 있다.

또한 발주자가 필요하다고 인정되었을 경우 계약기간 또는 계약금액을 변경하고, 시공자에게 손해가 발생한 경우 필요한 비용을 부담하도록 하고 있다.

제3절 ··· FIDIC(1999) 공사계약 일반조건 개정판

1999년도에 FIDIC에서는 개정판을 만들었고, 이전 판인 1987년도 판에는 상반되는 물리적 장애 및 악조건(Adverse Physical Obstructions or Conditions)으로 규정했으나, 개정판에서는 예측할 수 없는 물리적 장애(Unforeseeable Physical Conditions)로 바꾸었다.

개정 이전에는 공사 중에 시공자가 현장에서 기후조건이 아닌 자신의 견해로 경험있는

204) USA Case, *Bernard McMenamy Contractor, Inc.*, ENGBCA 3413, 77-1 BCA ¶ 12,335
205) USA Case, *Zinger Constr. Co.*, Comp. Gen. Dec. B-203013, 81-2 CPD ¶ 217
206) USA Case, *Syblon-Reid Co.*, IBCA1313-11-79, 82-2 BCA ¶ 16,019

시공자도 예측할 수 없는 물리적 장애나 악조건을 만나는 경우 시공자는 감리원에게 통지하고 사본을 발주자에게 보내도록 하고 있다.

감리원은 자신의 견해로 경험있는 시공자라 하더라도 예측하기 곤란한 사항이라고 판단될 경우에는 발주자 및 시공자와 협의하여 시공자가 받을 권리가 있는 만큼 계약기간을 연장하고 계약금액을 증가시키도록 했다.

즉 개정 전에는 기후조건이 아니고(Other than Climatic Conditions), 경험있는 시공자도 예측할 수 없는 것(Not Forseeable by an Experienced Contractor)으로 한정했다.

그러나 개정판에는 물리적 장애를 정의하면서, 시공자가 공사를 이행하면서 현장에서 만나게 되는 자연적 · 물리적 조건, 인공적인 장애, 기타 물리적 장애 및 오염 물질을 의미하는 것으로 하였다.

그리고 여기에 지하조건(Sub-Surface) 및 수문조건(Hydrological Conditions)은 물리적 장애에 포함하지만 기후조건은 개정 이전과 같이 제외하는 것으로 하였다. 이와 같이 개정판에서 지하조건 및 수문조건을 물리적 장애에 포함시킨 이유는 이로 인해 발생될 수 있는 위험을 발주자가 부담함으로써 시공자가 불필요한 금액을 입찰가격에서 제외시키도록 위함[207]이다.

개정 이전과 거의 유사하게 제4.10조(Site Data)에서 시공자는 비용과 시간을 고려하여 가능한 범위 내에서(to the extent which was practicable (taking account of Cost and Time), 공사입찰에 영향을 줄 수 있는 리스크, 우발적 사건 및 기타 상황에 대한 모든 필요 정보를 입수한 것으로 간주하고 있다.

또한 시공자는 입찰서를 제출하기 전에 부지와 부지 주변, 발주자가 제공한 현장 자료 및 여타 가능한 정보를 조사하고 검토한 것으로 간주하고 있다. 따라서 시공자는 현장조사에 대하여 무한정의 의무를 부담하는 것이 아니라 시간과 비용을 고려하여 현장조사 의무를 판단해야 한다[208].

207) 현학봉, 『건설공사 계약관리와 클레임-FIDIC개정판 및 공사계약 일반조건을 중심으로』, 일간건설신문, 2003, p.423 참조

208) Roy S. Mitchell & Thomas W. Gray, 『Resolving International Construction Claims (Course Manual)』, Crown Eagle Communication Ltd. 1984 : 현학봉(2003), 앞의 책 p.426 재인용.

▌FIDIC의 시공자 현장조사의무 판단기준

"To determine whether a Contractor has fulfilled his Site Investigation duty, the test is simply whether a reasonably experienced Contractor would have discovered the condition from a reasonable Site Investigation within the time allowed. Although the Site Investigation must be reasonable, the Contractor is not held to have obtained from the Site Investigation what a trained geologist or other technical expert would have discovered, but only that knowledge that would have been gleaned by a reasonable, experienced, intelligent and prudent Contract

시공자가 현장조사 의무를 충족시켰는지에 대한 판단은 경험 있는 시공자가 주어진 기간 내에 합리적인 현장조사를 통해 합리적으로 발견할 수 있었는지가 기준이 된다. 현장조사가 합리적이어야 한다는 조건이 있지만, 그렇다고 하여 시공자가 숙련된 지질학자나 여타 기술전문가에 의해 발견될 수 있는 내용들을 현장조사를 통해 획득할 수 있다는 것은 아니며, 합리적이고 경험이 있으며 이해력과 분별력이 있는 시공자가 수집할 수 있는 정도의 지식에 한정되는 것이다."

제4절 ··· 우리나라 공사계약일반조건

우리나라 공사계약일반조건 제19조(설계변경 등)에는 지질, 용수 등 공사현장의 상태가 설계서와 다를 때 지체없이 공사감독관을 경유하여 계약담당공무원에게 서면으로 통지하도록 하고 있다. 한편 계약담당공무원은 즉시 그 사실을 조사 · 확인하고 공사가 적절히 이행될 수 있도록 설계변경 또는 기타 필요한 조치를 취하도록 하고 있다.

그리고 제19조의3(현장상태와 설계서의 상이로 인한 설계변경)에 따라 시공자인 계약상대자는 공사의 이행중 지질, 용수, 지하 매설물 등 공사현장의 상태가 설계서와 다른 사실을 발견하였을 때에는 지체없이 설계서에 명시된 현장상태와 상이하게 나타난 현장상태를 기재한 서류를 작성하여 계약담당공무원과 공사감독관에게 동시에 이를 통지하여야 한다.

계약담당공무원은 시공자의 통지를 받은 즉시 현장을 확인하고 현장상태에 따라 설계서를 변경하여야 한다.

현장여건과 관련하여 몇 가지 쟁점이 있었으나, 판단기준으로 삼기는 어렵고, 그 중 하나만 살펴보면 다음과 같다.

행정청이 인근 건물 피해를 줄이기 위해 공사중지 명령을 내리고 이에 시공자가 안전진단보고서를 토대로 굴토위치를 변경하고, 그 내용대로 설계변경하여 행정청에서 건축허가 변경을 받은 후 행정청과 합의한 전문가로부터 설계조건과 현장여건에 공법이 안전하다는 검토의견서를 제출한 후 공사중지명령 해제를 요구하였는데도 행정청이 공사중지명령 해제요구를 거부하였다면 재량권을 벗어난 것으로 보고 있다[209].

미국에서는 현장여건의 상이와 관련하여 수많은 클레임이 제기되고, 판결됨으로 인해 조항의 각 단어마다 그 의미와 특징이 체계화되고 정립되는 단계이다. 하지만, 우리나라에서는 법원의 판결례에서는 건설 분쟁 사실을 대부분 알 수 없으며, 계약 실무에서 유권해석이나 계약자문 등을 통해 해결하고 있다. 기획재정부나 조달청의 유권해석은 법령에 대한 설명에 지나지 않은 경우가 많아 개별 현장에서 적용하는 데는 어려움이 많다. 계약관리 방법은 크게 감리원이나 건설사업관리자의 업무 중 일부로 처리되는 경우도 있고, 외부 계약관리 자문 형태로 이루어지는 경우도 있다. 두 가지 경우 모두 별도로 현장에서 정리하여 공개하지 않는 한 일반인이 계약관리의 실체를 살펴보는 데는 한계가 있음을 부인할 수 없다.

209) 대법원 1997. 12. 26. 선고 96누17745 판결【공사중지해제거부처분취소】[공1998.2.15.(52),524]

제 6 장

계약사항의 변경

건설사업은 장기간에 걸쳐 이행되는 경우가 많기 때문에 계약을 이행하는 도중에 공사기간이나 공사금액을 변경해야 하는 경우가 발생하게 된다. 이에 대비하기 위해 우리나라의 국가계약법 제19조에서는 다음과 같은 규정을 두고 있다. 즉 계약금액을 조정할 수 있는 경우는 물가변동, 설계변경, 기타 계약내용의 변경사항으로 한정하고 있다.

> **국가계약법 제19조 (물가변동등에 의한 계약금액조정)**
>
> 각 중앙관서의 장 또는 계약담당공무원은 공사 · 제조 · 용역 기타 국고의 부담이 되는 계약을 체결한 다음 물가의 변동, 설계변경 기타 계약내용의 변경으로 인하여 계약금액을 조정할 필요가 있을 때에는 대통령령이 정하는 바에 의하여 그 계약금액을 조정한다.

물가변동의 경우 기간요건과 변동요건을 정해두고 이를 충족하게 되면 계약금액조정 대상이 되는 것이지만, 설계변경은 통상 발주자의 지시에 의하거나 시공자의 요청에 의해 발생할 수도 있고, 기타 계약내용의 변경사항도 발주자의 지시나 시공자의 요청 또는 그 이외의 사정변경 등에 의해 발생하고 있다.

통상 발주자는 계약의 이행기간중 건설사업의 계약변경사항에 대한 일방적인 권한을 가지고 있으며, 계약기간을 단축하거나 계약금액을 줄일 수 있는 공법을 시공자가 발주자에게 제안하는 경우 검토 후 계약사항을 변경하기도 한다. 아울러 발주자나 시공자가 아닌 불가항력의 사유에 의해서도 계약사항이 변경될 수 있다.

따라서 본 장에서는 물가변동으로 인한 계약금액조정을 제외한 후 설계변경과 기타 계약내용의 변경사항으로 인한 것을 발주자의 지시, 시공자의 요청, 사정변경등 불가항력의 사항으로 구분하여 계약에서 규정하고 있는 사항을 살펴보고자 한다. 이중에서 계약기간의 연장과 관련해서는 앞에서 별도로 다루고 있으므로 제외한다.

미국 연방조달규정에서는 이러한 계약사항의 변경이 발생하게 된다면 계약기간이나 금액을 "적절하게 조정(Equitable Adjustment)"하도록 규정하고 있다.

미국 연방조달규정에서 Change Order를 두는 목적 4가지를 설정하고 있는 바, 간단히 소개하면 다음과 같다.

첫째, 정부의 요구와 필요의 변경 및 기술진보에 부응하기 위해 발주자가 공사를 일방적으로 변경할 수 있는 권한을 부여함으로서 유연성을 제공한다.

둘째, 시공자도 공사를 변경 요청할 수 있는 기회를 부여함으로써 계약의 최종목적물 품질을 향상시키고 보다 효율적인 이행을 촉진한다.

셋째, 새로운 조달(New Requirement)에 필요한 별도의 절차없이 계약의 일반적 범위(General Scope)내에서 계약담당공무원이 추가공사(Additional Work)를 지시할 수 있는 권한을 부여한다. 참고로, 계약의 일반적 범위를 벗어나는 사항은 중대한 계약변경(Cardinal Change)라고 한다.

넷째, 시공자가 행정분쟁절차(Administrative Dispute Process)를 통해 클레임을 제기할 수 있는 법적수단(Legal Means)을 제공한다.

제1절 ··· 계약사항 변경사유 및 주체

Ⅰ. 발주자의 지시

1. 우리나라

발주자의 지시에 의한 계약사항 변경을 영문상으로 본다면 미국에서는 Change Order로 표기하고, FIDIC 공사계약일반조건에서는 Variation으로 표기하고 있다.

설계에 대한 책임이 발주자에게 있는 경우, 우리나라의 공사계약일반조건에서 규정하고 있는 계약사항의 변경과 관련된 사항중 발주자의 지시에 의한 사항은 제19조 제1항 제1호, 제2호, 제4호에 해당하는 것이다.

설계에 대한 책임이 발주자에게 있지 않은 경우에는 제19조 제1항 제1호 및 제2호의 사항을 발주자의 지시에 의한 계약사항변경으로 보지 않는다.

> 제13조 (관급자재 및 대여품)
>
> ⑦ 계약담당공무원은 필요하다고 인정할 경우에는 관급자재 등의 수량 · 품질 · 규격 · 인도시기 · 인도장소 등을 변경할 수 있다. 이 경우에는 제20조 및 제23조의 규정을 적용한다.

> 공사계약일반조건 제19조 (설계변경 등)
>
> ① 설계변경은 다음 각호의 1에 해당하는 경우에 한다.
> 1. 설계서의 내용이 불분명하거나 누락 · 오류 또는 상호 모순되는 점이 있을 경우
> 2. 지질, 용수등 공사현장의 상태가 설계서와 다를 경우
> 3. 새로운 기술 · 공법사용으로 공사비의 절감 및 시공기간의 단축 등의 효과가 현저할 경우
> 4. 기타 발주기관이 설계서를 변경할 필요가 있다고 인정할 경우 등
>
> ② 〈삭제, 2007.10.10〉
>
> ③ 제1항의 규정에 의한 설계변경은 그 설계변경이 필요한 부분의 시공전에 완료하여야 한다. 다만, 계약담당공무원은 공정이행의 지연으로 품질저하가 우려되는 등 긴급하게 공사를 수행할 필요가 있는 때에는 계약상대자와 협의하여 설계변경의 시기 등을 명확히 정하고, 설계변경을 완료하기 전에 우선시공을 하게 할 수 있다.

2. 미 국

1) 설계변경 근거

미국 연방정부의 설계변경지시는 연방조달규정 52.243-1,2,3,4조에서 규정하고 있으며, 각각 정액계약, 실비정산계약 등을 다루고 있다. 52.243-1과 4의 내용은 다음과 같다.

> FAR 52.243-1 Changes - Fixed-Price.
>
> As prescribed in 43.205(a)(1), insert the following clause. The 30-day period may be varied according to agency procedures.
>
> Changes - Fixed Price (Aug 1987)
>
> (a) The Contracting Officer may at any time, by written order, and without notice to the sureties, if any, make changes within the general scope of this contract in any one or more of the following:

(1) Drawings, designs, or specifications when the supplies to be furnished are to be specially manufactured for the Government in accordance with the drawings, designs, or specifications.

(2) Method of shipment or packing.

(3) Place of delivery.

(a) 계약담당공무원은 언제든지 문서로 보증회사에 통지없이 다음의 전부 또는 일부에 대하여 계약의 일반적인 범위내에서 변경지시할 수 있다.

(1) 도면, 설계, 또는 시방서에 따라 정부를 위하여 공급품이 특별히 제공될 때, 그 도면, 설계, 또는 시방서

(2) 운송 또는 포장방법

(3) 인도 장소

(b) If any such change causes an increase or decrease in the cost of, or the time required for, performance of any part of the work under this contract, whether or not changed by the order, the Contracting Officer shall make an equitable adjustment in the contract price, the delivery schedule, or both, and shall modify the contract.

(b) 변경으로 인해 계약의 일부분을 이행하는데 요구되는 기간이나 비용이 증감된다면, 지시를 불문하고, 계약담당공무원은 적절하게 계약기간, 계약금액을 조정해야 하고 계약을 수정해야 한다.

(c) The Contractor must assert its right to an adjustment under this clause within 30 days from the date of receipt of the written order. However, if the Contracting Officer decides that the facts justify it, the Contracting Officer may receive and act upon a proposal submitted before final payment of the contract.

(c) 시공자는 문서지시 수령일로부터 30일 이내에 본 조항에 따라 계약금액조정을 요청해야 한다. 그러나 계약담당공무원이 그 사실이 합당하다고 결정하면, 계약담당공무원은 최종대가지급이전에 제출된 요청서를 접수하고 조치할 수 있다.

(d) If the Contractor's proposal includes the cost of property made obsolete or excess by the change, the Contracting Officer shall have the right to prescribe the manner of the disposition of the property.

(d) 시공자의 요청서에 쓸모없게 만들어진 재산이나 변경에 의해 과도하게 부풀려진 비용을 포함한다면, 계약담당공무원은 이를 처분하도록 지시할 수 있는 권한이 있다.

(e) Failure to agree to any adjustment shall be a dispute under the Disputes clause. However, nothing in this clause shall excuse the Contractor from proceeding with the contract as changed.

(e) 계약금액조정에 합의하지 않을 경우 분쟁조항에 따라 처리하여야 한다. 분쟁이 발생하더라도 시공자는 변경된 계약조건을 이행해야 한다.

FAR 52.243-4 Changes.

As prescribed in 43.205(d), insert the following clause: The 30-day period may be varied according to agency procedures.

Changes (June 2007)

(a) The Contracting Officer may, at any time, without notice to the sureties, if any, by written order designated or indicated to be a change order, make changes in the work within the general scope of the contract, including changes-

(1) In the specifications (including drawings and designs);

(2) In the method or manner of performance of the work;

(3) In the Government-furnished property or services; or

(4) Directing acceleration in the performance of the work.

(a) 계약담당공무원은 언제든지 서명되거나 또는 변경사항을 규정한 문서로 보증회사에 통지 없이 계약의 일반적인 범위내에서 다음을 포함하는 공사를 변경할 수 있다.

(1) 시방서(도면과 디자인을 포함한다)

(2) 작업이행 방법이나 수단

(3) 정부지급 물품 및 용역 ; 또는

(4) 작업이행촉진 지시

(b) Any other written or oral order (which, as used in this paragraph (b), includes direction, instruction, interpretation, or determination) from the Contracting Officer that causes a change shall be treated as a change order under this clause; Provided, that the Contractor gives the Contracting Officer written notice stating-

(1) The date, circumstances, and source of the order; and

(2) That the Contractor regards the order as a change order.

(b) 변경을 유발하는 계약담당공무원의 다른 문서 또는 구두지시(지시, 지도, 해석 또는 결정 등을 포함한다)는 본 조항에 따라 변경지시로 간주된다; 단 시공자가 계약담당공무원에게 문서로 다음의 사항을 명시하여 통지해야 한다.

(1) 일자, 상황, 및 지시내용 ; 및

(2) 시공자가 변경지시라고 간주하는 사항

(c) Except as provided in this clause, no order, statement, or conduct of the Con tracting Officer shall be treated as a change under this clause or entitle the Contractor to an equitable adjustment.

(c) 본 조항의 내용을 제외하고, 계약담당공무원의 모든 지시, 진술, 또는 행위는 본 조항에 따른 변경지시로 간주되지 않거나 시공자에게 적절하게 계약금액조정을 요청할 수 있는 권한을 부여하지 않는다.

(d) If any change under this clause causes an increase or decrease in the Contractor's cost of, or the time required for, the performance of any part of the work under this contract, whether or not changed by any such order, the Contracting Officer shall make an equitable adjustment and modify the contract in writing. However, except for an adjustment based on defective specifications, no adjustment for any change under paragraph (b) of this clause shall be made for any costs incurred more than 20 days before the Contractor gives written notice as required. In the case of defective specifications for which the Government is responsible, the equitable adjustment shall include any increased cost reasonably incurred by the Contractor in attempting to comply with the defective specifications.

(d) 변경으로 인해 계약에 따라 공사의 일부분을 이행하는데 있어 시공자에게 비용이나 기간의 증감을 유발한다면, 그 지시에 의해 변경여부와 관계없이, 계약담당공무원은 적절하게 계약금액을 조정해야 하고 문서로 계약을 수정해야 한다. 그러나, 하자있는 시방서에 근거한 계약금액조정을 제외하고, 시공자의 문서통지일보다 20일 이전에 발생한 비용을 본조 (b)항에 따라 계약금액조정해서는 안된다. 정부에 책임있는 하자있는 시방서에 의한 경우, 적절한 조정에는 시공자가 하자있는 시방서를 준수하는데 소요된 합리적인 증가비용을 포함해야 한다.

(e) The Contractor must assert its right to an adjustment under this clause within 30 days after (1) receipt of a written change order under paragraph (a) of this clause or (2) the furnishing of a written notice under paragraph (b) of this clause, by submitting to the Contracting Officer a written statement describing the general nature and amount of the proposal, unless this period is extended by the Government. The statement of proposal for adjustment may be included in the notice under paragraph (b) of this clause.

(e) 시공자는 이 기간이 정부에 의해 별도로 연장되지 않는 한, (1) 본 조 (a)항에 따라 문서상의 변경지시 수령일로부터 또는 (2) 계약담당공무원에게 제안서의 일반적인 특성과 금액을 기술하는 문서를 제출함에 의해 본 조(b)항에 따른 문서상의 통지를 제공한 날로부터 30일 이내에 계약금액조정을 신청해야 한다. 계약금액조정요청서는 본 조 (b)항의 통지에 포함될 수 있다.

(f) No proposal by the Contractor for an equitable adjustment shall be allowed if asserted after final payment under this contract.

(f) 본 계약의 준공대가지급이후에 제기된다면, 시공자가 요청하는 적절한 계약금액조정사항은 허용되지 않는다.

2) 일반적 범위(General Scope)의 변경

미국의 경우 과업의 일반범위에 포함되는 사항(Within the General Scope)인지 여부를 엄격하게 보고 있으며, 이를 초과하는 경우 앞에서 설명한 바와 같이 중대한 변경(Cardinal Change)으로 보고 있다.

과업에 일반적으로 포함되는지를 판단하는 기준은 작업의 성질이 당초와 다르게 변경되었는지 여부, 노력의 양이 과도한지 여부이다[210].

계약담당공무원이 준공기한을 지나 6건의 변경사항을 지시하고, 102일의 공기연장을 승인하면서 추가공사에 대하여 적절한 계약금액조정을 하였다면, 변경지시의 발급 시점은 과업의 범위를 벗어나는지 여부를 판단하는데 고려요소가 되지 못하는 것으로 보면서, 이러한 경우에도 과업의 일반범위에 포함되는 것으로 보고 있다[211].

계약체결시 합리적이고 공정하게 당사자가 생각할 수 있는 사항이라면(should be regarded as having been fairly and reasonably within the contemplation of the parties when the contract was entered into) 과업의 일반사항에 포함되는 것으로 본다[212]. 종합병원을 만들 때 규모와 건물모양에 변화없이 수차례에 걸쳐 재료가 변경되더라도, 변경되는 사항이 당초 예정하였던 목적물의 기능이나 성질이라면 과업의 일반범위에 포함되는 것으로 보고 있다[213].

과업의 일반범위를 벗어나는 기준중의 또 하나는 시공자에게 과도한 비용이 발생되게 하는지, 공정차질(또는 작업방해)이 발생하게 하는지 여부인데, 특수한 경우를 제외하고 대부분의 경우 인정받지 못해왔다.

하도급자의 되메움(Backfill) 공사를 다른 하도급자와 동시에 하도록 변경하여 되메움 공사비가 200%를 넘어선 경우 그 변경은 작업에 지장을 주는 것으로 보았다[214].

결함있는 정부의 시방서로 인해 시공중 목적물의 일부가 붕괴하여 재시공하여야 하는 경우[215], 결함있는 정부의 시방서로 인해 과도한 재설계를 요구하는 변경지시의 경우[216], 결함있는 정부의 시방서에 의해 변경이 발생하고 작업의 이행에 중대한 영향(a Significant

---

210) Cibinic, John and Nash, Ralph,(1995), 앞의 책, p.385
211) USA Case, *J.D. Hedin Constr. Co. v. United States*, 171 Ct. Cl. 70, 347 F.2d 235 (1965)
212) USA Case, *Freund v. United States*, 260 U.S. 60 (1922)
213) Cibinic, John and Nash, Ralph,(1995), 앞의 책, p.385
214) USA Case, *Peter Kiewit Sons' Co. v. Summit Constr.* Co. 422 F.2d 242 (8th Cir. 1969)
215) USA Case, *Edward R. Marden Corp. v. United States*, 194 Ct. Cl. 799, 442 F.2d 364 (1971)
216) USA Case, *Luria Bros. & Co. v. United States*, 177 Ct. Cl. 676. 369 F.2d 701 (1966)

Impact)을 끼친 것으로 보아 일반적 과업범위는 아니라고 한다.

100건의 설계변경이 있었는데도 일반적 계약범위를 벗어난 것이 아니라고 하고[217], 200건의 설계변경사항도 일반적 계약범위를 벗어난 것이 아니라는 것[218]을 볼 때, 설계변경 지시 건수가 중요한 것이 아니라 변경이 계약 범위를 벗어났는지가 더 중요하다.

3) 수량의 변경(Changes in Quantity)

예를 들면, 새로운 건물을 추가로 짓게 한다거나 하는 등의 계약사항의 주요 항목 변경은 변경조항에 의해 처리되지 않는 것으로 보고 있다[219].

단가계약으로 체결된 제방 축조공사에서 당초보다 두 배의 재료를 투입하게 되었을 때, 이는 당초 계약에서 이루고자 했던 범위를 벗어나는 것으로 보고 있다[220].

계약사항의 보조항목의 사항이 많을 경우에는 일반적인 설계변경조항으로 보고 있다.

건설계약에서 한 동의 건물을 삭제하는 것과 같이 주요항목이나 주요부분을 삭제하는 것[221], 굴착공사 계약에서 50%정도의 수량이 감소하는 것[222]은 계약사항의 주요항목 변경이기 때문에 일반적인 변경조항(Changes Clause)에 의해 처리되지 않는 것으로 보지만, 작업 일부의 삭제는 당초 계약을 크게 변경시키지 않은 한 변경지시(Change Order)에 의해 이루어질 수 있는 것으로 본다[223].

이와 같이 미국에서는 정확히 어느 정도의 수량이 변경되어야 변경조항으로 처리할 수 있는지를 짐작할 수 없으며, 당사자간에 분쟁이 있다면 계약의 해석을 통해 정해지고 있다.

4) 이행기간의 변경(Changes in Time of Performance)

계약기간의 변경사항은 전통적으로 변경조항에서 처리되는 것이 아니라고 보아왔다. 하지만 1965년 계약상소위원회에서는 계약일정(Contract Schedule)이 시방서(Specification)의 일부분이기 때문에 변경지시가 시방서를 변경하였다는 이유를 들어 간접적인 공정촉진에 관한 견해를 변경하였다[224].

---

217) USA Case, *Coley Properties Corp.*, PSBCA 291, 75-2 BCA ¶ 11,514
218) USA Case, *Reliance Ins. Co. v. United States*, 20 Cl. Ct. 715 (1990)m aff' d, 931 F.2d 863 (Fed. Cir. 1991)
219) 15 Comp. Gen. 573(A-66501) (1935)
220) USA Case, *P.L. Saddler v. United States*, 152 Ct. Cl. 557. 287 F.2d 411 (1961)
221) USA Case, *General Contracting & Constr. Co. v.* United States, 84 Ct. Cl. 570 (1937)
222) USA Case, *Manis Drilling*, IBCA 2658, 93-3 BCA ¶ 25,931
223) USA Case, *J.W. Bateson Co. v. United States*, 308 F.2d 510(5th Cir. 1962)
224) Spector, "An Analysis of the Standard 'Changes' Clause," 25 Fed. B. J. 177 (1965), 2 YPA 1273

이후 건설공사에서 변경조항에 공정촉진을 포함하여 변경의 한 유형으로 보았다. 발주자가 시공자의 공기지연을 유발시켰을 때, 공사가 변경되었는지 또는 단순히 시공자의 비용을 증가시켰는지가 쟁점사항이 되었고, 일정의 감속 또는 지연은 변경조항의 범위를 벗어나는 것으로 보아왔다[225].

따라서 설계변경지시가 발급되면 그 속에 기간변경으로 인한 사항이 포함되는 것으로 하였던 것이며[226], 이 원칙의 논리는 설계변경으로 인한 공기지연은 개별 계약조건에 의해 처리되도록 한 공사중단으로 인한 것과 같다는 것이다.

그런데, 한 번에 한 동의 건물을 짓도록 지시한 것은 순서를 변경하게 하는 것이고[227], 당초 계약에 의할 경우 두 가지를 동시에 할 수 있었으나 발주자의 통지지연으로 시공자의 기회를 박탈하여 추가비용이 발생하게 할 수도 있는 것으로 보았다[228].

이후 공사의 일부가 변경되어 지연이 발생하는 것과 전체 계약을 지연(Pure Delay)시키는 것이 있다는 것을 인식하게 되었다.

예를 들어 시방서에 시제품의 시험에 소요되는 기간을 명시하지 않은 상태에서 발주자가 시제품을 시험하게 한 것은 간접적인 변경(Constructive Change)라고 보았다[229].

즉, 미국에서는 변경조항에 계약기간을 변경할 수 있는 사항을 포함할 경우 변경조항이 확장된 것으로 보면 된다[230].

5) 이행 방법 또는 태도(Method or Manner of Performance)

처음부터 이행방법 또는 태도의 변경은 허용가능한 변경사항으로 보아왔다[231]. 이렇게 논리를 전개한 이유는 공사 자체의 변경은 시방의 변경을 유도한다고 보았기 때문이다.

현재의 건설계약은 현장사무소의 위치 변경[232], 자재창고의 변경[233], 하도급자 승인요청에 대한 부적절한 거절[234], 부지 인근의 과도한 소음[235] 등 다양한 유형의 허용가능한 변경사항을 포함하고 있다.

---

225) USA Case, *Simmel Industrie Meccaniche Societa per Azioni*, ASBCA 6141, 61-1 BCA ¶ 2917
226) 32 Fed. Reg. 16269 (1967)
227) USA Case, *Commercial Contractors, Inc.*, ASBCA 30675, 88-3 BCA ¶ 20,877
228) USA Case, *Pan Arctic Corp.*, ASBCA 20133, 77-1 BCA ¶ 12,514
229) USA Case, *Kenyon Magnetics, Inc.*, GSBCA 4769, 77-2 BCA ¶ 12,786
230) USA Case, *Spencer-Safford Loadcraft, Inc.*, ASBCA 6562, 1962 BCA ¶ 3315
231) USA Case, *Carpenter Constr. Co.*, NASBCA 18, 1964 BCA ¶ 4452
232) USA Case, *Melrose Waterproofing Co.*, ASBCA 9058, 1964 BCA ¶ 4119
233) USA Case, *John McShain, Inc.*, GSBCA 3541, 73-1 BCA ¶ 9981
234) USA Case, *Liles Constr. Co. v. United States*, 197 Ct. Cl. 164, 455 F.2d 527 (1972)
235) USA Case, *Nochols Dynamics, Inc.*, ASBCA 17949, 75-2 BCA ¶ 11,556

발주자의 변경지시로 인해 시공자가 당초 계약에 따라 적용하고자 했던 방법을 사용하지 못했다고 하더라도 굳이 계약서에 이행방법을 명시하는 조항이 있을 필요가 없는 것으로 본다[236].

6) 발주자 공급 사항의 변경(Government- furnished Property : GFP)

건설 계약의 변경조항에는 발주자가 자재, 장비, 용역, 부지 등을 변경할 수 있는 것으로 하고 있으므로 이들 변경은 변경조항의 범위에서 해결된다.

그러나 일부 변경이 계약의 범위를 벗어나는 경우에는 변경조항으로 해결할 수 있는 사항이 되지 않기도 한다[237].

7) 인도장소(Place of Delivery)의 변경

인도장소의 변경은 통상 공급계약에서 발생하는데, 이는 발주자가 물품을 공급할 때 공급 목적지를 변경하여도 된다는 것을 의미한다. 우리나라의 경우에도 발주자가 물품을 공급할 때 인도장소를 변경할 수 있도록 규정하고 있다.

8) 시공자의 변경접수(Contractor's Acceptance of Change)

시공자가 아무런 이의제기없이 변경지시된 작업을 수용하고 이행하였다면, 시공자는 자신의 권리를 포기한 것으로 보기 때문에 과업의 일반범위를 벗어났음을 이유로 클레임을 제기할 수 없다[238].

9) 설계변경절차(Procedure for Ordering Changes)

설계변경지시에 대해서는 문서로 지시되었다면 유효한 것인지 아니면 계약 변경에 관한 표준양식 30(Standard Form 30 : Amendment of Solicitation/ Modification of Contract)에 근거하여 지시되면 유효한 것인지에 대해 쟁점이 발생되어 왔다.

모든 변경은 문서로 하도록 규정되어 있는데, 발주자가 구두로 변경지시를 하면서 정확한 금액이 확정되면 적절하게 계약금액을 조정하겠다고 약속하였다면 시공자는 적절한 계약금액조정을 요청할 수 있다.[239]

---

236) USA Case, *Eagle Contracting, Inc.*, AGBCA 88-225-1, 92-3 BCA ¶25,018

237) USA Case, *Allied Materials & Equip.* Co. v. United States, 215 Ct. Cl. 406, 569 F.2d 562 (1978)

238) USA Case, *Silberblatt & Lasker, Inc. v. United States*, 101 Ct. Cl. 54 (1944)

239) USA Case, *W.H. Armstrong & Co. v. United States*, 98 Ct. Cl. 519 (1943)

이러한 경우를 대비하여 앞에서 살펴본 FAR 52.243-4에서는 발주자의 구두지시는 간접변경을 유발할 수 있는 것으로 규정하고 있다.

아울러 우리나라와 마찬가지로 구두지시는 문서로 보완되도록 하고 있는데[240], 실제 구두로 공정을 촉진하도록 지시하였다고 하더라도 협의과정에서 당사자는 문서를 작성할 수 있었으므로 그러한 지시가 발주자를 구속하는 것은 아닌 것으로 보는 경우도 있다[241].

문서상의 변경지시가 결여되었더라도 계약담당공무원과 계약상소위원회가 시공자 클레임에 대해 타당성을 인정한다면 시공자는 비용을 복구할 수 있는 것으로 본다[242].

연방조달규정 43.301조항은 설계변경지시를 할 경우 표준 양식 30을 활용하도록 규정하고 있지만, 반드시 지켜야 하는 사항(mandatory)인지에 대해서는 침묵하고 있다.

10) 계약금액 감액조정요청

발주자가 이행된 작업에 대해 일방적으로 공사비를 감액하는 변경지시를 할 때, 시공자는 감액된 계약금액조정 요청서를 제출하는데 잇점이 별로 없으므로 제출에 소극적일 수 있다.

이러한 경우 계약담당공무원이 일방적으로 계약금액 감액통지를 발급할 수 있는 것으로 보고 있다[243]. 또한 시공자가 계약변경을 거절한 후에는 발주자가 일방적으로 계약변경을 통지하는 것이 적절한 것으로 보는 경우도 있으나[244], 시공자가 계약금액조정을 요청하는 것이 우선된다고 하면서 일방적인 계약금액 감액통지는 적절하지 않은 것으로 보는 경우도 있다[245].

이에 대해 일부 시공자들이 발주자에게 입증책임을 떠 넘기기 위해 감액제안요청서 제출을 거절하는 경우도 있다[246].

II. 시공자의 요청

시공자의 요청에 의한 계약사항 변경을 영문상으로 본다면 미국 연방조달규정 FAR 48.101(b) 및 FIDIC 공사계약일반조건에서는 Value Engineering으로 표기하고 있다.

240) USA Case, *Oren Childers Paint Contracting Co.*, ASBCA 13987, 70-2 BCA ¶8388
241) USA Case, *R/W Contracting*, ASBCA 17239, 73-2 BCA ¶10,130
242) USA Case, *Centre Mfg. Co. v. United States*, 183 Ct. Cl. 115, 392 F.ed 229 (1968)
243) USA Case, *Bruce Anderson Co.*, ASBCA 29412, 89-2 BCA ¶21,872
244) USA Case, *Litton Sys., Inc.*, ASBCA 36976, 93-2 BCA ¶25,705
245) USA Case, *Blunt Inc.*, VABCA 3236, 93-1 BCA ¶25,474
246) USA Case, *State Mechanical Corp.*, VABCA 2797, 91-2 BCA ¶23,830

1. 우리나라

우리나라의 경우 시공자의 요청에 의한 계약사항 변경은 신기술 · 신공법에 의한 설계변경으로 표기하고 있다.

공사계약일반조건 제19조의4 (신기술 및 신공법에 의한 설계변경)

① 계약상대자는 새로운 기술 · 공법(발주기관의 설계와 동등이상의 기능 · 효과를 가진 기술 · 공법 및 기자재 등을 포함한다. 이하 같다)을 사용함으로써 공사비의 절감 및 시공기간의 단축 등에 효과가 현저할 것으로 인정하는 경우에는 다음 각호의 서류를 첨부하여 공사감독관을 경유하여 계약담당공무원에게 서면으로 설계변경을 요청할 수 있다.

1. 제안사항에 대한 구체적인 설명서
2. 제안사항에 대한 산출내역서
3. 제17조제1항제2호에 대한 수정공정예정표
4. 공사비의 절감 및 시공기간의 단축효과
5. 기타 참고사항

② - 이하생략 -

2. 미 국

미국 연방조달조규정의 내용을 보면 시공자의 자발적인 제안과 발주자의 강제적인 지시사항으로 구분되는데, 그 내용을 살펴보면 다음과 같다.

48.101 General.

(a) Value engineering is the formal technique by which contractors may (1) voluntarily suggest methods for performing more economically and share in any resulting savings or (2) be required to establish a program to identify and submit to the Government methods for performing more economically. Value engineering attempts to eliminate, without impairing essential functions or characteristics, anything that increases acquisition, operation, or support costs.

(a) VE는 (1) 시공자가 보다 경제적으로 이행하기 위한 방법을 자발적으로 제시하고 그 절약액을 분배할 수 있게 하거나, 또는 (2) 보다 경제적으로 이행하기 위하여 발주자에게 제출하는 프로그램을 만들기 위해 요구되는 공식적인 기법이다. VE는 필수 기능 또는 특징을 없애지 않고 조달, 운영 또는 지원비용을 제거하기 위한 것이다.

(b) There are two value engineering approaches:

(1) The first is an incentive approach in which contractor participation is voluntary and the contractor uses its own resources to develop and submit any value engineering change proposals (VECP's). The contract provides for sharing of savings and for payment of the contractor's allowable development and implementation costs only if a VECP is accepted. This voluntary approach should not in itself increase costs to the Government.

(2) The second approach is a mandatory program in which the Government requires and pays for a specific value engineering program effort. The contractor must perform value engineering of the scope and level of effort required by the Government's program plan and included as a separately priced item of work in the contract Schedule. No value engineering sharing is permitted in architect engineer contracts. All other contracts with a program clause share in savings on accepted VECP's, but at a lower percentage rate than under the voluntary approach. The objective of this value engineering program requirement is to ensure that the contractor's value engineering effort is applied to areas of the contract that offer opportunities for considerable savings consistent with the functional requirements of the end item of the contract.

(b) VE 접근법은 2가지가 있다.

(1) 그 첫째는 장려방법이고, 이때 시공참여자는 자발적이어야 하고, 시공자는 자신의 자원으로 VECP를 전개하고 제출해야 한다. VECP가 채택될 경우 시공자의 VE전개 및 실행비용과 VE 절감액분배사항을 계약에 규정해야 한다.

(2) 둘째는 강제적 방법인데, 발주자는 특정 VE프로그램을 요구하고 대가를 지급할 수 있다. 시공자는 발주자의 요구에 의하거나, 개별 계약내역에 포함된 노력의 범위와 수준의 VE를 행하여야 한다. architect engineer계약에서는 VE가 허용되지 않는다. VE프로그램을 포함하는 모든 다른 계약들은, 자발적 방법에 따른 것보다 낮은 비율을 제외하고, 채택된 VECP에 대한 절감액을 분배해야 한다. 시공자는 계약의 최종목적물에 포함되어야 하는 기능적 요구사항에 일치하는 상당한 절감액을 제공해야 하므로, 시공자는 VE프로그램을 통하여 자신의 VE노력이 계약의 범위내에서 적용되고 있다는 것을 보증해야 한다.

3. FIDIC 계약조건

발주자가 설계를 제공한 1999년판 FIDIC 공사계약일반조건[247]에서는 VE조항을 규정하고 있지만 미국과 같이 발주자의 지시에 의한 강제적인 방법은 다루고 있지 않다.

247) FIDIC, Conditions of Contract for Construction for Building and Engineering Works Designed by the Employer, 1999

참고로 FIDIC의 EPC(Engineer, Procure & Construct)/Turnkey 프로젝트 계약조건[248]에서는 VE조항을 규정하고 있지만 설계에 대한 책임을 입찰자가 부담하므로 FIDIC 공사계약일반조건과 달리 설계(Design)의 제안에 대한 사항을 별도로 다루고 있지 않다.

FIDIC 공사계약일반조건 13.2 Value Engineering

The Contractor may at any time, submit to the Engineer a written proposal which (in the Contractor's opinion) will, if adopted, (i) accelerate completion, (ii) reduce the cost to the Employer of executing, maintaining or operating the Works, (iii) improve the efficiency or value to the Employer of the completed Works, or (iv) otherwise be of benefit to the Employer.

The Proposal shall be prepared at the cost of the Contractor and shall include the items listed in Sub-Clause 13.3 [Variation Procedure].

If a proposal which is approved by the Engineer, includes a change in the design of part of the permanent Works, then unless otherwise agreed by both parties;

(a) the Contractor shall design this part,

(b) sub-paragraphs (a) to (d) of Sub-Clause 4.1 [Contractor's General Obligations] shall apply, and

(c) if this change result in a reduction in the contract value of this part, the Engineer shall proceed in accordance with Sub-Clause 3.5 [Determination] to agree or determine a fee, which shall be included in the Contract Price. This fee shall be half(50%) of the difference between the following amounts ;

(i) such reduction in contract value, resulting from the change, excluding adjustments, under Sub-Clause 13.7 [Adjustments for Changes in Legislation] and Sub-Clause 13.8 [Adjustments for Changes in Cost], and

(ii) the reduction (if any) in the value to the Employer of the varied works, taking account of any reductions in quality, anticipated life of operational efficiencies.

시공자는 언제든지, 채택된다면 (i) 준공기간을 단축하거나 (ii) 공사비, 운영비, 또는 유지관리비를 절감하거나, (iii) 완성된 목적물의 효율 또는 발주자의 가치를 향상시키거나, (iv) 발주자에게 별도의 편익을 제공할 수 있는, 자신의 의견을 문서로 감리자에게 제시할 수 있다.

이 제안은 시공자의 비용으로 준비되어야 하며, 변경절차에 열거된 사항이 포함되어야 한다.

감리자에 의해 승인된 어떤 제안이 본구조물 일부분의 디자인 변화를 포함하고 있다면, 당사자들에 의해 별도로 합의되지 않는 한 ;

248) FIDIC Conditions of Contract for EPC/TurnKey Project(The Silver Books), 2003

(a) 시공자는 그 부분에 대한 디자인을 하여야 한다.
(b) 4.1절 [시공자의 일반 의무]의 제(a)항에서 (d)항의 내용이 적용되고,
(c) 변경이 해당부분의 계약금액을 감소시킨다면, 감리자는 3.5절[결정]조항에 따라 계약금액에 포함되어야 할 경비를 결정하거나 합의하는 절차를 진행해야 한다. 이 경비는 다음 금액중 차액의 50%가 되어야 한다.
(i) 제13.7절[법령의 변경에 따른 계약금액조정]과 제13.8절[비용 변경에 따른 계약금액조정]에 규정된 계약금액조정사항을 제외하고, 변경으로부터 발생되는 계약금액의 감소와
(ii) 품질 및 운용효율의 기대수명 감소를 고려하여 변경된 작업에 대한 발주자측면의 가치감소

Ⅲ. 불가항력 등 사정변경의 사유

우리나라의 경우 공사계약일반조건에서 기타 계약사항의 변경으로 계약금액을 조정하는 경우에는 실비의 범위안에서 계약금액을 조정할 수 있도록 계약에서 규정하는 경우, 계약사항 도래 또는 미도래한 경우 실비부담해야 하는 경우, 불가항력의 사유에 의한 경우 등 기타 사유로 인해 손해 등을 부담하도록 하는 경우 등으로 구분할 수 있다.

첫째, 실비를 부담하도록 하는 사항은 제24조(응급조치)와 제30조(부분사용) 및 부가공사가 해당된다.

둘째, 계약에 규정된 사항을 이행하지 못하거나, 부득이한 사유가 발생하거나, 계약에 규정된 사항이 도래하여 발주자가 실비를 부담하여야 하는 사항은 제11조(공사용지의 확보, 제18조(휴일 및 야간작업), 제28조(인수), 제29조(기성부분의 인수), 제37조(특허권) 등의 사용, 제38조(발굴물의 처리) 등이다.

셋째, 계약상대자의 책임없는 사유로 인해 발주자가 손해를 부담해야 하는 사항은 제31조(일반적 손해), 제32조(불가항력), 제41조(대가지급지연에 대한 이자, 제45조(사정변경에 의한 계약의 해제 또는 해지), 제46조(계약상대자에 의한 계약해제또는 해지) 조항이 있다.

이러한 사항은 불가항력의 사유 제21조(대형공사의 설계변경 등) 제21조(설계변경으로 인한 계약금액조정의 제한 등)에 규정되어 있으며, 구체적인 내용은 다음과 같다.

공사계약일반조건 제21조(대형공사의 설계변경 등) 제21조(설계변경으로 인한 계약금액조정의 제한 등)

④ 제1항에 정한 정부의 책임있는 사유 또는 불가항력의 사유란 다음 각호의 1의 경우를 말한다. 다만, 설계시 공사관련법령 등에 정한 바에 따라 설계서가 작성된 경우에 한한다.

1. 사업계획 변경 등 발주기관의 필요에 의한 경우
2. 발주기관외에 당해공사와 관련된 인허가기관 등의 요구가 있어 이를 발주기관이 수용하는 경우
3. 공사관련법령(표준시방서, 전문시방서, 설계기준 및 지침 등 포함)의 제 · 개정으로 인한 경우
4. 공사관련법령에 정한 바에 따라 시공하였음에도 불구하고 발생되는 민원에 의한 경우
5. 발주기관 또는 공사 관련기관이 교부한 지하매설 지장물 도면과 현장 상태가 상이하거나 계약이후 신규로 매설된 지장물에 의한 경우
6. 토지 · 건물소유자의 반대, 지장물의 존치, 관련기관의 인허가 불허 등으로 지질조사가 불가능했던 부분의 경우
7. 제32조의 규정에 정한 사항 등 계약당사자 누구의 책임에도 속하지 않는 사유에 의한 경우

제2절 ... 사유별 처리절차

Ⅰ. 발주자의 지시

발주자의 지시로 인해 파급되는 효과는 공사기간의 변경, 공사금액의 변경으로 구분할 수 있다. 공사기간의 변경으로 인한 사항은 별도로 다루므로 공사금액의 변경을 살펴보면 첫째, 설계변경에 의한 경우 둘째, 실비를 산정해야 하는 경우, 셋째, 손해를 산정해야 하는 경우가 발생한다.

1. 설계변경

우리나라 공사계약일반조건에서 설계변경에 의한 경우 처리방법은 다음과 같다.

▌공사계약일반조건 제19조의2, 3, 5, 6, 7

제19조의2 (설계서의 불분명 · 누락 · 오류 및 설계서간의 상호모순 등에 의한 설계변경)

① 계약상대자는 공사계약의 이행중 설계서의 내용이 불분명하거나 설계서에 누락 · 오류 및 설계서간에 상호모순 등이 있는 사실을 발견하였을 때에는 설계변경이 필요한 부분의 이행 전에 당해사항을 분명히 한 서류를 작성하여 계약담당공무원과 공사감독관에게 동시에 이를 통지하여야 한다.

② 계약담당공무원은 제1항의 규정에 의한 통지를 받은 즉시 공사가 적절히 이행될 수 있도록 다음 각호의 1의 방법으로 설계변경 등 필요한 조치를 하여야 한다.

1. 설계서의 내용이 불분명한 경우(설계서만으로는 시공방법, 투입자재 등을 확정할 수 없는 경우)에는 설계자의 의견 및 발주기관이 작성한 단가산출서 또는 수량산출서 등의 검토를 통하여 당초 설계서에 의한 시공방법 · 투입자재 등을 확인한 후 확인된 사항대로 시공하여야 하는 경우에는 설계서를 보완하되 제20조의 규정에 의한 계약금액조정은 필요 없으며, 확인된 사항과 다르게 시공하여야 하는 경우에는 설계서를 보완하고 제20조의 규정에 의하여 계약금액을 조정하여야 함
2. 설계서에 누락 · 오류가 있는 경우에는 그 사실을 조사 확인하고 계약목적물의 기능 및 안전을 확보할 수 있도록 설계서를 보완
3. 설계도면과 공사시방서는 서로 일치하나 물량내역서와 상이한 경우에는 설계도면 및 공사시방서에 물량내역서를 일치
4. 설계도면과 공사시방서가 상이한 경우로서 물량내역서가 설계도면과 상이하거나 공사시방서와 상이한 경우에는 설계도면과 공사시방서중 최선의 공사시공을 위하여 우선되어야 할 내용으로 설계도면 또는 공사시방서를 확정한 후 그 확정된 내용에 따라 물량내역서를 일치

③ 제2항제3호 및 제4호의 규정은 제19조제2항의 규정에 정한 공사의 경우에는 적용되지 아니한다. 다만, 제19조제2항의 규정에 정한 공사의 경우로서 설계도면과 공사시방서가 상호 모순되는 경우에는 관련 법령 및 입찰에 관한 서류 등에 정한 내용에 따라 우선 여부를 결정하여야 한다.

제19조의3 (현장상태와 설계서의 상이로 인한 설계변경)

① 계약상대자는 공사의 이행중 지질, 용수, 지하매설물 등 공사현장의 상태가 설계서와 다른 사실을 발견하였을 때에는 지체없이 설계서에 명시된 현장상태와 상이하게 나타난 현장상태를 기재한 서류를 작성하여 계약담당공무원과 공사감독관에게 동시에 이를 통지하여야 한다.

② 계약담당공무원은 제1항의 통지를 받은 즉시 현장을 확인하고 현장상태에 따라 설계서를 변경하여야 한다.

제19조의5 (발주기관의 필요에 의한 설계변경)

① 계약담당공무원은 다음 각호의 1의 사유로 인하여 설계서를 변경할 필요가 있다고 인정할

경우에는 계약상대자에게 이를 서면으로 통보할 수 있다.

1. 당해공사의 일부변경이 수반되는 추가공사의 발생
2. 특정공종의 삭제
3. 공정계획의 변경
4. 시공방법의 변경
5. 기타 공사의 적정한 이행을 위한 변경

② 계약담당공무원은 제1항의 규정에 의한 설계변경 통보시에는 다음 각호의 서류를 첨부하여야 한다. 다만, 발주기관이 설계서를 변경 작성할 수 없을 경우에는 설계변경 개요서만을 첨부하여 설계변경을 통보할 수 있다.

1. 설계변경개요서
2. 수정설계도면 및 공사시방서
3. 기타 필요한 서류

③ 계약상대자는 제1항의 규정에 의한 통보를 받은 즉시 공사이행상황 및 자재수급 상황 등을 검토하여 설계변경 통보내용의 이행가능 여부(이행이 불가능하다고 판단될 경우에는 그 사유와 근거자료를 첨부)를 계약담당공무원과 공사감독관에게 동시에 이를 서면으로 통지하여야 한다.

제19조의6 (소요자재의 수급방법 변경)

① 계약담당공무원은 발주기관의 사정으로 인하여 당초 관급자재로 정한 품목을 계약상대자와 협의하여 계약상대자가 직접 구입하여 투입하는 자재(이하 "사급자재"라 한다)로 변경하고자 하는 경우 또는 관급자재 등의 공급지체로 공사가 상당기간 지연될 것이 예상되어 계약상대자가 대체사용 승인을 신청한 경우로서 이를 승인한 경우에는 이를 서면으로 계약상대자에게 통보하여야 한다. 이때 계약담당공무원은 계약상대자와 협의하여 변경된 방법으로 일괄하여 자재를 구입할 수 없는 경우에는 분할하여 구입하게 할 수 있으며, 분할 구입하게 할 경우에는 구입시기별로 이를 서면으로 계약상대자에게 통보하여야 한다.

② 계약담당공무원은 공사의 이행중 설계변경 등으로 인하여 당초 관급자재의 수량이 증가되는 경우로서 증가되는 수량을 적기에 지급할 수 없어 공사의 이행이 지연될 것으로 예상되는 등 필요하다고 인정되는 때에는 계약상대자와 협의한 후 증가되는 수량을 계약상대자가 직접 구입하여 투입하도록 이를 서면으로 계약상대자에게 통보할 수 있다.

③ 제1항의 규정에 의하여 자재의 수급방법을 변경한 경우에는 계약담당공무원은 통보당시의 가격에 의하여 그 대가(기성부분에 실제 투입된 자재에 대한 대가)를 제39조 내지 제40조의 규정에 의한 기성대가 또는 준공대가에 합산하여 지급하여야 한다. 다만, 계약상대자의 대체사용 승인신청에 따라 자재를 대체사용한 경우에는 계약상대자와 합의된 장소 및 일시에 현품으로 반환할 수도 있다.

④ 계약담당공무원은 당초계약시의 사급자재를 관급자재로 변경할 수 없다. 다만, 원자재의 수급 불균형에 따른 원자재가격 급등 등 사급자재를 관급자재로 변경하지 않으면 계약목적

을 이행할 수 없다고 인정될 때에는 계약당사자간의 협의에 의하여 변경할 수 있다.
⑤ 제2항 및 제4항의 규정에 의하여 추가되는 관급자재를 사급자재로 변경하거나 사급자재를 관급자재로 변경한 경우에는 제20조의 규정에 정한 바에 따라 계약금액을 조정하여야 하며, 제3항 본문의 규정에 의하여 대가를 지급하는 경우에는 제20조제4항의 규정을 준용한다.

제19조의7 (설계변경에 따른 추가조치 등)

① 계약담당공무원은 제19조제1항의 규정에 의하여 설계변경을 하는 경우 그 변경사항이 목적물의 구조변경 등으로 인하여 안전과 관련이 있는 때에는 하자발생시 책임한계를 명확하게 하기 위하여 당초 설계자의 의견을 들어야 한다.
② 계약담당공무원은 제19조의2, 제19조의3 및 제19조의5의 규정에 의하여 설계변경을 하는 경우 계약상대자로 하여금 다음 각호의 사항을 계약담당공무원과 공사감독관에게 동시에 제출하게 할 수 있으며, 이 경우 계약상대자는 이에 응하여야 한다.
1. 당해공종의 수정공정예정표
2. 당해공종의 수정도면 및 수정상세도면
3. 조정이 요구되는 계약금액 및 기간
4. 여타의 공정에 미치는 영향
③ 계약담당공무원은 제2항제2호의 규정에 의하여 당초의 설계도면 및 시공상세도면을 계약상대자가 수정하여 제출하는 경우에는 그 수정에 소요된 비용을 제23조의 규정에 의하여 계약상대자에게 지급하여야 한다.

2. 실비부담 계약규정

발주자는 재해방지를 위해 필요하다고 인정하여 시공자에게 발생한 비용이나 부분사용 및 부가공사를 실시하여 추가공사가 필요한 경우 실비의 범위안에서 계약금액을 조정하도록 규정하고 있으며, 이는 다음과 같다.

공사계약일반조건 제24조, 제30조

제24조 (응급조치)

① 계약상대자는 시공기간중 재해방지를 위하여 필요하다고 인정할 때에는 미리 공사감독관의 의견을 들어 필요한 조치를 취하여야 한다.
② – 중략 –
④ 제1항 내지 제3항의 조치에 소요된 경비중에서 계약상대자가 계약금액의 범위내에서 부담하는 것이 부당하다고 인정되는 때에는 제23조의 규정에 의하여 실비의 범위안에서 계약금액을 조정할 수 있다.

제30조 (부분사용 및 부가공사)

① 발주기관은 계약목적물의 인수전에 기성부분이나 미완성부분을 사용할 수 있으며 동 부분에 대하여는 당해 구조물 안전에 지장을 주지 아니하는 부가공사를 할 수 있다.

② – 중략 –

③ 계약담당공무원은 제1항의 규정에 의한 부분사용 또는 부가공사로 인하여 계약상대자에게 손해가 발생한 경우 또는 추가공사비가 필요한 경우로서 계약상대자의 청구가 있는 때에는 제23조의 규정에 의하여 실비의 범위안에서 보상하거나 계약금액을 조정하여야 한다.

3. 상황도래 또는 미도래시 발주자가 실비를 부담해야 할 조건

발주자는 계약문서에 규정된 사항 이외에도 발주자는 계약상대자가 공사의 수행에 필요로 하는 날까지 공사용지를 확보하여 시공자에게 인도하지 않아 비용이 발생한 경우에도 비용을 부담해야 하며, 발주자의 부득이한 사유로 휴일 또는 야간작업을 지시하였을 때도 그 비용을 부담하여야 한다.

또한 발주자가 목적물을 인수하거나 부분인수한 후 시공자에게 유지관리 업무를 부담시켰다면 그 비용을 부담해야 하고, 계약문서에 규정된 사항이외의 방법으로 시공하도록 한 경우, 제반 편의를 제공하거나 비용을 지급할 수 있다. 공사계약일반조건에 규정된 사항을 살펴보면 다음과 같다.

제11조 (공사용지의 확보)

① 발주기관은 계약문서에 따로 정한 경우를 제외하고는 계약상대자가 공사의 수행에 필요로 하는 날까지 공사용지를 확보하여 계약상대자에게 인도하여야 한다.

② 계약상대자는 현장에 인력, 장비 또는 자재를 투입하기 전에 공사용지의 확보여부를 계약담당공무원으로부터 확인을 받아야 한다.

제18조 (휴일 및 야간작업)

② – 전략 – 계약담당공무원의 공기단축지시 및 발주기관의 부득이한 사유로 인하여 휴일 또는 야간작업을 지시하였을 때에는 그러하지 아니하다.

제28조 (인수)

⑤ 발주관서는 제3항의 규정에 의하여 인수된 공사목적물을 계약상대자에게 유지관리를 요구하는 경우에는 이에 필요한 비용을 지급하여야 한다.

제29조 (기성부분의 인수)

① 계약담당공무원은 전체 공사목적물이 아닌 기성부분(성질상 분할할 수 있는 공사에 대한 완성부분에 한한다)에 대하여 이를 인수할 수 있다.
② 제28조의 규정은 제1항의 경우에 이를 준용한다.

제37조 (특허권 등의 사용)

공사의 이행에 특허권 기타 제3자의 권리의 대상으로 되어 있는 시공방법을 사용할 때에는 계약상대자는 그 사용에 관한 일체의 책임을 져야 한다. 그러나 발주기관이 제3조의 계약문서에 시공방법을 지정하지 아니하고 그 시공을 요구할 때에는 계약상대자에 대하여 제반편의를 제공·알선하거나 소요된 비용을 지급할 수 있다.

4. 발주자가 손해를 부담해야 하는 조건

발주자가 목적물을 인수한 후 손해가 발생하는 경우, 부분공사 및 부가공사로 인해 손해가 발생하는 경우 시공자의 손해 입증에 의해 발주자가 손해를 부담해야 한다.

손해와 유사한 개념으로 발주자가 대가지급을 지연하여 시공자에게 손해가 발생할 수 있는데, 이는 이자를 계산하여 지급하여야 하고, 사정변경이나 시공자에 의한 계약해지가 있을 경우 손해라고 보기는 어렵지만 미지급한 대가와 해지 또는 해제일 이전에 투입한 인력·장비 및 자재철수비용을 부담해야 한다.

발주자의 책임있는 사유로 인한 공사가 정지되고, 이로 인해 시공자에게 추가비용이 투입될 수 있는 바, 정지기간이 일정 기간을 초과하는 경우 그 비용을 발주자가 부담하도록 하고 있으며, 이를 살펴보면 다음과 같다.

공사계약일반조건 제31조, 제32조, 제45조, 제46조, 제47조

제31조 (일반적 손해)

① 계약상대자는 계약의 이행중 공사목적물, 관급자재, 대여품 및 제3자에 대한 손해를 부담하여야 한다. 다만, 계약상대자의 책임없는 사유로 인하여 발생한 경우에는 발주기관의 부담으로 한다.
③ 제28조 및 제29조의 규정에 의하여 인수한 공사목적물에 대한 손해는 발주기관이 부담하여야 한다.

제41조 (대가지급지연에 대한 이자)

① 계약담당공무원은 대가지급청구를 받은 경우에 제39조 및 제40조의 규정에 의한 대가지급

기한(국고채무부담행위에 의한 계약의 경우에는 다음 회계년도 개시후 「예산회계법」에 의하여 당해 예산이 배정된 날부터 20일)까지 대가를 지급하지 못하는 경우에는 지급기한의 다음날부터 지급하는 날까지의 일수(이하 "대가지급지연일수"라 한다)에 당해 미지급금액에 대하여 지연발생 시점의 금융기관 대출평균금리(한국은행 통계월보상의 금융기관 대출평균금리를 말한다)를 곱하여 산출한 금액을 이자로 지급하여야 한다.

제45조(사정변경에 의한 계약의 해제 또는 해지)

③ 발주기관은 제1항의 규정에 의하여 계약을 해제 또는 해지하는 경우에는 다음 각호에 해당하는 금액을 제44조제3항 각호의 수행을 완료한 날부터 14일이내에 계약상대자에게 지급하여야 한다. 이 경우 제7조의 규정에 의한 계약보증금을 동시에 반환하여야 한다.

1. 제32조제2항제1호 및 제2호에 해당하는 시공부분의 대가중 지급하지 아니한 금액
2. 전체공사의 완성을 위하여 계약의 해제 또는 해지일 이전에 투입된 계약상대자의 인력 · 자재 및 장비의 철수비용

제46조(계약상대자에 의한 계약해제 또는 해지)

① 계약상대자는 다음 각호의 1에 해당하는 사유가 발생한 경우에는 당해계약을 해제 또는 해지할 수 있다.

1. 제19조 규정에 의하여 공사내용을 변경함으로써 계약금액이 100분의 40이상 감소되었을 때
2. 제47조 규정에 의한 공사정지기간이 공기의 100분의 50을 초과하였을 경우

② 제45조제2항 내지 제4항의 규정은 제1항의 규정에 의하여 계약이 해제 또는 해지되었을 경우에 이를 준용한다.

제47조(공사의 일시정지)

③ 제1항의 규정에 의하여 공사를 정지시킨 경우 계약상대자는 계약기간의 연장 또는 추가금액을 청구할 수 없다. 다만, 계약상대자의 책임있는 사유로 인한 정지가 아닌 때에는 그러하지 아니한다.

④ 발주기관의 책임있는 사유에 의한 공사정지기간(각각의 사유로 인한 정지기간을 합산하며, 장기계속계약의 경우에는 당해 차수내의 정지기간을 말함)이 60일을 초과한 경우 발주기관은 그 초과된 기간에 대하여 잔여계약금액(공사중지기간이 60일을 초과하는 날 현재의 잔여계약금액을 말하며, 장기계속공사계약의 경우에는 차수별 계약금액을 기준으로 함)에 초과일수 매 1일마다 지연발생 시점의 금융기관 대출평균금리(한국은행 통계월보상의 금융기관 대출평균금리를 말한다)를 곱하여 산출한 금액을 준공대가 지급시 계약상대자에게 지급하여야 한다.

Ⅱ. 시공자의 요청

시공자의 요청에 의해 계약을 변경할 수 있는 사항은 유일하게 새로운 기술 · 공법을 발주자에게 제안할 경우인데, 시공자 설계변경을 요청한 경우 이의가 있으면 설계자문위원회 또는 건설기술심의위원회의 심의를 받도록 규정하고 있다.

> **공사계약일반조건 제19조의4 (신기술 및 신공법에 의한 설계변경)**
>
> ② 계약담당공무원은 제1항의 규정에 의하여 설계변경을 요청받은 경우에는 이를 검토하여 그 결과를 계약상대자에게 통지하여야 한다. 이 경우 새로운 기술 · 공법 등의 범위와 한계에 대하여 이의가 있을 때에는 「건설기술관리법 시행령」 제21조의 규정에 의한 설계자문위원회(이하 "설계자문위원회"라 한다)에 청구하여 심의를 받아야 한다. 다만, 설계자문위원회가 설치되어 있지 아니한 경우에는 「건설기술관리법」 제5조의 규정에 의한 건설기술심의위원회의 심의를 받아야 한다.
>
> ③ 계약상대자는 제1항의 규정에 의한 요청이 승인되었을 경우에는 지체없이 새로운 기술 · 공법으로 수행할 공사에 대한 시공상세도면을 공사감독관을 경유하여 계약담당공무원에게 제출하여야 한다.
>
> ④ 계약상대자는 제2항의 규정에 의한 계약담당공무원의 결정에 대하여 이의를 제기할 수 없으며, 또한 새로운 기술 · 공법의 개발에 소요된 비용 및 새로운 기술 · 공법에 의한 설계변경후 동기술 · 공법에 의한 시공이 불가능한 것으로 판명된 경우 시공에 소요된 비용을 발주기관에 청구할 수 없다.

Ⅲ. 불가항력 등 사정변경의 사유

계약의 이행중에는 불가항력이 발생할 수 있으며, 불가항력적인 사유와 유사한 고대 유물들이 현장에서 발견되는 경우 시공자는 적절하게 공사를 할 수 없는 경우가 발생한다.

불가항력의 경우에는 시공자의 책임없는 사유로 인한 일반적인 손해는 발주자가 부담하여야 하며, 발굴물이 발견되었을 경우 관계법규에서 정하는 바에 따라 처리하여야 한다.

> 제32조(불가항력)
>
> ② 제1항에서 규정한 불가항력의 사유로 인하여 다음 각호에 발생한 손해는 발주기관이 부담하여야 한다.

1. 제27조의 규정에 의하여 검사를 필한 기성부분
2. 검사를 필하지 아니한 부분중 객관적인 자료(감독일지, 사진 또는 비디오테잎 등)에 의하여 이미 수행되었음이 판명된 부분
3. 제31조제1항 단서 및 동조 제3항의 규정에 의한 손해

제38조(발굴물의 처리)

① 공사현장에서 발견한 모든 가치있는 화석 · 금전 · 보물 기타 지질학 및 고고학상의 유물 또는 물품은 관계법규에서 정하는 바에 의하여 처리한다.
② 계약상대자는 제1항의 물품이나 유물을 발견하였을 때에는 즉시 계약담당공무원에게 통지하고 그 지시에 따라야 하며 이를 취급할 때에는 파손이 없도록 적절한 예방조치를 하여야 한다.

제3절 … 계약금액의 조정

미국의 경우 변경지시 조항에 해당할 경우 앞에서 살펴본 바와 같이 적절한 조정(Equitable Adjustment)이 이루어지도록 하고 있다.

우리나라에서는 국가계약법에 정한 바에 따라 물가변동, 설계변경, 기타 계약내용의 변경사항이 있을 때 계약금액을 조정하도록 규정하고 있는데, 물가변동의 경우 계약사항의 변경이라고 보기 어려우므로 설계변경, 기타 계약내용의 변경에 따른 계약금액조정을 살펴보고자 한다.

Ⅰ. 설계변경

설계변경조항에서는 직접공사비를 산출하기 위한 단가의 산출, 간접공사비의 산출, 계약조정 청구시점 및 계약금액 조정시점에 대해 다루고 있다, 아울러 설계변경의 승인대상, 일식공사의 설계변경, 부당한 설계변경의 조치사항을 추가로 다루고 있다. 이에 대해 살펴보면 다음과 같다.

1. 설계변경기준

설계변경은 장래에 제공할 서비스에 대한 사항이므로 설계변경으로 인한 계약금액을 조정하기 위해서는 적용할 단가를 결정해야 하는데 설계변경당시란 다음의 시점을 말한다.

설계변경당시의 개념

① 설계도면의 변경을 요하는 경우에는 변경도면을 발주기관이 확정한 때
② 설계도면의 변경을 요하지 않는 경우에는 계약당사자간에 설계변경을 문서에 의하여 합의한 때
③ 제19조제3항에 의하여 우선시공을 한 경우에는 그 우선시공을 하게 한 때

적용할 단가를 산정하는 기준은 설계의 누락, 오류, 불분명 등으로 인해 설계변경이 필요한 사항인지, 발주자의 요구에 의한 사항인지, 시공자의 요청에 의한 사항인지에 따라 달라지며, 동일한 비목이 내역서에 포함되어 있는지 여부에 따라서 적용기준은 달라지게 된다.

1) 설계 누락, 오류, 불분명 등의 경우

계약담당공무원은 설계변경으로 시공방법의 변경, 투입자재의 변경 등 공사량의 증감이 발생하는 경우에는 증감된 공사량인지, 신규비목인지를 가려 적용단가를 결정하여 계약금액을 조정하여야 한다.

우선, 증감된 공사량의 단가는 계약단가로 하고, 계약단가가 예정가격단가보다 높은 경우로서 물량이 증가하게 되는 경우 그 증가된 물량에 대한 적용단가는 예정가격단가로 한다.

표 2 … 증감된 공사량의 적용단가

내 역	당초물량	변경물량	예정가격단가	계약단가	적용단가
“A” 공종	100	100	10,000	11,000	11,000
“A” 공종		+10	10,000		10,000
“B” 공종	100	90	10,000	11,000	
“B” 공종		−10	10,000		11,000
“C” 공종	100	100	10,000	11,000	11,000

둘째, 산출내역서에 없는 품목 또는 비목(동일한 품목이라도 성능, 규격 등이 다른 경우를 포함한다. 이하 “신규비목”이라 한다)의 단가를 결정할 때는 설계변경당시단가에 낙찰율(예정가격에 대한 낙찰금액 또는 계약금액의 비율을 말한다. 이하 같다)을 곱한 금액으로 한다.

신규비목적용단가＝설계변경당시단가×낙찰율

2) 발주자가 설계변경 요구(시공자 책임없는 사유 포함)

계약상대자의 책임없는 사유로 인한 경우를 포함하여 발주기관이 설계변경을 요구한 경우에는 설계누락 등으로 인한 설계변경규정에도 불구하고 증가된 물량 또는 신규비목의 단가는 설계변경당시를 기준으로 하여 산정한 단가와 동 단가에 낙찰율을 곱한 금액의 범위 안에서 발주기관과 계약상대자가 서로 주장하는 각각의 단가기준에 대한 근거자료 제시 등을 통하여 성실히 협의(이하 "협의"라 한다) 하여 결정한다. 다만, 계약당사자간에 협의가 이루어지지 아니하는 경우에는 설계변경당시를 기준으로 하여 산정한 단가와 동 단가에 낙찰율을 곱한 금액을 합한 금액의 100분의 50으로 한다.

첫째, 협의가능할 경우

(설계변경당시단가×낙찰율)≤적용단가협의≤설계변경당시단가

둘째, 협의가 되지 않는 경우

$$\text{적용단가} = \frac{(\text{설계변경당시단가} \times \text{낙찰율}) + \text{설계변경당시단가}}{2}$$

3) 시공자의 요청에 의한 경우

시공자의 요청에 의한 설계변경의 경우에는 당해 절감액의 100분의 30에 해당하는 금액을 감액한다.

변경된계약금액=당초계약금액+절감금액 ×(100-30)%

2. 간접공사비의 산출기준

계약금액의 증감분에 대한 간접노무비, 산재보험료 및 산업안전보건관리비 등 승률비용(乘率費用)과 일반관리비 및 이윤은 산출내역서상의 간접노무비율, 산재보험료율 및 산업안전보건관리비율 등의 승율비용과 일반관리비율 및 이윤율에 의하되 설계변경당시의 관계법령 및 기획재정부장관 등이 정한 율을 초과할 수 없다.

3. 설계변경 승인대상

계약담당공무원은 예정가격의 100분의 86미만으로 낙찰된 공사계약의 계약금액을 증액

조정하고자 하는 경우로서 당해 증액조정금액(2차 이후의 계약금액 조정에 있어서는 그 전에 설계변경으로 인하여 감액 또는 증액조정된 금액과 증액조정하려는 금액을 모두 합한 금액을 말한다)이 당초 계약서의 계약금액(장기계속공사의 경우에는 시행령 제69조제2항에 따라 부기된 총공사금액)의 100분의 10 이상인 경우에는 시행령 제94조에 따른 계약심의회, 「국가재정법 시행령」 제49조에 따른 예산집행심의회 또는 「건설기술관리법 시행령」 제21조에 따른 설계자문위원회의 심의를 거쳐 소속중앙관서의 장의 승인을 얻어야 한다.

4. 일식단가의 계약금액조정

일부 공종의 단가가 세부공종별로 분류되어 작성되지 아니하고 총계방식(總計方式)으로 작성(이하 "1식단가"라 한다)되어 있는 경우에도 설계도면 또는 공사시방서가 변경되어 1식단가의 구성내용이 변경되는 때에는 앞에서 규정한 설계변경에 의하여 계약금액을 조정하여야 한다.

5. 계약금액조정 청구시점

계약상대자가 발주기관으로부터 계약금액을 조정받고자 한다면 준공대가(장기계속계약의 경우에는 각 차수별 준공대가) 수령 전까지 계약금액조정을 청구하여야 조정금액을 지급받을 수 있다.

6. 부당한 설계변경

계약담당공무원은 계약상대자의 계약금액조정 청구내용이 부당함을 발견한 때에는 지체없이 필요한 보완요구 등의 조치를 하여야 한다. 이 경우 계약상대자가 보완요구 등의 조치를 통보받은 날부터 발주기관이 그 보완을 완료한 사실을 통지받은 날까지의 기간은 계약상대자의 계약금액조정 청구를 받은 날부터 30일에 산입하지 아니한다.

7. 계약금액 조정시점

발주기관은 계약금액을 조정하는 경우에는 계약상대자의 계약금액조정 청구를 받은 날부터 30일 이내에 계약금액을 조정하여야 한다. 이 경우 예산배정의 지연 등 불가피한 경우에는 계약상대자와 협의하여 그 조정기한을 연장할 수 있으며, 계약금액을 조정할 수 있는 예산이 없는 때에는 공사량 등을 조정하여 그 대가를 지급할 수 있다.

II. 기타 계약사항 변경

계약담당공무원은 공사계약에 있어서 제20조 및 제22조의 규정(설계변경과 물가변동으로 인한 계약금액조정을 지칭한다)에 의한 경우 외에 공사기간 · 운반거리의 변경 등 계약내용의 변경으로 계약금액을 조정하여야 할 필요가 있는 경우에는 그 변경된 내용에 따라 실비를 초과하지 아니하는 범위안에서 이를 조정한다.

1. 실비산정기준

실비란 「정부 입찰 · 계약 집행기준」(회계예규 2200.04-159-5, 2007.10.12) 제13장에 규정되어 있다. 계약담당공무원은 기타 계약내용의 변경으로 계약금액을 조정함에 있어서는 실제 사용된 비용등 객관적으로 인정될 수 있는 자료와 시행규칙 제7조의 규정에 의한 가격을 활용하여 실비를 산출하여야 한다.

계약담당공무원은 간접노무비 산출을 위하여 계약상대자로 하여금 급여 연말정산서류, 임금지급대장 및 공사감독의 현장확인복명서등 간접노무비 지급 관련서류를 제출케 하여 이를 활용할 수 있다.

계약담당공무원은 경비의 산출을 위하여 계약상대자로부터 경비지출 관련 계약서, 요금고지서, 영수증 등 객관적인 자료를 제출하게 하여 활용할 수 있다.

2. 공사이행기간변경에 따른 실비산정

공사기간의 연장에 따른 간접공사비를 산정함에 있어 국가기관을 당사자로 하여 공사계약을 체결하여 이행 중 정부의 책임있는 사유로 공기가 지연되는 경우 국가계약법령에서는 지연된 공사기간에 소요되는 간접공사비를 실비 범위내에서 지급하도록 하고 있으나, 일부 발주기관에서 자체 산정기준으로 산정한 간접공사비가 실비에 비해서 과도하게 낮아 계약상대자들의 민원이 발생하는 경우가 있다.

이에 정부에서는 각 발주기관이 계약상대자가 실비를 제출하는 경우 이를 확인하여 인정하거나, 발주기관에서 자체 산정기준으로 간접비를 산정한다 하더라도 실비에 비해서 과도하게 차이가 나지 않도록 기준을 보완하도록 하고 있다.

아울러, 국가계약법시행령 제66조제2항에서 공사기간에 따라 간접노무비, 제경비가 추가적으로 발생하면 간접공사비와 관련된 법정경비(산업재해보험료, 고용보험료 등)와 일반관리비를 연동하여 조정하도록 규정하고 있음에도, 발주기관에서 누락시키는 경우가 발생하고 있으므로 각 발주기관에서는 현장에서 간접공사비에 따른 법정경비와 일반관리비가 연동하여 계약금액이 조정될 수 있도록 조치하도록 하였다[249].

간접노무비는 연장 또는 단축된 기간중 당해현장에서 회계예규「예정가격 작성기준」제10조제2항 및 제18조의 규정에 해당하는 자가 수행하여야 할 노무량을 산출하고, 동 노무량에 시행규칙 제7조제1항의 규정에 의한 당해 직종의 단가를 곱하여 계산한다.

경비중 지급임차료, 보관비 등 직접 계상이 가능한 비목의 실비는 계약상대자로부터 제출받은 경비지출관련 계약서, 요금고지서, 영수증 등 객관적인 자료에 의하여 확인된 금액을 기준으로 변경되는 공사기간에 상당하는 금액을 산출하며, 복리후생비, 소모품비, 산재보험료 등은 그 기준이 되는 비목의 합계액에 계약상대자의 산출내역서상 해당비목의 비율을 곱하여 산출된 금액과 당초 산출내역서상의 금액과의 차액으로 한다.

계약상대자의 책임없는 사유로 공사기간이 연장되어 당초 제출한 계약보증서 등의 보증기간을 연장함에 따라 소요되는 추가비용은 계약상대자로부터 제출받은 보증수수료의 영수증 등 객관적인 자료에 의하여 확인된 금액을 기준으로 금액을 산출한다.

복리후생비란 계약목적물을 시공하는데 종사하는 노무자, 종업원, 현장사무소직원 등의 의료위생약품대, 공상치료비(公傷治療費), 지급피복비, 건강진단비, 급식비 등 작업조건 유지에 직접 관련되는 것을 말한다[250].

그리고 소모품비는 작업현장에서 발생되는 문방구, 장부대 등 소모용품을 말하며, 보조재료로서 재료비에 계상되는 것을 제외한다[251].

> 소모품비 및 복리후생비＝(재료비＋노무비)×당해비율
>
> 산재보험료＝(직접노무비＋간접노무비)×산재보험료율

3. 설계서 작성시 주의사항 및 운반거리 변경에 따른 실비의 산정

계약담당공무원은 시행령 제14조의 규정에 의한 당해 공사의 설계서를 작성함에 있어 운반비 산정의 기준이 되는 다음 각호의 사항을 구체적으로 명기하여 불가피한 경우를 제외하고는 계약체결 후 운반거리 변경이 발생하지 아니하도록 하여야 한다.

249) 기획재정부, “공사기간 연장에 따른 간접공사비 지급관련 업무지침”(회계제도과-568호 : 2008.12.23)

250) 기획재정부, “예정가격 작성기준” (회계예규 2200.04-160-5, 2008.12.29) 제19조

251) 위의 기준

1. 토사채취, 사토(捨土) 및 폐기물처리 등을 위한 위치
2. 공사현장과 제1호의 규정에 의한 위치간의 운반거리, 운반로, 및 운반속도 등
3. 기타 운반비 산정에 필요한 사항

토사채취, 사토 및 폐기물처리 등과 관련하여 당초 설계서에 정한 운반거리가 증 · 감되는 경우에는 다음 각호의 기준에 의하여 계약금액을 조정한다.

1. 당초 운반로 전부가 남아 있는 경우로서 운반거리가 변경되는 경우
   · 조정금액=당초 계약단가+추가된 운반거리를 변경당시의 품셈을 기준으로 하여 산정한 단가와 동 단가에 낙찰율을 곱한 단가의 범위내에서 계약당사자간에 서로 주장하는 각각의 단가기준에 대한 근거자료 제시 등을 통하여 성실히 협의하여 결정한 단가
2. 당초 운반로 일부가 남아 있는 경우로서 운반거리가 변경되는 경우
   · 조정금액=(당초 계약단가−당초 운반로 중 축소되는 부분의 계약단가)+대체된 운반거리를 변경당시 품셈을 기준으로 산정한 단가와 동 단가에 낙찰율을 곱한 단가의 범위내에서 계약당사자간에 협의하여 결정한 단가
3. 당초 운반로 전부가 변경되는 경우
   · 조정금액=(계약단가+변경된 운반거리를 변경당시 품셈을 기준으로 산정한 단가와 동단가에 낙찰율을 곱한 단가의 범위내에서 계약당사자간에 협의하여 결정한 단가) − 계약단가

앞의 산식 중 협의단가를 결정함에 있어 계약당사자간의 협의가 이루어지지 아니하는 경우에는 그 중간금액으로 한다.

4. 기타 실비의 산정

이행기간 변경 및 운반거리 변경 이외의 경우에 실비의 산정은 변경된 내용을 기준으로 하여 산정한 단가와 당초 단가와의 차액범위 안에서 계약당사자간에 협의하여 결정한다. 다만, 계약당사자간에 협의가 이루어지지 아니하는 경우에는 변경된 내용을 기준으로 하여 산정한 단가와 당초 단가를 합한 금액의 100분의 50으로 한다.

5. 일반관리비 및 이윤

일반관리비 및 이윤은 산출된 금액(실비)에 대하여 계약서상의 일반관리비율 및 이윤율

에 의하여 시행규칙 제8조에서 정하는 율의 범위내에서 결정하여야 한다.

일반관리비＝(간접노무비＋경비＋보증수수료)×일반관리비율 이윤＝(간접노무비＋경비＋보증수수료＋일반관리비)×이윤율

제 7 장

불가항력(Force Majeure)

국내 · 외에서 발생하고 있는 주요 클레임이나 판례 등을 살펴보면 천재(天災), 지변(地變) 등 불가항력에 기인하는 사항이 나타나고 있으며, 어느 정도까지 불가항력으로 인정해야 할 것인지에 대해 다양한 견해가 있다[252][253][254][255].

불가항력의 해석으로 인한 사항은 계약당사자의 추가공사비와 추가공기 인정 여부와 관련하여 중요한 사항이 된다. 특히 시공자는 불가항력으로 인정받을 경우 리스크를 최소화하고 수익을 기대할 수 있기 때문에 매우 중요한 사항으로 보고 있다. 그러나 국내에서는 불가항력 조항의 판단기준을 정립할 수 있을 정도로 관련 판례 및 기타 관련 자료가 충분하지 못하다.

따라서 본 장에서는 현재까지의 자료들을 토대로 각국의 실정계약조건 등에서 명시하고 있는 불가항력의 판단기준을 체계화시켜 정리 · 분석하고자 한다.

252) 대법원 1984. 5. 29. 선고 84다카351 판결【차임등】[공1984.8.1.(733),1183]
253) 대법원 1993. 2. 23. 선고 92다52122 판결【손해배상(기)】[공1993.4.15.(942),1078])
254) 대법원 1978. 2. 14. 선고 76다1530 판결【손해배상】[공1978.5.1.(58)3,10699]
255) 대법원 1986. 9. 9. 선고 85다카1751 판결【양수금】[집34(3)민,12;공1986.11.1.(787),1377]

제 1 절 ··· 건설사업에 있어서의 불가항력적 위험

Ⅰ. 위험의 개념

위험에 대한 일관성있는 문헌상의 개념정의를 찾기란 쉽지 않으나 "On Measuring Risk"는 위험(Risk)을 손실 또는 피해의 가능성으로 정의[256]하고 있다. 옥스퍼드 영영대사전에서 정의하고 있는 일반적인 위험과 관련된 용어는 Danger, Jeopard, Hazard, Peril, Risk 등 다양하게 나타나고 있으며, 각각의 의미는 약간 상이하다.

PMBOK[257]에서는 위험(Risk)에는 손해(Harm)나 손실(Loss)을 당할 가능성을 포함하는 것으로 인식하고 있으며, 위험규명(Risk Identification)작업은 어떠한 위험이 사업에 영향을 줄 가능성이 많은지와 각각의 특성을 문서화하는 것을 포함한다.

또한 위험규명작업은 내부위험(Internal Risk)과 외부위험(External Risk)을 분류해야 하는데, 내부위험은 사업팀 내부의 통제력 안에 있는 사항이고, 외부위험은 정부의 행위나 시장의 변화 등과 같은 사업팀의 통제를 벗어나는 사항들을 말한다.

Edwards는 "Practical Management in the Construction Industry"에서 Risk와 Hazard를 보다 엄밀하게 정의[258]하고 있다. 여기에서 Hazard는 보통 악조건의 결과로 일이 잘못될 수 있는 어떤 것으로 간주되며, 반면에 Risk란 그러한 위험스런(Hazar dous) 사건 발생 가능성과 비용의 곱을 의미하는 것으로 정의하고 있다.

위험의 개념이나 정의에 대한 사항은 본 서에서 다루고자 하는 범위를 벗어나는 사항이라 판단되어 본 장에서는 이상의 자료 범위 내에서 설정하고 있는 위험의 기본적인 개념만을 파악하고자 하며, 제반 위험에 대해 별도의 영문표기는 하지 않고 통칭하여 "위험"으로 표기한다.

---

256) Rothcopf, M. H., On Measuring Risk」, Working Paper, Xerox palo Alto Research Center, 1975

257) Dunkan W.R., A Guide to the Project Management Body of Knowledge, PMI Standard Committee, 1996, p.111

258) Edwards, Leslie, 『Practical Risk Management in the Construction Industry』, Thomas Telford, 1995, p.4

II. 건설공사에서의 위험

건설사업을 수행하는 과정에서 다양한 위험을 접할 가능성이 상존하고 있다. 그 위험을 부담하는 방법은 실정계약조건에 구체적으로 나타나게 된다. 실정계약조건에서는 예측 가능한 위험에 대해서는 계약당사자 중에서 그 위험을 누가 어느 정도 부담해야 하는지를 명시하고 있다.

그러나 실제로는 사업시작 전에 모든 위험을 예측하는 것이 불가능하다. 따라서 미래에 대한 불확실성 때문에 이러한 위험을 발주자보험, 전문가책임보험(설계자 및 감리자 포함), 공사보험, 일반 책임보험 등으로 해결하고 있다. 보험으로도 해결되지 않은 위험사항들은 개별 사안마다 계약당사자가 클레임을 제기함으로써 계약당사자의 위험문제를 해결하고 있다[259].

특히 "신의 행위(Acts of God)"에 대해서는 발주자가 부담하지만 구체적 처리에 대해서는 명시[260]하고 있지 않다.

Edwards는 시공자 위험을 상쇄하기 위한 전략을 도표로 설명하면서 불가항력 사건을 Force Majeure Incident로 분류하여 표기하고 있으며, 계약조건과 다양한 보험에서 처리하도록 규정[261]하고 있다.

III. 불가항력의 개념

일반적으로 사전적인 의미의 불가항력이란 인간의 힘으로는 어쩔 수 없는 일로 정의되고 있으며, 법적인 의미로는 외부에서 생긴 사고에서 사회통념상 주의나 예방방법으로는 방지할 수 없는 일로 정의하고 있다[262].

사전적 의미의 불가항력만으로 건설공사에서 발생하는 다양한 위험을 규명하는 것은 쉽지 않기 때문에 각국의 건설공사계약 일반조건에서는 별도로 불가항력 조항을 두고 있다.

프랑스 Civil Code의 Force Majeure는 계약의 위반으로 인한 손해에 대하여 제기하는 클레임에 대한 방어의 개념이며, 수행불가능, 예측불가능, 사건과 영향을 피할 수 없을 것을 전제로 하고 있다.

---

259) 조영준, 「건설클레임예방을 위한 불가항력의 체계화(해석)연구」, 한국건설기술연구원, 1997, p.48
260) Fisk, Edward R, 『Construction Project Administration』, Prentice Hall, 1994, p.224
261) Edwards, Leslie(1995), 앞의 책, p.79
262) 『민중 엣센스 국어사전』, 민중서관, 1995.

EU Law에서는 산업활동이 EEC Regulation의 Force Majeure에 대한 정의 내에서 발생했는지를 고려하면서 그 사건과 관련된 당사자 통제를 벗어나는 외부사건이고 피할 수 없었던 결과가 될 것을 전제로 하고 있다[263].

IV. 실정계약조건에 명시된 위험

각국의 공공공사계약조건 등에서 명시하고 있는 특별한 위험(Special Risks), 예외적인 위험(Exceptional Risks) 등을 자연적 사상(事象), 인위적 사상(事象), 타 계약자 관련 사상, 기타 사상으로 구분하여 분류하였다.

이와 같이 분류하는 것이 건설사업에서 발생할 수 있는 위험을 가장 잘 파악할 수 있는 방법이라고는 판단되지 않지만 쉽게 이해하기 위하여 여러 가지 사상으로 구분하였다.

참고로 일본의 공공공사 청부계약약관에서는 불가항력을 자연적 사상과 인위적 사상으로 구분하고 있다. 여기에서는 인위적 사상을 타계약자(인접시공자, 설계자, 물품공급자 등) 관련 사상과 기타 사상으로 다시 세분함으로써 각 나라별 계약조건에서 강조되고 있는 사항을 보다 정확히 파악하고자 하였다.

1. 우리나라 공사계약일반조건상의 규정

기획재정부에서 제정한 공사계약일반조건 제32조에는 불가항력의 기준, 그로 인해 발생한 손해의 부담, 손해의 처리절차 등을 규정하고 있으며 그 내용은 다음과 같다.

> **공사계약일반조건 제32조 (불가항력)**
>
> ① 불가항력이라 함은 태풍 · 홍수 기타 악천후, 전쟁 또는 사변, 지진, 화재, 전염병, 폭동 기타 계약당사자의 통제범위를 초월하는 사태의 발생 등의 사유(이하 "불가항력의 사유"라 한다)로 인하여 계약당사자 누구의 책임에도 속하지 아니하는 경우를 말한다. 다만, 이는 대한민국 국내에서 발생하여 공사이행에 직접적인 영향을 미친 경우에 한한다.
>
> ② 제1항에서 규정한 불가항력의 사유로 인하여 다음 각호에 발생한 손해는 발주기관이 부담하여야 한다.
>
> 1. 제27조의 규정에 의하여 검사를 필한 기성부분

263) Eglleston, Brian. 『Liquidated Damages and Extensions of Time in 264) Construction Contract』, Blackwell Science, 1992, p.181

2. 검사를 필하지 아니한 부분중 객관적인 자료(감독일지, 사진 또는 비디오테잎 등)에 의하여 이미 수행되었음이 판명된 부분

3. 제31조제1항 단서 및 동조제3항의 규정에 의한 손해

③ 계약상대자는 계약이행 기간중 제2항의 손해가 발생하였을 때에는 지체없이 그 사실을 계약담당공무원에게 통지하여야 하며, 계약담당공무원은 통지를 받았을 때에는 즉시 그 사실을 조사하고 그 손해의 상황을 확인한 후 그 결과를 계약상대자에게 통지하여야 한다. 이 경우 공사감독관의 의견을 참작할 수 있다.

④ 계약담당공무원은 제3항의 규정에 의하여 손해의 상황을 확인하였을 때에는 별도의 약정이 없는 한 공사금액의 변경 또는 손해액의 부담 등 필요한 조치를 계약상대자와 협의하여 이를 결정한다. 다만, 협의가 성립되지 않을 때에는 제51조의 규정에 의해서 처리한다.

2. 조달청 일괄입찰 등 공사계약특수조건상의 규정

조달사업에 관한 법률의 규정에 따라 일정규모의 국가공사는 조달청에서 공사를 발주하고, 조달청이 계약당사자가 되며, 발주를 의뢰한 기관은 수요기관이 된다.

조달청의 공사계약특수조건에 규정된 불가항력에 대한 사항은 불가항력의 경우 시공자의 의무, 불가항력 판단기준 등을 제시하고 있으며, 그 내용은 다음과 같다.

조달청 공사계약특수조건 제33조 (불가항력)

① 계약상대자는 일반조건 제32조제1항에서 규정하는 불가항력 사태의 발생을 대비하여 적절한 예방조치를 취하여야 하며, 불가항력의 사태가 발생한 경우에도 피해를 최소화하기 위하여 선량한 관리자로서의 의무를 다 하여야 한다.

② 계약상대자가 다음 각호에 해당하는 사항을 고의 또는 중대한 과실로 이행하지 않은 경우에는 불가항력으로 인정하지 아니한다.

1. 계약상대자가 통제 가능한 경우
2. 계약상대자가 미리 예측하여 적절히 대비할 수 있는 경우
3. 계약상대자가 사태발생 후 적절히 대피하거나 극복할 수 있는 경우
4. 기타 계약상대자의 귀책사유에 기인한 경우

③ 제1항 내지 제2항을 적용함에 있어 적절한 예방조치 또는 미리 예측하여 적절히 대피할 수 있는 경우 등이란 공사현장에 10년 주기의 강우 · 홍수 및 범람에 대비한 예방조치를 말한다.

④ 계약담당공무원이 계약상대자로 하여금 태풍 · 홍수 및 기타 악천후 등에 대비한 손해보험에 가입하도록 한 경우, 보험에 의하여 보전되는 금액 이내의 손해는 발주기관이 부담하지 아니한다.

Ⅴ. 계약조건별 불가항력 위험판단기준

현재 주로 활용되고 있는 실정계약조건에서 불가항력적인 위험으로 판단하는 기준과 최근 판례의 추세를 살펴보면 다음과 같다[264].

■ 우리나라 공사계약 일반조건

· 계약상대자의 통제범위를 초월하는 사태의 발생
· 누구의 책임에도 속하지 아니하는 경우
· 대한민국 국내에서 발생할 것
· 공사이행에 직접적인 영향을 미칠 것

■ 우리나라 조달청 공사계약 특수조건

· 계약상대자가 통제 가능한 경우
· 계약상대자가 미리 예측하여 적절히 대비할 수 있는 경우
· 계약상대자가 사태발생 후 적절히 대피하거나 극복할 수 있는 경우
· 기타 계약상대자의 귀책사유에 기인한 경우

■ ICE 토목공사계약 일반조건

· 기후조건이나 기후조건에 기인한 조건
· 경험있는 시공자에 의해 정상적으로 예견할 수 없는 사항

■ 영국 공공공사계약 일반조건

· 판단기준이 구체적으로 명시되지 않음

■ FIDIC 1999년 개정판 건설공사계약 일반조건

· 당사자의 통제범위를 초과할 것
· 당사자 누구도 계약체결 전에 합리적으로 알 수 없을 것
· 당사자가 합리적으로 회피하거나 극복할 수 없을 것
· 누구의 책임에도 속하지 아니할 것

■ 싱가포르 공공공사계약 일반조건

· 판단기준이 구체적으로 명시되지 않음

264) 조영준, 「건설계약에 있어서 불가항력조항의 해석」, 대한건축학회논문집제14권제6호통권제116호, 대한건축학회, 1998.6

표 3 … 계약조건에 나타난 건설위험의 분류

구 분		가	나	다	라	마	바	사	아	자	차	카
자연적 사상	신의 행위		◎							◎		
	홍 수	◎	◎	◎	◎					◎		
	악천후	◎	◎							◎		
	폭 풍	◎		◎	◎							
	호 우	◎		◎								
	해 일			◎								
	지 진	◎		◎	◎							
	산사태			◎								
	낙 반			◎								
	번 개				◎							
	대폭풍우				◎							
	재 난										◎	
인위적 사상	정부의 행위		◎									
	교전상태	◎				◎	◎	◎	◎			
	적의 침공	◎				◎	◎	◎	◎			
	반 란						◎	◎	◎			
	혁 명						◎	◎	◎			
	모 반						◎	◎	◎			
	권력찬탈 및 내란						◎	◎	◎			
	내 전				◎			◎				
	폭 발				◎							
	수출입통제		◎									
	공적의 행위		◎									
	폭동, 난동	◎		◎	◎		◎	◎	◎			
	무질서								◎			
	소 요			◎			◎		◎			
	발주자의 행위									◎	◎	◎
타계약자	타계약자의 행위		◎							◎	◎	◎
	설계누락 및 삭제							◎	◎		◎	
	파 업		◎		◎						◎	◎
	공장폐쇄				◎						◎	
	자재도달지연										◎	
기타	방사선오염과 핵누출				◎		◎	◎	◎			
	항공기의 추락				◎							
	방사선 독성물질				◎		◎	◎	◎			
	초음속압력파						◎	◎	◎			
	전염병	◎	◎							◎	◎	
	격리지역		◎									
	화 재	◎	◎	◎	◎					◎		

주) 공사계약조건
- 가 : 한국 공사계약 일반조건
- 나 : 미국 연방조달규정(FAR)
- 다 : 일본 공공공사 청부계약 약관
- 라 : 영국 공공공사계약 일반조건
- 마 : 사우디 아라비아 공공공사계약 약관
- 바 : FIDIC(1999)건설공사계약 일반조건
- 사 : ICE 토목공사계약 일반조건
- 아 : 싱가포르 공공공사계약 일반조건
- 자 : 미국 종합건설업자협회(AGC) 계약조건
- 차 : 미국 건축사협회(AIA) 계약조건
- 카 : 미국 건설관리자협회(CMAA) 계약조건

■ 사우디 아라비아 공공공사계약 일반조건

· 판단기준이 구체적으로 명시되지 않음

■ 미국 CMAA 공사계약 일반조건

· 시공자나 발주자의 통제를 벗어나는 사항

· 비정상적인 혹독한 기상이 주공정에 영향을 주는 사항

■ 미국 AIA 공사계약 일반조건(AIA 201)

· 시공자나 발주자의 통제를 벗어나는 사항

■ 미국 EJCDC의 공사계약 일반조건

· 시공자나 발주자의 통제를 벗어나는 사항

· 회피할 수 없는 사항

■ 미국 연방조달규정

· 시공자나 발주자의 통제를 벗어나는 사항

· 시공자나 발주자가 예측할 수 없는 사항

■ 일본 공공공사 청부계약 약관

· 갑 · 을 쌍방의 책임으로 돌릴 수 없는 사항

■ 최근 판례의 추세

· 절대적인 이행불능(Impossibility)과 실행이 불가능(Impracticability)하여 목적달성 불능(Frustration)된 사항까지 포괄적으로 인정

VI. 불가항력 위험의 분석

실정계약조건을 통해 조사한 각 위험 중에서 자연적 사상의 경우, 대부분이 불가항력으로 인정될 수 있다.

홍수, 악천후, 폭풍, 해일 등과 같은 특수한 사항들은 계약당사자가 선량한 관리자의 주의의무를 충실히 수행했는지 여부에 따라 불가항력으로 인정여부가 결정될 수도 있다.

그리고 산사태와 낙반의 경우 계약당사자가 터널공사나 발파공사의 당사자인 경우 상호 책임여부를 판단하여 불가항력으로 인정할 수 있다.

인위적 사상이 발생하여 공공부문에 영향을 미쳤고, 실질적으로 공사가 수행될 수 없을

정도로 되었을 경우에는 실행이 불가능하여 목적을 달성할 수 없으므로 불가항력으로 인정하여야 할 것이다.

그러나 타계약자의 행위나 설계누락 사항 등은 복잡하지만 책임 여부를 가리는 것이 가능하기 때문에 불가항력으로 인정하기보다는 보험 등을 통하여 문제를 해결해야 할 것으로 보인다.

기타 사상의 경우, 당해 현장이 소속된 지역 내에 전염병 발생으로 인해 격리지역으로 선포되었을 경우 당해 현장에서 실질적인 작업을 불가능하게 하기 때문에 불가항력으로 인정하는 것이 가능하지만 방사선 오염이나 비행체의 추락 등은 경우에 따라 불가항력으로 인정될 수 있을 것으로 판단된다.

제2절 … 불가항력 판단 및 손해 인정기준

이상에서는 각 실정계약조건에서 예외적으로 용인하거나 특별한 위험으로 분류하는 위험의 종류와 위험을 간략히 살펴보고 불가항력으로 인정할 수 있는 사항인지를 살펴보았다. 하나의 위험은 위험요인의 특성과 결과에 따라 해석의 묘가 더해지는 사항으로 인식되며 이를 단순화시켜 파악하는 것은 계약당사자 쌍방에 대해 실익이 반감될 수 있다.

우리나라의 공사계약일반조건 및 조달청 공사계약특수조건을 기준으로 불가항력으로 인정할 수 있는지에 대한 판단기준을 요약하면 다음과 같다.

표 4 … 우리나라의 불가항력 판단 및 손해인정기준

구 분	내 용	비 고
판단기준	· 계약상대자의 통제범위를 벗어날 것 · 예측가능하여 대비할 수 없을 것 · 사태발생 후 대피하거나 극복할 수 없을 것 · 계약당사자 누구의 책임에도 속하지 않을 것	
손해인정기준	· 계약상대자의 고의 또는 과실이 없을 것 · 국내에서 발생할 것 · 계약이행에 직접적인 영향을 미칠 것 · 손해보험의 부보범위를 벗어날 것	

제3절 ... 불가항력 판단기준 및 손해인정 관련 주요 쟁점

불가항력의 판단기준 및 손해인정과 관련하여 우리나라에서도 많지는 않지만 몇 개의 쟁점들이 발생하였다. 그 중 일부는 기후와 관련된 사항, 유적지와 관련된 사항, 불가항력을 피하는 도중 발생한 손해 등 몇 개의 쟁점들이 있었다. 이를 살펴보면 다음과 같다.

고대 유적지의 일부가 포함되는 아파트 분양공사에서 시공자가 건축설계변경허가를 받을 때 전문조사기관의 지표(시굴, 발굴) 조사 후 문화재 청장의 지시에 따라 공사를 착공해야 한다는 조건이 부가되어 있었으므로 나머지 부지에 대해서도 당연히 유적지가 발굴될 수 있기 때문에 이를 고려하여 분양계약하여야 함에도 불구하고, 이를 고려하지 않았으므로 유적지 조사 및 발굴로 인해 공기가 지연되더라도 불가항력으로 볼 수 없는 것으로 판단[265]하고 있다.

그리고 불가항력을 주장하는 당사자가 불가항력으로 인정받기 위해서는 지연의 원인이 그 사업자의 지배영역 밖에서 발생한 사건으로서 그 사업자가 통상의 수단을 다하였어도 이를 방지하는 것이 불가능하였음이 인정되어야 하는 것으로 보고 있다[266].

해상을 운행하던 선박이 수중에 있는 물체와 충돌하여 화물이 침수되는 사고가 발생하였으나 당시 수심이 100m 정도이고 그런 수중물체가 있음을 짐작하게 하는 수면 위의 부유물도 발견할 수 없어 미리 사고를 예견하거나 방지할 수 없었던 점에 비추어 상법 제789조 제2항 제1호, 제2호에 규정된 해상 고유의 위험 내지 불가항력 또는 상법 제788조 제2항 소정의 항해 과실에 의한 사고로 보고 있다[267].

100년 발생빈도의 강우량을 기준으로 책정된 계획홍수위를 초과하여 600년 또는 1,000년 발생빈도의 강우량에 의해 하천이 범람하였다면 이는 예측가능성 및 회피가능성이 없는 불가항력적인 사항으로 보고 있다[268].

97.8밀리의 집중폭우가 사고지역에서 통상 예견할 수 없을 정도의 이변에 속하는 자연현상으로서 도로의 안전성을 위하여 필요한 시설을 갖추었다고 하여도 절개지의 붕괴를 방지할 수 없었다고 인정되지 않는 한 97.8밀리의 집중폭우가 있었다는 사실만으로 불가항력이라 단정할 수 없는 것으로 본다[269].

265) 대법원 2008. 7. 10. 선고 2008다15940,15957 판결【지체상금】[공보불게재]
266) 대법원 2007. 8. 23. 선고 2005다59475,59482,59499 판결【지체상금청구】[공2007.9.15.(282), 1441])
267) 대법원 2004. 7. 8. 선고 2004다8494 판결【손해배상(기)】
268) 대법원 2003. 10. 23. 선고 2001다48057 판결【손해배상(기)】[공2003.12.1.(191),2219])
269) 대법원 1982. 8. 24. 선고 82다카348 판결【구상금】[집30(2)민,276;공1982.10.15.(690) 878]

폭설로 인하여 운전자 등이 고속도로에서 장시간 고립된 사안에서, 100년 만의 최대 강설량이기는 하나 당시 한국도로공사가 각 고립구간의 교통정체를 미리 예견하여 적절한 대비책을 세움으로써 각 고립구간의 교통정체를 회피하거나, 적어도 그 고립시간을 상당히 줄이는 것이 충분히 가능하였던 것으로 보이므로, 이를 전혀 예측할 수 없는 천재지변이나 피할 수 없는 불가항력에 해당한다고 보지 않는다[270].

사고 당일의 집중호우가 50년 빈도의 최대강우량에 해당한다는 사실만으로는 불가항력으로 인정하지 않는 사례[271]도 있다.

자연력과 가해자의 과실행위가 경합되어 손해가 발생한 경우 가해자의 배상범위(=자연력의 기여분을 공제한 나머지) 및 특수한 자연적 조건 아래 발생한 손해라도 불가항력적인 자연력의 기여분을 인정하여 손해배상 범위를 제한하여야 하는 것으로 본다[272].

1997년말 우리나라에서 외환위기가 발생하였던 바, 천재지변이나 이에 준하는 경제사정의 급격한 변동 등의 경우 불가항력으로 인정하지만 자재 수급의 차질 등이 발생한 경우 불가항력으로 인정받을 수 없는 것으로 본다[273].

해상운송에 있어서 해상강도로 인한 운송물의 멸실이 운송인의 손해배상책임을 면하게 하는 면책사유의 하나로서 인정되는 것과는 달리 육상에서의 강도로 인한 운송물의 멸실은 반드시 그 자체로서 불가항력으로 인정되지 않는 것으로 본다[274].

선박이 태풍을 피하기 위하여 피항하다가 연선에 스크류가 감김으로써 진주양식장의 연선시설을 파손한 사고가 불가항력에 의한 사고라고 보지 않는다[275].

태풍이 예보된 진로와 달리 지나감으로써 이에 대비하지 못한 선박의 계선삭(繫船索)이 절단되어 발생한 해난을 불가항력에 의한 사고로는 보지 않는다[276].

계약당사자의 자유의사에 의하여 불가항력으로 인한 손해배상을 계약당사자의 일방만이 부담한다고 약정한 특약의 경우 당연 무효로 보지 않는다[277].

이상의 내용을 요약하면 다음과 같다.

---

270) 대전지법 2006. 4. 19. 선고 2004가합3493,4779 판결 : 항소【손해배상(기)】[각공2006.6.10.(34),1187]
271) 대법원 2000. 5. 26. 선고 99다53247 판결【손해배상(기)】[공2000.7.15.(110),1510]
272) 대법원 2003. 6. 27. 선고 2001다734 판결【양수금】[공2003.8.1.(183),1592]
273) 대법원 2002. 9. 4. 선고 2001다1386 판결【공사대금】[공2002.10.15.(164),2312]
274) 대법원 1999. 12. 10. 선고 98다9038 판결【손해배상(기)】[공2000.1.15.(98),154]
275) 대법원 1993. 5. 14. 선고 92다17280 판결【손해배상(기)】[공1993.7.15.(948),1692]
276) 대법원 1991. 1. 15. 선고 88추27 판결【재결취소】[공1991.3.1.(891),759]
277) 대법원 1963. 5. 15. 63다111 【물품인도】[집11(1)민,309]

첫째, 유적지라고 하더라도 무조건 불가항력으로 인정받지는 못한다.
둘째, 기후의 경우 발생사실 자체만으로 불가항력으로 인정받지는 못한다.
셋째, 손해에 대한 책임이 병합될 경우 자연으로 인한 사항은 공제한다.
넷째, 불가항력을 피하다가 발생한 사항의 경우 불가항력으로 보지 않는다.
다섯째, 불가항력으로 인한 손해를 모두 부담하기로 하였다면 무효가 아니다.

제4절 ... 불가항력의 효과

Ⅰ. 우리나라

불가항력의 사유로 인하여 검사를 필한 기성부분, 검사를 필하지 아니한 부분 중 객관적인 자료(감독일지, 사진 또는 비디오테이프 등)에 의하여 이미 시공되었음이 판명된 부분, 시공자의 책임없는 사유로 발생한 손해와 발주자가 인수한 목적물에 대한 손해가 발생하면 발주자가 부담해야 한다.

민간건설공사 계약에서 기성검사를 필한 부분에 대해 쟁점이 있었던 바, 감리자와 공사감독원의 업무가 다른 점을 고려하여 감리자가 도급인에게 기성율을 산정하여 보고하더라도 기성검사를 필한 부분으로 보지 않는다[278].

그리고 계약당사자는 위의 손해가 발생했을 때에는 지체 없이 그 사실을 계약담당공무원에게 통지해야 하고, 계약담당공무원은 통지를 받았을 때에는 즉시 그 사실을 조사하고, 그 손해의 상황을 확인한 후 그 결과를 계약상대자에게 통지해야 한다. 이 경우 공사감독관의 의견을 참작할 수 있다.

또한 계약담당공무원은 손해의 상황을 확인했을 때에는 별도의 약정이 없는 한 공사금액의 변경 또는 손해액의 부담 등 필요한 조치를 계약상대자와 협의하여 이를 결정해야 하지만, 협의가 성립되지 않을 때에는 제51조의 규정에 의한 분쟁의 처리방법에 따라 처리한다.

참고로 일본과 FIDIC 개정판에서 규정하고 있는 손실 보전 대상은 다음과 같다.

278) 대법원 2006. 7. 27. 선고 2005다72188 판결【공사대금】

II. 일 본

일본의 경우 공공공사 청부계약 약관 제29조에 불가항력으로 인한 손실보정에 관한 규정을 두고 있으며, 그 내용은 다음과 같다.

1. 시공자의 권리 : 시공자는 손해의 상황이 확인된 때에는 발주자에게 계약금액의 변경 또는 손해액의 부담을 청구할 수 있다.
2. 손실보전의 범위 : 발주자는 시공자의 손해액 중 계약금액의 1%를 초과하는 금액을 부담
3. 손실금액 및 산정방법 : 손실을 입은 기성부분이나 자재부분에 대한 계약금액으로 하되 잔존가치가 있는 경우에는 그 평가액을 공제한 금액을 손실보전금액으로 함. 공사 가설물 또는 건설기계기구에 대해서는 당해 공사에서 상각하기로 되어 있는 상각비에서 손실을 받은 시점의 기성부분에 상당하는 상각금액을 공제한 금액으로 함. 단, 수선으로 그 기능을 회복할 수 있고, 수선비가 상기 금액보다 작을 때는 그 수선비를 손실보전금액을 함.
4. 손실금액의 평가비용 : 발주자가 부담

III. FIDIC 1999년 개정판

1999년 이전에는 Force Majeure 조항이 구체적으로 나타나지 않았고, 그 요건도 구체화되지 않았으나 1999년 개정판에 이를 구체화하고 있다. FIDIC을 활용하는 경우 해외에서 제3국의 건설업자가 참여하는 경우가 많기 때문에 우리나라 공사계약일반조건에서 규정하고 있는 보상의 내용에서 차이가 있다.

불가항력으로 계약을 해지할 경우 손실을 보상하는 범위는 다음과 같다.

1. 계약단가를 기준으로 산출한 수행된 작업에 대한 금액
2. 공사를 위해 시공자에 의해 발주되거나 시공자에게 발주책임이 있는 플랜트와 자재비용
3. 공사를 완성하기 위해 시공자에 의해 합리적으로 발생된 상황으로 인한 비용이나 책임
4. 가설공사 및 시공자 장비의 철수비용(현장철거비용 및 본국송환비용) 단, 본국 송환비용은 장비비보다 작아야 함.
5. 계약해제일까지 전적으로 공사에 투입된 근로자와 직원의 본국 철수비용

제 8 장

우리나라의 계약기간 연장, 단축 및 지체상금

최근의 건설사업은 복잡해지고 거대해지면서 계약체결이전에 계약체결이후에 발생할 수 있는 모든 위험을 합리적으로 예측한 후, 계약조건에 적절히 분배하여 공사금액에 포함시키거나 공사기간에 반영하는 것은 어렵게 되고 있다. 이러한 건설사업의 특성으로 인해 계약체결이후 계약기간연장이 발생하게 된다.

발주자가 계약기간을 연장할 수 있는 사유를 보면 발주자에게 책임있는 사유로 인한 공사중단 지시, 설계변경 지시, 기타 계약당사자에게 책임없는 사유로 인한 사항 등 매우 다양하게 나타난다. 이러한 계약기간연장과 관련하여 다양한 연구들이 국내외에서 행해졌으나 현장에 적용할 수 있는 완벽한 이론을 도출하지는 못하고 있다[279].

미국의 경우 공기지연이 발생하는 결과를 두고 시공자의 이행지체가 있더라도 벌하지 않는 양해할 수 있는 지연(Excusable Delay), 시공자의 이행지체가 있더라도 보상할 수 있는 지연(Compensable Delay)으로 구분하여 계약문서에 규정하고 있으며, 우리나라도 그와 다르지 않다.

영국의 경우 다양한 건설관련기관에서 작성하는 계약조건에 근거하여 공정지체요인에 따는 계약조건의 적용을 다루면서, 공정차질과 공기지연의 연관성을 제시하고 있고[280], 이를 근거로 공정차질과 공기지연을 시간분할하여 작업 생산성 저하의 문제로 다루어야 한다는 견해도 있다[281].

279) 조영준, 이상범. 「공공건설사업에서 계약기간 연장처리방법 개선에 관한 연구」, 한국건설관리학회, Vol.6. No.3(81-89), 2005. 6

280) Geoffrey Trickey and Mark Hackett, 『The Presentation and Settlement of Contractors' Claims,』 Taylor & Francis, 2005, 2ed, London and New York, pp.15-81.

281) Hamish Lal, 『Quantifying and Managing Disruption Claims』, Thomas Telford, 2003, London, pp.27-48.

본 장에서는 이러한 계약기간의 연장에 대해 우리나라의 실정계약조건을 중심으로 살펴보고자 한다.

제1절 ... 지체일수에 산입하지 않는 사유(Excusable Delay)

우리나라 공사계약일반조건 제25조에서는 계약기간이 연장되더라도 지체상금을 부과하지 않는 7가지의 경우를 예시하고 있다. 바꾸어 말하면 다음의 7가지 사유를 시공자가 제시하지 못하고, 준공기한내에 공사를 완료하지 못하였다면 시공자는 지체상금을 피할 수 없음을 의미한다.

발주자가 시공자에게 부담시키는 지체상금 전액을 시공자가 부담해야 하는지[282]는 계약을 둘러싼 다양한 상황 등을 고려하여야 하므로 법의 해석 내지는 계약의 해석 분야로 넘어가게 되며, 이에 대해 쟁점이 있을 경우 법원이나 중재원에서 다루어야 하는 사안이 된다. 분양계약의 경우[283]도 마찬가지이다.

> **대법원 2002. 9. 4. 선고 2001다1386 판결【공사대금】[공2002.10.15.(164),2312]**
>
> 지체상금에 관한 약정은 수급인이 그와 같은 일의 완성을 지체한 데 대한 손해배상액의 예정이므로, 수급인이 약정된 기간 내에 그 일을 완성하여 도급인에게 인도하지 아니하여 지체상금을 지급할 의무가 있는 경우, 법원은 민법 제398조 제2항의 규정에 따라 계약 당사자의 지위, 계약의 목적과 내용, 지체상금을 예정한 동기, 실제의 손해와 그 지체상금액의 대비, 그 당시의 거래관행 및 경제상태 등 제반 사정을 참작하여 약정에 따라 산정한 지체상금액이 일반 사회인이 납득할 수 있는 범위를 넘어 부당하게 과다하다고 인정하는 경우에 이를 적당히 감액할 수 있는 것이다.

준공기한이 경과하였음에도 불구하고 계약상대자인 시공자가 지체일수에 산입하지 않는 사유로 인한 사항을 입증할 경우 지체상금을 부담하지 않아도 된다.

282) 대법원 2002. 9. 4. 선고 2001다1386 판결
283) 대법원 2008. 7. 10. 선고 2008다15940,15957 판결 【지체상금】 [공보불게재]

공사계약일반조건 제25조(지체상금) 제3항 지체일수에 산입하지 않는 사유

1. 제32조에서 규정한 불가항력의 사유에 의한 경우
2. 계약상대자가 대체 사용할 수 없는 중요 관급자재 등의 공급이 지연되어 공사의 진행이 불가능하였을 경우
3. 발주기관의 책임으로 착공이 지연되거나 시공이 중단되었을 경우
4. 계약상대자의 부도 등으로 연대보증인이 보증시공을 할 경우
5. 계약상대자의 부도 등으로 보증기관이 보증이행업체를 지정하여 보증시공할 경우
6. 제19조의 규정에 의한 설계변경으로 인하여 준공기한내에 계약을 이행할 수 없을 경우
7. 원자재의 수급 불균형으로 인하여 해당 관급자재의 조달지연 또는 사급자재(관급자재에서 전환된 사급자재를 포함한다)의 구입곤란 등 기타 계약상대자의 책임에 속하지 아니하는 사유로 인하여 지체된 경우

제2절 ... 지체일수 산정기준

공사계약일반조건 제25조 제3항 내지 제6항에 의할 경우 계약상대자의 부도 등으로 연대보증인이 보증시공을 할 경우 지체일수에 산입하지 아니하는 기간은 부도 등이 확정된 날부터 보증시공을 지시한 날까지로 한다.

부도 등이 확정된 날이란 부도, 파산, 해산 등의 사유로 사실상 공사이행을 할 수 없었던 날을 의미한다. 다만, 공동계약에 있어 공동이행방식에 의하는 경우는 공동수급체 구성원 중 마지막으로 남은 구성원의 부도 등이 확정된 날을 기준으로 하고, 분담이행방식에 의하는 경우는 분담구성원의 부도 등이 확정된 날을 기준으로 한다.

계약상대자의 부도 등으로 보증기관이 보증이행업체를 지정하여 보증시공할 경우 지체일수에 산입하지 않는 기간은 발주기관으로부터 보증채무 이행청구서를 접수한 날부터 보증이행 개시일 전일까지(단, 30일 이내에 한한다)로 한다.

준공기한의 산정과 관련하여 계약담당공무원은 지체일수를 다음의 기준에 따라 산정하여야 한다.

1. 준공기한내에 준공신고서를 제출한 때 : 준공검사에 소요된 기간은 지체일수에 산입하지 아니한다. 다만, 준공기한 이후에 시정조치를 한 때에는 시정조치를 한 날부터

최종 준공검사에 합격한 날까지의 기간(검사기간이 제27조의 규정에 정한 기간(14일)을 초과한 경우에는 동조에 정한 기간에 한한다.)을 지체일수에 산입한다.

2. 준공기한을 경과하여 준공신고서를 제출한 때 : 준공기한 익일부터 준공검사(시정조치를 한 때에는 최종 준공검사)에 합격한 날까지의 기간을 지체일수에 산입한다.
3. 준공기한의 말일이 공휴일(관련 법령의 규정에 의하여 발주기관의 휴무일인 경우를 포함한다)인 경우 : 지체일수는 공휴일의 익일 다음날부터 기산한다.

제3절 ... 계약기간연장 및 계약금액조정

공사계약일반조건 제26조(계약기간의 연장)에서는 계약기간연장시 발주자 및 시공자의 조치내용을 규정하고 있으며, 그 내용은 다음과 같다.

공사계약일반조건 제26조 (계약기간의 연장)

① 계약상대자는 제25조제3항 각호의 1의 사유가 계약기간내에 발생한 경우에는 계약기간 종료전에 지체없이 제17조제1항제2호에 대한 수정공정표를 첨부하여 계약담당공무원과 공사감독관에게 서면으로 계약기간의 연장신청과 제4항의 규정에 의한 계약금액 조정신청을 함께 하여야 한다. 다만, 연장사유가 계약기간내에 발생하여 계약기간 경과후 종료된 경우에는 동 사유가 종료된 후 즉시 계약기간의 연장신청과 제4항의 규정에 의한 계약금액 조정신청을 함께 하여야 한다.

② 계약담당공무원은 제1항의 규정에 의한 계약기간연장 신청이 접수된 때에는 즉시 그 사실을 조사 확인하고 공사가 적절히 이행될 수 있도록 계약기간의 연장 등 필요한 조치를 하여야 한다.

③ 계약담당공무원은 제1항에서 규정한 연장청구를 승인하였을 경우 동 연장기간에 대하여는 제25조의 규정에 의한 지체상금을 부과하여서는 아니된다.

④ 제2항의 규정에 의하여 계약기간을 연장한 경우에는 제23조의 규정에 의하여 그 변경된 내용에 따라 실비를 초과하지 아니하는 범위안에서 계약금액을 조정한다. 다만, 제25조제3항 제4호 및 제5호의 사유에 의한 경우에는 그러하지 아니하다.

⑤ 계약담당공무원은 제1항 내지 제4항의 규정에 불구하고 계약상대자의 의무불이행으로 인하여 발생한 지체상금이 시행령 제50조제1항의 규정에 의한 계약보증금상당액에 달한 경우로서 계약목적물이 국가정책사업 대상이거나 계약의 이행이 노사분규 등 불가피한 사유로 인하여 지연된 때에는 계약기간을 연장할 수 있다.

⑥ 제5항의 규정에 의한 계약기간의 연장은 지체상금이 계약보증금상당액에 달한 때에 하여야 하며, 연장된 계약기간에 대하여는 제25조의 규정에 불구하고 지체상금을 부과하여서는 아니된다.

계약기간이 연장되더라도 지체상금을 부과하지 않는 사유가 계약기간내에 발생한 경우에는 계약기간연장 및 계약금액조정과 관련하여 신청주체, 신청시점, 신청내용 등을 살펴보면 다음과 같다.

표 5 … 연장사유가 계약기간내에 발생시 시공자 조치내용

구 분	내 용	비 고
신청주체	계약상대자	
신청시점	계약기간 종료전	
부여기간	지체없이	
작성전 조치	계약기간연장 합의	언급없음
작성내용	수정공정표 작성	
제출방법	서면	
제출대상	계약담당공무원 및 공사감독관	
제출내용	계약기간연장신청 및 계약금액조정신청	

수정공정표를 작성하기 위해서는 계약연장합의가 우선되어야 할 것이며, 공기연장합의가 되지 않은 상태에서 수정공정표를 작성하는 것은 계약당사자 일방이 이를 거부할 가능성이 높기 때문에 현실적으로도 공기연장합의를 하여야 한다. 이와 관련된 유권해석이 있는 바, 살펴보면 다음과 같다.

회제41301-954('99. 4. 2) 계약금액조정에 대한 해석

실비산정기준에 의한 실비의 산정은 실제 사용된 비용등 객관적으로 인정될 수 있는 자료에 의하여야 하는 바, 공기연장사유가 종료된 시점에서 공기연장합의와 동시에 계약금액을 조정함이 타당하다고 봄

예외적으로, 계약상대자의 부도로 인해 보증기관이 직접시공하거나 보증기관이 보증이행업체를 지정하여 시공하는 경우에는 실비를 초과하지 아니하는 범위안에서 계약금액을 조정하지 않는다.

표 6 … 연장사유가 계약기간내에 발생하여 기간경과 후 종료된 경우 시공자 조치내용

구 분	내 용	비 고
신청주체	계약상대자	
신청시점	사유 종료 후	
부여기간	즉시	
작성내용	수정공정표 작성	언급없음
제출방법	서면	언급없음
제출대상	계약담당공무원 및 공사감독관	언급없음
제출내용	계약기간연장시청 및 계약금액조정신청	

표 7 … 계약기간연장 신청접수시 발주자 조치내용

구 분	내 용	비 고
조치주체	계약담당공무원	
시점	계약기간연장신청이 접수된 때	
부여기간	즉시	
행동	신청내용을 조사 확인	
조치형태	공사가 적절히 이행될 수 있도록	
조치내용	(1) 계약기간연장 · 계약기간 연장청구 승인, · 지체상금 부과불가	
	(2) 계약금액조정 · 근거 : 그 변경된 내용에 따라 · 방법 : 실비초과하지 않는 범위 안	예외사항

계약담당공무원은 계약상대자의 의무불이행(義務不履行)으로 인하여 발생한 지체상금이 계약보증금 상당액에 달한 경우로서 계약목적물이 국가정책사업 대상이거나 계약의 이행이 노사분규 등 불가피한 사유로 인하여 지연된 때에는 계약기간을 연장할 수 있다.

국가정책사업 대상이거나 노사분규 등 불가피한 사유로 인한 계약기간의 연장은 지체상금이 계약보증금 상당액에 달한 때에 하여야 하며, 연장된 계약기간에 대하여는 지체상금을 부과해서는 안된다.

제4절 ··· 공사정지

공사계약일반조건 제47조 및 제47조의2에서는 공사감독관에 의한 공사정지와 시공자에 의한 공사정지를 각각 규정하고 있다. 공사감독관에 의한 공사정지의 경우 시공자는 자신의 책임있는 사유가 아닐 경우에 계약기간 연장 또는 추가금액을 청구할 수 있다.

Ⅰ. 공사감독관의 공사정지

1. 정지사유

공사감독관이 공사의 전부 또는 일부의 이행을 정지시킬 수 있는 경우를 보면 다음과 같다.

공사계약일반조건 제47조(공사의 일시정지) 제1항 공사감독관의 공사정지 사유

1. 공사의 이행이 계약내용과 일치하지 아니하는 경우
2. 공사의 전부 또는 일부의 안전을 위하여 공사의 정지가 필요한 경우
3. 제24조의 규정에 의한 응급조치의 경우
4. 기타 발주기관의 필요에 의하여 계약담당공무원이 지시한 경우

2. 정지기간중 시공자의 의무

계약상대자는 정지기간중 선량한 관리자의 주의의무를 해태)하여서는 아니된다.

3. 공사감독관의 의무

공사감독관은 공사를 정지시킨 경우에는 지체없이 계약상대자 및 계약담당공무원에게 정지사유 및 정지기간을 통지하여야 한다.

4. 계약기간 및 추가금액 청구

공사감독관이 공사를 정지시킨 경우 계약상대자는 계약기간의 연장 또는 추가금액을 청구할 수 없으나, 계약상대자의 책임있는 사유로 인한 정지가 아닌 때에는 계약기간연장 또는 추가금액을 청구할 수 있다.

◉ 표 8 … 공사감독관의 공사정지 및 처리절차

구 분	내 용	비 고
정지책임주체 정지주체	발주기관, 시공자 공사감독관	
시공자 의무	정지기간중 선량한 관리자의 주의의무	
공사감독관 의무	통지시점 : 지체없이	
	통지내용 : 정지사유 및 정지기간	
	통지대상 : 계약상대자 및 계약담당공무원	
시공자의 청구	청구대상 : 시공자의 책임있는 사유가 아닌 경우	
	청구내용 : 계약기간연장 또는 추가금액청구	

5. 과도한 정지기간의 처리

발주기관의 책임있는 사유에 의한 공사정지기간(각각의 사유로 인한 정지기간을 합산하며, 장기계속계약의 경우에는 당해 차수내의 정지기간을 말함)이 60일을 초과한 경우 발주기관은 그 초과된 기간에 대하여 잔여계약금액(공사중지기간이 60일을 초과하는 날 현재의 잔여계약금액을 말하며, 장기계속공사계약의 경우에는 차수별 계약금액을 기준으로 함)에 초과일수 매 1일마다 지연발생 시점의 금융기관 대출평균금리(한국은행 통계월보상의 금융기관 대출평균금리를 말한다)를 곱하여 산출한 금액을 준공대가 지급시 계약상대자에게 지급하여야 한다.

◉ 표 9 … 발주기관에게 책임있는 사유로 인한 과도한 정지기간의 처리

구 분	내 용	비 고
정지책임주체	발주기관	
처리대상	정지기간 60일 초과되는 부분	
정지기간 계산방법	일반공사 : 각각의 정지기간 합산	
	장기계속공사 : 당해 차수내의 정지기간에 한정	
정지비용 산정	Σ (60일 초과일수 매1일×금융기관 대출평균금리×잔여계약금액)	
	· 장기계속공사는 당해 차수내 잔여계약금액에 한정 · 초과일수 매1일마다 지연발생시점 대출평균금리 적용	
정지비용 지급시점	준공대가 지급시	

Ⅱ. 시공자의 공사정지

1. 정지사유 및 방법

발주기관이 「국가를 당사자로 하는 계약에 관한 법령」과 계약문서 등에서 정하고 있는 계약상의 의무를 이행하지 아니하는 때에는 발주기관에 계약상의 의무이행을 서면으로 요청할 수 있다.

2. 계약담당공무원의 의무

계약담당공무원은 계약상대자로부터 계약상의 의무이행 요청을 받은 날부터 14일이내에 이행계획을 서면으로 계약상대자에게 통지하여야 한다.

3. 시공자의 권한

계약상대자는 계약담당공무원이 계약상의 의무이행 요청을 받은 날부터 14일이내에 통지를 하지 아니하거나 계약상의 의무이행을 거부하는 때에는 당해기간이 경과한 날 또는 의무이행을 거부한 날부터 공사의 전부 또는 일부의 시공을 정지할 수 있다.

표 10 … 시공자의 공사정지 및 정지기간 처리

구 분	내 용	비 고
정지사유	발주기관이 국가계약법령과 계약문서 등에 규정된 계약상 의무를 이행하지 않을 때	
조치방법	통지주체 : 시공자	
	통지방법 : 서면	
	통지내용 : 발주기관의 의무이행 요청	
계약담당공무원의 의무	통지주체 : 계약담당공무원	
	처리기간 : 요청일로부터 14일 이내	
	통지내용 : 발주기관의 이행계획	
	통지방법 : 서면	
시공자 권한	행사요건 : 요청일로부터 14일이내에 이행계획 미통지 또는 거부	
	행사시점 : 14일 경과일 또는 거부일	
	행사내용 : 공사의 전부 또는 일부 공사중지	
계약담당공무원의 조치	조치요건 : 시공자가 권한을 행사한 경우	
	조치방법 : 제26조의 계약기간의 연장조항 적용	

4. 계약담당공무원의 조치

계약담당공무원은 시공자의 계약상의 의무이행 요청을 받고서도 의무이행을 거부하여 시공자가 공사의 전부 또는 일부의 시공을 정지한 경우, 정지된 기간에 대하여는 앞에서 살펴본 제26조(계약기간의 연장)의 규정에 의하여 공사기간을 연장하여야 한다.

제5절 ··· 공정단축(Acceleration)

건설현장에서 공정단축지시(Acceleration)는 직접적으로 발생할 수도 있고, 간접적인 형태로 발생할 수 있다.

직접적인 공정단축지시는 발주자가 시공자에게 특정사유로 인해 직접 공정단축지시하는 것을 말한다.

간접적인 공정단축지시(Constructive Acceleration)는 시공자의 책임없는 사유 등으로 인해 계약기간의 연장요소가 발생하였음에도 불구하고 발주자가 계약기간의 연장을 승인하지 않는 등으로 인해 시공자가 공정을 단축해야 하는 경우를 말한다.

공정단축지시가 있다면 시공자는 돌관작업을 해야 하는 경우가 발생할 수 있으므로 일반적인 공기연장 절차에 따라 공기연장 여부를 합의하고, 지체없이 수정공정표를 작성하여 계약담당공무원과 공사감독관에게 동시에 그 사실을 통지해야 하는지에 대해서는 현행 공사계약일반조건에서 구체적으로 규정하고 있지 않다.

다만 단축된 기간의 간접노무비 산출방법에 대해서는「정부 입찰 · 계약 집행기준」제13장[284]에 규정되어 있다.

여기에서 간접노무비는 연장 또는 단축된 기간중 당해현장에서 회계예규「예정가격 작성기준」제10조제2항 및 제18조의 규정에 해당하는 자가 수행하여야 할 노무량을 산출하고, 동 노무량에 시행규칙 제7조제1항의 규정에 의한 당해 직종의 단가를 곱하여 계산하도록 하고 있다.

284) 기획재정부, "정부 입찰 · 계약 집행기준" (회계예규 2200.04-159-5, 2007.10.12) 제13장 실비의 산정 제73조(공사이행기간의 변경에 따른 실비산정) 제1항

제6절 ··· 공사기간 연장관련 주요 예상 쟁점

공사기간의 연장은 건설현장에서 매우 복잡한 요인을 이유로 발생되고, 이를 비용으로 연계하는 과정이 어렵거나 때로는 가능하지 않는 경우가 있다. 따라서 이와 관련하여 명쾌한 해답을 제시하는 계약조건은 찾아보기 어렵다.

실정계약조건에서는 이를 감안하여 다양한 해법을 제시하고 있지만 우리나라의 경우에도 공기연장이 발생하여 계약금액조정까지 가는 경우 몇 가지 쟁점이 발생할 수 있으며, 현실화되기 어려운 부분도 있지만 이에 대해 살펴보고자 한다.

첫째, 변경계약합의서에 명시되어 있는 '하등의 이의없이' 라는 의미와 관련된 쟁점
둘째, 지체상금을 부과하지 않는 사유가 계약기간내에 발생 · 종료된 경우와 이와 관련한 쟁점
셋째, '계약기간 종료 전' 과 관련한 쟁점
넷째, '지체없이 수정공정표를 첨부하여' 와 관련한 쟁점
다섯째, '계약금액조정신청과 계약기간연장신청을 함께' 와 관련한 쟁점
여섯째, '실비를 초과하지 않는 범위내에서' 와 관련한 쟁점

Ⅰ. 하등의 이의없이

건설공사는 장기계속계약(長期繼續契約)이나 계속비사업계약(繼續費事業契約)을 통해 다년간 수행하고 있다. 조달사업에관한법률시행규칙 제12조 제3항에서 수요기관의 장은 계약체결의 통지를 받은 공사에 대하여 설계변경 등으로 인하여 계약내용을 변경하고자 하는 경우에는 변경계약의 체결에 필요한 조치를 한 후 이를 조달청장에게 통보하여야 한다.

다만, 수요기관의 장은 변경계약의 체결에 필요한 조치를 하기 곤란하다고 인정되는 경우에는 지체없이 별지 제12호서식의 공사계약내용변경요청서에 설계변경 신청서(설계변경의 사유 · 일자 및 내용이 포함되어야 한다) 및 별지 제12호의2서식에 의한 합의서를 첨부하여 조달청장에게 변경계약의 체결을 요청하여야 한다.

건설공사의 경우 귀책사유가 분명하지 않는 경우가 있고, 때로는 발주자의 설계변경지시 등 발주자에게 귀책사유가 있음에도 불구하고 대해 별지12의2 합의서를 작성하여 변경계약을 체결하는 경우가 많다.

표 11 … 조달청 변경계약 합의서

[별지 제12호의 2서식]

<table>
<tr><td colspan="5">합 의 서</td></tr>
<tr><td>시설공사관리번호</td><td>제 호</td><td>계 약 번 호</td><td colspan="2">제 호</td></tr>
<tr><td>공사명</td><td colspan="4"></td></tr>
<tr><td>공사현장</td><td colspan="4"></td></tr>
<tr><td colspan="5">당사는 조달청과 계약체결하여 시공중에 있는 상기공사에 대하여 다음과 같이 공사계약내용이 변경됨에 합의하고 하등의 이의를 제기치 않고 계약자로서의 의무를 성실히 이행할 것을 확약합니다.</td></tr>
<tr><td colspan="5">합 의 내 용

· 계약금액변경
당초계약금액 :
변경계약금액 :
증 :
감 :
변경 후 계약금액 :

· 준공기한연장
변경 전 준공기한 :
변경 후 준공기한 :
· 내역변경</td></tr>
<tr><td colspan="5">년 월 일

회 사 명
대 표 자 (인)
주 소</td></tr>
<tr><td colspan="5">조달청장 귀하</td></tr>
</table>

40014-01211일
4.12.5 승인

210mm×297mm
(인쇄용지(2급) 60g/㎡)

이에 대해 시공자는 합의서를 첨부하지 않을 경우 변경계약이 체결되지 않기 때문에 궁박한 상태 내지는 피해나갈 수 없는 상태에서 체결된 합의서라고 주장하고 있지만, 법원에서는 변경계약체결당시 당해 차수에서 발생하였거나 발생할 간접공사비는 계약금액조정대상이 되어 변경계약에 반영된 것으로 볼 수 있고, 그렇지 않다면 계약내용에 "이의 없이 이를 성실히 이행할 것을 확약"함으로써 그 비용지급청구권을 포기한 것으로 보고 있다[285].

한편 장기계속공사에서 총괄공사계약을 체결하면서 총 공사기간을 약정하고 차수별 계약을 체결하면서 준공일자와 공사기간을 정한 경우 변경합의서를 작성하면서 이의

285) 서울중앙지법 2008. 10. 15, 선고 2006가합50739 판결

(Objection)를 제기하지 않겠다고 한 의사표시는 연장으로 인해 손해가 발생하더라도 그 손해를 시공자가 감수하겠다는 취지로 손해배상청구권을 포기한 것으로 보고 있다[286].

또한 "하등의 이의를 제기치 않고"라는 문구는 소를 제기치 않기로 한다는 명시적인 문언은 아니지만 실체법상의 권리포기와 함께 부제소(不提訴) 합의문구로 보는 것이 타당한 것으로 보며, 이 문구는 추가계약대상이 되었던 사항에 대하여 이의를 제기하지 않는다는 뜻으로 해석해야 하므로 추가계약사항 이외의 사항에 대해서는 공사대금청구권을 포기한 것이 아닌 것으로 보는 경우도 있다[287].

그리고 합의를 하기 전후에 지속적으로 공사기간연장으로 인한 추가비용 지급에 대해 문제를 제기하고, 발주자도 그에 대해 긍정적으로 검토하여 추가비용산정에 필요한 자료를 제출하라고 한 경우에는 시공자가 공사대금청구권을 포기하지 않은 것으로 보는 경우도 있다[288].

이와 같이 우리나라에서는 변경계약 합의서에 규정된 "하등의 이의를 제기치 않고"라는 표현에 대해 법원에서 입장이 상반되고 있으나, 1차적으로 공기연장에 대한 합의 내지 변경계약서에 기재내용을 중심으로 판단하되 그것이 명확하지 않을 때는 2차적으로 공사기간의 변경합의를 하는 과정에서의 구체적인 사실관계에 따라 판단을 달리할 수 밖에 없는 것으로 보고 있다[289].

II. 지체상금을 부과하지 않는 사유가 계약기간내에 발생 · 종료된 경우

지체상금을 부과하지 않는 연장사유가 계약기간내에 발생되어 계약기간내에 종료된 경우에 대해 다양한 쟁점이 발생할 수 있다. 지체상금을 부과하지 않는 연장사유는 불가항력, 관급자재 공급지연, 발주자의 책임으로 착공지연 또는 시공중단, 설계변경으로 인해 준공기한내 계약을 이행할 수 없을 경우 등 매우 다양하다. 이러한 사유들이 발생되는 경우는 공사를 이행하는 과정에서 매우 다양하게 발생하며, 연장사유들의 발생시점, 지속기간, 종료시점을 알 수 있으나, 그로 인한 효과는 시공자에게 달리 발생하게 된다.

통상적으로 발주자에게 책임있는 공기연장 사유가 발생되었을 때 일반적으로 조치될 수 있는 상황을 그림으로 나타내 보면 다음과 같다. 여기에서는 공기연장사유는 다를 수 있지만 처리방법은 동일하게 규정하고 있으므로 실무에서는 문제가 발생할 수 있다.

286) 서울지방법원 1999. 1. 26, 선고 1996가합90066 판결
287) 서울중앙지법 2006. 11. 30, 선고 2005가합32536 판결
288) 서울동부지방법원 2008. 2. 1, 선고 2006가합12051 판결
289) 신길호, 「관급공사 공기연장에 따른 추가비용 지급을 둘러싼 법률관계」, 건설법률, 한울, 2009. 1, p.81

그림 4 … 통상적인 공기연장 사유발생 및 조치

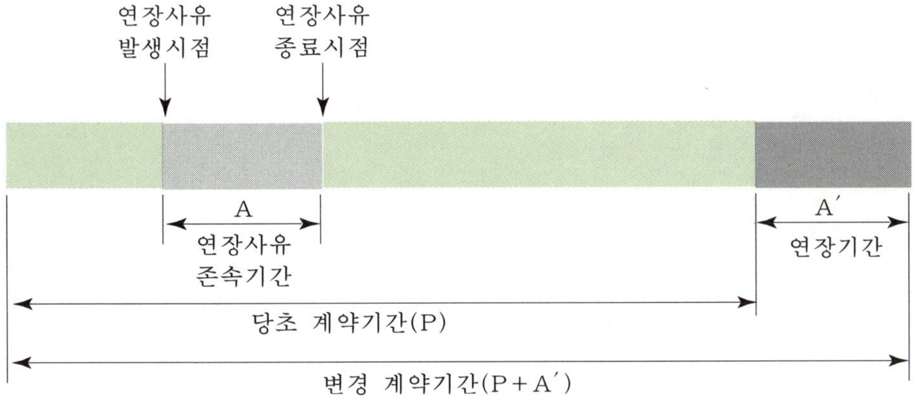

첫째, 물량증가 설계변경으로 인한 공기연장의 경우, 불가항력의 경우로 문제가 발생하는 경우, 발주자의 책임있는 착공지연이나 시공중단의 문제는 현실적으로 다르다. 물량증가 설계변경으로 인한 경우 직접공사비의 증가에 따라 간접공사비가 반영될 수 있으므로 연장기간은 발생하더라도 간접공사비에 대한 사항을 제외할 필요성이 있다. 불가항력이 전체사업의 공기에 영향을 주는 것으로 가정할 때 계약조건에 따라 손해와 달리 공기연장비용을 청구해야 하는 것인지 등이 분명히 나타나야 한다. 그리고 발주자의 책임있는 사유로 관급자재 등의 지급지연으로 전체공사가 중단되는 경우에는 중단기간에 따라 작업인부를 재고용해야 하는 등의 상황이 발생

그림 5 … 물량증가 설계변경으로 인한 공기연장

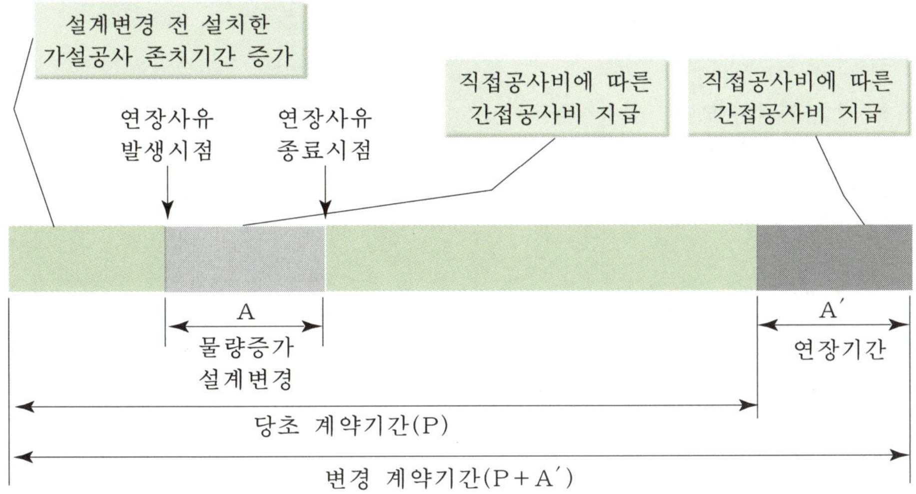

● 그림 6 … 불가항력으로 인한 공기연장

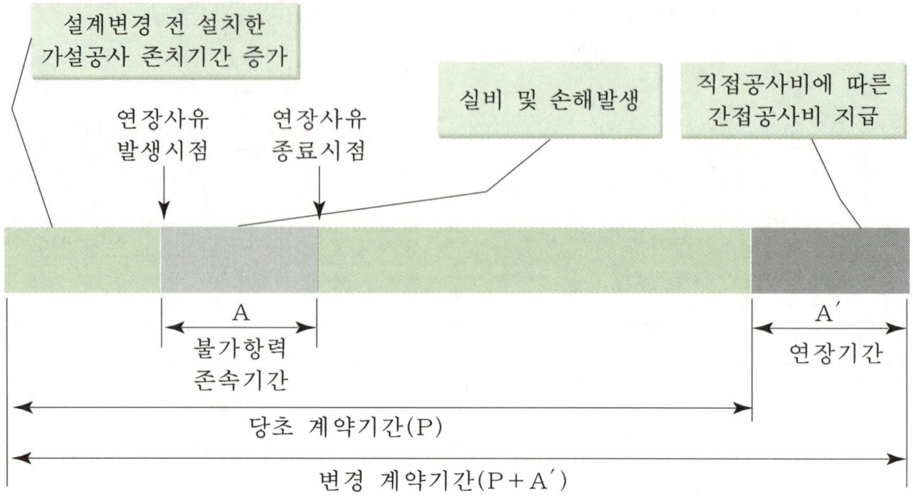

할 수 있고, 이로 인해 시공자의 생산성 저하 문제가 발생할 수 있기 때문이다.

둘째, 연장사유들의 발생되었다는 의미는 발생시점을 의미하는 것인지, 종료시점을 의미하는 것인지가 불분명하다.

셋째, 발생비용을 최소화시키기 위한 시공자의 노력에 대한 처리방법이 분분명하다.

넷째, 연장사유 존속기간이 짧을 경우 공사기간 연장요청을 하기 어려운 경우가 있으므로 그 기간을 보편적으로 활용할 수 있도록 설정하여야 할 것이다.

● 그림 7 … 발주자의 관급자재공급 차질로 인한 공기연장

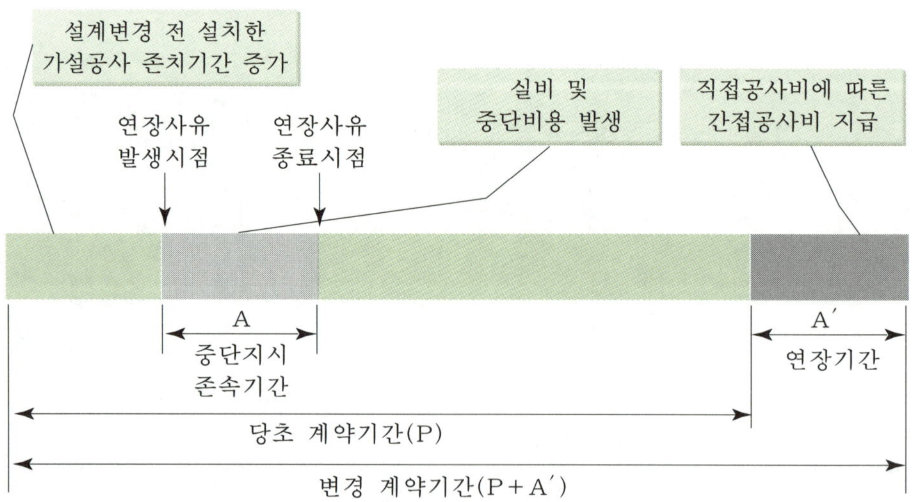

그림 8 ··· 다수의 연장사유들이 발생하는 경우

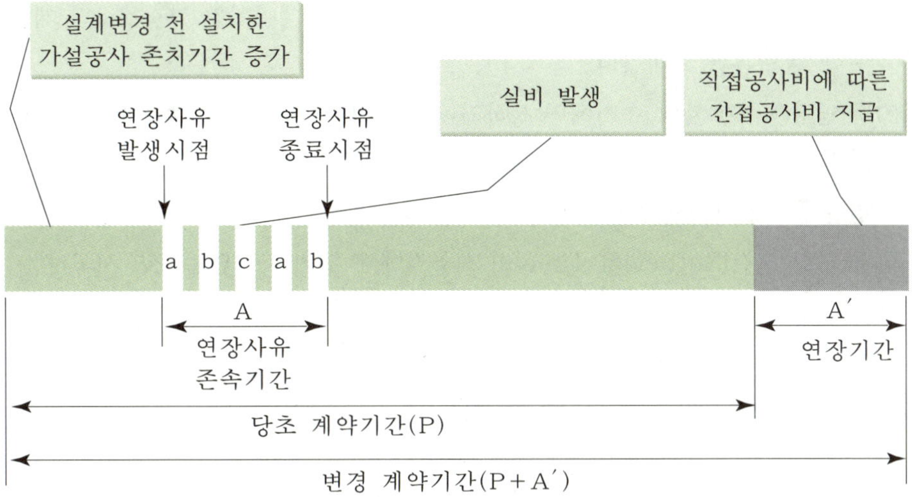

* a, b, c는 연장사유로 각기 특성이 다르고, 언제 발생하고 종료될 수 있는 것인지 알 수 없는 것들임

예를 든다면, 발주자의 책임있는 사유로 공사중단 지시가 발생하고 이로 인해 1시간 중단되는 경우, 반나절 중단되는 경우, 하루동안 중단되는 경우, 1주일동안 중단되는 경우 등 다양한 존속기간을 고려할 수 있다.

다섯째, 간헐적이면서 지속적으로 발생되는 쟁점에 대한 고려사항이 부족하고, 개별적으로 다른 연장사유가 발생할 경우 그에 대한 처리방법이 부족하며, 계약당사자 모두에게 동시에 책임있는 사유의 처리에 대한 사항이 부족하다.

계약문서에 그 기간을 특정하지 않음으로 인해 현실적으로 계약금액조정으로 인정받기 위해서는 시공자가 공기연장비용 청구권의 확보(Entitlement)뿐만 아니라 상관관계(Relevant Event)를 입증해야 하고, 인과관계(Causation)를 입증해야 하는데, 구체적이지 않으므로 현실적으로 적용하기 쉽지 않다.

Ⅲ. 계약기간 종료 전에

시공자는 연장사유가 발생하였을 경우 계약기간 종료전에 연장비용이나 계약기간 연장 청구하도록 하고 있다. 계약기간 종료전에 시공자가 연장비용을 청구하기 위해서는 계약기간 종료전에 연장비용이 산출되어야 함을 의미한다. 또한 계약기간 연장청구를 계약기간 종료전에 하기 위해서는 공기연장합의가 계약기간 종료 전에 이루어져야 함을 의미한다. 즉, 계약기간 종료전에 그러한 사항들이 확정되지 않는다면 계약기간 연장청구나 계약금액 조정청구를 할 수 없음을 의미한다.

계약기간 연장사유가 계약 초기에 발생하거나 계약기간 종료시점이 이러한 비용을 산출하거나 계약기간을 연장할 수 있을 정도로 충분한 기간이 있고, 특별한 사정이 없다면, 현행 계약조건은 문제없이 적용될 수 있다.

그러나 충분한 시간(Sufficient Time)이 시공자에게 부여되지 않는다면 시공자는 계약위반을 할 수 밖에 없는 상황에 빠지게 된다. 발주자에게 책임이 있는 사유로 계약기간이 연장됨에도 불구하고 시공자에게 그로 인한 책임이 전가되므로 불합리한 부분이 있다.

이를 그림을 간략히 나타내 보면 다음과 같다.

그림 9… 당초계약기간 종료에 임박하여 연장사유 종료되는 경우

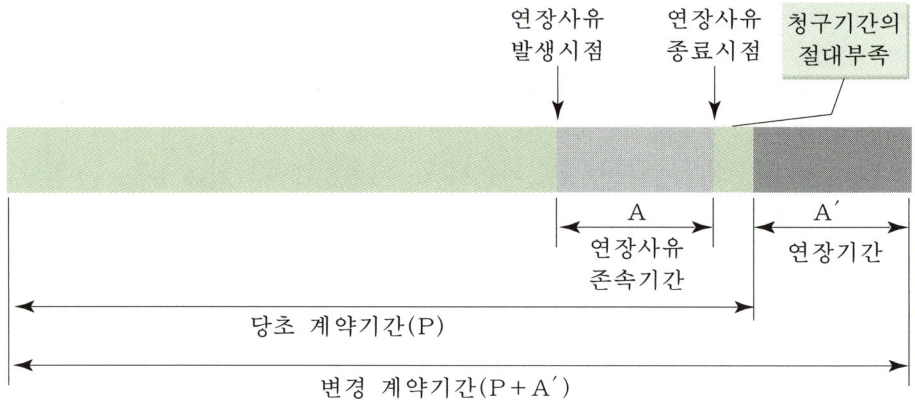

Ⅳ. 지체없이 수정공정표를 첨부하여

시공자는 연장사유가 발생하였을 경우 지체없이 수정공정표(修正工程表)를 첨부하여 계약기간 종료전(終了前)에 연장비용과 계약기간연장청구를 하도록 하고 있다.

현실적으로 볼 때 지체상금을 부과(賦課)해서는 안 되는 사유로 공기연장이 발생한다면, 발주자와 공기연장합의가 없는 상태에서는 시공자가 일방적으로 수정공정표를 만들 수는 없다.

현행 계약조건상에는 공기연장합의에 대한 사항을 다루고 있지 않지만 앞에서 살펴본 유권해석(有權解釋)에 의하면 수정공정표 작성이전에 공기연장합의가 있어야 한다.

그림 10 … 공기연장 합의기간 및 수정공정표 작성기간의 고려

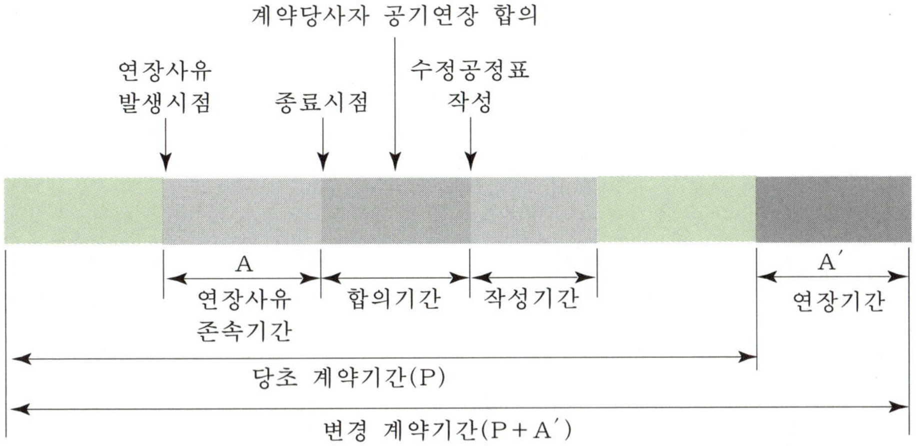

공기연장합의는 계약당사자 모두가 동시에 의사표시가 일치되었을 경우 이루어지는 행위이며, 당사자 일방의 의사표시가 일치되지 않거나 합의할 진정(眞正)한 의도가 없다면 공기연장합의는 당사자 일방이 자신의 주장을 포기하지 않는 한 현실적으로 이루어지기 어렵다.

또한 여러 건의 공기연장사유가 순차적(順次的)으로 며칠만에 계속 간헐적(間歇的)으로 발생될 수도 있으며, 그러한 사유가 언제 없어질지도 모르고, 설령 그러한 사유가 없어지더라도 다른 사유가 동시에 발생할 수도 있기 때문에 시공자가 지체없이 수정공정표를 첨부하는 것은 매우 어렵게 된다.

Ⅴ. 계약금액조정신청과 계약기간연장신청을 함께

시공자는 연장사유가 발생하였을 경우 지체없이 수정공정표(修正工程表)를 첨부하여 계약기간 종료 전에 연장비용과 계약기간연장청구를 함께 하도록 하고 있다. 계약기간연장에 대한 계약당사자의 합의가 이루어진 후 시공자는 수정공정표를 작성할 수 있으며 수정공정표가 작성된 후에는 계약기간연장청구를 할 수 있다.

한편 시공자는 실비를 기준으로 계약금액조정요청해야 하고, 발주자는 실비를 초과하지 아니하는 범위내에서 계약금액조정해야 한다.

즉, 두 개의 청구내용(請求內容)이나 시점을 동일하게 맞출 수도 있다. 그러나 급여(給與)의 경우 매월마다 발생되며, 특정(特定) 비용의 경우 상당한 기간이 경과해야 발생사실을 알 수 있는 경우가 있다. 그러므로 계약기간이 연장되는 경우는 매달단위로 처리되는 것

그림 11 … 연장요청 가능시점과 실비확정시점

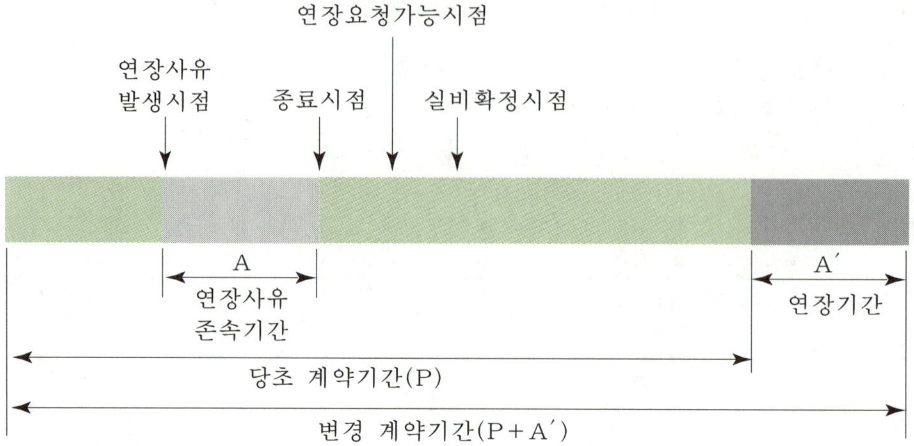

이 아니기 때문에 발생비용(發生費用) 청구시점(請求時點)과 공기연장 청구시점(請求時點)을 현실적으로 동일하게 맞출 수 없는 경우가 많다.

그럼에도 불구하고, 이러한 경우가 발생하게 되면 계약조건에 이들 두 가지 사항을 함께 제출하도록 하고 있으므로 청구권이 있는 시공자는 계약위반에 빠지게 된다. 물론 실비를 청구할 때 비용이 확정되지 않을 경우 직전 비용을 평균(平均)한다거나 하여 청구할 수도 있지만 확정적이라고 볼 수 없기 때문이다.

그리고 앞에서 지적한 바와 같이 연장사유의 발생시점 및 종료시점이 준공일보다 훨씬 일찍 발생하게 된다면 시공자가 충분한 시간을 갖고 계약기간 연장요청과 계약금액 조정요청을 동시에 할 수 있지만, 충분한 시간이 부여되지 않을 경우 현실적으로 처리하기 어렵게 된다.

따라서 계약조건에서는 시공자가 공기연장사유가 발생되었을 경우 제대로 조치될 수 있도록 조정될 필요성이 있다.

VI. 실비를 초과하지 않는 범위내에서

발주자는 시공자의 계약기간연장으로 인한 계약금액조정요청이 있을 경우 실비를 초과하지 아니하는 범위내에서 계약금액을 조정하여야 한다. 앞에서 살펴본 바와 같이 시공자가 계약금액조정요청하기 위해서는 공기연장청구권이 있음을 입증하고, 발생된 사안이 공기연장과 관련있는 사항이라는 것(Relevant Event)을 입증해야 하며, 그러한 공기연장 사

그림 12 … 일부공종 연장사유 발생시

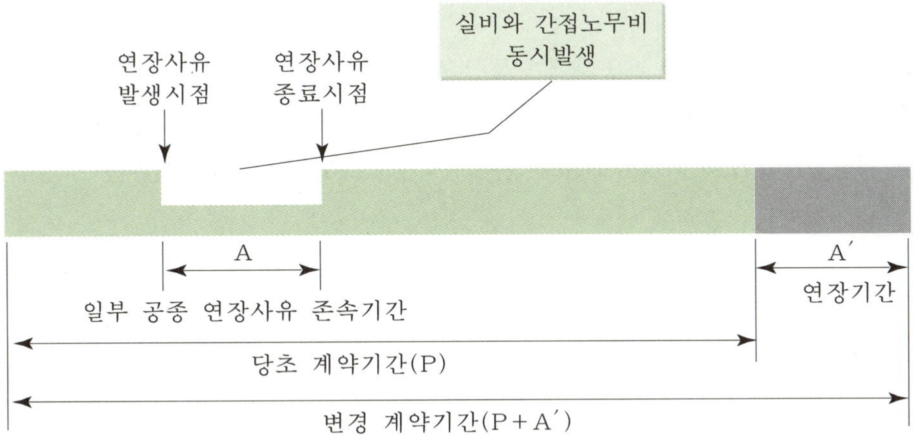

항이 비용을 유발하였다는 것을 입증하고, 그로 인해 발생된(Causation) 비용을 입증한 후 이를 청구하여야 한다.

그렇다면 시공자가 청구하는 실비에는 앞에서 설명한 모든 사항이 입증되어야 하는데, 공사를 이행하는 과정에 발생되는 일시적인 공사중단이나 부분적인 공사중단 등의 사유로 인해 발생되는 비용을 실비산정기준[290]에 따라 산출하는 것은 쉽지 않다. 왜냐하면 직접공사가 행해지고 있는 경우 간접노무비를 산출하는 방법이 구체화되어 있지 않고, 마찬가지로 경비의 경우도 동일하게 적용할 수 있기 때문이다.

참고로 미국의 경우 지연으로 손해를 계산하는 방법은 실제비용산정방식(Actual Cost Method), 배심결정방식(Jury Verdict Method), 총비용산정방식(Total Cost Method), 합리적인 비용산정방식(Quantum Meruit) 등이 있으며[291], 이외에도 기존에 활용하던 방식의 문제점을 보완하여 다양한 방식이 활용되고 있다.

실제비용산정방식은 시공자의 실제 회계기록이나 장부, 기타 증빙자료를 근거로 실제 발생한 비용을 산정하는 방식이다.

배심결정방식은 손해액이 확실하게 정해질 수 없을 때 합리적으로 추정하는 것이 최선의 방법이라고 판단될 때 법원이나 계약상소위원회에서 손해를 결정하는 방식이다[292].

290) "정부 입찰 · 계약 집행기준" (회계예규 2200.04-159-5, 2007.10.12) 제13장
291) Barry B. Bramble and Michael T. Callahan, 『Construction Delay Claims』, 2ed., John Wiley & Sons, Inc, Wiley Law Publication, 1992.
292) USA Case, *MCNair Constr. Co. v. Fogle Bros. Co.*, 64 N.C. App. 282, 307 S.E. 2d 200 (1983)

총비용산정방식은 해당기간에 발생된 전체비용을 산정하여 당초 예상비용의 차액을 연장비용으로 산정하는 방식이다[293].

합리적인 비용산정방식은 시공자에게 통상 발생한 합리적인 비용에 국한되는 방식이다.

아울러 손해와 함께 본사경비(Home Office Overhead), 유휴장비비(Idle Equipment Costs), 생산성저하(Lost Productivity), 손실이익(Lost Profits)등 다양한 비용이 청구된다.

293) USA Case, *State Highway Commission v. Brasel & Sims Construction Co.*, 688 P.2d 871(Wyo 1984)

제 9 장

미국의 공기연장 및 단축

제1절 ··· 양해가능지연 근거

미국의 경우 FAR 52.249-10 Default (Fixed-Price Construction)에서 공기지연이 발생하더라도 시공자를 양해할 수 있는 사항(양해가능지연사유)을 다루고 있으며 그 내용은 다음과 같다.

FAR Default (Fixed-Price Construction) (Apr 1984)

(b) The Contractor's right to proceed shall not be terminated nor the Contractor charged with damages under this clause, if-

(1) The delay in completing the work arises from unforeseeable causes beyond the control and without the fault or negligence of the Contractor. Examples of such causes include-

(i) Acts of God or of the public enemy,

(ii) Acts of the Government in either its sovereign or contractual capacity,

(iii) Acts of another Contractor in the performance of a contract with the Government,

(iv) Fires,

(v) Floods,

(vi) Epidemics,

(vii) Quarantine restrictions,

(viii) Strikes,
(ix) Freight embargoes,
(x) Unusually severe weather, or
(xi) Delays of subcontractors or suppliers at any tier arising from unforeseeable causes beyond the control and without the fault or negligence of both the Contractor and the subcontractors or suppliers; and

(2) The Contractor, within 10 days from the beginning of any delay (unless extended by the Contracting Officer), notifies the Contracting Officer in writing of the causes of delay. The Contracting Officer shall ascertain the facts and the extent of delay. If, in the judgment of the Contracting Officer, the findings of fact warrant such action, the time for completing the work shall be extended. The findings of the Contracting Officer shall be final and conclusive on the parties, but subject to appeal under the Disputes clause.

(b) 다음 사항의 경우에는 계약해지되어서도 안되고, 시공자에게 손해를 부담해서도 안된다.

(1) 작업을 완성하는데 시공자의 과실없이 시공자의 통제범위를 벗어나는 예측할 수 없었던 사유에 의해 지연이 발생할 때, 그러한 사유의 예시는 다음을 포함한다.
(i) 신의 행위 또는 공적의 행위
(ii) 정부통제영역내 또는 계약적 용량의 범위내에서 정부의 행위
(iii) 정부와의 계약이행중 타시공자의 행위
(iv) 화재
(v) 홍수
(vi) 전염병
(vii) 검역 제한
(viii) 파업
(ix) 화물 입출항금지
(x) 비정상적인 가혹한 기후 또는
(xi) 시공자 및 하도급자 또는 물품공급업자의 과실없이 그들의 통제범위를 벗어나는 예측할 수 없었던 사유로부터 발생하는 모든 단계에 걸쳐있는 하도급자 또는 물품공급업자의 지연

(2) 공기지연의 발생일로부터 10일이내(계약담당공무원에 의해 연장되지 않는 한)에 시공자는 문서로 지연사유를 계약담당공무원에게 통지해야 한다. 계약담당공무원은 그 사실과 공기지연의 범위를 확정해야 한다. 계약담당공무원의 결정에서 사실의 판정이 그러한 조치를 보증한다면, 완성기한은 연장되어야 한다. 분쟁조항에 따른 상소를 제외하고, 계약담당공무원의 판정은 계약당사자 모두에게 최종적이고 종국적이다.

Ⅰ. 기본 요구사항(General Requirement)

공기지연사유가 발생하더라도 시공자가 양해받기 위해서는 시공자의 통제범위를 벗어나는지, 시공자의 과실은 없었는지, 예측할 수 없었는지를 우선 검토해야 한다. 실제 이들과 관련하여 다양한 쟁점이 있어왔는 바, 이를 간단히 살펴보면 다음과 같다.

1. 시공자의 통제범위를 벗어나는(Beyond the Control of the Contract)

시공자의 통제범위를 벗어난다는 것은 3가지의 관점에서 적용되어 왔다.

첫째, 계약체결당시 예측할 수 있었고, 시공자가 계약체결시 그러한 위험을 방어할 수 있는 조치없이 계약체결한 경우에는 그러한 위험을 인지하고 있었기 때문에 통제범위를 벗어나는 것으로 보지 않는다.

예를 든다면, 구리선을 공급하기로 한 계약에서 베트남전쟁으로 구리시장이 제 역할을 할 수 없게 되었으므로 시공자는 양해되어야 한다고 주장하였으나, 그 당시 물가변동조항이 적절히 작동되고 있었으므로 시공자의 주장을 거절하였다[294]. 공군기지의 공기조화설비 교체계약에서, 시공자가 외국의 관세 및 수입절차를 통해 장비를 수입하는 과정에서 직면한 어려움은 양해가능한 지연이라고 클레임을 제기하였으나, 입찰 전에 입찰서에 명시된 장비가 적기에 반입될 수 있도록 조치하는 것을 보증하는 것이 시공자의 책임이라고 하면서 발생한 지연은 예측가능한 사항이라고 하면서 시공자의 주장을 거절하였다[295].

둘째, 그러한 사상(事象)이 발생하였을 때 시공자가 보호조치를 할 수 있었는지 여부이고, 보호조치가 가능했다면(could prevent) 시공자의 통제를 벗어나는 위험으로 보지 않는다. 이는 우리나라에서 인정하고 있는 선량한 관리자의 주의의무에 해당한다.

예를 든다면, 에어컨 컨덴서에 입은 동결피해에 대해, 시공자는 그 피해가 발주자 시방서의 묵시적 보증위반에 기인한 것이고, 1991년 2월까지 현장의 전기공급부족을 초래한 스위치 기어 승인지연에 기인한 것이라고 주장하였으나, 시공자가 기술적으로 옳다고 하더라도 시공자는 그 손해가 설계결함에 직접 기인하고 있다는

294) USA Case, *Hitemp Wire Co.*, ASBCA 11638, 67-1 BCA ¶ 6252
295) USA Case, *E.L. David Constr. Co.*, ASBCA 29224, 90-3 BCA ¶ 23,025

것을 보여주지 못하고, 대신에 코일에 발생한 동결피해는 물같은 액체나 공기로 압력시험을 수행할 필요성이 있다고 기대한 시공자의 실수에 기인한 것이라고 하면서 시공자의 주장을 받아들이지 않았다[296].

셋째, 그러한 사상이 발생하였을 때 시공자가 그 영향을 극복할 수 있었다면(could over come) 시공자의 통제를 벗어나는 위험으로 보지 않는다. 이와 관련한 사항을 입증하는 것은 매우 어려운 일이며 상업적 실행불가능(Commercial Impracticability) 등과 같은 몇 가지 예를 들면 다음과 같다.

예를 들면, 건설계약에서 경제적으로 어렵다는 사실(Economic Hardship)만을 보여주는 것은 이행이 불가능하다는 것을 의미하지는 않는데, 시공자는 대체재(代替財)도 시공자의 일정에 맞춰 확보할 수 없다는 것을 보여주어야 한다[297]. 상당히 비싼(at a Higher Cost) 대체재가 있다면 그 대체재가 터무니없이 비싸지 않는 한(Unless the Cost was Exorbitant) 구매가능한 것으로 본다[298]. 터무니 없이 비싸다는 것에 대하여 입찰가보다 31%[299], 50%, 70%[300] 비싼 것 등이 제기되었으나 모두 인정되지 않았다. 한편 완전한 불가능(Complete Impossibility)을 입증할 필요는 없는데, 파업으로 인해 강철 장선(長線)을 구입하지 못한 시공자에게 다른 지역에서 과도한 비용(at greatly Excessive Cost)으로 장선을 구매할 책임이 없는 것으로 보고 있다[301]. 또한 1973년의 석유파동으로 인해 석유제품을 공급하기로 하는 계약을 수행하지 못하였는데, 계약당사자 누구도 석유파동을 예상하거나 예측할 수 없었으므로(was unexpected and unforeseen by both Parties) 시공자의 통제범위를 벗어나는 것으로 보고 있다[302].

2. 시공자의 과실없이(Without Contractor's Fault or Negligence)

시공자의 통제범위를 벗어났다고 하더라도 지연의 유발원인과 관련하여 시공자의 과실

296) USA Case, *Fox Constr., Inc. v. General Servs. Admin.*, GSBCA 11543, 93-3 BCA ¶26,193
297) USA Case, *Progressive Tool Corp.*, ASBCA 42809, 94-1 BCA ¶26,413
298) USA Case, *C&M Mach. Prods., Inc.*, ASBCA 43348, 93-2 BCA ¶25,748
299) USA Case, *RAPOCO, Inc.*, ASBCA 39371, 93-1 BCA ¶25,308
300) USA Case, *Gulf & Western Indus., Inc.*, ASBCA 21090, 87-2 BCA ¶19,881
301) USA Case, *Unicon Management Corp.*, ASBCA 10196, 65-1 BCA ¶a778
302) USA Case, *Automated Extruding & Packaging, Inc.*, GSBCA 4036, 74-2 BCA ¶10,949, recons. denied, 75-1 BCA ¶11,067

이 없어야 하는데, 준설선이 항해에 부적합하다는 것은 상식인데도 시공자의 과실로 준설선이 침몰했으므로 준설선의 침몰로 야기된 지연은 양해받을 수 없는 것으로 보았다[303].

또한 시공자 회사의 재무담당자의 자금횡령에 의해 지연이 발생하였고, 재무담당자는 시공자의 통제범위에 있었다는 이유로 시공자의 클레임을 거부하였다[304].

피스톤 로드(rod)를 제공하기로 한 하도급자가 적절하게 이행하지 못하여 지연이 발생하였더라도, 다른 하도급자를 동원하여 이를 대체할 수 있었기 때문에 시공자의 통제범위를 벗어났다거나 시공자의 과실이 없는 것으로 보지 않고 있다[305].

이상의 내용을 간단히 요약하면 다음과 같다.

첫째, 일반인이 쉽게 알 수 있는 상식을 모른다고 하더라도 시공자의 과실이 없다고 볼 수 없다.

둘째, 자신의 통제범위내에 있는 직원의 과실로 인한 사항은 시공자의 과실로 보아야 한다.

셋째, 대체 하도급자를 활용하여 시공할 수 있는데도 그렇게 하지 못했다면 시공자에게 과실이 없다고 할 수 없다.

3. 예측가능성(Foreseeability)

시공자에게 지연이 발생하더라도 양해받을 수 있는 지연이 되기 위해서는 예측가능성을 충족해야 하는데, 예측가능성을 판단하는 시점은 통상 입찰시(Bidding)로 보고 있다[306].

그러한 일이 발생할 가능성(might occur)이 있다는 사실과 예측가능성(Foreseeability)은 같은 개념은 아닌 것으로 본다. 예를 들어, 시멘트 부족(a Cement Shortage)이 예측가능한 것으로 볼 수도 있으나 시공자는 예언적 통찰력(Prophetic Insight)으로 미래를 비현실적으로 예측해야 하고, 동시에 시공자가 너무 과도하게 미래 예측능력기준을 충족해야 하므로 적절하지 않은 것으로 보고 있다[307].

예측할 수 없었는지를 누가 입증하느냐는 실무에서 매우 중요한 문제이다. 계약체결 당시부터 있던 사항(Existing Event)인지 아니면 계약체결 후에 발생한 사항(Supervening

303) USA Case, *California Dredging Co.*, ENGBCA 5532, 92-1 BCA ¶24,475
304) USA Case, *AKwa-Downey Constr. Co.*, ASBCA 14823, 75-1 BCA ¶11,254
305) USA Case, *C&M Mach. Prods., Inc.*, ASBCA 43348, 93-2 BCA ¶25,748
306) USA Case, *Harris & Covington Hosiery Mills, Inc.*, ASBCA 260, 4 CCF ¶60,806
307) USA Case, *J.D. Hedin Constr. Co. v. United States*, 187 Ct. Cl. 45, 409 F.2d 424 (1969)

Event)인지가 나타나야 하고, 계약체결 당시부터 있던 사항이라면 시공자가 알아야 하거나 예측할 수 있는 사항으로 보아, 예측할 수 없었다는 것을 입증할 책임은 시공자에게 있는 것으로 보고 있다[308].

한편 금속노조의 파업기간중에 계약체결된 사안에 대해 파업기간(Duration of the Strike)은 예측할 수 없지만 파업자체(Strike itself)는 알 수 없었던 사항이 아닌 것으로 보아 시공자의 공기지연 클레임을 부정하고 있다[309].

철길 옆에 위치한 채석장으로부터 철길을 건너 골재를 운반하기로 한 계약에서 채석장 주인은 언제든지 필요하면 철길을 통과할 수 있는 권리가 있다고 말하였다. 그러나 실제 공사도중 철길 주인이 무단통과에 대해 소송을 제기하여 2개월이 지연되었다. 법원에서는 철길 주인이 채석장주인에게 사용권을 부여했는지를 시공자가 확인할 수 있었고, 공사에 어려움이 있는지를 알 수 있음에도 불구하고 그런 행동을 하지 않았으므로 예측불가능한 사항은 아닌 것으로 보고 있다[310].

이상의 내용을 간단히 요약하면 다음과 같다.

첫째, 예측가능성의 판단기준시점은 입찰시점이 된다.

둘째, 예측가능성이 예언적 통찰력을 요구하는 것은 아니다.

셋째, 계약기간에 영향을 주는 제3자가 있을 경우 시공자의 능력 범위내에서 영향을 파악하여야 한다.

II. 열거된 지연 사유(Enumerated Causes of Delay)

기본적인 요구사항을 충족하는 경우로 연방조달규정에 열거된 지연사유들이 발생하였다면 양해받을 수 있는 지연이 된다. 실제 이들 사유들과 관련하여 다수의 쟁점이 있었던 바, 간단히 살펴보면 다음과 같다.

1. 파업(Strike)

시공자 자신의 직원 파업[311], 하도급자 직원의 파업[312]으로 인한 지연은 일반적으로 양해

308) USA Case, *Orbas & Assoc.*, ASBCA 35832, 89-3 BCA ¶ 22,023
309) USA Case, *Chas. I. Cunningham*, IBCA 242, 60-2 BCA ¶ 2816
310) USA Case, *Electrical Enters., Inc.*, IBCA 972-9-72, 74-1 BCA ¶ 10,400
311) USA Case, *Bill's Janitor Serv.*, ASBCA 10345, 65-2 BCA ¶ 4916
312) USA Case, *Electric & Missle Facilities, Inc.*, ABCA 9325, 1964 BCA ¶ 4127

받을 수 있는 지연으로 인정받고 있다. 이를 인정받기 위해서는 시공자가 부적절한 방법으로 파업을 촉진시키거나 질질끌거나 하는 행위를 하지 않았다는 사실과 파업을 최소화하기 위한 조치를 취했다는 사실을 입증해야 한다.

참고로 연방조달규정의 내용을 보면 다음과 같다.

FAR 22.1(Basic Labor Policies)–101(Labor relations.)–2(b)

(b) Labor disputes may cause work stoppages that delay the performance of Government contracts. Contracting officers shall impress upon contractors that each contractor shall be held accountable for reasonably avoidable delays. Standard contract clauses dealing with default, excusable delays, etc., do not relieve contractors or subcontractors from the responsibility for delays that are within the contractors' or their subcontractors' control. A delay caused by a strike that the contractor or subcontractor could not reasonably prevent can be excused; however, it cannot be excused beyond the point at which a reasonably diligent contractor or subcontractor could have acted to end the strike by actions such as;

(1) Filing a charge with the National Labor Relations Board to permit the Board to seek injunctive relief in court;

(2) Using other available Government procedures; and

(3) Using private boards or organizations to settle disputes.

(b) 노동분쟁은 정부계약의 이행을 지연시키는 작업중단을 유발할 수 있다. 계약담당공무원은 시공자가 합리적으로 회피할 수 있는 지연에 대해 책임이 있다는 것을 강조해야 한다. 불이행, 양해될 수 있는 지연 등을 다루고 있는 표준계약조건은 시공자나 하도급자의 통제범위내에 있는 사항으로부터 발생되는 지연에 대해 시공자나 하도급자를 구제하지 못한다. 시공자나 하도급자가 합리적으로 예방할 수 없는 파업으로 인한 지연은 양해될 수 있다. 그러나 합리적으로 성실한 시공자나 하도급자가 파업을 중단시키기 위한 다음과 같은 조치를 취할 수 있는 데도 불구하고 그러한 조치를 취하지 않은 경우 양해될 수 없다.

(1) 법원에서 구제명령을 추구할 수 있는 국가노동위원회를 활용하는 것

(2) 다른 가능한 정부절차를 활용하는 것

(3) 분쟁을 해결하기 위한 사설위원회나 기관을 활용하는 것

2. 날씨(Weather)

비정상적인 심한 날씨(Unusually Severe Weather)가 양해받을 수 있는 지연이 되기 위해서는 날씨의 심한 정도뿐만 아니라 날씨에 영향을 받는 작업의 종류도 검토대상이 된

다. 따라서 시공자는 비정상적으로 심각하여 예측할 수 없었다거나 주공정선상에 있는 작업(Critical Work)이 날씨로 인해 지연이 발생하였다는 사실을 보여줘야 한다.

일반적으로 비정상적인 심한 날씨란 동일한 지역에서 과거에 발생하였던 평균 날씨와 비교하여 정상적이지 않은(Abnormal) 것을 말한다.

계약을 이행하는 도중에 빈번한 강우 및 높은 습도와 같은 가혹한 날씨조건(Harsh Weather Condition)이 발생될 수 있는데, 심하고(Severe) 비정상적(Unusual)이라 하더라도 이러한 가혹할 날씨는 예측할 수 있는 것으로 보고 있다[313].

이러한 날씨의 기준을 잡을 때 5년동안에 발생되는 사안으로 해야 한다는 경우[314], 10년동안에 발생될 수 있는 사안으로 해야 한다는 경우[315] 등 다양하다.

비정상적으로 심한 날씨가 발생하였다고 하더라도 모든 경우에 있어 시공자가 양해받을 수 있는 것은 아니고, 그러한 날씨가 주공정 작업에 악영향을 끼쳤다는 것(an Adverse Impact on Critical Work)을 보여줘야 한다.

일례로, 시공자는 집중호우에 따라 9일의 작업손실이 발생하였다고 주장하였다. 그러나 과거 5년간 강우에 기인한 작업손실일이 6월달에 평균 8.5일이라는 것을 근거로 시공자의 청구를 받아들이지 않았다[316].

또한 시공자가 과거 5년치의 평균강우일보다 두 배가 많았다고 주장하였으나, 매일 단위로 작업을 분석한 후 작업시작 전에 강우가 있었거나 주말에 발생한 강우를 고려하지 않고 주장하였기 때문에 시공자의 청구를 받아들이지 않았다[317].

추가로 다수의 시공자 주장이 있었으나 실제 작업에 어떻게 영향을 미쳤는지[318] 또는 강우와 작업의 상호관계를 입증하지 못할 경우[319] 양해받지 못하였고, 동절기 중에는 실제 의미있는 작업을 할 수 있었다는 것을 입증하지 못하였으므로 동절기 기간동안 공기연장청구권이 인정되지 않았다[320].

---

313) USA Case, *Cape Ann Granite Co. v. United States*, 100 Ct. Cl. 53. cert. denied, 321 U.S. 790(1943)

314) USA Case, *Allied Contractors, Inc.*, IBCA 265, 1962 BCA ¶3501, recons. denied, 1962 BCA ¶3591

315) USA Case, *Essential Constr. Co.*, ASBCA 18491, 78-2 BCA ¶13,314

316) Essential Constr. Co. 앞의 결정

317) USA Case, *Commonwealth Elec. Co.*, EBCA 103-12-79, 84-1 BCA ¶16,961

318) USA Case, *Sauter Constr. Co.*, ASBCA 27050, 84-2 BCA ¶17,288

319) USA Case, *Sigma Constr. Co.*, ASBCA 37040, 91-2 BCA ¶23,926

320) USA Case, *N & P Constr. Co.*, VABCA, 93-1 BCA ¶25,251

한편, 필수적인 날씨 통계자료가 없더라도 시공자가 비정상적으로 심한 날씨가 작업에 영향을 주었다는 사실을 입증하면 클레임이 받아들여지는 경우도 있다[321]. 비정상적인 날씨에는 강우만 포함되는 것은 아니고 습도가 과거 평균보다 과도한 경우에도 인정되었다[322].

이상의 내용을 요약하면 다음과 같다.

첫째, 계약에서 별도로 규정하지 않는 한 시공자가 비정상적으로 심한 날씨라는 것을 입증해야 한다.

둘째, 비정상적인 심한 날씨는 일반적으로 경험할 수 있는 가혹한 날씨와는 구분된다.

셋째, 비정상적인 심한 날씨가 있다고 하더라도 시공자가 실제 작업에 끼친 영향을 입증해야 한다.

넷째, 비정상적인 심한 날씨는 강우뿐만 아니라 습도 등도 해당될 수 있다.

3. 정부의 행위(Government Acts)

정부의 계약 또는 통치행위는 양해받을 수 있는 공기지연사유가 된다. 통치행위인지 계약행위인지를 구분하는 기준은 계약당사자에게만 적용되는 행위인지 계약체결하지 않은 모든 시공자에게 동시에 적용되는 사항인지이다.

계약에 근거한 정부의 행위에 의해 시공자가 양해받기 위해서는 지연을 유발시킨 정부의 행위가 잘못되었다(Wrongful)는 것을 입증해야 한다[323].

시공자의 공기연장요청에 대해 계약담당공무원이 적절하게 대응하지 못하는 경우[324], 부적절하게 검사하는 것(Improper Inspection)[325] 등과 같이 정부가 명시적 또는 묵시적인 계약적 의무를 이행하지 못함으로 인해 잘못된 행위가 발생된다.

이러한 행위는 주로 시공자의 이행을 간섭하거나 방해하거나 또는 협력해야 할 정부의 의무를 위반함으로 인해 주로 발생하는데, 간접적 변경이론(Constructive Change Theory)에 의해 설계변경으로 구제조치받은 경우에는 양해받을 수 있는 지연으로 중복하여 적용받을 수 없다.

정부의 통치행위는 양해받을 수 있는 중요한 요인 중의 하나이다. 예를 들면, 외국과의

321) USA Case, *R & R Constr. Co.*, VABCA 1101, 74-2 BCA ¶10857
322) USA Case, *Lambert Constr. Co.*, DOTCAB 77-9, 78-1 BCA ¶13,221
323) USA Case, *San Antonio Constr. Co.*, ASBCA 8110, 1964 BCA ¶4479
324) USA Case, *Tri-State Tool Co.*, ASBCA 16300, 73-1 BCA ¶9886
325) USA Case, *Argus Indus., Inc.*, ASBCA 9960, 66-2 BCA ¶5711

분쟁 중 정부가 활용하기 위해 발주한 이전에 없었던 크기의 철도차량을 주문하여 납기일이 일부(예시 6일) 늦어졌다면 정부의 통치행위로 보는 것이다[326].

정부의 통치행위로 인해 시공자의 이행비용이 단순히 증가했다면 시공자는 증가된 비용을 극복해야 할 책임이 있기 때문에 양해받을 수 있는 지연으로 인정받지 못한다[327].

이상의 내용을 요약하면 다음과 같다.

첫째, 정부의 행위는 계약행위와 통치행위로 구분된다.

둘째, 정부의 계약행위로 지연이 발생하였다면 시공자가 그 행위의 잘못을 입증해야 한다.

셋째, 정부의 행위로 인한 공기지연은 간접적인 설계변경으로 인한 구제조치와 중복으로 적용되지 않는다.

넷째, 정부의 통치행위로 인해 비용이 단순히 증가하였다면 시공자에게 공기연장청구권을 부여하지 않는다.

4. 하도급자와 공급업자의 지연

하도급자나 공급업자는 발주자와 직접 계약관계를 구성하는 것이 아니기 때문에 이들이 직면한 문제로 인해 지연이 발생하였다면 시공자가 양해가능성을 입증해야 한다.

시공자가 지연을 발주자에게 양해받기 위해서는 우선 그러한 지연사유가 자신의 통제범위를 벗어나고 시공자 및 관련되는 모든 단계 하도급자의 과실이 없어야 한다는 것을 입증해야 한다.

1967년 이전에는 모든 단계 하도급자(Subcontractor at any Tier)라는 표현이 계약조건에 빠져 있었으나 '하도급자는 첫 번째 단계의 하도급자를 의미한다' 라고 하는 *Schweigert* 송사[328]이후 계약조건에 삽입하게 되었다.

따라서 하도급자와 시공자 사이의 분쟁으로 인해 하도급자가 제때 인도하지 못하여 지연이 발생하였다면 시공자 및 하도급자의 과실로 간주되기 때문에 양해받을 수 없는 것으로 본다[329].

---

326) USA Case, *D.D. Montague*, ASBCA 11837, 67-1 BCA ¶6217

327) USA Case, *Hydro-Space Sys.* Corp., ASBCA 15275, 71-1 BCA ¶8739

328) USA Case, *Schweigert, Inc. v. United States*, 181 Ct. Cl. 1184, 388 F.2d 697 (1967)

329) USA Case, *Fairfield Scientific Corp.*, ASBCA 21152, 78-1 BCA ¶12,869, aff'd. 222 Ct. Cl. 167, 611 F.2d 854 (1979)

5. 홍수(Floods)

계약적인 측면에서 홍수인지 아닌지를 당사자 일방이 입증한다는 것은 매우 어려운 일 중의 하나이다.

홍수와 비슷한 것으로는 집중호우(Heavy Rain), 지표수가 흐르는 정도(Runoff), 지표면을 흠뻑 적시는 정도의 큰비(Soaking) 등 다양한 표현이 나타날 수 있기 때문이다. 우리나라의 경우 호우경보, 호우주의보 등 기상특보가 내려지기도 하는데 그러한 요건이 해당되는지에 대해서도 의문이 발생한다.

실제 미국에서도 홍수라는 것에 대해 다양한 쟁점이 발생하였고, 홍수는 흠뻑 적시는 큰비가 오거나(Soaking) 빗물이 흐르는 정도(Runoff)로는 부족하고 제방을 넘는 것을 포함해야 하는 것으로 보기도 한다[330]. 또한 집중호우나 빗물이 흐르는 정도는 홍수가 아니라는 경우도 있고[331], 홍수란 어떤 근원으로부터 물이 넘치는 것으로 해석[332]하기도 한다.

6. 화재(Fires)

시공자의 통제범위를 벗어나고 시공자에게 과실이 없는 경우 화재로 시공자의 장비가 파괴되거나[333] 하도급자에게 발생한 화재로 지연이 발생하였다면 시공자는 양해될 수 있는 것[334]으로 본다.

7. 전염병(Epidemics)

홍수로 인한 장티푸스를 치료하기 위해 근로자들이 혈청(Serum)을 제공함으로써 지연이 발생한 경우[335], 홍역(Measles)이나 이하선염(Mumps)등으로 작업이 지연된 경우[336] 양해받기도 하였으나 최근에는 전염병이 지연의 직접적인 원인이라는 것을 입증하여야 하므로 공기지연이 발생하더라도 인정받기가 점점 까다로와지고 있다.

330) USA Case, *Koppers Co.*, ENGBCA 2700, 67-2 ¶ 6492
331) USA Case, *Potashnick Constr., Inc.*, ENGBCA 2865, 69-2 BCA ¶ 7817
332) USA Case, *Kakos Nursery, Inc.*, ASBCA 10989, 66-2 BCA ¶ 5733
333) USA Case, *Armstrong Featherweight Decoy Corp.*, WDBCA 354, 1 CCF ¶ 975(1943)
334) USA Case, *Pat-Ric Corp.*, ASBCA 10581, 66-2 BCA ¶ 6026
335) USA Case, *Big State Garment Co.*, ASBCA 337, 4 CCF ¶ 60,946 (1950)
336) USA Case, *Martin Mfg. Co.*, ASBCA 495, 5 CCF ¶ 61,096 (1950)

8. 화물 입출항금지(Freight Embargoes)

특정지역에서 물품을 운송하는 계약에서 항구를 폐쇄하여 활용할 수 없게 되는 경우 운송료가 비싸지만 비행기로는 운송할 수 있었다고 하더라도 양해되어야 하는 것으로 보는 경우도 있다[337].

9. 신의 행위(Acts of God)

미국 회계감사관(會計監査官) 보고서에서는 신의 행위를 '비범하고, 예상치 못한 것이며 비정규적으로 발생하는 자연의 힘(Singular, Unexpected and Irregular Visitation of a Force of Nature)' 으로 정의[338]하였고, 세인트 헬렌 화산 폭발은 신의 행위로 보았다[339].

시공자나 하도급자 직원의 질병이나 사망이 있으면 다른 직원으로 교체하면 되는 것이기 때문에 신의 행위로 보지 않는다[340].

참고로 인터넷 백과사전인 위키피디아[341]에서 신의 행위에 대해 계약법 및 불법행위법으로 구분하여 규정하고 있는 바, 살펴보면 다음과 같다.

Contract law 상의 Acts of God

In the law of contracts, an act of God may be interpreted as an implied defense under the rule of impossibility, i.e., the promise is discharged because of unforeseen, naturally occurring events that were unavoidable and which would result in insurmountable delay, expense or other material breach. In other contracts, such as indemnification, an act of God may be no excuse, and in fact may be the central risk assumed by the promisor, e.g., flood insurance or crop insurance, the only variables being the timing and extent of the damage. In many cases, failure by way of ignoring obvious risks due to "natural phenomena" will not be sufficient to excuse performance of the obligation, even if the events are relatively rare, e.g., the year 2000 problem in computers.

계약법에서 신의 행위는 불능원칙에 따라 묵시적인 항변으로 해석될 수 있는데, 즉, 피할 수 없고 공기지연, 발생비용 또는 중대한 계약위반을 극복할 수 없는 결과를 초래하는 예상치 못

337) USA Case, United States v. Meems Bros. & Ward, 196 F. Supp. 188 (D.N.Y. 1961)
338) 49 Comp. Gen, 733 (B-169473) (1970)
339) USA Case, Nogler Tree Farm, AGBCA 81-104-1, 81-2 BCA ¶15,315
340) USA Case, Yankee Telecommunications Lab., Inc., ASBCA 25240, 85-1 BCA ¶17,786
341) http://en.wikipedia.org/wiki/Act_of_God(2009.1.26)

한 자연적으로 발생하는 사항은 약속을 면책시킨다. 면책과 같은 다른 계약에서는 약속자의 홍수보험, 곡물보험 등에 의해 손해발생 범위와 시기가 검토되어야 하므로 면책되지 않을 수도 있다. 많은 경우에 있어서, 컴퓨터상의 2000년 문제와 같이 위험이 상대적으로 희박하게 발생하더라도 자연적 현상에서 기인하는 명백한 위험을 무시하여 발생된 이행불능으로 인한 사항은 양해받을 수 없다.

Tort law 상의 Acts of God

In the law of torts, an act of God may be asserted as a type of intervening cause, the lack of which would have avoided the cause or diminished the result of liability (e.g., but for the earthquake, the old, poorly constructed building would be standing). However, foreseeable results of unforeseeable causes may still raise liability. For example, a bolt of lightning strikes a ship carrying volatile compressed gas, resulting in the expected explosion. Liability may be found if the carrier did not use reasonable care to protect against sparks -- regardless of their origins. Similarly, strict liability could defeat a defense for an act of God where the defendant has created the conditions under which any accident would result in harm. For example, a long-haul truck driver takes a shortcut on a back road and the load is lost when the road is destroyed in an unforeseen flood. Other cases (and the preferred federal rule in the United States) find that a common carrier is not liable for the unforeseeable forces of nature. Memphis & Charlestown RR Co. v. Reeves, 1870, 77 U.S. 176.

A particularly interesting example is that of "rainmaker" Charles Hatfield who was hired in 1915 by the city of San Diego to fill the Morena reservoir to capacity with rainwater for $10,000. The region was soon flooded by heavy rains, nearly bursting the reservoir's dam, killing nearly 20 people, destroying 110 bridges (leaving 2), knocking out telephone and telegraph lines, and causing an estimated $3,500,000 in damage in total. When the city refused to pay him (he had forgotten to sign the contract), he sued the city. The floods were ruled an act of God, excluding him from liability but also from payment.

불법행위법에서 신의 행위는 지진이 없었더라면, 낡은 건물이 없었더라면 하는 것과 같은 간섭하는 사유, 결핍의 유형으로 주장될 수 있다. 그러나 예측할 수 없는 사유의 예측가능한 결과는 여전히 책임을 부담한다. 예를 들어, 번개가 휘발성 고압가스운송선을 강타할 수 있고, 폭발이 발생할 수 있다. 원인과 관계없이 선주가 불꽃에 대해 합리적인 보호조치를 하지 않았다면 책임이 있는 것으로 본다. 유사하게 엄격책임은 피고가 조건을 만들고, 그러한 조건하에서 사고가 발생하여 손해가 발생하였다면 피고의 신의 행위 항변을 인정하지 않는다. 예를 들어 장거리 트럭운전수가 회송로를 단축하다가 도로가 예상치 못한 홍수로 인해 유실된 경우가 해당된다. 다른 경우(미국의 전술한 연방규정)은 통상적인 운송주는 예상치 못한 자연의 함에 대해서는 책임이 없는 것으로 본다. Memphis & Charlestown RR Co. v. Reeves, 1870, 77 U.S. 176

$10,000불에 상당하는 빗물용량을 지닌 모레나 저수지를 채우기 위해 1915년 샌디에고 시에 채용된 '강우 제조자' 찰스 햇필트와 관련하여 특별히 흥미로운 예시가 있다. 그 지역은 곧 집중호우로 저수지 댐이 넘쳐 거의 20명의 인명피해를 유발하고, 2개의 교량을 남기고 100개의 교량이 유실되며, 전화와 통신이 두절되는 홍수가 발생하여 $3,500,000 추산되는 손해가 발생하였다. 직원은 계약서에 서명하는 것을 잊었기 때문에 시에서는 급여지급을 거절하여 소송을 제기하였고, 소송에서 홍수는 신의 행위였다고 하면서 직원책임과 급여지급에 대해 받아들이지 않았다.

Ⅲ. 열거되지 않은 지연사유(Non-Enumerated Causes of Delay)

계약조건에 열거되지 않은 사유에 대해서도 시공자를 양해하는 공기지연이 인정될 수 있지만 아주 특수한 사유(Extraneous Causes)를 제외하고는 매우 제한적인 견해를 갖는 것이 현실이다. 이러한 몇 가지 사유는 재정 곤란의 경우, 시설과 장비가 부족한 경우, 재료가 부족한 경우, 지식이 부족한 경우, 노동문제의 경우 등이며, 이를 간략히 살펴보면 다음과 같다.

1. 재정 곤란(Financial Difficulties)

재정문제는 시공자가 갖추어야 할 기본적인 사항이기 때문에 논란의 대상이 되지 않는다.

그러나 발주자가 부당하게 기성대가 지급을 거부하는 것[342], 소상공인에 대한 부당한 대출취소[343], 정부에 의한 검사기준의 잘못 적용[344] 등과 같은 다양한 형태의 부적절한 정부조치에 의해 시공자의 재정문제가 발생하였다면 양해될 수 있는 지연사유로 본다.

이러한 재정문제가 발생하였다면 시공자는 정부의 조치가 재정결핍의 초기원인이었다는 사실을 입증해야 한다[345].

342) USA Case, *Brooklyn & Queens Screen Mfg. Co. v. United States*, 97 Ct. Cl. 532 (1942)
343) USA Case, *Southland Mfg. Corp.*, ASBCA 10519, 69-1 BCA ¶7714
344) USA Case, *Texas Trinity Mfg. & Supply Co.*, ASBCA 10465, 75-1 BCA ¶11,151
345) USA Case, *Derric Elec. Co.*, ASBCA 21246, 78-1 BCA ¶12,942

2. 시설과 장비의 부족(Lack of Facilities and Equipment)

공사를 이행하는 과정에서 적절한 시설과 장비를 활용하는 것은 시공자의 기본적인 의무사항이므로 시설과 장비의 부족으로 인한 공기지연은 면책대상이 되지 않는다.

그러나 불안정한 전압에 의해 민감한 검사장비가 손상을 입어 공기가 지연되었다면 불안정한 전압은 통상적으로 일어날 수 있는 사태가 아니고 시공자가 할 수 있는 현실적인 대책이 없었으므로 면책이 되는 것으로 보고 있다[346].

한편 공사이행 도중 상이한 현장조건에 의해 발생된 장비문제로 인해 현실적으로 작업을 이행하는 것이 불가능하게 되어 공기지연이 발생하였다면 양해받을 수 있는 것으로 보고 있다[347].

3. 재료의 부족(Lack of Materials)

시공자는 계약체결시 계약에서 규정된 이행에 필요한 자재를 자신의 노력으로 조달해야 하므로 일반적인 재료부족은 공기지연사유가 되지 않는다.

그러나 1973년 석유 수출금지로 인해 재료를 제때 공급받지 못하는 등 시공자의 책임없는 특별한 사유가 있는 경우에는 공기지연사유가 되는 것으로 보았다[348]. 한편 재료가격의 폭등으로 인해 재료를 제때 공급받지 못하였다면 양해받지 못하는 것으로 보았다[349].

재료비가 너무 높은 것은 경제적 실행불가능(Economic Impracticability) 클레임이 될 수도 있는데[350], 가격 변동폭이 심한 시기(a Time of Volatile Prices)에 입찰한 시공자는 재료비 상승위험을 예상하였다고 간주되기도 하였다[351].

4. 지식의 부족(Lack of Know-How)

건설공사계약을 체결한 시공자는 당연히 자신이 이행하고자 하는 계약에 대해 충분한 정도의 지식을 보유해야 하므로, 지식이 부족하다거나 이행할 능력이 부족하다거나 하는 등의 문제점은 시공자의 클레임대상이 되지도 못한다.

346) USA Case, *Ace Elecs. Assocs., Inc.*, ASBCA 13899, 69-2 BCA ¶ 7922
347) USA Case, *Soletanche Radio Nichoson (JV)*, ENGBCA 5796, 94-1 BCA ¶ 26,472
348) USA Case, *Automated Extruding & Packaging, Inc.*, GSBCA 4036, 74-2 BCA ¶ 10,949
349) USA Case, *Free-Flow Packaging Corp.*, GSBCA 3992, 75-1 BCA ¶ 11,105
350) USA Case, *Brazier Lumber Co.*, ASBCA 18601, 76-2 BCA ¶ 12,207
351) USA Case, *So Ros Sahakij, Ltd.*, ASBCA 19238, 75-1 BCA ¶ 11,028

이러한 원칙은 1915년 카네기사와 미국정부와의 송사에 의해 정립된 것이며, 이러한 원칙을 카네기 원칙(The Rule of Carnegie)[352]라 한다. 그러나 현재의 기술로는 극복할 수 없는 어려움으로 인해 하도급자에게 지연이 발생하였을 때, 불능의 작업이 발생하고 그러한 위험은 예견될 수 없어 공기가 지연되었다면 시공자는 양해될 수도 있는 것으로 보았다[353].

또한 발주자가 계약의 범위 이외에 검사기준을 과도하게 상향조정하도록 변경지시함으로 인해 시공자가 작업하지 못할 정도의 어려움에 처하게 되어 공기가 지연된 경우에도 시공자의 지연을 양해하기도 했다[354].

5. 노동문제(Labor Problems)

파업 이외에 주요 인원(Key Personnel)의 경질 등과 같은 노동문제로 공기지연이 발생할 경우 대부분 인정되지 않는다. 특히 계약체결 당시 특정인원이 부족할 것으로 예상되었고, 실제 현장에서 특정인원의 부족으로 공사가 지연된 경우에도 시공자의 공기지연을 인정하지 않았다[355].

주요 인원의 예상치 못한 사직은 시공자에게 과실이 없고 시공자의 통제범위를 벗어나는 것으로 보기도 하였으나 그러한 인원이 없더라도 시공자는 공기지연을 극복하기 위한 높은 수준의 노력을 투입해야 하는 것으로 보고 있다[356].

제2절 ··· 공기연장

공기연장사유가 발생하였을 경우 우리나라에서는 시공자가 계약담당공무원과 공사감독관에게 동시에 계약기간내에 지체없이 그 사실을 통지해야 하는 것으로 규정하고 있다.

미국의 경우에도 공기연장사유가 발생하였다고 하여 시공자는 공기연장(을 받는 것은 아

352) USA Case, *Carnegie Steel Company v. United States*, 240 U.S. 156 (1915)

353) USA Case, *Utah-Manhattan-Sundt*, ASBCA 8991, 1963 BCA ¶3839, recons. denied, 1963 BCA ¶3854

354) USA Case, *Stubnitz Greene Spring Corp.*, ASBCA 2608, 56-2 BCA ¶1034

355) USA Case, *Space Sys. Lab., Inc.*, ASBCA 12162, 68-1 BCA ¶6859

356) USA Case, *Alert Prods., Inc.*, ASBCA 5620, 59-2 BCA ¶2422

니고 지연사유, 인과관계, 연장내용, 입증사항 등 전반적인 내용을 갖추어야 한다. 본 절에서는 시공자가 공기연장을 받을 수 있는 조건에 대해 살펴보고자 한다.

Ⅰ. 인과관계(Causation)

시공자는 양해받을 수 있는 지연사유에 의해 지연이 발생했다는 사실을 입증해야 한다. 예를 들어 비정상적인 심한 동절기 날씨로 인해 시공자가 계약이행에 영향을 받았다고 주장하지만 동절기에는 당연히 공사를 할 수 없는 사항이므로 인정되지 않았다[357].

발주자가 시공상세도의 승인을 지연하였을 때는 이미 시공자의 일정이 상당히 지연되어 있어 시공자가 요구한 시점에는 재료가 필요하지 않았으므로 인과관계가 없다고 보고 있다[358]. 또한 집중호우가 내렸지만 해당지역에는 작업을 할 수 있을 정도로 배수가 잘 되었기 때문에 인정되지 않았다[359].

시공자에게 책임이 있는 공기지연과 계약당사자 모두에게 책임이 있는 공기지연이 동시에 발생하였을 때는 어떤 사유가 주된 사유(the Controlling Cause of the Delay)인지를 판단하여 문제를 해결해 왔다[360].

주된 사유를 명백하게 알 수 없는 경우에는 합리적으로 그 책임을 분담할 수 있다면 분담비율대로 계약당사자에게 책임을 분담시켰다[361].

책임을 분담하는 것이 적절하지 않을 경우에는 시공자는 지체상금을 부담해야 하는 책임을 면제시켜 왔는데[362][363][364], 시공자에게 37일의 공기지연이 발생하였는데 그중에서 7일은 정부의 책임있는 사유에 의한 지연이고 나머지 30일은 계약당사자 모두에게 책임이 있는 지연(Concurrent Delay)인 경우 시공자를 지체상금에서 면제시켰다[365].

한편 시공자를 지체상금에서 면제시키기는 하지만 계약당사자 모두에게 책임이 있는 지

357) USA Case, *Sunset Constr. Co.*, ASBCA 9029, 1964 BCA ¶ 4478
358) USA Case, *Murray J. Shiff Constr. Co.*, ASBCA 9029, 1964 BCA ¶ 4478
359) USA Case, *Jim Challinor*, AGBCA 76-185, 78-2 BCA ¶ 13,330
360) USA Case, *Chas. I. Cunningham Co.*, IBCA 60, 57-2 BCA ¶ 1541
361) USA Case, *Toombs & Co. v. United States*, 4 Cl. Ct. 535 91984)
362) USA Case, *Wexler Constr. Co.*, ASBCA 23782, 84-2 BCA ¶ 17,408
363) USA Case, *Powell's Gen. Contracting Co.*, DOTCBA 77-27, 79-1 BCA ¶ 13,694, recons. denied, 79-1 BCA ¶ 13,702
364) USA Case, *Myers-Laine Corp.*, ASBCA 18234, 74-1 BCA ¶ 10,467
365) USA Case, *Kirk Bros. Mechanical Contractor, Inc.*, ASBCA 43738, 93-1 BCA ¶ 25,325

연으로 인해 발주자에게 실제적인 손해(Actual Damages)가 있다면 그에 대해 시공자는 책임이 있는 것으로 보고 있다[366].

이상의 내용을 요약하면 다음과 같다.

첫째, 공기지연사유와 공기지연과의 인과관계를 시공자가 입증해야 한다.

둘째, 시공자에게 책임있는 사유와 계약당사자 모두에게 책임있는 사유로 공기지연이 발생한 경우에는 주된 사유를 기준으로 판단한다.

셋째, 책임분배가 가능할 경우 해당비율만큼 당사자에게 책임을 분담한다.

넷째, 책임분배가 적절하지 않을 경우 시공자에게 지체상금을 면해주되, 지연으로 인한 발주자의 실제 손해에 대한 책임은 면제되지 않는다.

II. 전체완성기간의 지연(Delay of Overall Completion Required)

시공자의 과실없이 시공자의 통제범위를 벗어나는 예상할 수 없는 사상(事象)이라는 것을 시공자가 입증하더라도, 그로 인한 시간 손실이 공사의 완성을 지연시켰다는 것을 입증하지 못하면 시공자는 양해받을 수 있는 지연으로 인정받지 못한다[367].

일부작업이 방해받았다는 것을 입증하는 것으로 충분하지 않고, 그 작업이 전체작업의 완성에 영향을 끼쳤다는 것을 입증해야 한다[368].

CPM(Critical Path Method) 공정표를 사용하고 있다면 공기지연이 CP(Critical Path)상에 있어야 하는 것으로 보는데[369], 이는 모든 지연사유들이 완성일을 지연시켜야 함을 의미하지는 않고, 시간 손실이 있을 경우에만 공기지연을 양해받을 수 있음을 의미한다.

대규모 사업에서는 다수의 소규모 공종들이 존재하고, 이들 소규모 공종이 CP상에 있다는 것은 공기연장을 위한 필요조건일 뿐이며 충분조건은 되지 못하므로 자동적으로 시공자에게 책임없는 공기지연으로 인정하여 공기연장청구권을 부여하는 것은 아닌 것으로 본다[370].

---

366) USA Case, *Acme Process Equip. Co. v. United States*, 171 Ct. Cl. 324, 347 F.2d 509 (1965), rev' d on other ground, 385 U.S. 138 (1966)Z

367) USA Case, *George A. Fuller Co.*, ASBCA 9590, 1964 BCA ¶4396

368) USA Case, *Essential Constr. Co.*, ASBCA 18491, 78-2 BCA ¶13,314

369) USA Case, *Cimarron Constr. Co. v. United States*, 203 Ct. Cl. 742 (1974)

370) USA Case, *Harrison Western/Franki-Denys(JV)*, ENGBCA 5506, 93-1 BCA ¶25,406

시공자가 착공을 늦게 한 경우로 비정상적으로 심한 날씨가 실질적인 지연을 유발하였고, 그러한 날씨문제가 없었다면 시공자가 제때 완성할 수 있었다면 비정상적으로 심한 날씨로 인한 부분은 양해받을 수 있는 것으로 본다[371].

이에 대해 FAR 52.212-3에서는 시공자가 착공 통지를 받은 후 정해진 기간내에 착공하도록 규정하고 있으며, 우리나라의 공사계약일반조건 제17조에서는 시공자가 계약문서에 정하는 바에 따라 착공하도록 규정하고 있다.

예정된 준공기한을 경과하여 시공자가 계속 작업하도록 허용하였다면, 시공자는 지체상금의 입증책임을 면제받기 위해 그 기간중 양해받을 수 있는 지연이라고 주장할 수 있다[372].

이상의 내용을 요약하면 다음과 같다.

첫째, 지연사유로 인한 시간의 손실이 전체 완성기한에 영향을 끼쳤다는 것을 시공자가 입증해야 한다.

둘째, CPM 공정표를 활용할 경우 지연사유가 CP상에 있음을 입증해야 한다.

셋째, 대규모 공사의 경우 지연사유가 CP상에 있고, 전체 완성기한에 영향을 주었다는 것을 입증해야 한다.

넷째, 시공자의 지연사유가 있더라도 제때에 공사를 완성할 수 있다면 지연에 대한 책임을 부담시킬 수 없다.

다섯째, 준공기한 이후 작업을 수행하도록 하였다면 시공자는 지체상금을 면제받기 위해 양해받을 수 있는 공기지연이라는 사항을 주장해야 한다.

Ⅲ. 공기연장의 검측(Measuring Time Extension)

시공자가 양해받을 수 있는 공기지연이라는 사실을 입증하였다면 자신이 양해받을 수 있는 기간도 입증해야 한다. 시공자가 전체기간(Total Time)을 산정하여 주장하게 된다면 사건에 따라 실제 계약이 지연된 기간과의 관계를 충분히 나타내지 못하기 때문에 인정받지 못한다[373].

작업할 수 있는 계절에 따라서도 인정받을 수 있는 기간을 달리 적용받을 수 있는데, 특

371) USA Case, *J.W. Merz*, IBCA 64, 59-1 BCA ¶2086
372) USA Case, *C.R. Bagwell*, ASBCA 3514, 57-1 BCA ¶1322
373) USA Case, *Blackhawk Heating & Plumbing Co.*, GSBCA 2432, 75-1 BCA ¶11,261

정작업을 가을철에 하게 되면 여름철의 절반밖에 수행할 수 없게 되므로 여름철 작업 지연기간의 2배를 인정하는 경우도 있다[374].

한편 통상적으로 작업할 때 만나게 되므로 지연될 수 있는 기간이 있으므로 극심한 날씨로 지연된 기간 모두를 인정하는 것은 아니고, 통상적으로 만날 수 있는 지연기간을 공제한 기간을 인정하기도 한다[375].

공기연장승인은 작업일을 기준(a Workday Basis)으로 하고 계약이행 일정은 달력일을 기준(a Calendar Basis)으로 되는 경우가 있는데 공기지연을 평가하는 방법과 공기연장을 승인하는 것은 계약이행 일정과 일치시켜야 하는 것으로 본다.

이상의 내용을 요약하면 다음과 같다.

첫째, 시공자는 양해받을 수 있는 사건 및 기간을 동시에 입증해야 한다.

둘째, 일괄적으로 산정된 전체기간은 개별사건과의 연관관계를 입증하지 못하므로 인정받지 못한다.

셋째, 발생된 지연기간과 양해받을 수 있는 지연기간은 계절에 따라 달리 적용될 수 있다.

넷째, 지연기간을 산정하는 기준은 동일해야 한다.

Ⅳ. 입증책임(Burden of Proof)

일반적으로 양해받을 수 있는 사실을 입증하는 것은 시공자의 몫이다. 그러나 입증자료가 발주자의 통제하에 있는 것이라면 시공자가 입증책임을 부담할 필요는 없다[376]. 시공자가 제출한 기록들이 자신의 공기연장 청구내용을 제대로 설명하지 못하지만 충분한 근거가 있는 것이라면 배심원평결(Jury Verdict Determination)을 구할 수도 있다[377]. 한편 공기연장을 계산하는데 있어서 상주기술자의 주간 건설 보고서에 의존하는 경우도 있다[378].

통상적으로 계약문서에는 시공자의 공기연장사유 발생 사실 통지에 대해 계약담당공무

374) USA Case, *Waltzig Constr. Co.*, IBCA 92, 62-2 BCA ¶2700

375) USA Case, *Construction Pan-caribe, S.A.*, ENGBCA PCC-18, 83-2 BCA ¶10,238

376) USA Case, *Mil-Craft Mfg., Inc.*, ASBCA 19305, 74-2 BCA ¶10,840

377) USA Case, *Santa Fa Eng'rs, Inc.*, PSBCA 902, 84-2 BCA ¶17,377

378) USA Case, *Initec, Inc.*, DOTCAB 77-29, 78-1 BCA ¶12,958, recons. denied, 78-2 BCA ¶13,222

원은 사실과 지연범위를 확인하도록 하고 있는데 계약담당공무원이 이를 게을리했다면 계약위반이 된다.

예를 들어 시공자가 파업이 발생하였다고 통지하였는데 계약담당공무원이 대응하지 못한 경우[379], 비정상적인 심한 날씨로 문제가 발생하고 있다고 통지하였는데 계약담당공무원이 대응하지 못한 경우[380] 등이 이에 해당된다.

이런 사실을 입증하는 도구로 계약에서 별도로 규정하고 있지 않더라도 CPM을 활용하는 경우가 있고, 특히 계약당사자 모두에게 책임이 있는 지연사유가 발생하였을 때는 빈번하게 CPM을 활용되고 있다. CPM을 활용할 때는 지연발생사유와 기간이 일치되게 나타나야 인정받을 수 있다[381].

이상의 내용을 요약하면 다음과 같다.

첫째, 양해받을 수 있는 사실에 대한 입증책임은 시공자의 몫이다.

둘째, 시공자는 발주자의 통제하에 있는 자료에 대해서는 입증책임이 없다.

셋째, 완벽한 입증자료가 아닐 경우 배심원평결을 구할 수 있다.

넷째, CPM을 활용하는 경우 지연발생사유와 기간이 일치되게 나타나야 한다.

Ⅴ. 통지 및 공기연장(Notice and Schedule Extension)

앞에서 살펴본 바와 같이 시공자는 FAR 52.249-10(Default)에 따라 양해받을 수 있는 사유의 발생일로부터 10일이내에 계약담당공무원에게 통지하도록 규정하고 있는데, 발주자가 발생사실을 알고 있는 경우라면 엄격하게 적용해서는 안되는 것으로 보고 있다[382].

또한 통지해야 한다는 원칙을 고수하는 것이 더 이상 쓸모없거나 사실상 계약당사자들이 통지해야 하는 의무를 포기한 경우 등 계약당사자의 행위가 분명하다면 문서상의 통지조항은 중요한 문제가 되지 않는 것으로 보며[383], 구두통지를 하지 못한 경우도 같은 것으로 본다[384].

379) USA Case, *Manufacturers' Casualty Ins. Co. v. United States*, 105 Ct. Cl. 342, 63 F. Supp. 759 (1946)
380) USA Case, *Freeman Elec. Constr. Co.*, DOTCAB 74-23, 77-1 BCA ¶12,258, aff'd, 221 Ct. Cl. 884 (1979)
381) USA Case, *Ballenger Corp.*, DOTCAB 74-32, 84-1 BCA ¶16,973, modified, 84-2 BCA ¶ 17,277
382) USA Case, *Hoel-Steffen Constr. Co. v. United States*, 197 Ct. Cl. 561, 456 F.2d 760 (1972)
383) USA Case, *Copco Steel & Eng'g Co. v. United States*, 169 Ct. Cl. 601, 341 F.ed 590 91965)
384) Cibinic, John and Nash, Ralph(1995), 앞의 책, p.585

제 10 장

영연방의 계약기간연장 및 단축

제1절 … 관련 계약조건 분석

영국의 경우 중앙정부 이외에도 다양한 기관에서 표준계약서를 작성하고, 이를 적극적으로 현장에서 활용하고 있으므로 ICE(Institute of Civil Engineers)에 작성한 계약조건, JCT(The Joint Contracts Tribunal)에서 작성한 건축공사전용 계약조건, 마이클 레이샴경의 강력한 역할에 힘입어 1993년 초판 작성이후 2005년 3판을 작성하여 중앙정부 및 다양한 공공기관에서 활용 중인 NEC(New Engineering Contract)의 계약조건을 기본으로 살펴보고자 한다.

Ⅰ. GC/Works/1

영국의 중앙정부가 발주한 건설공사의 표준계약조건으로 사용되는 GC/Works/1 1998 제36조에서는 공기연장을 결정할 수 있는 경우를 시공자의 통지에 의한 경우와 사업관리자(Project Manager)의 판단 2가지로 구분하고 있다.

시공자의 지연에 따른 통지의무를 필요충분조건으로 보기 보다는 사업관리자로부터 의견이나 결정이 요구되는 의무사항으로 보고 있다.

GC/Works/1(1998) Condition 36

Where the project manager receives notice requesting an extension of time from the contractor (which shall include grounds for the request) or whether the project manager considers that a delay is likely, he must (as soon as possible or in any event within 42 days from the date of any notice) notify the contractor of his decision regarding an extension of time.

사업관리자가 시공자로부터 공기연장요청 통지를 접수하거나 또는 사업관리자가 어떤 지연이 있었는지를 판단하여 사업관리자는 (지체없이 또는 통지일로부터 42일이내에) 공기연장과 관련한 자신의 결정사항을 시공자에게 통지해야 한다.

이를 간략히 살펴보면 다음과 같다.

표 12 … 연장사유 발생시 사업관리자 조치내용

구 분	내 용	비 고
연장신청주체	계약상대자, 사업관리자	
결정주체	사업관리자	
판단기간	지체없이 또는 통지일로부터 42일 이내	
판단내용	지연 사실	
통지대상	시공자	
통지내용	공기연장 결정내용	

II. JCT 건축공사 표준계약서

영국의 1998년판 건축공사 전용 표준계약서에서는 제 25.2.1.1 조항에서 시공자의 지연사유를 포함하여 공기연장 통지를 요청하도록 규정하고 있지만, 제 25.3.3.1 과 제 25.3.3.2 조항에서는 건축사/계약관리자가 시공자의 통지여부와 관계없이 합리적이라고 판단할 경우 준공일을 확정하도록 규정하고 있다. 따라서 시공자의 통지의무와 건축사/계약관리자의 권리(공기연장 청구에 대한 심사 및 결정안 통보 권한)와 의무(적절한 시기에 통보)를 볼 때 설계자의 권리와 의무가 더 확대/강조 되어있다.

JCT 건축공사전용 표준계약서 (1998)

25.2.1.1 If and whenever it becomes reasonably apparent that the progress of the Works is being or is likely to be delayed, the Contractor shall forthwith give written notice to the Architect/the Contract Administrator of the material circumstances including the cause or causes of the delay and identify in such notice any event which in his opinion is a Relevant Event.

25.3.3 After the Completion Date, if this occurs before the date of Practical Completion, the Architect/the Contractor Administrator may, and not later that the expiry of 12 weeks after the date of Practical Completion either.

25.3.3.1 fix a Completion Date later than that previously fixed if in his opinion the fixing of such later Completion Date is fair and reasonable having regard to any of the Relevant Events, whether upon reviewing a previous decision or otherwise and whether or not the Relevant Event has been specifically notified by the Contractor under clause 25.2.1.1; or

25.3.3.2 fix a Completion Date earlier than that previously fixed under clause 25 or stated in a confirmed acceptance of a 13A Quotation if in his opinion the fixing of such earlier Completion Date is fair and reasonable having regard to any instructions issued after the last occasion on which the Architect/the Contract Administrator fixed a new Completion Date

· under clause 13.2 which require or sanction as a Variation the omission of any work or obligation; and/or

· under clause 13.3 in regard to the expenditure of a provisional sum for defined work or for Performance Specified Work which result in the omission of any such work; or

25.2.1.1 작업이 지연되고 있거나 명백하게 지연될 가능성이 있다면, 시공자는 지연사유를 포함하는 상황을 문서로 건축사/계약관리자에게 통지하고, 시공자는 통지내용에 지연과 관계있는 사항이라는 것을 명시해야 한다.

25.3.3 준공일 이후, 실질적 준공일 이전에 이러한 사건이 발생되었다면, 건축사/계약관리자는 실질적 준공일 이후 12주가 지나기 전에 다음의 사항을 조치할 수 있다.

25.3.3.1 이전 결정 또는 다른 사실을 검토하든지 그리고 지연과 관계있는 사건이 제25.2.1.1조에 따라 시공자에 의해 특별히 통지되든 되지 않든, 그러한 지연준공일이 공정하고 합리적이며 지연과 관계있는 사항이라고 생각한다면 이전에 확정된 준공일보다 늦게 준공일을 확정해야 한다.

25.3.3.2 건축사/계약관리자가 새로운 준공일을 결정한 마지막 상황이후에 발급된 지시와 관련하여 그러한 조기준공일의 확정이 공정하고 합리적이라면 제25조에 따라 미리 확정되거나 또는 13A Quotation의 확정적 인수에 표기된 것보다 빨리 준공일을 확정해야 한다.

· 13.2조에 따라 변경사항으로 의무나 일부작업의 삭제를 규정하거나 요구하는 경우

· 13.3조에 따라 정의된 작업 또는 일부작업의 삭제를 유발하는 이행 특정화 작업에 소요되는 예비비의 지출과 관련하는 경우

Ⅲ. ICE 토목공사전용 표준계약서

영국의 ICE의 토목공사 전용 표준계약서 6판에서는 시공자는 공기연장청구권이 있다고 판단할 경우 공기연장사유의 발생일로부터 28일 이내에 또는 사유의 발생일로부터 합리적으로 빠른 기간 내로 규정하고 있다.

이때 시공자가 제출해야 하는 문서는 감리자(Engineer)가 공기연장 클레임을 판단할 수 있는 상세한 사항을 제출하도록 규정하고 있다.

> **영국 ICE(토목공사전용 표준계약서) 6th ed. Clause 44 Extension of time for completion**
>
> (1) Should the Contractor consider that
>
> (a) any variation ordered under Clause 51(1) or
>
> (b) increased quantities referred to in Clause 51(4) or
>
> (c) any caused of delay referred to in these Conditions or
>
> (d) exceptional adverse weather conditions or
>
> (e) other special circumstances of any kind whatsoever which may occur
>
> be such as to entitle him to an extension of time for the substantial completion of the Works or any Section thereof, he shall within 28 days after the cause of any delay has arisen or as soon thereafter as is reasonable deliver to the Engineer full and detailed particulars in justification of the period of extension claimed in order that the claim may be investigated at the time.
>
> (1) 시공자가 다음의 각 사항들에 의해 작업의 일부분 또는 전체작업의 실질적 완성기간을 연장할 수 있는 청구권이 있다고 생각하면, 그러한 사유의 발생일로부터 28일이내에 또는 그러한 사유발생일로부터 합리적으로 빠른 시간이내에 바로 조사되더라도 공기연장클레임을 정당화할 수 있는 완전하고 상세한 사항을 감리자에게 전달해야 한다.
>
> (a) 제51조(1)에 따라 요구되는 변경 또는
>
> (b) 제51조(4)에 명시된 증가된 수량 또는
>
> (c) 계약 조항에 명시된 지연사유 또는
>
> (d) 예외적인 악기상 조건 또는
>
> (e) 발생할 수 있는 다양한 특수한 상황

또한 ICE 6판과 7판에서 주목할 점은 감리자 및 발주자에 의하여 변경(Variation)지시가 이루어진 경우에 대하여 제 47(6)에 자세히 설명하고 있는데, 이 경우 발주자가 지체상금을 청구할 수 있는 권한을 상실하게 된다. 이는 같은 영국에서도 사용되고 있는 계약조건이지만, JCT에서 작성한 건축공사 전용 표준계약서와 큰 차이를 보이고 있다.

영국 ICE(토목공사전용 표준계약서) 6th ed. 47(6) Intervention of variations etc.

If after liquidated damages have become payable in respect of any part of the Works the Engineer issues a variation order under Clause 51 or adverse physical conditions or artificial obstructions within the meaning of Clause 12 are encountered or any other situation outside the Contractor's control arises any of which in the Engineer's opinion results in further delay to that part of the Works

(a) the Engineer shall so inform the Contractor and the Employer in writing and

(b) the Employer's entitlement to liquidated damages in respect of that part of the Works shall be suspended until the Engineer notifies the Contractor and the Employer in writing that the further delay has come to an end.

Such suspension shall not invalidated any entitlement to liquidated damages which accrued before the period of delay started to run and any monies deducted or paid in accordance with sub-clause (5) of this Clause may be retained by the Employer without incurring liability for interest thereon under Clause 60(7).

Ⅳ. NEC 계약조건

영국에서 건축과 토목공사를 통합하기 범용적으로 사용할 수 있게 만들어진 NEC 표준계약조건에서는 제 61조에서 이와 관련하여, 시공자는 보상 사건(Compensation Event)이 발생하거나 일어날 것이 기대되는 경우 사업관리자(Project Manager)에게 2주 이내에 반드시 통지하도록 규정하고 있다.

영국 NEC(건축 토목 범용 표준계약조건)(1994) 63.4

If the Project Manager has notified the Contractor of his decision that the Contractor did not give any early warning of a compensation event which an experienced contractor could have given, the compensation event is assessed taking into account any savings of Actual Cost and time which would have occurred if the Contractor had given early warning.

사업관리자가 경험있는 시공자라면 통지할 수 있는 보상사건을 자신에게 조기에 경고하지 않았다고 시공자에게 통지하였다면, 시공자가 조기에 경고하였더라면 절감할 수 있었던 비용이나 기간을 고려하여 보상사건을 평가해야 한다.

또한 제 63.4조에서 사업관리자는 시공자의 조기 경고가 없어 비용이나 기간이 발생되었다면, 조기 경고가 있었을 경우 절감될 수 있는 비용이나 기간을 참작하여 평가해야 하는 것으로 규정하고 있다.

영국의 경우 계약서상 예상되는 손실을 미리 계상한 금액인 지체상금은 일반적으로 주단위로 지체상금률을 산정하고 계약서의 부록에 기입하고 있으나, 일부 계약서에서는 계약금액을 바탕으로 한 퍼센트(%)를 적용하여 산정한 지체상금률로 지체상금을 계산하도록 하는 경우도 있다.

MF/1 Clause 34.1 Delay in Completion

If the Contractor fails to complete the Works in accordance with the Contract, save as regards his obligations under Clause 35 (Performance Tests) and 36 (Defects liability), within the Time for Completion, or if no time be fixed, within a reasonable time, there shall be deducted form the Contract Price or paid to the Purchaser by the Contractor the percentage stated in the Appendix of the Contract Value of such parts of the Works as cannot in consequence of the said failure be put to the use intended for each week between the Time for Completion and the actual date of completion. The amount so deducted or paid shall not exceed the maximum percentage stated in the Appendix of the Contract Value of such parts of the Works and such deduction or payment shall subject to Sub-Clause 34.2 (Prolonged Delay), be in full satisfaction of the Contractor' s liability for the said failure.

홍콩의 경우 빈번하게 태풍의 영향을 많이 받으며, 이로 인해 공기가 지연되는 경우가 많다. 따라서 건축공사 전용 표준계약서[385]의 제23조에서는 'Inclement Weather' (악천후)를 정확한 숫치, 홍콩기상대에서 관측된 24시간이내(자정부터 다음날 자정까지) 20mm로 정의하고 있다. 또한 태풍의 강도를 홍콩기상대(Hong Kong Observatory)에 분류된 Signal No.8 이상으로 명확히 하고 있다.

홍콩 Agreement & Schedule of Conditions of Building Contract 23 Extension of Time

Upon it becoming reasonably apparent that the progress of the Works is delayed, the Main Contractor shall forthwith given written notice of the cause of the delay

385) Agreement & Schedule of Conditions of Building Contract for use in the Hong Kong Special Administrative Region, Private Edition with Quantities

to the Architect, and if in the opinion of the Architect the completion of the Works is likely to be or has been delayed beyond the Date for Completion stated in the appendix to these Conditions or beyond any extended time previously fixed under either this clause or clause 33 (1) (c) of these Conditions,

(a) by force majeure, or

(b) by reason of inclement weather or the subsequent effects of such inclement weather; for the purpose of this sub-clause 'inclement weather' is defined as rainfall in excess of twenty millimetres in a twenty-four hour period (midnight to midnight) as recorded at the Hong Kong Observatory or the hoisting of Typhoon Signal No.8 or higher, or......."

공기가 지연될 것이 확실하게 될 때, 시공자는 건축사에게 공기지연사유를 문서로 통지해야 하고, 건축사의 판단으로 공사의 준공이 그렇게 되거나 또는 계약조건의 부록에 명시된 준공일을 초과하여 연장되거나, 이 조건에 또는 이 조건의 33조(1)(c)에 규정된 조건에 따라 사전에 정해진 연장기간을 초과하여 연장되어야 한다.

(a) 불가항력에 의한 경우에 의해 또는

(b) 악천후 또는 악천후의 후속결과에 의해(악천후란 홍콩기상대에 기록된 24시간동안 20mm를 초과하는 강우 또는 태풍경보 8 또는 그 이상인 경우를 말한다.)

제2절 … 공기연장 요건

영국의 경우에도 공기연장 및 지체상금과 관련된 사항은 매우 중요한 요소로 다루어지고 있는데, 공기연장과 관련하여 발생한 주된 쟁점은 시공자가 계약을 위반하여 공기연장요청을 하지 않을 경우, 현장에서 작성된 회의록의 효력, 시공자의 선량한 관리자의 주의의무('선관의무' 라고도 한다), 지체상금의 성격 등 다양하며, 영연방국가의 판결례를 위주로 몇 개[386]를 살펴보면 다음과 같다.

Ⅰ. 시공자의 공기연장요청 통지

대부분의 건설공사 표준 도급 또는 하도급 계약조건들에 있어 시공자 또는 하도급자는

386) 조영준 외, 「해외건설클레임사례분석을 통한 클레임 대응방안 연구」, 한국건설교통기술평가원, 2006.6

작업의 진행이나 공사의 완공에 지연이 예상된다면 적절하게 통지해야 한다.

이는 발주자의 지체상금을 공제할 수 있는 발주자 고유의 권한과도 밀접한 관계가 있다. 사업 수행에 있어 연장된 공기만큼 계약서상에 명시된 지체상금률에 따라 지체상금을 발주자에게 물어야 할 의무 역시 요구되기 때문이다.

그러나 정당한 사유가 인정될 때는 이러한 지체상금 공제가 적용되지 않는다. 이 정당한 사유를 충분한 증빙 자료를 구비하여 적절한 시기에 발주자 또는 설계자/감리자에게 인정받는 것은 이러한 시공자의 권리 사항을 주장하기 위한 의무사항이라 하겠다.

시공자에 의한 적절한 시기의 통지는 과연 공기연장과 관련한 시공자의 권리를 주장하기 위한 선행조건인가 하는 질문 그리고 이를 예상하고 발주자의 지체상금 공제의 권리를 옹호해야 하는 것이 설계자의 의무인지에 대해 다수의 판결이 있었다.

그 중에서 Stanley Hugh Leach 송사는 Leach사가 시공자로 JCT 표준계약서를 사용하여 1972년 287채의 주택을 짓는 것으로 계약하여 공사를 수행하던 중 다수의 변경사항이 발생하여 공기지연이 발생한 사건으로 시공자는 발주자가 계약한 건축사의 비협조 및 과실에 기인하였다고 주장하고, 발주자는 시공자가 계약조건 제11조 또는/그리고 제24조의 묵시적인 의무를 위반하였다고 주장한 것이다.

이 송사에서 Vinelott 판사는 다음과 같은 입장을 보이고 있다[387].

> *Stanley Hugh Leach v. London Borough of Merton* (1985)
>
> "공사의 준공이 지연되는 것과 관련하여 이 사유를 기술하고 있는 1963년판 건축전용 표준계약서 (JCT63)의 제23조를 보면 공사의 지연의 사유가 명백해져 시공자가 그 사유를 설계자에게 통지하기까지는 설계자가 이와 관련한 의견을 형성하고 조치를 취할 의무가 있어 보이지 않는다. 따라서 시공자가 공기연장에 대한 권리를 주장하기 위하여 적절한 시기에 설계자에게 통지하는 것은 시공자의 권리주장을 위한 선행조건으로 보인다…….하지만 지연의 사유가 제23조에 명시된 사유에서 기인하였고 이로 인하여 공사의 진행에 차질이 생기게 되었으며 원래의 예정 준공일내에 완공이 되지 않을 것이 예상되는 경우라면 이는 다른 경우이다. 설계자는 이를 예상하였어야 했고 이에 상응하는 적절한 조치로 준공을 위하여 시공사에게 공기연장을 인정하여야 할 의무가 있다."

2001년 영국의 Bristol의 호텔신축공사에서 문제가 되었던 *City Inn v. Shepherd*

387) UK Case, *Stanley Hugh Leach v. London Borough of Merton, Chancery Division*, 32 Build LR 51, 20. Dec. 1985

Construction (2001)[388] 송사에서는 1980년판 건축공사 전용 표준계약서 (JCT80)가 사용되었는데, 발주자의 요구에 의하여 특수조건 몇 가지가 삽입되었다.

이 수정된 조항들 중 하나는 시공자의 공기연장청구에 관한 권리와 연관하여 시공자가 문서통지를 하도록 한 것이다. 발주자는 시공자의 문서통지가 이루어지지 않았으므로 당연히 공사지연에 따른 계약서상에 명기된 주당 30,000파운드의 지체상금 공제를 주장하였다.

이에 시공자는 비록 주당 30,000파운드의 발주자의 손실을 예상한 계약서상에 명시된 적용기준이라 하더라도 문서통지가 없다는 이유로 공기연장에 대한 시공자의 청구권을 없애버린 것은 그 자체가 벌칙조항(Penalty)이고, 실제 시공자의 문서통지가 없는 상태에서 발주자에게 발생한 손실은 계속 변함이 없으므로, 시공자가 문서통지를 못한 것은 발주자에게 아무런 금융 손해를 유발하지 않았다고 주장하였다.

그러나, 계약문서에 문서통지 요구사항을 명시하였다면, 시공자가 문서통지하지 않은 것은 계약위반(Breach of Contract)에 해당할 수 있고, 또한 이는 건축사가 통지내용을 검토할 수 없게 만들었으므로 시공자의 주장은 받아들여지지 않았다.

한편 공기연장과 관련한 클레임은 클레임 사건(Event)이 발생 후 10일 이내 제기되어야 한다고 계약조건에 명시하는 경우가 있었는데, 법원은 계약서에 명시된 통지의무를 준수하지 않았다면 클레임은 무효인 것으로 보고 있다[389].

1998년 호주에서 일어난 송사에서 발주자가 공사지연의 원인을 제공한 경우인데도 불구하고 계약서에 공기연장의 권리행사를 위하여 시공자의 문서통지를 필요충분조건으로 명시하고 있었으며 이에 대한 시공자의 통지가 부족함으로 하여 시공자의 권리를 행사할 수 없었던 경우[390]이다. 이 판결에서 주요하게 고려되었던 사항을 살펴보면 다음과 같다.

호주 *Turner Corporation Ltd (Receiver and Manager Appointed) v. Austotal Pty Ltd* (1998)

"...if the builder, having a right to claim an extension of time fails to do so, it cannot claim that the act of prevention which would have entitled it to an extension of time for practical completion resulted in its inability to complete by

---

388) UK Case, *City Inn v. Shepherd Construction, Outer House*, 17 July 2001

389) 호주 Case, *Maindenhead Electrical Services v. Johnson Controls*, QUEEN' S BENCH DIVISION (OFFICIAL REFEREES' BUSINESS), 26 JANUARY 1996)

390) 호주 Case, *Turner Corporation Ltd (Receiver and Manager Appointed)* v. Austotal Pty Ltd (1998)

that time. A party to a contract cannot rely on preventing conduct of the other party where it failed to exercise a contractual right which would have negated the effect of that preventing conduct..."

공기연장청구권을 가진 시공자가 공기연장청구를 하지 못한다면, 시공자에게 실질적 완성을 위한 공기연장에 대한 청구권을 부여하지 않아 미완성을 초래하게 하였다고 클레임을 제기할 수 없다. 계약당사자는 예방조치의 효과를 부정하게 되는 계약적 의무를 이행하지 않는 곳에서 다른 당사자의 예방조치를 신뢰할 수 없다.

이후 1999년 호주에서 *Turner Corporation*의 판결과 다른 의견이 제시되는데, 사전방지원칙(*Prevention Principle*)이 공기연장과 관련되었기 때문이다. 기본적인 의미로 사전방지원칙(*Prevention Principle*)라는 것은 계약당사자 일방의 잘못으로부터 타방 계약당사자가 혜택을 구할 수 없다는 것이다.

다시 말해서 계약서에 시공자가 공기연장을 청구하기 위해서는 반드시 문서통지해야 한다고 규정하고 있다면 이는 사전방지원칙과 모순되지 않을 수 없다는 주장이다. 발주자에 귀책사유로 하여 공사가 지연되었다면 분명 발주자의 계약위반이다.

만약 계약에 규정된 시공자의 문서통지가 이루어지지 않은 것을 이유로 공기연장의 시공자의 권리를 거부한다면, 이에 발주자는 시공자에게 지체상금을 지급받게 되는 것이므로 발주자 자신이 제공한 원인으로 하여 지연된 결과로 하여 혜택을 얻게 되므로 사전방지원칙의 논리에 모순이 발생하게 된다.

*Gaymark*의 판례에서는 계약서에 시공자의 문서통지 의무를 14일로 명문화하였고, 이러한 통지가 이루어지지 않았다면 시공자는 공기연장의 권리를 주장할 수 없다고 기술하고 있었다[391].

이에 법원은 비록 시공자가 문서통지의 의무를 이행하지 않았다고 하더라도 발주자가 공사를 지연시킬 수 있는 원인을 제공하였다면 발주자가 지체상금을 받는 것이 적절하지 않다고 보고 있다.

이 외에 2002년에 호주에 있었던 판례의 경우를 살펴보면, 이 건설공사에서 사용된 계약조건에서 시공자는 공기연장청구권을 획득하기 전에 문서로 통지하도록 규정하였다.

실제로 시공자가 통지하지 않았으나, 통지여부와 관계없이 계약에서 감리자(Superin

391) 호주 Case, *Gaymark Investments Pty Ltd v. Walter Construction Group Ltd* (1999)

tendent)에게 공기연장승인 권한을 부여하고 있기 때문에, 법원은 감리자가 제대로 판단하지 못한 후 시공자에게 공기연장을 하지 않은 것은 잘못된 것으로 보고 있다[392].

이상의 내용을 간략히 요약하면 다음과 같다.

첫째, 시공자가 공기연장청구권을 주장하기 전에 통지해야 한다는 조항이 계약조건에 분명히 드러나지 않는다면, 시공자가 공기지연 통지를 하지 못한다고 하여 시공자의 공기연장청구권을 없애지는 않는다.

둘째, 영국의 경우 계약조건에서 시공자의 공기연장 청구이전에 시공자가 통지하도록 한 경우 이를 위반하면 시공자의 계약위반사항으로 보아 처리해 오고 있다.

셋째, 호주의 경우 계약조건에서 시공자의 공기연장청구이전에 시공자가 통지하도록 하였다고 하더라도 발주자의 책임있는 사유로 공기가 지연될 경우 발주자가 우선 계약을 위반한 것이므로 사전방지원칙을 적용하여 시공자에게 지체상금을 청구하는 것은 적절하지 못한 것으로 보고 있다.

넷째, 호주의 경우 감리자에게 시공자의 통지여부와 관계없이 공기연장승인 권한이 부여되어 있다면 공기연장사유가 발생할 때 감리자 스스로 공기연장 여부를 판단하여 결정하도록 하고 있다.

II. 현장문서의 효력

현장 회의에서 논의되어 기록으로 남아 있는 회의록이 계약서에 요구되는 시공자의 통지의무를 대신하는 효력을 가지고 있느냐 하는 점이다. 실제 2000년에 발주자를 상대로 시공자들의 연합클레임 제기시 우리나라에서도 공기연장비용을 청구하는 과정에서 현장 회의록을 첨부하기도 하였다.

이와 관련하여 1988년 영국 스코틀랜드에서 당초 계약기간은 78주였으나 총 31주가 지연되었고 6주의 공기연장이 시공자에게 허가되었다. 추가적으로 공기연장이 신청되었으나 이 신청은 받아들여지지 않아 그 결정이 중재에 회부되었다.

중재판정부는 중재 판정 이전에 현장 회의록을 바탕으로 이를 시공자의 통지로 볼 수 있으므로 시공자에게 4주의 공기연장을 허가할 수 있다고 보았다.

그러나 스코틀랜드 법원은 현장회의록(Minutes of Site Meetings)은 이 공사에서 사

392) 호주 Case, *Abigroup Contractors v. Peninsula Balmain* (2002)

용된 JCT63 (1963년판 건축공사 전용 표준계약조건)의 제23조에서 요구되는 적절한 통지가 아닌 것으로 보고 있다[393].

실제 많은 계약조건과 관련된 송사에서 현장 회의록 등으로 인한 사항은 적절한 통지로 보고 있지 않으며, 현장 회의록 등이 계약문서에 적절히 반영될 경우에 비로소 계약적 효력을 지니게 된다[394].

III. 시공자 또는 하도급자의 지연예방조치

건설현장에서 공기를 지연시키는 요인은 매우 다양하게 발생하며, 이러한 요인이 발생할 경우 계약당사자 모두 지연을 예방할 수 있는 조치를 취해야 한다. 특히, 영국에서 표준계약서에 이를 반영하고 있는 바 다음과 같다.

> **JCT 98 제25.3.4조**
>
> ... the Contractor shall use constantly his best endeavours to prevent delay in the progress of the Works....
>
> 시공자는 계약이행중 지연을 예방하기 위해 항상 최선의 노력을 다해야 한다.

한편, GC/Works/1 1998(제36조제6항)에서는 시공자가 피할 수 없는 공기지연을 최소화하고 예방하기 위해 노력해야 하는 것으로 명시하고 있다.

그런데 실제 현장에서는 "최선의 노력(Best Endeavours)"이 무엇을 의미하는지에 대해 논란이 발생할 수 있으나 목적물을 완성하기 위해 지연을 예방하거나 감소시키는 모든 조치로 보고 있는데, 이 조항은 비용의 지출을 감안하는 것은 아닌 것으로 보고 있다.

실제 토지 매매계약에서 매수인이 관할관청에서 토지사용 허가를 받는데 최선을 다해야 한다는 조건을 붙였고, 그에 따라 매수인이 관할관청에 토지사용 허가를 신청하였으나 허가되지 않아, 매매계약을 취소하고자 하였다.

그러자 매도인은 매수인이 상급 관할관청에 상소하지 않았음을 이유로 최선의 노력을 다하지 않았다고 주장하였다. 법원에서는 상급 관할관청에 매매대금이 큰 토지사용 허가를

393) UK Case, *John L. Haley Ltd v. Dumfries & Galloway Regional Council*, Scottish court, (1988)
394) UK Case, *Roger Knowles, 150 Contractual Problems and their Solutions*, Blackwell Publishing, 2005, p.43

상소하는데 상당한 비용(a Significant Amount of Money)이 소요되기 때문에 매수인이 상급기관에 상소하지 않은 것은 최선의 노력을 다한 것이 아닌 것으로 보고 있다[395].

또한 1994년에는 최선의 노력이라는 용어는 객관적(Objectively)으로 해석될 수 있는 것으로 보고 있는데, 이를 확인하는 것은 사려깊고(Prudence) 합리적(Reasonableness)인지가 잣대가 될 수 있는 것으로 본다[396].

합리적인 노력과 최선의 노력 사이에는 상당한 차이가 있는데, 합리적인 노력은 상업적인 면과 금융적인 면을 포함하는 모든 관련있는 상황을 고려하는 것을 의미하지만 높은 정도의 수준을 의미하지는 않는다.

그러나 최선의 노력이란 상업적으로 실행할 수 있고 해당 상황에서 합리적으로 할 수 있는 행동을 하는 것을 의미하고 있다[397].

Ⅳ. 지체상금의 적용시점

대부분의 건설현장은 공사이행 도중 다양한 설계변경 지시가 발생할 수 있고, 그러한 지시들 중 일부는 발주자에게 책임있는 경우도 있으며 일부는 시공자에게 책임있는 경우도 있고 때로는 모두에게 책임이 없는 경우 등 매우 다양하다.

여기서는 실제 발생한 사례를 위주로 지체상금의 적용시점을 어떻게 판단하고 있는지 살펴보고자 한다.

공사이행 도중 설계자 또는 감리자가 변경(Variation)을 지시하면서, 이 변경(Variation) 지시 시점에 공기연장을 허락하였다. 공기연장을 허락하면서, 시공자의 귀책사유로 작업을 이행하지 못한 기간에 대해서는 언급을 하지 않았다.

이러한 경우에는 당초 공사 준공일 이후부터 실질적 준공일 이전 기간중 전체 기간에 대해 시공자는 공기연장(Extension of Time)을 받을 권리가 있는지 여부, 이미 시공자의 귀책사유로 지체상금 대상이 되는 기간이 있다면 언제부터 적용해야 하는지가 쟁점이 될 수 있다.

이에 대해 영국의 *Balfour Betty Building Ltd v. Chestermount Properties Ltd* (1993) 송사에서, 본 계약에서는 JCT80을 사용하였으며 쟁점이 된 제24.1조의 내용은 다음과 같다.

395) UK Case, *IBM U.K. Ltd v. Rockware Glass Ltd* (1980), F.S.R

396) UK Case, *Victor Stanley Hawkins v. Pender Bros Pty Queensland* (1994) 재인용 Roger Knowles(2005), p.44

397) UK Case, *Torell v. Maby Todd & Co* (1952)

JCT80 제24.1조

If the Contractor fails to complete the Works by the Completion Date then the Architect shall issue a certificate to that effect. In the event of a new Completion Date being fixed after the issue of such a certificate such fixing shall cancel that certificate and the Architect shall issue such further certificate under clause 24.1 as may be necessary.

시공자가 완성일까지 작업을 완성하지 못하면, 건축사는 그 효과에 대한 확인서를 발급해야 한다. 확인서의 발급이후 새로운 완성일이 정해지는 경우에 그러한 확정은 당초 확인서를 취소하여야 하고, 필요하다면 건축사는 제24.1조에 따라 다른 확인서를 발급해야 한다.

표 13 … 영국 지체상금의 적용시점 판단시점(*Balfour Betty Building Ltd v. Chestermount Properties Ltd*(1993))

계약현황	내 용
적용계약조건	영국 건축공사 전용 표준계약서 1980판 (JCT80)
사업내용	몇 몇의 사무실동 신축건설공사
착공일	1987년 9월 초
1차변경 완공예정일	1989년 4월 17일
미준공확인서 발급	1989년 5월 9일
승인된 변경완공예정일	1989년 5월 9일
실질적 지체기간	1989.11.24 - 1990.2.12
설계자의 1차 인테리어 추가변경지시	1990년 2월 12일
설계자의 2차 인테리어 추가변경지시	1990년 7월 12일
시공자의 외부공사 실질적인 준공일	1990년 10월12일
시공자의 인테리어공사 실질적인 준공일	1991년 2월 25일

그림 13 … 1993년 영국의 판례 *Balfour Betty Ltd v. Chestermount Properties Ltd*(1993) 에서 문제가 되었던 주요공정일지

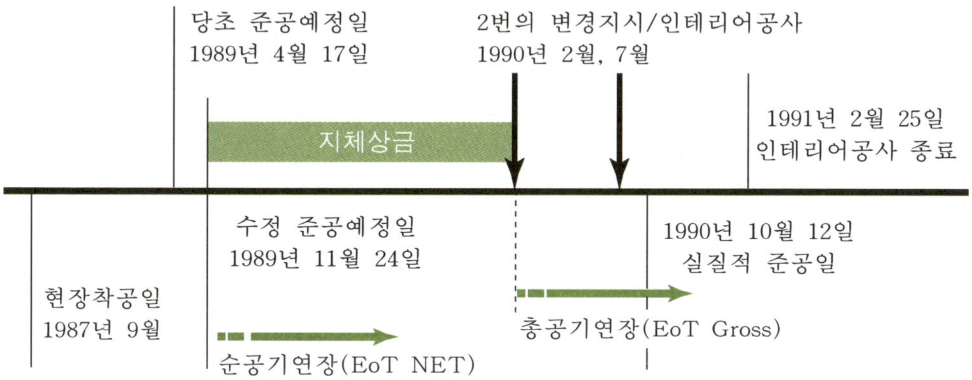

■ 시공자의 주장

첫째, 건축사(Architect)는 '가장 최근에 합의된 준공예정일(the Most Recently Fixed Completion Date)' 이후 변경을 지시할 수 있는 권한이 없음에도 불구하고, 변경지시를 하였다. 이 변경지시로 인해 시공자는 합리적인 기간(공기)동안 일을 마무리해야 하는 책임이 있으므로, 당초 준공일/공기연장/지체상금이 명시된 계약의 의무로부터 자유롭거나 그 사실(준공일/공기연장/지체상금)조항으로부터 덜 구속되어야 한다.

둘째, 이러한 경우라면, 공기연장을 인정할 때, EoT(Extension of Time) Gross의 개념(즉, 추가작업지시가 이루어진 날로부터 추가작업에 필요한 작업일을 더하여 산정되어야 한다)으로 적정 공기가 인정되어야 한다.

셋째, 실내 인테리어 공사의 변경지시가 이루어진 시점부터 인테리어공사 실질적 준공일 이내에 외부공사가 실질적 준공되었으므로 지체상금을 부담할 필요가 없다는 의미이다.

■ 발주자 주장

첫째, 인테리어 변경지시 이후 인테리어공사 실질적 준공일 이전에 외벽공사의 실질적 준공이 이루어졌고, 18주(1990.10.12-1991.2.25)라는 기간을 주었기 때문에 지체상금을 적용하지 않겠지만, 수정된 외부공사 준공일부터 인테리어 변경지시일까지는 지체상금을 부과하겠다.

■ 법원판단내용

심리에서 Colman판사는 발주자의 논리를 지지하였는데, 이 이유는 다음과 같이 요약된다.

대법원 1977.2.22 [74 다 402]

"...when the architect reviews extensions of time under clause 25.3.3.2 following practical completion he is entitled to reduce the extended contract period to take account of omissions. These may have been issue during a period of culpable delay. It would, therefore, be illogical for the architect to have to deal with additions differently to the way he deals with omissions..."

"...건축사가 계약조건 제25.3.3.2조항에 의거, 실질적 준공이후 공기연장여부를 검토할 경우, 건축사는 공제하게 되는 공사기간 (빼고 생각하여야 할 기간)을 고려하여 연장하게 될 계약기간을 줄일 수 있는 권한을 가진다. 이러한 점은 시공자의 책임없는 사유로 인한 공기지연과 중복될 때 문제를 불러일으킬 수 있다. 따라서 건축사가 공기연장시 공제해야 하는 기간과 공제하지 않아야 하는 기간을 다르게 처리하는 것은 비논리적이다..."

".....the objective of clause 25.3.1 is for the architect to assess whether any of the relevant events have caused a delay and if so by how much. He must then apply the result of this assessment to give a revised completion date. It would need clear words in the contract to allow the architect to depart from a requirement to postpone the completion date by the period of delay caused by the relevant event..."

"....계약조건상에 제25.3.1조항을 두고 있는 목적은, 건축사가 관련있는 사건들(relevant events)의 공기지연 유발여부와 공기지연 영향정도를 평가하기 위함이다. 건축사는 이 경우 그 평가의 결과를 새롭게 수정되어질 준공예정일을 산정하는 데 적용하여야 한다. 건축사가 준공기일을 연장할 때는 공기지연 유발사건들(relevant events)에 의하여 초래된 공기지연 기간과 공기지연에 대한 책임여부를 분명히 계약서상에 명시할 필요가 있다...."

"In the case of a variation which increases the works, the fair and reasonable adjustment required to be made to the period for completion may involve movement of this completion date to point in time which may fall before the issue of the variation instruction"

"물량추가 설계변경에 있어서, 공정하고 합리적인 준공기간 조정이라 함은 설계변경지시의 발급이전에 설계변경으로 인한 기간증가를 포함하여 준공기간을 변경하는 것이다."

그러나 ICE6판이나 7판이 사용되었다면, 영국의 토목공사 전용 표준계약서 제 47(6)조항에 따라 위에서 살펴본 판결의 논리가 적용되지 않을 수도 있다.

ICE6판과 7판에 의하면, 제 12조에 나열된 경우들 또는 시공자의 통제범위를 벗어난 지연이 발생한 사유인 경우, 예를 들어 발주자의 설계변경(Variation)지시로 일어난 공사 지연된 기간 동안에는 지체상금 적용이 되지 않기 때문이다.

V. 지명하도급자의 지연

건설공사를 이행하는 과정에서 발주자가 하도급자를 지명하는 경우가 발생할 수 있다. 정상적으로 지명 하도급자가 공사를 수행하게 되면 문제가 없지만, 지명 하도급자가 지정된 작업을 마무리하였으나 결과적으로 수행한 작업에 하자가 발생하여 이를 보수하는 과정에서 시공자의 공정차질을 발생시켜 공기지연을 발생시키는 경우도 있다.

이와 관련하여 1998년판 영국의 건축공사 전용 표준계약서(JCT98) 제 25.4.7조항에서는 시공자의 공기연장에 대한 청구권을 인정하고 있는데, 그 내용은 다음과 같다.

> **JCT98 제25.4.7조**
>
> delay on the part of Nominated Sub-contractors or Nominated Suppliers which the Contractor has taken all practical steps to avoid or reduce;
>
> 지명하도급자나 지명납품업자들과 연관되어진 공기지연에 대해 시공자가 이를 피하거나 줄이기 위해 모든 실질적인 조치를 취한 경우;"

J Jarvis & Sons사는 Westminster 시청(City of Westminster)이 발주하는 복층 주차장 건설공사에 시공자로 선정되었고, 1998년 표준계약서의 제25.4.7조와 유사한, 1963년판 건축공사 전용 표준계약서가 사용되었다.

공사 준공일은 1968년 1월 15일이었다. 이 계약에서 Peter Lind & Co Ltd가 말뚝공사를 위한 지명 하도급자였다. 말뚝공사의 준공일은 1966년 6월 21일이고 Peter Lind사는 이 시점까지 그들의 작업을 완성했다고 주장했다.

한달 후 1966년 7월 21일, 말뚝중 하나가 불량임이 판정되었다. 이후 여러 개의 말뚝에서 하자가 발생되었다. 지명 하도급자인 Peter Lind는 불량으로 판정된 말뚝들을 교체하였고 이 보수작업은 1966년 9월 29일에 끝났다.

이 보수작업의 결과로 시공자의 공사는 지연되었다. 이에 제 23(g) 조항을 어떻게 해석하느냐의 문제가 법원에서 심리되었으며[398], 법원에서는 지명 하도급자로 인한 공기지연은 시공자의 공기연장사유가 아닌 것으로 보았다.

> ***Westminster City Council v. J Jarvis & Sons Ltd*** **(1970)**
>
> "delay on the part of a nominated subcontractor only occurred if, by the date for completion in the subcontract, the subcontractor had failed to achieve such completion of his work then he could not hand it over to the contractor. If the subcontract works are apparently completed and taken over by the main contractor, delays caused by the subcontractor returning to site to correct latent defects will not rank for an extension of time...
>
> ...지명하도급자의 공정에서만 지연이 일어났고 그 지명하도급자가 공사완성일에 작업을 끝내지 못했다면 그 지명하도급자는 목적물을 시공자에게 인도할 수 없다. 만약 그 지명하도급자에 의한 작업이 분명히 완성되고 시공자에 의해 인수되었다면 그 지명하도급자가 잠재적 하자를 보수하기 위해 현장으로 되돌아와 작업을 수행함으로 인해 발생된 공사지연은 공기연장의 사유로 볼 수 없다...."

398) UK Case, *Westminster City Council v. J Jarvis & Sons Ltd* (1970)

VI. 비정상적인 심한 날씨

건설공사를 이행하는 도중 비정상적인 심한 날씨가 공기지연사유가 될 경우 공기 연장사유가 된다.

다만 어느 정도가 비정상적이고, 심한 것인지에 대해서는 논란이 발생할 수 있으며, 해당지역의 특성을 고려하여야 할 것이다.

1998년 우리나라에서 발생된 건설클레임에서도 시공자는 해당지역의 지하철공사 복공판위로 물이 넘칠 정도의 비가 왔다고 주장하면서 불가항력으로 인정받기 위해 기상청의 호우경보 자료, 해당지역의 수문자료, 해당지역의 특성 등 제반사항을 증거자료로 제출한 바 있다.

실제 영국의 경우 1984년 *Walter Lawrence and Son Ltd v. Commercial Unition Properties (UK) Ltd (1984)*의 송사에서는 공사가 이례적인 날씨나 기후조건에 때문에 지연을 초래하였다.

여기에서 건축사는 원래 공정계획대로 작업이 이루어졌다면 이례적인 날씨가 당초 공사 진행과 공사완료에 큰 영향을 미치지 않을 것이라고 주장하면서 시공자의 청구를 거절하였다.

그러나 계약서에 명확히 이례적인 날씨를 공기연장의 사유로 인정하고 있지만 건축사가 공정에 대한 공기연장의 사유와 연관지어 거절하는 방법이 명쾌하지 않았기 때문에, 법원은 건축사의 불충분한 해석은 시공자의 공기연장청구권을 제한할만한 이유가 되지 않는 것으로 보았다[399].

VII. 지체상금의 성격 및 내용

1. 지체상금의 성격

지체상금의 성격에 대해서는 여러 가지 논란이 있는데, 우선, 1993년 홍콩의 판례 *Philips Hong Kong Ltd. v. The Attorney General of Hong Kong (1993)*의 심리에서 Lord Woolf는 건설공사 계약이나 기술용역계약에서 지체상금조항이 발주자나 시공자에게 어떻게 이득인지를 설명하고 있다[400].

399) UK Case, *Walter Lawrence and Son Ltd v. Commercial Unition Properties (UK) Ltd* (1984)
400) UK Case, *Philips Hong Kong Ltd. v. The Attorney General of Hong Kong* (1993)

Philips Hong Kong Ltd. v. The Attorney General of Hong Kong (1993)

"....Since it is to [the parties'] advantage that they should be able to know with a reasonable degree of certainty the extent of their liability and the risk which they run as a result of entering into the contract. This is particularly true in the case of building and engineering contracts. In the case of those contracts provision for liquidated damages should enable the employer to know the extent to which he is protected in the event of the contractor failing to perform his obligations...."

"계약당사자들이 계약체결의 결과 발생하는 위험과 책임 범위를 합리적인 정도의 명확성으로 알아하 하는 것은 서로에게 이익이기 때문이다.. 건설계약이나 기술용역계약에서 특히 그러하다. 지체상금조항은 시공자가 그의 의무를 다 수행하지 않는 경우 발주자가 보호될 수 있는 범위를 발주자가 알 수 있게 하여야 한다..."

그러므로 지체상금은 지연이 초래될 경우 발주자가 떠안아야 할 손실에 대한 합리적이고 납득할만한 미리 산정한 금액(a Reasonable Pre-estimate of the Loss the Employer Anticipates he will suffer)이어야 한다. 시공자 입장에서는 그들의 감수해야 할 위험정도에 대해 미리 알게 됨으로서 이득일 것이고, 발주자로서는 지연에 따른 손실비용의 만회와 지연이 발생할 경우 손실에 따른 자세한 내역을 일일이 따져야 할 필요가 없으므로 이득이다.

1987년 영국의 *BFI Group of Companies Ltd. v. DCB Integration Systems Ltd (1987)*를 살펴보면, 지체상금과 관련하여 분쟁이 발생하여 중재에 회부되었다. 이 중재판정에서 중재판정부는 비록 공사에 지연이 발생하였다 하더라도 발주자가 실제적으로 겪은 경제적 손실이 없다는 이유로 지체상금을 공제하는 것을 취하(取下)하라는 중재판정을 내렸다. 발주자는 이 중재판정에 대하여 법원에 이의제기하였고, 소송에서 John Davies 부장판사는 시공자가 계약상 정당화할 근거없이 공사를 지연시켰다면 지체상금조항은 자동적으로 적용되어야 할 것으로 판단하였고 발주자가 겪은 손실을 증명할 필요가 없다고 판결함으로서 중재판정부의 법리 적용이 잘못되었다고 하였다[401].

그 후 1995년의 *Bovis Construction v. Whatling (1995)* 송사에서는 지체상금조항에는 책임의 한계와 제한의 범위를 명확하게 해야 하고, 모호하지 않게 기술해야 함을 주문하고 있다[402].

401) UK Case, BFI *Group of Companies Ltd. v. DCB Integration Systems Ltd* (1987)
402) UK Case, *Bovis Construction v. Whatling* (1995)

2. 지체상금의 내용

계약서에 예상되는 손실을 미리 계상한 금액(배상금)이 아닌 퍼센트(%)로 적용된 지체상금을 강제할 수 있는지에 관련한 판례도 있다.

1915년의 *Dunlop Pneumatic Type Co. Ltd v. New Garage & Motor Co Ltd (1915)* 에서는 지체상금의 정의와 관련하여 설명하고 있는 대목에서 미리 손실을 예상하여 산정할 수 없는 경우 공식(Formula)을 적용할 수 있다[403]는 여지를 남기도 있다.

여기서 Dunlop 송사를 맡은 Dunedin판사는 다음과 같은 중요한 의견을 피력하고 있다.

> **Dunlop Pneumatic Type Co. Ltd v. New Garage & Motor Co Ltd (1915)**
>
> "...It is no obstacle to the sum stipulated being a genuine pre-estimate of damages that the consequences of the breach are such as to make precise pre-estimation almost an impossibility. On the contrary, that is just the situation when it is probable that pre-estimated damages was the true bargain between the parties....
>
> ....계약위반의 결과로 초래하게 될 손실을 미리 배상금으로 계산한다는 것은 불가능하다. 그러나, 계약체결하였다는 것은 미리 계산된 배상금으로 당사자가 서로 부담하겠다는 취지로 진정한 거래를 하였다는 것이다.... "

또한 1966년 *Robophone Facilities v. Blank (1996)*송사에서 Diplock 판사는 아래에서 인용된 것처럼, 실제로 발생한 손실을 파악하거나 산정하는 데 있어 어려움을 미리 산정해 놓은 지체상금이 쉽게 적용됨으로서 당사자 모두 이익이라고 말하고 있다[404].

> **Robophone Facilities v. Blank (1996)**
>
> "...And the more difficult it is likely [to be] to prove and assess the loss which a party will suffer in the event of a breach, the greater the advantages to both parties of fixing by the terms of the contract itself an easily ascertainable sum to be paid in that event..."
>
> 계약위반의 경우 계약당사자 일방이 부담해야 하는 손실을 입증하고 평가하는 것은 훨씬 어려운 반면, 계약위반이 발생하였을 때 쉽게 알 수 있는 금액을 계약서에 명시하는 것은 계약당사자 모두에게 훨씬 큰 이득이다.

403) UK Case, *Dunlop Pneumatic Type Co. Ltd v. New Garage & Motor Co Ltd* (1915)
404) UK Case, *Robophone Facilities v. Blank* (1996)

1993년의 *J.F. Finnegan v. Community Housing (1993)*송사에서는 법원은 아래의 공식에 의한 지체상금률 산정과 적용은 공사의 지연으로 겪게 될 발주자의 손실에 대한 배상을 미리 산정하고자 한 시도로 인정된다고 판정하였다[405]. 이 송사에서 Carr판사는 사용된 공식이 계약당사자들이 계약 당시 고려했을 손실 또는 배상에 대해 정당성이 인정된다고 판시하고 있다.

$$\text{지체상금액} = \frac{\text{예상된 전체계획비용} \times \text{주택회사 임대료} \times 85\%}{52\text{주}}$$

Ⅷ. 발주자(건축사/감리자 등 포함)의 조치시점

현대의 표준계약서들은 공기연장과 관련하여 건축사 또는 감리자가 시공자에게 공기지연이나 공기연장과 관련하여 일정 기간내에 승인 또는 확인하도록 규정하고 있다.

여기서 건축사에게 공기연장승인 또는 확정 권한이 있는데도 불구하고 그 일정기간을 놓쳤다면 발주자가 시공자에게 지체상금을 부담시킬 수 있는 권리가 자동적으로 없어지는지에 대해 살펴볼 필요가 있다.

1987년 *Temloc v. Errill*의 송사는 건축사가 표준계약서에 정해진 기간내에 공기연장과 관련하여 결정하지 않는 것에 대해 다루고 있다.

본 송사 항소심에서 Croom-Johnson판사는 계약서에 명기된 실질적 준공이후 12주내에 공기연장에 대한 건축사의 의무조항은 일정을 나타내는 것일 뿐 지체상금의 지급이나 계산에 있어 이들을 무효화할 만한 어떤 것은 될 수 없고, 건축사가 간과한 의무사항(미발행한 증명서 등)이 지체상금과 관련한 발주자의 모든 권한에 영향을 주는 것은 아닌 것으로 보고 있다[406].

Temloc v. Errill(1987)

"....In my view, even if the provision of clause 25.3.3 [requirement for architect to review extension of time within 12 weeks of practical completion] is applicable, it is directory only as to time and is not something which would invalidate the

405) UK Case, *J.F. Finnegan v. Community Housing* (1993)
406) UK Case, Temloc v. Errill Properties Ltd (1987)

calculation and payment of liquidated damages. The whole right of recovery of liquidated damages under clause 24 does not depend on whether the architect, over whom the contractor has no control, has given his certificate by the stipulated day...."

나의 견해로, 제25.3.3조항[실질적 완성일 12주 이내에 건축사가 공기연장을 검토하도록 요구]이 적용되더라도 이는 단지 시간에 관련된 것이고 지체상금의 산정이나 지급을 무효화하는 것은 아니다. 제24조에 따라 발주자가 지체상금을 청구할 수 있는 전체적 권리는, 시공자가 통제할 수 없는, 건축사가 명시된 날에 확인서를 발급했는지 여부에 달려있지 않다.

1994년 싱가포르의 *Aoki Corp v. Lippoland (Singapore) Pte Ltd (1994)* 송사를 살펴보면, 여기서 사용된 싱가포르의 표준계약서 (SIA Conditions of Contract) 제 23.2 조항에 의하면, 시공자가 공기연장을 신청하고 건축사는 이에 한달 내에 그의 의견을 문서로 통지하도록 되어 있었고, 준공 예정일에 준공이 이루어지지 않을 경우 역시 건축사는 문서로 그 지연을 확인하는 증명서를 발급하도록 되어 있었다.

이 송사에서는, 시공자가 공기연장의 신청에 대하여 건축사가 그 공기연장신청이 받아들여졌는지를 문서로 알리지 않았고, 여러 공기연장신청 중 한 경우에 대해서만 15일의 공기연장이 인정된다고 통지하였다.

이에 발주자는 상응하는 지체상금을 부과하고자 하였다. 법원은 아래의 두 가지 결정을 내렸다[407].

Aoki Corp v. Lippoland (Singapore) Pte Ltd (1994)

"1. A decision by the architect on the principle of the contractor's right to an extension was not a condition precedent to a valid determination of the contractor's entitlement. The contractor could, however, claim damages as a result of the architect's failure to make a decision which might include the cost of increasing the labour force....

... 시공자에게 공기연장청구권이 있는지에 대한 건축사의 결정은 시공자의 청구권의 유효결정에 앞서는 조건은 아니다. 그러나 건축사가 의사결정하지 않아 시공자에게 노무비가 증가되어 손해가 발생되었다면 시공자는 클레임을 제기할 수는 있다...."

"2. There is no rule that delay in the issue of the delay certificate after the date

407) 싱가포르 Case, Aoki Corp v. Lippoland (Singapore) Pte Ltd (1994)

for completion or the latest extended date for completion, renders the delay certificate invalid....

... '당초 준공일' 또는 '최종 연장된 준공일' (몇 차례의 공기연장을 승인함으로 인해) 이후에 발행된 '공사지연확인서' 의 지연발행이 '공사지연확인서' 의 효력을 무효화한다는 규칙은 없다..."

제3절 ... 공정차질클레임 연구동향

BoQ(Bills of Quantity 또는 Bills of Quantities)는 수세기동안 사용되어 왔으며, 19세기에 운하(運河), 철도(鐵道)와 같은 교통수단의 증가에 힘입어 획기적으로 진화하게 되었다.

그러나, BoQ는 태생적으로 물량을 표기하는 수단으로 사용되었으므로 건설 사업비와 기간을 통제하거나 예측하는 데는 그다지 유용한 수단이 되고 있지 못하였다.

특히 변경사항이나 공기지연이 발생하였을 때는 생산성에 영향을 미치지만 제대로 반영되지 못하는 단점이 있다.

이 때문에 많은 학자들이 BoQ를 개선하기 위한 노력을 하였다.

중요 항목 견적(Significant Items Estimating)방법을 제시한 학자는 Short (1970)[408], Barnes(1971)[409], Moyles(1973)[410], Harmer(1983)[411], Saket(1986)[412], Allman (1988)[413], Betts and Gunner(1993)[414], McGowan(1994)[415] 등이 있었고, 작업단위(Work Packaging 또

408) Short GS, Second Conference on Contracting in Civil Engineering since Banwell. EDC for Civil Engineers and Municipal Engineers, National Economic Development Office, UK, 1970.

409) Barns NML, Civil Engineering Bills of Quantities, CIRIA Research Report No. 98. Department of Civil and structural Engineering, UMIST, UK, 1971.

410) Moyles BF. M.Sc. Thesis, An Analysis of the Contractor's Estimating Process, Loughborough University of Technology, UK, 1973.

411) Harmer S. Chartered Quantity Surveyor, Identifying Significant BoQ Items, pp. 95-96, UK, Octover 1983.

412) Saket MM. Ph.D. Thesis, Cost Significance Applied to Estimating and Control of Construction Project, The University of Dundee, UK, 1986.

413) Allman I. Chartered Quantity Surveyor, Significant Items Estimating, pp. 24-25, UK, September 1988.

414) Betts M and Gunner J. Financial Management of Construction Projects: Cases and Theory in the Pacific Rim, Longman Inc., White Plains, New York, USA, 1993.

415) McGowan PH. Ph.D. Thesis, Integrated Cost and Time Models for Measuring, Value and Controlling Construction Projects, The University of Dundee, UK, 1994.

는 Operational Grouping) 방법을 제시한 학자는 Skoyles (1968)[416], Barnes(1971) 등이 있다.

BoQ를 단순화시켜 문제를 해결하기 위해서는 우선 BoQ의 항목 수를 결정해야 한다. 이를 결정하기 위해서는 검측방법에서 요구되는 수준, BoQ의 구조나 형태(예를 들어, 전기인지 중복항목이 포함된 공종인지 등), 설계의 복잡성(Complexity)과 반복성(Repeatability), 사업 규모 등이 고려될 수 있다.

중요 항목 견적을 통해 접근하게 되면 산출에 시간과 노력이 투입되고 정확도에서 큰 차이를 유발시키는 낮은 가치 항목(Low Value Items)들은 견적대상에서 제외되고, 중요 항목만 대상에 포함시키게 되므로 어느 한도내에서 충분한 정확성을 보장할 수 있는 빠르고 값싼 견적방법이 된다.

그러나 이 방법을 활용하게 되면 다음과 같은 부정적인 면이 있다.

1. BoQ를 계속 만들어야 한다
2. 수량산출기준(SMM : Standard Measurement Method)에 의존해야 한다.
3. 재료별로 BoQ 단가를 만들어야 한다.
4. BoQ 항목은 현장의 작업 내용을 충분히 반영하지 못한다.
5. 비용과 시간이 직접 연결되어 있지 않아 건설현장을 직접 관리할 수 없다.
6. 낮은 가치 항목이라도 여전히 이행해야 하고, 계약문서에서 명확히 정리할 필요가 있다.

따라서 철근콘크리트작업, 골조작업 등과 같이 작업단위 접근방법을 사용하기도 하는데, 이 접근법을 사용하게 되면 다음과 같은 긍정적인 면이 있다[417].

1. 작업단위는 현장과 직접 연관되어 있으므로 보다 현실적이고 정확한 견적을 할 수 있다.
2. 작업단위를 정하는 시간과 비용 모델과 동일하게 되므로 계획과 관리가 가능하게 된다.
3. 현장 작업과 관련된 작업단위는 피드백을 통해 효과적으로 현장 통제할 수 있게 되고, 따라서 정확하고 현실적인 견적을 할 수 있게 된다.
4. 작업단위와 작업분할체계(Work Breakdown Structure)는 비용과 시간의 통합을 위해 필수적인 요소이고, 이를 통해 많은 설계변경, 공기지연, 공정차질 클레임을 객관적이고 체계적으로 평가할 수 있도록 한다.

416) Skoyles ER. Introducing Bills of Quantities(Operational Format), Current Paper 62, Building Research Station, UK, 1968,
417) Hamish Lal(2003), 앞의 책, p.45

5. 실무 경험은 작업단위속에 포함된 작업항목은 큰 계약 조직에서 실제 행해지고 있는 사항이므로 변화될 가능성이 적다.

이후에도 공기지연과 공정차질과 관련된 문제는 좀처럼 해결책이 제시되지 못하였다. 그러던 중 1999년 *Ascon*송사[418]에서 당사자들이 관련 사건에 대해 변론하였지만 활용할만한 가치있는 기록이 부족하여 학회가 실무위원회를 구성하여 "Code or Recommen dation of Delay Methodology"를 만들도록 하는 촉매가 되었다.

2000년 6월 영국 건설법학회(The Society of Construction Law)는 건설산업에서 공기지연과 공정차질에 대한 클레임을 취급하는 방법을 합리화하도록 결정하였다. 2002년 10월 16일 학회는 "Delay and Disruption Protocol"을 공표(公表)하였다.

이러한 노력에도 불구하고 현실적인 대안이 마련되지 않아 Lal(2003)은 일주일이나 한 달 동안의 지연등을 의미하는 "Macro Delay"와 하루중 지연되는 시간단위 즉 1시간이나 10분 동안 지연되는 "Micro Delay"의 개념을 각 내역항목마다 생산성과 관련하여 접근하는 방안을 제시하기도 하였다[419].

이러한 연구결과를 제시하면서도 그는 공기지연과 공정차질과 관련한 물량산출 클레임을 해결하는데 도움을 주고자 하는 것이며 법적인 판단기준으로 활용할 수 있는 것은 아니라고 밝히고 있다[420].

표 14 … 수행 비용 전개를 위한 모델화

수행비용	표 기	모델화	설 명
Quantity-proportional charge	QPC	mQ	m : 단위당 수량 비용
			Q : 작업단위의 수량
Fixed charge	FC		가설비 등 고정비
Value-propotional charge	VPC	kV	k : 퍼센트
			V : 관련 비용의 가치
Operational charge	OCor (output related)	rQ/u	r : 단위시간동안 작업수행비용
			Q : 수행되는 작업수량
			u : 단위시간동안 작업을 이행하는 팀의 산출
	OCdr (Duration related)	rD	r : 자원에 대한 비용율
			D : 현장에 요구되는 자원의 기간

418) UK Case, *Ascon and Henry Boot Construction(UK) Limited v. Malmaison Hotel (Manchester) Limited*, 2 All Er 118

419) Hamish Lal(2003), 앞의 책

420) Hamish Lal(2003), 앞의 책, p.3

Lal은 우선 WBS에 따라 작업단위(Work packaging)를 형성하고 나서 수행 비용의 전개(Development of the operation charges)한 후, 이를 모델화시켜 프로그램화하였다.

표 15 … Operational Charge Pricing Schedule 예시

Work Package Description	Activities/ Hammocks	Quantity
Construction of French drains, 100–375mm dia;		824m

Charge		Value	
FC			
QPC			
VPC			
OC – Output-related	Drainage squad prod = 6.90m/hour	2901	0
	F.D Top-up squad = 48 m/hour	391	0
OC – Duration-related	Misc. Drainage labourer	690	0

VPC calculation	Resource allocated Drainage squad 1 @ $24.30/hour F.D. Top-up squad @ $23.00/hour Misc. Drainage labourer @ 5.75/hour

Materials schedule

Material Description	Qty	Unit	Rate	Qty×Rate
150mm diameter land drainage single wall pipe	626.85	m	1.6	1002.96
225mm diameter land drainage single wall pipe	140.7	m	3.5	492.45
300mm diameter land drainage single wall pipe	97.66	m	6	585.96
Pipe bedding	81.909	t	4	327.64
Type B material	1114.59	t	4	4458.36
Terram 700 (100g/m²)	3691.8	m²	12.19	812.20
Type filter material	10	m²	0.22	121.90
Work package total				11784.39

주) Hamish Lal, p.60

제 11 장

계약위반과 불법행위

채권발생원인(債權發生原因) 중 하나인 계약을 위반하는 행위를 계약위반이라 하므로, 계약위반(Breach of Contract)은 채무불이행(債務不履行)의 한 부분으로 볼 수 있다.

앞에서 다룬 계약의 해제(解除)는 채무불이행의 효과 중 하나이지만 계약위반의 개념으로 넘어오게 된다면 중대한 계약위반(Material Breach of Contract)이 발생할 때 계약을 해제할 수 있음을 유의할 필요성이 있다.

계약위반 혹은 채무불이행이 발생할 경우 채권자에게 손해를 발생시키게 되며, 채무자는 손해에 대한 배상책임이 발생하게 되고, 채권자에게는 완전이행청구권(完全履行請求權), 계약해제권(契約解除權), 손해배상청구권이 발생하게 된다. 건설공사에서 배상책임의 구체적인 예로는 계약기간 연장, 추가비용 부담, 지체상금 등이 있다.

영미법계에서 계약위반은 명시적 의무(Expressed Obligation)뿐만 아니라 계약에 포함된 것으로 간주되는 묵시적 의무(Implied Obligation)도 포함되는 것으로 보고 있다.

묵시적 의무와 관련해서는 다양한 종류의 견해와 그에 따른 법(Act)이 있기 때문에 특정지어 정리하기는 쉽지 않다.

명시적 의무란 계약문서에 구체적으로 명시된 의무를 말한다. 그리고 계약문서(Contract Document)란 각국에서 적용하는 계약체계나 법체계가 상이하기 때문에 표준으로 사용하고 있는 계약서마다 차이점이 있음을 유의할 필요가 있다.

우리나라의 경우 기획재정부 회계예규인 공사계약일반조건 제3조에 계약문서는 계약서, 설계서, 공사입찰유의서, 공사계약일반조건, 공사계약특수조건 및 산출내역서로 구성되며, 상호보완의 효력을 갖는다고 규정하고 있다.

묵시적 의무란 계약에 명시되지 않으나 계약에 포함된 것으로 간주되는 의무를 말하고, 묵시적 의무의 대표적인 것들은 대가지급의무, 계약이행을 방해하지 않아야 하는 의무, Spearing Doctrine에 따른 의무, 불분명한 표시(Misrepresentation), 발주자가 독점적으로 가지고 있는 정보(Superior Knowledge)의 공개(Non-disclosure Clause) 등이 있다[421].

참고로 Spearin Doctrine, 불분명한 표시 및 알려야 하는 정보의 미공개(Non-disclosure)에 대하여 간략히 살펴본 후 계약위반과 불법행위를 비교해 보기로 한다.

제1절 ... 묵시적 의무의 위반

Ⅰ. Spearin Doctrine

Spearin Doctrine이란 Spearin사와 미국정부와의 송사판정을 말하는 것이며, 그 내용은 다음과 같다.

시공자는 발주자가 제공한 도면과 시방서에 따라 Dry Dock을 건설하기로 되어 있었다.

도면에 따라 시공자가 부지를 관통하는 단면의 크기가 1.8m의 벽돌하수관을 재설치하면서 연결되는 단면크기가 이 2.1m인 벽돌하수관에 접속하였다.

그런데 1.8m 벽돌하수관이 파손되어 Dry Dock을 위해 굴착한 부분이 침수되었다. 뒤에 조사를 해보니 2.1m의 하수관에는 도면에 표기되지 않았던 댐이 있었던 것으로 밝혀졌다.

정밀조사 후에 계약은 무효화되었고, 시공자는 발주자를 상대로 소송을 제기하게 되었다[422]. 이에 재판부는 다음과 같이 판결하였으며, Spearin Doctrine[423]이라 불리게 되었다.

> "if the Contractor is bound to build according to plans and specifications prepared by the Owner, the Contractor will not be responsible for the consequences of defects in the plans and specification,
> 시공자가 발주자가 제공한 도면과 시방서에 따라 시공하였다면, 시공자는 도면과 시방서의 하자로 인해 발생하는 결과에 대해 책임이 없다."

421) 현학봉(2003), 앞의 책, pp.337-340 참조.
422) Robert F. Cushman, David R. Tortorello(1992), 앞의 책, p.71.
423) USA Case, *United states v. Spearin*, 248 U.S. 132, 39 S. Ct.59(1918)

Ⅱ. 불분명한 표시(Misrepresentation)

불분명한 표시는 우리나라 공사계약일반조건 제19조 제1항에 설계서의 내용이 불분명하거나 누락 · 오류(誤謬) 또는 상호모순되는 점이 있을 경우로 표기되고 있다.

영미법의 경우 이와 관련하여 매우 다양한 이론이 도출되고 있으나 생략하기로 하고, 불분명한 표시가 성립하기 위한 조건을 살펴보면 다음과 같다.

첫째, 계약문서에 표시되어 있어야 한다.
둘째, 표시된 내용이 부정확하거나 진실되지 않아야 한다.
셋째, 불분명한 표시를 믿음으로 인한 손해가 발생해야 한다.

Ⅲ. 알려야 할 정보의 미공개(Non-disclosure)

계약당사자 중 일방은 계약이행에 영향을 미칠 수 있는 정보를 미리 알려야 한다. 예를 들어 우리나라의 경우 군사시설이 있는 공사와 관련하여 영향을 미치는 경우가 많다.

군사시설이 있는 경우 낙찰되지도 않은 민간인이 군사시설에 접근하는 것은 거의 불가능하다. 따라서 이와 관련된 정보는 입찰 당시에 발주자가 제공해야 한다.

또 다른 예로 도로공사의 경우에도 마찬가지의 영향을 초래하는 경우가 있다. 낙찰되지 않은 입찰자가 도로 밑에 지하철을 건설하는 입찰에 참여하기 위해 도로의 일부를 개착(開鑿)할 수 없으므로, 입찰자는 도로와 관련하여 발주자만이 보유할 수 있는 자료를 요구해야 하고, 발주자는 이를 제공해야 한다.

마찬가지로 입찰자도 낙찰에 영향을 미칠 수 있는 정보를 발주자에게 제공해야 하는데, 이러한 정보를 '알려야 할 정보'라고 하며 이를 알리지 않았을 경우에는 알리지 못한 자에게 책임이 있다.

이에 대해 기획재정부의 회계예규인 공사계약일반조건에서는 설계변경으로 인한 계약금액조정의 제한 등에서 계약체결 이전에 발생한 정부의 책임있는 사유등에 의한 사항은 계약체결 이후 즉시 계약금액을 조정하도록 규정하고 있다.

공사계약일반조건 제21조 (설계변경으로 인한 계약금액조정의 제한 등)

② 각 중앙관서의 장 또는 계약담당공무원은 시행령 제78조에 따른 일괄입찰과 제98조에 따른 설계공모 · 기술제안입찰의 경우 계약체결 이전에 실시설계적격자에게 책임이 없는 다

음 각 호의 어느 하나에 해당하는 사유로 실시설계를 변경한 경우에는 계약체결 이후 즉시 설계변경에 의한 계약금액 조정을 하여야 한다.

1. 민원이나 환경 · 교통영향평가 또는 관련 법령에 따른 인허가 조건 등과 관련하여 실시설계의 변경이 필요한 경우
2. 발주기관이 제시한 기본계획서 · 입찰안내서 또는 기본설계서에 명시 또는 반영되어 있지 아니한 사항에 대하여 해당 발주기관이 변경을 요구한 경우
3. 중앙건설기술심의위원회 또는 설계자문위원회가 실시설계 심의과정에서 변경을 요구한 경우

그러나 영미법의 경우 전술한 바와 같이 Consideration개념과 함께 약속에 대한 금반언(禁反言, Promissory Estoppel) 또는 신뢰로 인한 손해(Detrimental Reliance)로 다루어지면서 계약위반으로 처리된다. 우리나라와 영미법에는 미묘한 차이가 있음을 알 수 있다.

제2절 ··· 계약위반과 불법행위

계약위반과 불법행위의 차이점[424)]을 간략히 살펴보면 다음과 같다.

① 계약위반은 법률관계의 당사자가 계약당사자로 제한되지만 불법행위는 당사자가 제한되지 않는다.

② 계약위반은 법적 안정성을 위하여 사전 예측 가능성이 중요하지만, 불법행위에서는 사후 처리의 문제가 되므로 사전 예측 가능성은 고려되지 않는다.

③ 계약위반은 당사자의 고의 · 과실이 반드시 요구되는 것은 아니지만 불법행위는 당사자의 고의 · 과실로 인한 위법행위가 반드시 요구된다.

④ 계약위반은 구체적이지만, 불법행위는 추상적이다.

⑤ 계약위반으로 인한 손해배상은 추가비용과 같은 금전배상 이외에도 완전이행, 계약기간 연장 등이 고려될 수 있지만 불법행위는 특약이 없는 한 금전배상이 원칙이다.

⑥ 계약위반으로 인한 손해배상은 특약이 없는 한 계약의 종료 이전에 이루어져야 한다.

424) 박준기(1995), 앞의 책, pp.208-210까지 요약정리.

왜냐하면 우리나라의 경우 목적물이 준공되면 감리업무수행지침서에 규정되어 있는 바와 같이 준공검사원과 준공검사조서를 작성하게 된다. 이에 따라 특약이 없을 경우는 계약과 관련된 모든 사항이 종료된 것으로 볼 수도 있기 때문이다. 그러나 불법행위에서 손해배상청구권은 3년간 행사하지 않거나 불법행위를 한 날로부터 10년이 경과되면 시효로 인하여 소멸한다.

표 16 … 준공검사원 양식

[별지 제34호서식]

준 공 검 사 원

감리원 경유 (인)

1. 공사명 :
2. 공사위치 :
3. 계약금액 :
4. 계약 년월일 :
5. 착공 년월일 :
6. 준공기한 :
7. 실제준공년월일 :
8. 첨부서류 : 준공사진

위 공사의 도급시행에 있어서 공사 전반에 걸쳐 공사설계도서, 품질관리기준 및 기타 약정대로 어김없이 준공되었음을 확인하오며 만약 공사의 시공, 감리 및 검사에 관하여 하자가 발견될 시는 즉시 실액 변상 또는 재시공할 것을 서약하고 이에 준공검사원을 제출합니다.

20 년 월 일

주 소 :

상 호 :

성 명 :

귀 하

표 17 … 준공검사조서 양식

[별지 제35호서식]

<table>
<tr><td>

준 공 검 사 조 서

공 사 명 :

20 년 월 일 준공
20 년 월 일 와 계약분

위 공사 준공검사의 명을 받아 20 년 월 일 검사한 결과 공사설계도서 및 기타 약정대로 어김없이 준공하였음을 인정함.
단, 수중지하 및 구조물 내부 등 시공 후 매몰된 부분의 검사는 별지 감리조서에 의함.

20 년 월 일
준 공 검 사 자
입 회 원

귀 하

</td></tr>
</table>

제3절 … 계약위반의 유형

계약위반은 여러 가지 형태로 나타날 수 있지만, 이행기(履行期)를 기준으로 하여 대표적인 몇 가지를 살펴보면 다음과 같다.

① 계약의 일부분 또는 전체의 불이행(이행기 도래 후)

② 계약이행의 거부 또는 거절(이행기 도래 전)

③ 계약상대자로 인한 계약이행에 대한 방해(이행기 도래시)

④ 자신의 행위로 인한 계약당사자의 계약이행 불능 등(이행기 도래시)

제4절 … 건설공사에서의 계약위반 효과

건설공사계약에 있어서 계약위반이 발생했을 경우 발주자나 시공자가 조치하는 대표적인 몇 가지를 살펴보면 다음과 같다[425].

① 하자있는 시공의 경우 보수 또는 파괴 후 재시공

② 하자있는 자재의 대체

③ 시공자의 공정지체시 지체상금의 부담

④ 발주자의 책임있는 사유로 인한 계약기간 연장시 및 발주자의 연장비용 부담

⑤ 대가 지급 지연시 지연이자의 부담

⑥ 시공자의 책임있는 사유로 인한 계약해제시 시공자의 손해배상

⑦ 발주자의 책임있는 사유로 공사의 일시정지시 정지기간이 60일을 초과한 경우 초과된 기간에 대하여 잔여 계약금액에 초과 일수 매일마다 시중은행의 일반자금대출금리를 곱하여 산출한 금액의 부담

425) 박준기(1995), 앞의 책, p.216 참조.

제 12 장

계약의 해제

유효하게 성립하고 있는 계약의 효력을 당사자 일방의 일방적 의사표시에 의하여 그 계약이 처음부터 있지 않은 것과 같은 상태로 복귀시키는 것을 계약해제라고 한다.

즉 계약해제는 단독행위이며, 소급효과가 있다. 그러나 해제계약(解除契約)은 계약당사자가 전에 맺었던 계약을 체결하지 않았던 것과 같은 효과를 발생시킬 목적으로 체결하는 계약이고, 반대계약(反對契約) 또는 합의계약(合意契約)이라 하며, 이는 쌍방의 의사표시의 합치로 볼 수 있으므로 단독행위인 계약해제와는 구별된다.

계약해제를 하기 위해서는 계약당사자에게 해제할 수 있는 권리가 있어야 하는데, 이를 해제권이라 하고, 이는 일방적 의사표시로 권리관계의 변경을 가져오므로 형성권이 된다.

건설공사 계약은 일반 계약과는 상당한 차이가 발생한다. 따라서 민법 제667조에 도급인이 완성된 목적물의 하자로 인하여 계약의 목적을 달성할 수 없을 때에는 계약을 해제할 수 있도록 하고 있으나 건물, 기타 토지의 공작물에 대해서는 계약의 해제를 인정하지 않는다.

따라서 건설공사에서 공사의 착수전, 완성된 목적물을 그대로 둘 경우 공중의 위해를 가할 정도의 위험성이 있는 경우와 같은 매우 제한적인 경우를 제외하면 계약해제는 없고, 장래에 한하여 계약상의 권리와 의무를 소멸시키는 계약해지만이 존재한다고 보면 된다.

제1절 … 해제권의 종류 및 근거

해제권에는 약정해제권(約定解除權)과 법정해제권으로 구분할 수 있으며, 약정해제권이란 당사자가 미리 계약에서 그것을 규정하는 경우이다.

기획재정부 회계예규인 공사계약일반조건 제44조부터 제46조에 규정된 계약상대자의 책임있는 사유로 인한 계약의 해제 또는 해지(解止), 사정변경에 의한 계약의 해제 또는 해지, 계약상대자에 의한 계약의 해제 또는 해지 등이 공공건설공사에서 대표적인 약정해제권이다.

공사계약 일반조건 회계예규 2200.04-104-16 (2007.03.05)

제44조 (계약상대자의 책임있는 사유로 인한 계약의 해제 및 해지)

① 계약담당공무원은 계약상대자가 다음 각호의 1에 해당하는 경우에는 당해 계약의 전부 또는 일부를 해제 또는 해지할 수 있다. 다만, 제3호의 경우에는 해제 또는 해지하여야 한다.
  1. 정당한 이유없이 약정한 착공시일을 경과하고도 공사에 착수하지 아니할 경우
  2. 계약상대자의 책임있는 사유로 인하여 준공기한까지 공사를 완공하지 못하거나 완성할 가능성이 없다고 인정될 경우
  3. 제25조제1항의 규정에 의한 지체상금이 시행령 제50조제1항의 규정에 의한 당해 계약(장기계속공사계약인 경우에는 차수별 계약)의 계약보증금상당액에 달한 경우
  4. 장기계속공사의 계약에 있어서 제2차공사 이후의 계약을 체결하지 아니하는 경우
  5. 계약의 수행중 뇌물수수 또는 정상적인 계약관리를 방해하는 불법 · 부정행위가 있는 경우
  6. 기타 계약조건을 위반하고 그 위반으로 인하여 계약의 목적을 달성할 수 없다고 인정될 경우

② 계약담당공무원은 제1항의 규정에 의하여 계약을 해제 또는 해지한 때에는 그 사실을 계약상대자 및 제42조의 규정에 의한 하수급자에게 통지하여야 한다.

③ 제2항의 규정에 의한 통지를 받은 계약상대자는 다음 각호의 사항을 준수하여야 한다.
  1. 당해 공사를 즉시 중지하고 모든 공사자재 및 기구 등을 공사장으로부터 철거하여야 한다.
  2. 제13조의 규정에 의한 대여품이 있을 때에는 지체없이 발주기관에 반환하여야 한다. 이 경우 당해 대여품이 계약상대자의 고의 또는 과실로 인하여 멸실 또는 파손되었을 때에는 원상회복 또는 그 손해배상을 하여야 한다.
  3. 제13조의 규정에 의한 관급재료중 공사의 기성부분으로서 인수된 부분에 사용한 것을 제외한 잔여재료는 발주관서에 반환하여야 한다. 이 경우 당해 재료가 계약상대자의 고의 또는 과실로 인하여 멸실 또는 파손되었을 때, 또는 공사의 기성부분으로서 인수되지 아니하는 부분에 사용된 때에는 원상회복 또는 그 손해배상을 하여야 한다.
  4. 발주기관이 요구하는 공사장의 모든 재료, 정보 및 편의를 발주기관에 제공하여야 한다.

④ 계약담당공무원은 제1항의 규정에 의하여 계약을 해제 또는 해지한 경우 및 제48조의 규정에 의하여 연대보증인 또는 보증기관이 보증이행을 하는 경우에 기성부분을 검사하여 인수한 때에는 당해부분에 상당하는 대가를 계약상대자에게 지급하여야 한다.

⑤ 제1항의 규정에 의하여 계약이 해제 또는 해지된 경우 계약상대자는 지급받은 선금에 대하여 미정산잔액이 있는 경우에는 그 잔액에 대한 약정이자상당액[사유발생 시점의 금융기관 대출평균금리(한국은행 통계월보상의 대출평균금리를 말한다)에 의하여 산출한 금액]을 가산하여 발주기관에 상환하여야 한다.

⑥ 제5항의 경우 계약담당공무원은 선금잔액과 기성부분에 대한 미지급액을 상계하여야 한다. 다만, 「건설산업기본법」 및 「하도급 거래공정화에 관한 법률」에 의하여 하도급대금 지급보증이 되어 있지 않은 경우로서 제43조제1항의 규정에 의하여 하도급대가를 직접 지급하여야 하는 때에는 우선적으로 하도급대가를 지급한 후 기성부분에 대한 미지급액의 잔액이 있을 경우 선금잔액과 상계할 수 있다.

제45조 (사정변경에 의한 계약의 해제 또는 해지)

① 발주기관은 제44조제1항 각호의 경우외에 객관적으로 명백한 발주기관의 불가피한 사정이 발생한 때에는 계약을 해제 또는 해지할 수 있다.

② 제44조제2항 본문 및 제3항의 규정은 제1항의 규정에 의하여 계약을 해제 또는 해지하는 경우에 이를 준용한다.

③ 발주기관은 제1항의 규정에 의하여 계약을 해제 또는 해지하는 경우에는 다음 각호에 해당하는 금액을 제44조제3항 각호의 수행을 완료한 날부터 14일이내에 계약상대자에게 지급하여야 한다. 이 경우 제7조의 규정에 의한 계약보증금을 동시에 반환하여야 한다.

1. 제32조제2항제1호 및 제2호에 해당하는 시공부분의 대가중 지급하지 아니한 금액
2. 전체공사의 완성을 위하여 계약의 해제 또는 해지일 이전에 투입된 계약상대자의 인력 · 자재 및 장비의 철수비용

④ 계약상대자는 선금에 대한 미정산잔액이 있는 경우에는 이를 발주기관에 상환하여야 한다. 이 경우 미정산잔액에 대한 이자는 가산하지 아니한다.

제46조 (계약상대자에 의한 계약해제 또는 해지)

① 계약상대자는 다음 각호의 1에 해당하는 사유가 발생한 경우에는 당해계약을 해제 또는 해지할 수 있다.

1. 제19조의 규정에 의하여 공사내용을 변경함으로써 계약금액이 100분의 40이상 감소되었을 때
2. 제47조의 규정에 의한 공사정지기간이 공기의 100분의 50을 초과하였을 경우

② 제45조제2항 내지 제4항의 규정은 제1항의 규정에 의하여 계약이 해제 또는 해지되었을 경우에 이를 준용한다.

계약 약관을 약정해제권의 유보라고 해석하는 경우도 있다.

실제로 계약서 제8조의 "을이 공사를 시공중이라고 할지라도 공사에 대한 자재는 건축 통례상 저질 자재를 사용하였거나 무단히 3일 이상 중단하거나 준공할 가망이 없다고 갑이 인정하거나 본 계약 각 조항 중 어느 한 조항이라도 위반하였거나 공정표와 차질이 생겼을 경우에는 갑은 공사중단을 명할 수 있으며 이 경우 을은 갑이 취하는 여하한 조치에도 이의 없이 차에 순응할 의무를 진다" 라고 규정할 수 있다.

이러한 규정은 원 · 피고 사이에 본건 도급계약을 체결함에 있어 합의에 의하여 수급인에게 계약조항상의 부수적 의무위반이 있는 등의 경우에 도급인인 원고에게 해제권을 부여하고 그 자 단독의 의사표시에 의하여 본건 도급계약을 해제할 수 있도록 하는 약정으로 이른바 약정해제권 유보에 관한 규정으로 보았다.

그리고, 원 · 피고 사이의 계약조항상의 부수적 의무위반을 이유로 한 약정해제권의 행사의 경우에는 법정해제의 경우와는 달리 그 해제의 효과로서 손해배상의 청구는 할 수 없는 것으로 본다[426].

약정해제권의 행사방법에 관하여 당사자간에 특약이 있으면 그에 따라야 할 것이므로, 별도의 최고절차(催告節次)없이 해제하기로 약정하였다는 사실을 인정하였다면 쌍무계약(雙務契約)이라 하여 반드시 최고를 요하는 것은 아닌 것으로 보고 있다[427].

그런데 국가계약법시행규칙 제75조에서와 같이 채무불이행이 발생했을 때 계약을 해제할 수 있도록 명시할 수 있기 때문에 약정해제권을 법정해제권과 명확하게 구분할 수 없는 경우도 있다.

> 국가계약법시행규칙 제75조 (계약의 해제 · 해지)
>
> ① 각 중앙관서의 장 또는 계약담당공무원은 법 제12조제3항의 규정에 의하여 계약보증금을 국고에 귀속시키는 경우에는 계약에 특별히 정한 것이 없는 한 당해 계약을 해제 또는 해지하고 계약상대자에게 그 사유를 통지하여야 한다.
>
> ② 제74조제1항의 규정에 의한 지체상금의 징수사유가 발생하고 그 금액이 제50조제1항의 규정에 의한 계약보증금상당액(면제된 계약보증금을 포함한다)에 달하는 경우로서 계약상대자의 귀책사유로 인하여 계약을 수행할 가능성이 없음이 명백하다고 인정될 때에는 각 중앙관서의 장 또는 계약담당공무원은 법 제12조제3항의 규정에 의하여 계약보증금을 국고에 귀속시키고 당해 계약을 해제 또는 해지할 수 있다.

426) 대법원 1983. 1. 18. 선고 81다89,90 판결【손해배상등】[집31(1)민,10;공1983.3.15.(700)420]
427) 대법원 1997. 10. 14. 선고 97다21451 판결【계약금】

법정해제권은 각종(各種)의 계약에 근거하는 특수한 것과 채무불이행을 이유로 하는 계약일반에 공통(共通)된 것이 있다.

민법에 규정하고 있는 각종의 계약에 특수한 것 몇 가지는 다음과 같다.

민법 각종계약에 특수한 계약해제

제556조 (수증자의 행위와 증여의 해제)

① 수증자가 증여자에 대하여 다음 각호의 사유가 있는 때에는 증여자는 그 증여를 해제할 수 있다. 1. 증여자 또는 그 배우자나 직계혈족에 대한 범죄행위가 있는 때 2. 증여자에 대하여 부양의무가 있는 경우에 이를 이행하지 아니하는 때

② 전항의 해제권은 해제원인이 있음을 안 날로부터 6월을 경과하거나 증여자가 수증자에 대하여 용서의 의사를 표시한 때에는 소멸한다.

제557조 (증여자의 재산상태변경과 증여의 해제)

증여계약 후에 증여자의 재산상태가 현저히 변경되고, 그 이행으로 인하여 생계에 중대한 영향을 미칠 경우에 증여자는 증여를 해제할 수 있다.

제570조 (동전-매도인의 담보책임)

전조의 경우에 매도인이 그 권리를 취득하여 매수인에게 이전할 수 없는 때에는 매수인은 계약을 해제할 수 있다. 그러나 매수인이 계약 당시 그 권리가 매도인에게 속하지 아니함을 안 때에는 손해배상을 청구하지 못한다.

제570조 내지 제578조

– 내용생략 –

제580조(매도인의 하자담보책임)

① 매매의 목적물에 하자가 있는 때에는 제575조제1항의 규정을 준용한다. 그러나 매수인이 하자있는 것을 알았거나 과실로 인하여 이를 알지 못한 때에는 그러하지 아니하다.

제668조(동전-도급인의 해제권)

도급인이 완성된 목적물의 하자로 인하여 계약의 목적을 달성할 수 없는 때에는 계약을 해제할 수 있다. 그러나 건물, 기타 토지의 공작물에 대해서는 그러하지 아니하다.

민법에서 규정하고 있는 채무불이행으로 인한 계약해제는 다음과 같다.

▌민법 채무불이행으로 인한 계약해제

제544조 (이행지체와 해제)

당사자 일방이 그 채무를 이행하지 아니하는 때에 상대방은 상당한 기간을 정하여 그 이행을 최고하고 그 기간 내에 이행하지 아니한 때에는 계약을 해제할 수 있다. 그러나 채무자가 미리 이행하지 아니할 의사를 표시한 경우에는 최고를 요하지 아니한다.

제545조(정기행위와 해제)

계약의 성질 또는 당사자의 의사표시에 의하여 일정한 시일 또는 일정한 기간 내에 이행하지 아니하면 계약의 목적을 달성할 수 없을 경우에 당사자 일방이 그 시기에 이행하지 아니한 때에는 상대방은 전조의 최고를 하지 아니하고 계약을 해제할 수 있다.

제546조(이행불능과 해제)

채무자의 책임 있는 사유로 이행이 불능하게 된 때에는 채권자는 계약을 해제할 수 있다.

제2절 … 해제권의 발생

당사자는 계약에 의하여 약정해제권을 발생시킬 수 있다. 이러한 해제권은 당사자의 일방 또는 쌍방을 위해 유보하게 된다. 그러나 이러한 유보는 반드시 처음부터 해야 하는 것은 아니고, 계약체결 후에 서로의 의사합치가 될 경우 계약에 명시할 수도 있다. 약정해제권을 유보하는 이유는 다음과 같다.

첫째, 우선 계약체결해 두지만 장차 어떤 객관적 또는 주관적 장애 때문에 계약상의 구속을 벗어날 필요가 생길 것을 염려하여 미리 계약 폐기의 가능성을 남겨두는 경우

둘째, 상대방이 계약상의 채무를 이행하지 않으면 당사자 일방이 계약상의 채무를 면할 수 있도록 해 두는 경우

법정해제권의 발생원인은 채무불이행이다. 채무불이행에는 이행지체 · 이행불능(履行不能) · 불완전이행(不完全履行) 및 수령지체(受領遲滯)가 있다. 현행 민법에서는 이행지체와 이행불능에 대해서는 계약해제를 인정하고 있지만, 불완전이행과 수령지체(채권자 지체)에 대해서는 언급하고 있지 않다.

그러나 불완전이행이 있을 경우 해제권이 발생한다는 데 대해 학계에서도 이견은 없지만, 수령지체에 대해서는 학설이 대립하고 있다.

Ⅰ. 이행지체

민법에서는 계약이 정기행위(定期行爲)인지 아닌지에 따라 계약해제권(契約解除權) 발생요건에 차이를 두고 있다.

정기행위가 아닌 보통의 경우 이행기에 이행이 없더라도 채권자가 반드시 계약목적을 달성할 수 없지는 않다.

따라서 민법에서는 채무자에게 책임있는 사유로 이행을 지체할 경우 채권자가 상당한 기간을 정하여 최고(알림)를 하였으나 그 기간 내에 이행이 없거나 이행의 제공이 없으면 계약을 해제할 수 있도록 하였다.

채무자의 책임있는 사유로 인한 이행지체가 성립하기 위해서는 이행기가 도래해야 하고, 이행이 가능해야 한다. 그리고, 채무자에게 책임있는 사유로 지체되어야 하고, 이행하지 않는 것이 위법해야 하는 요건을 충족시켜야 한다.

정기행위가 아닌 이행지체가 있을 경우 계약을 해제할 수 있기 위해서는 상당 기간을 정하여 이행을 최고해야 한다. 여기에서 최고의 방법에 관하여 특별한 제한은 없고, 상당한 기일을 정하여 이행할 채무를 지시 또는 특정해서 일정한 기일 또는 일정기간 내에 이행할 것을 요구하는 것으로 충분하다.

그런데 채권자가 이행해야 할 채무보다 과다하게 최고하는 경우가 발생할 수 있는데, 이러한 경우 법원에서는 해제의 요건으로서 최고 효력이 없는 것으로 보고 있다[428].

> 대법원 1988. 12. 13 [87 다카 3147]
>
> .... 채권자가 본래 급부해야 할 수량보다 과다하게 청구했다 하더라도 급부할 수량과의 차이가 비교적 적고 채권자가 급부의 수량을 잘못 알고 과다한 최고를 한 것으로서 과다하게 최고한 진의가 본래 급부해야 할 수량을 청구한 것이라면 그 최고는 본래 급부해야 할 수량의 범위 내에서 유효하다 하겠지만 과다한 정도가 현저하고 채권자가 청구한 금액을 제공하지 않으면 그것을 수령하지 않을 것이라는 의사가 분명한 경우에는 이러한 최고는 채권관계를 지배하는 신의성실의 원칙에 비추어 효력이 없다. 따라서 채무자가 채권자의 신의성실의 원칙에서 벗어

428) 대법원 1988. 12. 13 [87 다카 3147]

난 과다최고에 응하지 아니했다 하더라도 이행지체에 빠지는 것은 아니라 할 수 있으므로 채권자가 채무자의 이행지체를 이유로 계약해제의 의사표시를 했다 하더라도 그러한 의사표시에 따른 계약해제의 효과가 발생할 여지가 없다.

이를 공공건설사업의 계약에 대해 적용해 보면 시공자는 공사이행 수량만큼 적용단가를 곱한 금액을 기준으로 기성대가를 청구해야 한다. 그런데 시공자가 수량산출을 잘못한 사실을 알고서도 과다청구하는 경우가 있을 수 있다.

이때 발주자가 검사과정에서 이를 발견했다면 시공자에게 시정조치해야 한다. 그런데도 시공자가 시정조치하지 않고서 발주자에게 대하여 일방적으로 대가지급을 지연한다는 것을 이유로 계약조건에 명시된 바에 따라 대가지급지연에 대한 이자를 청구할 수 없으며, 계약해제를 할 수 없다는 것을 의미한다.

바꾸어 말하면 발주자도 시공자의 책임있는 사유로 준공기한까지 공사를 완성하지 못하거나 완성할 가능성이 없다고 인정될 경우 계약의 일부 또는 전체를 해제 또는 해지할 수 있다. 준공기일 내에 공사를 완성할 수 없음이 명료하면 발주자는 준공기일의 만료를 기다릴 필요없이 계약을 해제할 수 있지만 준공기일 경과 전에 준공기일 내에 공사를 완성시킬 수 없다고 판단하는 것은 신중해야 한다[429].

시공자에게 지체상금을 부과할 때도 이때의 계약에서 정한 바에 따르지 않고, 임의로 산정하여 시공자에게 청구했다면, 시공자가 이를 변제하지 않더라도 계약을 해제할 수 없다는 이치와 같다.

정기행위가 아닌 이행지체가 있을 경우 계약을 해제하기 위해서는 최고기간(催告期間) 내에 채무자의 이행 또는 이행의 제공이 없어야 하는데, 만약 불가항력에 기인한 것이라면 채무자에게 입증책임이 있다. 이때 해제권은 원칙적으로 최고기간(催告期間)이 종료한 때에 발생한다.

정기행위의 경우 건설공사와는 특별한 관련성을 찾아보기 힘들므로 이에 대해서는 생략한다.

II. 이행불능

채무자에게 책임있는 사유로 인하여 이행불능이 있다면 민법 제546조에 의해 해제권이

429) 滝井繁男, 『實務法律選書 建設工事契約』, ぎようせい, 1990, p.88.

발생한다. 채무자의 이행불능인 경우에는 일반적인 이행지체와는 다르기 때문에 최고를 필요로 하지 않는다[430].

이행불능에 의한 해제권의 발생요건은 채무자의 책임있는 사유로 이행이 불능되어야 하는 것이다. 이행불능의 요건은 채권이 성립한 후 이행이 불능해야 하며, 불능이 채무자에게 책임이 있어야 하고, 위법한 것이어야 한다.

여기에서 말하는 불능은 물리적 불능에 국한하지 않고 사회관념 내지는 거래통념에 따라 결정되고, 계약체결 이후의 어떤 사유에 의해 계약을 이행하는 것이 가능하지 않게 되는 후발적 불능(Supervening Impossibility)에 한하며, 이행기가 도래하기 전에 이행이 불능되어야 한다.

Ⅲ. 불완전이행

불완전이행 또는 적극적 채권 침해에 의한 해제권의 발생에 대하여 민법에서 구체적으로 규정하고 있지 않다. 그러나 학설은 이를 긍정하고 있다.

불완전이행이 가능한 것일 경우 채권자가 상당 기간을 정하여 완전이행을 최고하였으나 채무자가 완전이행을 하지 않고 최고기간을 경과한 경우 해제권이 발생한다.

그러나 불완전이행이 가능하지 않을 경우 채권자는 최고하지 않고서도 해제할 수 있으나 신의칙(信義則)에 의하여 적당한 기간 내에 제한된다고 해석하는 것이 바람직하다.

건설공사계약에 있어서 불완전이행은 수급인의 하자담보책임(瑕疵擔保責任)과 밀접한 관련이 있다.

불완전이행은 채무불이행의 일종이고, 도급인이 계약이행중에 수급인의 채무불이행 사실을 안 후에 완전이행하도록 요구하거나 채무를 완성하도록 요구해야 한다. 그러나 건설의 경우 계약이행중에 그러한 사실을 발견하는 것이 어려운 경우도 많으므로 수급인에게 무과실책임(無過失責任)으로 하자담보책임을 특별히 부담시키고 있다.

즉 수급인은 계약이행중에는 과실책임인 채무불이행책임을 부담하는데, 계약의 종료 후에는 무과실책임인 하자담보책임만을 부담하는 것인지 아니면 과실책임인 채무불이행책임을 동시에 부담하는지에 대하여 학자들 간에도 논란이 발생하고 있다.

일부 학자들은 하자담보책임을 법정 무과실책임으로 보아야 한다는 설이 있고, 불완전이

430) 대법원 1976.6.22 [76 다 473] 참조

행책임(不完全履行責任)의 특칙으로 보아야 한다는 설이 있으며, 하자담보책임은 채무불이행책임과 병존할 수 없는 책임이라고 보는 견해도 있다.

사견으로는 건설공사의 여러 가지 특수성을 고려할 때 하자담보책임의 성질을 채무불이행책임으로 이해하는 것은 임시방편의 효과만을 발생시키므로 하자담보책임을 별도로 규정하기 보다는 채무불이행책임으로 흡수 · 포섭하여 취급하는 것이 책임의 구분으로 인한 논쟁을 원천적으로 없앨 수 있을 것으로 보여진다.

Ⅳ. 수령지체

채권자의 수령지체(受領遲滯)에 의해 채무자에게 해제권이 발생하는지에 대해서는 학설이 대립되고 있다.

소수설은 관습 또는 특약이 있는 경우와 같은 특별한 경우를 제외하면 채권자에게 수령의무가 없는 것으로 이해하고, 민법이 규정하는 채권자 지체책임(遲滯責任)은 신의칙(信義則)의 의한 법정책임이라고 한다.

그러나 다수설은 채권자 지체는 채권자의 협력의무 불이행으로 간주하여 채무불이행책임으로 파악하고 있다.

건설공사계약에서는 채권자 지체 내지는 수령지체로 인한 계약해제를 언급하지 않고 있다. 특히 공공건설공사의 경우 국가계약법령에 따라 집행해야 하며, 기획재정부 회계예규인 공사계약일반조건 제27조에 의할 경우, 계약상대자가 공사를 완성했을 때는 그 사실을 준공신고서 등 서면으로 계약담당공무원에게 통지하여 필요한 검사를 받도록 규정하고 있다.

이때 계약담당공무원은 통지받은 날부터 14일 이내에 계약상대자의 입회하에 그 이행을 확인하기 위한 검사를 해야 하며, 검사가 완료되면 그 결과를 지체없이 계약상대자에게 통지해야 한다.

검사 완료 통지 후 계약상대자가 서면으로 인수를 요청한 경우에는 제28조에 따라 즉시 현장인수증명서를 발급하고 당해 공사목적물을 인수해야 한다. 따라서 국가계약법령 규정에 따라 진행할 경우 채권자의 수령지체란 발생할 수 없다.

그러나 대형 공공건설사업의 경우 검사과정에서 문제가 발생할 수 있다. 계약상대자는 계약에 따라 공사를 완성했으므로 문제가 없다고 인식하는 경우와 계약담당공무원은 불완전이행 등의 사실이 있어서 공사를 완성하지 못했다고 인식하는 경우에 분쟁이 발생하여 목적물을 인수하지 않는 경우이다.

이러한 경우 하자담보책임, 채무불이행책임 등과 맞물려 복잡한 문제로 발전될 가능성이 있다. 물론 민간건설공사의 경우도 공공건설사업과 마찬가지의 문제가 발생할 수 있다.

Ⅴ. 기 타

이외에도 건설공사에 적용될 수 있는 법정해제권은 완성전 도급인의 임의해제(任意解除)(민법 제673조), 도급인의 파산에 의한 수급인의 해제(민법 제674조), 영업정지 처분 또는 등록말소 처분을 받은 건설업자(건설산업기본법 제14조 제4항) 등이 있다.

제3절 ... 해제권의 행사

앞에서 살펴본 바와 같이 해제권은 계약 또는 법률에 의해 발생한다. 그런데 해제권의 행사 여부는 해제권자의 자유이다. 해제권은 상대방에 대하여 의사표시로 해야 하며(민법 제543조 제1항), 해제의 의사표시에는 조건과 기한을 붙이지 못한다.

왜냐하면 해제권은 전술한 바와 같이 형성권이며, 일방적 의사표시에 의하여 법률관계의 변동을 발생하게 하는 것을 목적으로 하는 법률행위이므로 조건이나 기한을 붙이면 불확정한 법률상태가 생겨 상대방에게 불이익이 발생할 수 있기 때문이다. 그리고 해제권의 의사표시는 해제권이 소멸되기 전에 해야 하고, 일단 해제의 의사표시를 하면 철회하지 못한다. 그러나 무능력 · 의사표시의 착오나 하자를 이유로 취소할 수는 있다. 해제권자가 해제 의사표시를 하게 되면 계약의 소급적 해소라는 효과가 생기고 상대방도 그렇게 믿기 때문에 해제의 의사표시에 대해서 철회를 금지하고 있다.

제4절 ... 해제의 효과

이상에서 살펴본 바와 같이 해제하게 되면 처음부터 계약이 있지 않았던 것과 동일한 상태로 되돌아가게 된다. 예를 들어 공공건설공사의 경우 계약이행중에 해제권자가 해제하게 되면, 미이행의 건설공사는 더 이상 이행할 필요없게 되며, 이미 이행한 것이 있을 경우에도 해제권자가 누구인가에 따라 처리방법이 달라진다.

계약상대자의 책임있는 사유로 해제하고, 해제권자가 발주자일 경우 계약상대자는 해제통지를 받은 즉시 공사를 중지하고 모든 공사자재 및 기구 등을 공사장에서 철수해야 하며, 대여품이 있다면 발주자에게 반환해야 한다.

관급자재 중 기성으로 인수된 부분을 제외한 잔여재료는 발주자에게 반환해야 하고, 대여품이나 관급자료가 계약상대자의 고의 · 과실로 인해 멸실 또는 파손되었을 경우에는 원상회복 또는 그 손해배상을 해야 한다. 한편 연대보증인 또는 보증기관이 보증이행을 하는 경우 기성부분을 검사하여 인수한 때에는 당해 부분에 상당하는 대가를 계약상대자에게 지급해야 한다.

아울러 계약상대자는 발주자가 요구하는 공사장의 모든 재료, 정보 및 편의를 발주자에게 제공해야 한다. 그리고 계약상대자는 기지급받은 선금에 대하여 미정산잔액이 있으면 그 잔액에 대한 약정이자상당액을 가산하여 발주자에게 상환해야 하는데, 계약담당공무원은 상환할 금액과 기성부분의 대가를 상계할 수 있다.

사정변경에 의해 해제하고, 해제권자가 발주자일 경우 계약상대자는 해제통지를 받은 즉시 공사를 중지하고 모든 공사자재 및 기구 등을 공사장에서 철수해야 하며, 대여품이 있다면 발주자에게 반환해야 한다.

관급자재 중 기성으로 인수된 부분을 제외한 잔여재료는 발주자에게 반환해야 한다. 아울러 계약상대자는 발주자가 요구하는 공사장의 모든 재료, 정보 및 편의를 발주자에게 제공해야 한다.

이때 발주자는 시공부분의 대가 중 지급하지 아니한 금액과 전체공사의 완성을 위해 계약의 해제 또는 해지일 이전에 투입된 계약상대자의 인력 · 자재 및 장비의 철수비용을 계약상대자에게 지급해야 하고 동시에 계약상대자가 제출한 계약보증금을 계약상대자에게 반환해야 한다. 계약상대자는 선금에 대한 미정산잔액을 발주자에게 반환해야 하지만 이에 대한 이자는 가산하지 않는다.

계약상대자에 의해 해제 또는 해지하여 해제권자가 계약상대자일 경우, 사정변경에 의해 해제할 경우를 준용하여 처리한다.

제5절 ... 해제와 유사한 용어

Ⅰ. 해제와 취소

해제나 취소는 권리자의 일방적 의사표시에 의하여 법률행위의 효력을 소급적으로 소멸케 하는 점에 있어서 서로 같다. 그러나 해제는 계약에 국한된 제도이지만 취소는 계약에 국한하지 않고 모든 법률행위에 관하여 인정된다.

취소권은 무능력 · 의사표시의 하자 · 착오 등이 있을 때 법률의 규정에 따라 발생하지만 해제는 당사자의 계약에 의해서도 발생한다. 효과면에서도 상당한 차이가 있는데 취소의 효과는 부당이득에 의한 반환의무가 생기지만, 해제의 경우에는 원상회복의무가 생긴다. 이를 간략히 도표로 나타내면 다음과 같다.

표 18 … 계약의 취소와 해제의 비교

구 분	계약의 취소	계약의 해제
존재범위	계약뿐만 아니라 모든 법률행위에서 존재	계약에만 고유하게 존재
발생원인	무능력, 의사표시의 하자 또는 착오 등이 있는 때에 법률의 규정에 의해 발생	계약당사자 일방의 채무불이행으로 인한 법정해제권 계약당사자 쌍방의 약정에 의한 약정해제
의 무	부당이득에 의한 반환의무	원상회복의무

Ⅱ. 해제조건, 약정해제, 합의해제

해제조건에 의한 계약의 소멸은 약정해제와 같이 당사자 사이의 계약에 의해 생기는 점에서 비슷하다. 그러나 계약이 해제조건에 도달했을 때 법률행위의 효력은 당연히 실효하지만 약정해제권은 약정된 사실의 실현으로 해제권이 발생해도 당사자가 이를 행사하지 않으면 해제의 효과가 발생되지 않는다.

한편 해제조건은 특약이 없는 한 해지와 마찬가지로 장래에 대해서만 법률행위가 실효하지만 해제는 소급적으로 계약을 실효하는 차이점이 있다.

계약의 합의해제요건은 일반적으로 계약이 성립하는 경우와 마찬가지로 계약의 청약과 승낙(承諾)이라는 서로 대립하는 의사표시가 합치되는 것이다. 이와 같은 합의가 성립하기 위하여 쌍방 당사자의 표시행위에 나타난 의사의 내용이 객관적으로 일치하여야 하므로,

계약당사자의 일방이 계약해제에 따른 원상회복 및 손해배상의 범위에 관한 조건을 제시한 경우 그 조건에 관한 합의까지 이루어져야 합의해제가 성립된다[431].

계약의 합의해제는 당사자가 이미 체결한 계약을 체결하지 않았던 것과 같은 효과를 발생하며, 합의해제는 묵시적으로 이루어질 수도 있으나, 계약이 묵시적으로 합의해제되려면 계약 성립 후에 당사자 쌍방이 계약에 대한 실현 의사가 없거나 포기해야 하고, 이로 인해 당사자 쌍방이 계약을 실현하지 않고자 하는 의사가 일치되어야 한다[432].

Ⅲ. 해제와 철회

철회란 아직 종국적인 법률효과가 발생하고 있지 않은 법률행위나 의사표시의 효력을 장차 발생하지 않도록 막는 것이다. 반면에 해제는 이미 효력을 발생하고 있는 계약을 소멸케 하여 그 효력을 소급적으로 소멸케 하는 데 차이점이 있다.

대표적으로 청약의 철회, 계약의 해제로 이해하면 된다.

431) 대법원 1996. 2. 27. 선고 95다43044 판결
432) 대법원 1998. 8. 21. 선고 98다17602 판결

제 13 장

완성, 검사, 인도 및 인수

건설사업은 계약 유형으로 볼 때 도급(都給), 위임, 고용(雇傭) 등 복합적인 계약 성질을 띠는 경우가 많으며[433], 그 중에서도 도급계약이 주된 계약의 내용을 구성하게 된다. 도급계약을 체결하게 되면 수급인은 일을 완성해야 하고, 발주자인 도급인은 일의 완성에 따라 대가를 지급해야 하는 것으로 민법에서 규정하고 있다.

통상 일을 완성하게 되면 시공자는 발주자에게 검사를 요청하게 되고, 검사를 한 후 계약에 정해진 바에 따라 이루어졌다면 목적물을 인수를 하게 된다. 목적물을 인수하게 되면 그 때부터 시공자는 하자담보책임을 부담하게 된다.

본 장에서는 목적물의 완성, 검사, 인도 및 인수에 대하여 살펴보고자 한다.

제1절 … 완성 및 검사

우리나라의 경우 검사는 2가지로 구분되고 있다. 첫째, 시설물을 완성하기 전 현장에 투입되는 공사자재를 검사하는 경우, 둘째, 시설물을 완성하였을 경우 시공자는 발주자에게 검사를 요청하는 경우가 그것이다. 우리나라 공사계약일반조건에 규정된 사항은 다음과 같다.

433) 두산세계대백과 Encyber, *http://kr.encycl.yahoo.com*, 2009. 6.14

우리나라 공사계약일반조건 제12조 (공사자재의 검사)

① 공사에 사용할 자재는 신품이어야 하며 품질 · 규격 등은 반드시 설계서와 일치되어야 한다. 그러나 설계서에 명확히 규정되지 아니한 것은 표준품 이상으로서 계약의 목적을 달성하는 데에 가장 적합한 것이어야 한다.

② 계약상대자는 공사자재를 사용하기 전에 공사감독관의 검사를 받아야 하며, 불합격된 자재는 즉시 대체하여 다시 검사를 받아야 한다.

③ 제2항의 규정에 의한 검사에 이의가 있을 경우 계약상대자는 계약담당공무원에 대하여 재검사를 청구할 수 있으며, 재검사가 필요하다고 인정되는 경우 계약담당공무원은 지체없이 재검사하도록 조치하여야 한다.

④ 계약담당공무원은 계약상대자로부터 공사에 사용할 자재의 검사를 요청받거나 제3항의 규정에 의한 재검사의 요청을 받은 때에는 정당한 이유없이 검사를 지체할 수 없다.

⑤ 계약상대자가 불합격된 자재를 즉시 이송하지 않거나 대체하지 아니하는 경우에는 계약담당공무원이 일방적으로 불합격 자재를 제거하거나 대체시킬 수 있다.

⑥ 계약상대자는 시험 또는 조합을 요하는 자재가 있는 경우 공사감독관의 참여하에 그 시험 또는 조합을 하여야 한다.

⑦ 수중 또는 지하에 매몰하는 공작물 기타 준공후 외부로부터 검사할 수 없는 공작물의 공사는 공사감독관의 참여하에 시공하여야 한다.

⑧ 계약상대자가 제1항 내지 제7항에 정한 조건에 위배하거나 또는 설계서에 합치되지 않는 시공을 하였을 때에는 계약담당공무원은 공작물의 대체 또는 개조를 명할 수 있다.

⑨ 제2항 내지 제8항의 경우 계약금액을 증감하거나 계약기간을 연장할 수 없다. 다만, 제3항의 규정에 의하여 재검사 결과 적합한 자재인 것으로 판명될 경우에는 재검사에 소요된 기간에 대하여는 계약기간을 연장할 수 있다.

우리나라 공사계약일반조건 제27조 (검사)

① 계약상대자는 공사를 완성하였을 때에는 그 사실을 준공신고서 등 서면으로 계약담당공무원(「건설기술관리법」 제27조의 규정에 의하여 책임감리를 하는 공사에 있어서는 당해공사의 감리전문회사를 말한다. 이하 이조 제2항, 제3항 및 제6항에서 같다)에게 통지하고 필요한 검사를 받아야 한다.

② 계약담당공무원은 제1항의 통지를 받은 때에는 계약서, 설계서, 준공신고서 기타 관계서류에 의하여 그 날로부터 14일이내에 계약상대자의 입회하에 그 이행을 확인하기 위한 검사를 하여야 한다. 다만, 천재 · 지변 등 불가항력적인 사유로 인하여 검사를 완료하지 못한 경우에는 당해사유가 존속되는 기간과 당해사유가 소멸된 날로부터 3일까지는 이를 연장할 수 있으며, 공사계약금액(관급자재가 있는 경우에는 관급자재 대가를 포함한다)이 100억원 이상이거나 기술적 특수성 등으로 인하여 14일이내에 검사를 완료할 수 없는 특별한 사유

가 있는 경우에는 7일 범위내에서 검사기간을 연장할 수 있다.

③ 계약담당공무원은 제2항의 검사에 있어서 계약상대자의 계약이행내용의 전부 또는 일부가 계약에 위반되거나 부당함을 발견한 때에는 필요한 시정조치를 하여야 한다. 이 경우에는 계약상대자로부터 그 시정을 완료한 사실을 통지받은 날로부터 제2항의 기간을 계산한다.

④ 제3항의 경우에 계약이행기간이 연장될 때에는 계약담당공무원은 제25조의 규정에 의한 지체상금을 부과하여야 한다.

⑤ 계약상대자는 제2항의 규정에 의한 검사에 입회 · 협력하여야 한다. 계약상대자가 입회를 거부하거나 검사에 협력하지 아니함으로써 발생하는 지체에 대하여는 제3항 및 제4항의 규정을 준용한다.

⑥ 계약담당공무원은 검사를 완료한 때에는 그 결과를 지체없이 계약상대자에게 통지하여야 한다. 이 경우 계약상대자는 검사에 대한 이의가 있을 때에는 재검사를 요청할 수 있으며 계약담당공무원은 필요한 조치를 하여야 한다.

⑦ 계약상대자는 제6항의 규정에 의한 검사완료통지를 받은 때에는 모든 공사시설, 잉여자재, 폐기물 및 가설물을 공사장으로부터 즉시 철거반출하여야 하며 공사장을 정돈하여야 한다.

⑧ 제39조의 규정에 의한 기성대가지급시의 기성검사는 공사감독관이 작성한 감독조서의 확인으로 갈음할 수 있다. 다만, 동 검사 3회마다 1회는 제1항의 규정에 의한 검사를 실시하여야 한다.

⑨ 제8항의 규정에 의한 기성검사시 검사에 합격된 자재라도 단순히 공사현장에 반입된 것만으로는 기성부분으로 인정할 수 없다. 다만, 계약상대자가 직접 또는 제3자에게 위탁하여 가공 · 조립 또는 제작된 자재인 때에는 당해 자재의 특성, 용도 및 시장거래상황 등을 고려하여 반입(당해 자재를 계약목적물에 투입하는 과정의 특수성으로 인하여 가공 · 조립 또는 제작하는 공장에서 기성검사를 실시, 동 검사에 합격한 경우를 포함)된 자재의 100분의 50 범위내에서 기성부분으로 인정할 수 있다.

우리나라의 경우 검사에 대해 규정하고 있지만 검사와 관련하여 다양한 분쟁이 발생하여, 항목별로 구분할 수 있는 미국 연방정부의 예를 들어 검사조항을 살펴보고자 한다.

Ⅰ. 검사의 유형(Type of Inspection)

발주자는 목적물이 계약에 규정된 바에 따라 완성되었는지 여부를 알기 위해서는 다양한 시험이나 검사방법을 정해야 한다. 발주자가 시공자의 작업내용을 판정할 수 있는 검사유형을 미리 정해둘 수도 있지만, 대부분의 경우 그렇게 하고 있지 않다.

만약 발주자가 시공자에게 높은 수준의 검사기준을 달성하도록 요구하였다면 간접적인 설계변경지시(Constructive Change)가 될 수도 있다.

검사를 할 때는 계약문서에 그 기준을 명시할 수도 있지만, 계약문서에 그 기준이 명시되지 못하는 경우 등 다양한 유형이 발생하게 되는데 쟁점이 되었던 몇 가지만 살펴보면 다음과 같다.

첫째, 발주자가 계약문서에 엄격한 기준을 설정하여 두었다면 시공자는 그에 대항하지 못한다[434].

둘째, 발주자는 계약문서에 명시하지 않은 시험 방법에 따라 시험을 하여 계약의 목적물을 달성하지 못하였다고 판단하면 인수를 거절할 수 있다. 계약문서에 명시되지 않은 시험 방법이 객관성을 지니기 위해서는 시방서에 일치하는지를 결정하는데 있어서 정확하고 합리적으로 계산되어야 한다[435]. 계약에서 규정하지 않는 방법을 선정할 때는 당초보다 까다로운 기준(Stringent Standard)을 선택하면 안된다[436]. 계약할 때는 예상할 수 없었던 방법으로 검사하여 시공자에게 추가비용이 발생되었다면 발주자가 그 비용을 부담할 수도 있다[437]. 시공자 과실에 의해 계약서에 명시된 방법 이외의 방법으로 추가비용이 투입되었다면 보상대상이 되지 않는다[438]. 계약에 명시되지 않은 방법으로 시험했는데 시공자가 새로운 방법에 의한 시험 결과를 요구한다면 시공자에게 그 사실을 알려주어야 한다[439].

셋째, 시험이 합리성을 가지려면 객관성(Subjectivity)을 갖추어야 한다[440].

넷째, 계약에 규정된 성능보다 시험이나 검사가 높은 성능기준을 충족하도록 요구하는 곳에서, 시험이나 검사 규정을 통과하지 못하였다는 사실이 목적물의 인수를 거절하는 요건이 되면 안된다[441]. 계약보다 강화된 성능기준을 요구하게 되면 간접적인 설계변경이 될 수 있고, 적절하게 계약금액조정(Equitable Adjustment)을 해 줄 수도 있다[442].

다섯째, 시방서가 분명하지 않은 경우 발주자의 검사기준은 시공자의 품질 요구 사항이

434) USA Case, *General Time Corp.*, ASBCA 22306, 80-1 BCA ¶14,393
435) USA Case, *Lowell Monument Co.*, VACBA 1191, 77-1 BCA ¶12,439
436) USA Case, *Circle Constr. Group*, ASBCA 38844, 90-3 BCA ¶22,999
437) USA Case, *Kenyon Magnetics, Inc.*, GSBCA 4769, 77-2 BCA ¶12,786
438) USA Case, *Chronometrics, Inc.*, NASABCA 185-2,90-3 BCA ¶22,992
439) USA Case, *Tester Corp.*, ASBCA 21312, 78-2 BCA ¶13,373
440) USA Case, *Reforesters, Dale Whitley*, AGBCA 87-374-3, 89-1 BCA ¶21,375
441) USA Case, *General Motors Corp.*, ASBCA 10418, 65-2 BCA ¶4885
442) USA Case, *Xplo Corp.*, DOTBCA 1246, 86-2 BCA ¶18,872

될 수도 있고, 느슨한 검사기준(Lax Inspection Standards)은 시방서를 포기하는 결과를 초래할 수도 있다[443].

II. 검사장소(Place of Inspection)

발주자는 검사를 할 경우 장소 선택 시 매우 큰 재량권(Latitude)이 있다. 연방조달규정에서는 발주자에게 가능하다면 모든 장소(to the extent practicable, at all places)를 허용하고 있다.

계약에서 특별히 장소를 명시하는 경우도 있는데 이러한 경우에도 발주자의 검사 장소 선택권을 침해하지 못한다[444].

계약에서 정한 장소를 벗어나 시험을 하여 추가비용이 발생된 경우 증가된 비용만큼 시공자에게 청구권이 발생할 수도 있다[445].

III. 검사시기(Time of Inspection)

검사시기는 공사중(During the Work) 기성검사, 인수(Acceptance) 시기의 준공검사로 크게 둘로 나눌 수 있다.

우리나라의 경우 공사중 검사는 기성대가 지급시의 기성검사는 공사감독관이 작성한 감독조서의 확인으로 갈음할 수 있으며, 기성검사 3회마다 1회는 준공검사에 해당하는 검사를 실시하여야 한다. 준공검사는 계약상대자인 사공자가 공사를 완성하였을 때에는 그 사실을 준공신고서 등 서면으로 계약담당공무원(「건설기술관리법」 제27조의 규정에 의하여 책임 감리를 하는 공사에 있어서는 당해공사의 감리전문회사를 말한다.)에게 통지하고 필요한 검사를 받는 것을 말한다. 이때 통지를 받은 날로부터 14일이내에 계약담당공무원은 검사하여야 한다.

미국의 경우 계약이행중 검사를 수행할 때는 불합리(Unreasonably)하게 행동하거나 불합리하게 지연이 발생하도록 해서는 안 된다. 계약이행중 검사 지체로 시공자에게 추가비용이 발생하였다면 시공자는 발주자가 불합리하게 행동하였다는 사실을 입증하도록 하고 있다[446].

---

443) USA Case, *Cheshier Janitorial*, ENGBCA 5487, 91-3 BCA ¶24,351
444) USA Case, *Ralbo, Inc.*, ASBCA 43548, 93-2 BCA ¶25,624
445) USA Case, *Boeing-Vertol*, ASBCA 18838, 78-2 BCA ¶13,377
446) USA Case, *Ebonex, Inc.*, ASBCA 38205, 94-2 BCA ¶26,640

완성단계시 수행하는 준공검사시에는 공사가 완성된 사실을 알거나 알아야 하는 시점 이후 합리적인 기간이내에 실시해야 한다[447].

검사의 시점도 문제가 될 수 있는데, 예를 들어 일반적으로 산업계에서 요구되는 대로 즉시 콘크리트 공기량 검사가 실시되지 않았으므로 검사 결과의 유효성을 인정하지 않고 있다[448].

Ⅳ. 검사횟수(Number of Inspections)

발주자는 불필요하게 공사를 지연시키지 않거나 비용을 증가시키지 않는다면 합리적으로 검사횟수를 조절할 수도 있다[449].

검사할 때마다 다른 검사자가 검사를 하거나 검사기준(Inspection Standard)이 달라 시공자에게 추가비용이 발생하였다면 시공자에게 그에 대한 청구권을 인정하였다[450].

공사의 내용에 따라 다수의 검사를 실시할 수도 있지만, 판단하는 기준이 달라 작업을 다시 해야 한다거나, 판단하는 사람이 자의적으로 판단하여 시공자에게 추가비용이 발생된다면 발주자에게 완전하게 책임이 없다고 볼 수 없다.

실제로 국내에서도 검사기준이 세부적으로 정리되어 있지 않았으므로 작업내용을 판단하는 사람에 따라 제대로 했는지 여부가 결정될 수 있는 상황에서 다수의 검사기관이 검사할 때마다 결정내리고, 그때마다 시공자는 순응하였다.

이러한 경우 계약문서에 어느 정도의 현장 점검이 이루어질 것이라는 사항이 명시되어 있다면 클레임사항이 되지 않을 수도 있지만, 그렇지 않을 경우, 시공자로서는 예측하기 곤란한 사항이므로 클레임 사유가 될 수도 있다.

물론, 계약문서에서는 국내의 관련 법규 준수 사항을 의무사항으로 두고 있으므로, 발주자의 책임이 없는 것으로 항변할 수도 있으나, 발주자는 현장점검으로 공정차질이 발생할 수 있을 정도로 현장점검이 잦다면 계약문서에 이를 명시했어야만 할 것이고 이에 대한 책임을 회피하기는 곤란할 것이다[451].

---

447) USA Case, *Martell Constr. Co.*, ASBCA 23679, 80-1 BCA ¶14,429
448) USA Case, *Tucker & Assocs. Contracting, Inc.*, IBCA 1468-6-81, 83-1 BCA ¶16,140
449) USA Case, *Servidone Constr. Co. v. United States*, 19. Ct. 346 (1990)
450) USA Case, *W.F. Kilbride Constr.*, ASBCA 19484, 76-1 BCA ¶11,736
451) 조영준, 「ㅇㅇ공사 클레임연구 자문」, 한국건설기술연구원, 1998. 4. 24

Ⅴ. 검사방법(Manner of Inspection)

발주자가 검사를 실시할 때 시공자의 작업을 방해하거나 추가비용이 발생할 수 있도록 하게 된다면 시공자에게 추가비용을 지급할 수도 있다.

특정한 용어에 대해서도 발주자가 임의(Arbitrary)로 해석하거나 정의하여 추가비용이 발생할 경우에도 발주자가 그 비용을 부담할 수 있다[452]. 또한 검사기간중 과도한 조사를 하여 인수하는데 지연이 발생하는 경우에도 발주자에게 책임이 있다[453].

계약에 정해진 방법이 아닌 개인적인 검사방법을 이용할 경우에도 발주자에게 책임이 있다[454].

또한 경험이 부족한 발주자가 검사하여 부적절(Improper)하게 거절할 경우에도 책임을 면할 수 없다[455].

Ⅵ. 재검사(Reinspection)

우리나라의 경우 현장에 투입되었으나 공사용으로 사용되지 않은 자재에 대해서는 재검사와 관련된 별도의 규정이 없고, 검사에 통과하지 않으면 현장에서 반출(搬出)하도록 규정하고 있다.

공사용으로 사용되어 목적물을 형성하고 있을 때 시공자의 요청에 의해 계약담당공무원은 검사를 완료한 때에는 그 결과를 지체없이 계약상대자에게 통지하여야 한다. 이 경우 계약상대자는 검사에 대한 이의가 있을 때에는 재검사를 요청할 수 있으며 계약담당공무원은 필요한 조치를 하여야 한다[456].

통상적으로 시공자의 잘못으로 인해 발주자가 재검사를 실시하게 되면 그 비용은 시공자가 부담해야 한다.

미국 연방조달규정 52.246-2조의 경우 물품공급계약에서는 계약에서 정한 검사 기한에 물품공급(物品供給)이 되지 않을 때(When supplies are not ready at the time specified by the Contractor for inspection or test) 또는 불합격(不合格) 통지로 인해 재검사나

452) USA Case, *California Reforestation*, AGBCA 87-226, 89-1 BCA ¶ 21,301
453) USA Case, *Xplo Corp.*, DOTBCA 1246, 86-2 BCA ¶ 18,872
454) USA Case, *Hull-Hazard Inc.*, ASBCA 34645, 90-3 BCA ¶ 23,173
455) USA Case, *Rohr-Plessey Corp.*, PSBCA 36, 76-2 BCA ¶ 11,995
456) 공사계약일반조건 제27조(검사) 제7항 참조

재시험(再試驗)이 필요할 때(When prior rejection makes a reinspection or retest necessary) 정부가 실시한 재검사 비용은 시공자가 부담해야 하는 것으로 하고 있다.

공사의 경우에는 별도로 언급하고 있지 않은데, 근본적으로 유사한 책임(Substantially similar liability)을 부담하는 것으로 보고 있다.

발주자가 검사를 실시하였으나 공식적으로 거절도 하지 않았고, 시공자가 부담하게 되는 추가 검사 비용도 부담하겠다는 합의를 하지 않았다면 발주자의 재검사는 초기 검사의 연장선에 있는 것으로 보고 있다[457].

또한 발주자는 시공자가 최초 검사에 발견된 결함을 수리할 수 있도록 적절한 시간을 부여해야 하며, 발주자가 시공자의 비용으로 재검사를 실시하기 전에 시공자에게 통지해야 한다[458].

제2절 … 수령거절(Rejection)과 인수(Acceptance)

시공자가 목적물을 완성하여 발주자에게 검사를 요청한 이후 발주자가 인수(Acceptance)하였을 경우에는 대가를 지급받을 수 있지만 수령거절하는 경우에는 시공자는 대가를 청구할 권한이 없다.

따라서, 건설공사에서 발주자가 검사를 통하여 목적물의 수령을 거절하는 행위와 인수하는 행위는 목적물의 품질을 향상시키는 매우 중요한 역할을 하게 된다.

우리나라에서 공사계약일반조건에 목적물의 수령거절에 대해서는 별도로 언급하지 않으며, 인수에 대해 다음과 같이 규정하고 있다.

> 우리나라 공사계약일반조건 제28조(인수)
>
> ① 계약담당공무원은 제27조제6항의 규정에 의하여 검사완료통지를 한 후 계약상대자가 서면으로 인수를 요청하였을 때에는 즉시 현장인수증명서를 발급하고 당해 공사목적물을 인수하여야 한다.
>
> ② 계약담당공무원은 제1항의 규정에 의하여 인수를 요청할 경우 공사규모 등을 고려하여 필

457) USA Case, *Vare Indus., Div. of Audiger, Inc.*, ASBAC 10097, 67-2 BCA ¶ 6653
458) USA Case, *Okland Constr. Co.*, GSBCA 3557, 72-2 BCA ¶ 9675

요하다고 인정할 때에는 계약상대자로 하여금 다음 각호의 사항이 첨부된 준공명세서를 제출하여야 한다.

1. 완성된 공사목적물의 전면 · 후면 · 측면사진(10″×15″) 각 5매 및 필름
2. 제27조의 주요검사과정을 촬영한 비데오테잎(VHS) 5본
3. 착공에서 준공까지의 행정처리과정, 참여기술자, 관련참여업체 등의 내용을 포함하는 「건설기술관리법 시행령」 제38조의16의 규정에 의한 준공보고서

③ 계약담당공무원은 계약상대자가 검사완료통지를 받은 날부터 7일이내에 제1항의 규정에 의한 인수요청을 아니할 때에는 계약상대자에게 현장인수증명서를 발급하고 당해 공사목적물을 인수할 수 있다. 이 경우 계약상대자는 지체없이 제2항의 규정에 의한 준공명세서를 제출하여야 한다.

④ 계약담당공무원은 공사목적물을 인수한 때에는 다음 사항을 기재한 표찰을 부착하여 공시하여야 한다.

1. 공사명 및 발주기관(관리청)
2. 착공 및 준공년월일
3. 공사금액
4. 계약상대자
5. 공사감독관 및 검사관
6. 하자발생시 신고처
7. 기타 필요한 사항

⑤ 발주관서는 제3항의 규정에 의하여 인수된 공사목적물을 계약상대자에게 유지관리를 요구하는 경우에는 이에 필요한 비용을 지급하여야 한다.

발주자가 인수를 거절할 경우에는 발주자의 시정조치를 요구할 수 있는 권한이나 하자로 인한 계약금액의 감액 조치하는데 영향을 미치게 된다. 마찬가지로 발주자가 인수를 하게 되면 발주자는 준공대가를 지급해야 하고, 인수받은 목적물을 다시 수령거절하지 못할 수도 있다.

한편, 건설사업의 경우 공사도중 발주자의 감독관이 기성대가를 지급하기 전에 검사를 하기 때문에 최종 목적물이 완성되었을 때 일괄적으로 수령거절하게 된다면 공사도중 발주자 감독관의 행위에 문제가 제기될 수도 있기 때문에 거의 일어나지 않고, 우리나라에서는 시정조치하는 것으로 마무리되는 경우가 많다.

본 절에서는 인수 전 수령거절과 관련한 다양한 법적 규칙을 살펴보고자 한다.

Ⅰ. 수령거절(Rejection)

목적물을 인수해서는 안 되는 사유가 명백할 경우에는 수령거절을 할 수 있으나, 발주자

의 목적물 수령거절은 건설사업에서 금액이 커서 현실적으로 매우 큰 문제를 야기하기 때문에 선호되는 행위는 아니다.

발주자가 목적물을 거절할 때 발생할 수 있는 다양한 기준들을 살펴보면 다음과 같다.

1. 거절기준(Rejection Standards)

발주자가 목적물을 수령거절할 수 있는 권한이 있는지 여부는 하자의 유형(the type of defect), 시방서의 본질(the nature of the specification), 하자 발견 시점(the time when the defect is discovered)에 달려있다[459].

첫째, 완벽한 일치와 관련해서는 다음과 같다.

발주자는 시공자에게 시방서와 일치하여 계약을 이행하도록 요구할 권한이 있으므로, 시방서와 완벽하게 일치(Strict Compliance)하는지 여부의 판단은 매우 중요하며, 이를 "Strict Compliance Doctrine" 또는 "Strict Compliance Rule"이라 한다.

시방서와 완벽하게 일치시키도록 하는 목적은 시공자가 저가 입찰로 계약체결하여 계약에 규정된 사항보다 값싼 자재를 투입하려는 것을 막기 위한 것으로 보고 있다[460]. 한편 발주자는 계약에 명시된 사항보다 동등하거나 우수하거나 상관없이 대체품을 받아들일 의무는 없고, 시방서와 완벽하게 일치하도록 요구할 수 있다[461].

발주자가 하자있는 작업에 대해 수령거절할 때는 그 하자로부터 피해를 입고 있다는 사실을 입증할 필요는 없다. 예를 들어 바탕칠에 들어가는 페인트의 색이 시방서에 규정된 색과 약간 다른 경우 바탕칠은 덧칠의 밑에 들어가므로 발주자에게 아무런 피해가 없으나 발주자가 바탕 도장공사에 대해 수령을 거절한 것은 합리적인 것으로 보고 있다[462].

이러한 판결의 기본에 깔려 있는 의도는 정부는 계약에 규정된 목적물(Features)을 요구할 권리가 있고, 시공자가 적합하다고 판단하여 일방적으로 대체품을 사용하는 것을 허용하지 않는 것이다.

둘째, 시방서의 본질과 관련된 사항은 다음과 같다.

절대적인 요구사항(Absolute Requirement)은 사실상 도달하기 어렵기 때문에 절대적

459) Cibinic, John and Nash, Ralph,(1995), 앞의 책, p.833
460) USA Case, *Ideal restaurant Supply Co.*, VACAB 570, 67-1 BCA ¶6237
461) USA Case, *Carothers Constr. Co.*, ASBCA 41268, 93-2 BCA ¶25,628
462) USA Case, *Arrow LAcquer Corp.*, ASBCA 22132, 78-2 BCA ¶13,229

인 요구사항이 명시된 시방서는 객관적인 기준(Subjective Standards)으로 작성되어야 한다.

예를 든다면, "Bubble Free(거품 없음)"이라는 표현이 있을 경우 달성하기 곤란하거나 성과 측정이 어렵다고 보고 있으나, 역사적인 계단의 보수와 수선계약에서 "새롭게 타설설치할 때는 기존과 정확히 일치해야 한다(All new castings shall exactly match existing casting)"라고 표현하였는데 시공자가 길이를 달리하여 타설설치(Casting which varied in length)하여 발주자가 수령거절하였다면 유효하다[463]. 부정확하게 기술된 요구사항(Imprecisely stated requirements)는 완벽하게 이해될 수 없으므로 객관적으로 해석되어야 한다.

한편 병따개 손잡이는 "둥근 표면에 날카로운 가장자리없이 작동이 편하게(Rounded surfaces, free of sharp edges, for comfortable operation)" 만들어지도록 하였는데, 이 기준을 충족시키지 못하므로 시공자의 주장은 거절되었다[464].

특정 상품명이나 동등 품질이 요구될 수도 있는데, 그러한 품질은 발주자에게 필요한 특징적인 성질(Salient Characteristics)이 있어야 한다.

성질을 명시하지 않은 경우에는 대체품은 특정 상품과 동등한 기능과 품질기준을 가지면 되는데[465] 이를 "Jack Stone Rule"이라 한다.

상품명 시방이란 특정 상품이 명시되어 있고, 동일한 것(Or Equal)으로 되어 있는데, 동등한 것(Equivalent)은 포함하지 않는 것을 말한다. 그리고, 특정 상품명을 사용해야만 목적을 달성할 수 있지만 특정 상품명을 기재하지 않은 시방을 특정 시방(特定 示方, Proprietary Specifications)이라고 한다.

특정 상품명을 기재하게 되면 공정거래를 방해하기 때문에 미국[466]에서는 배제하고 있다. 발주자가 특정 시방을 사용하고 기능적으로 동등한 것을 활용할 수 없도록 한 것은 잘못이며, 계약서에는 표준적인 재료와 작업이 들어가도록 하였는데[467], 이를 Sherwin Rule이라 한다.

시공자가 Sherwin Rule을 주장하기 위해서는 다음의 3가지 요건을 충족해야 한다.

463) USA Case, *Canon Constr., Inc.*, GSBCA 11227, 92-2 BCA ¶25,001
464) USA Case, *Bonny Prods., Inc.*, GSBCA 4577, 76-2 BCA ¶12,158
465) USA Case, *Jack Stone Co. v. United States*, 170 Ct. Cl. 281, 344 F.2d 370 (1965)
466) FAR 10.004(a)(2) Limit the use of brand name or proprietary specifications
467) USA Case, *William R. Sherwin v. United States*, 193 Ct. Cl. 962, 436 F.2d 992 (1971)

1) 시방서가 특정적이라는 사실

2) 대체 상품의 특징을 명시하는 정보를 발주자에게 제출하였다는 사실

3) 대체 상품은 명시된 상품과 동일한 품질기준을 충족하였다는 사실[468]

규정된 상품의 특징 일부분을 충족시키지 못한다고 하여 전체 대체 상품을 거절하는 것은 적절하지 못하지만[469], 시공자는 대체품을 사용하기 위해서는 명시된 물품과 기능상 동일하고 동일한 품질기준을 가진다는 사실을 입증할 책임이 있다[470].

셋째, 완벽하게 일치해야 하는 원칙에도 제한이 있는데 다음과 같다.

시공자가 작성한 시공상세도(Shop Drawings)가 시방에 완벽하게 맞지 않았기 때문에 발주자가 이를 거절한 것은 적합하다고 보고 있으며[471], 치장벽돌의 기능과 품질이 계약의 규정을 충족하더라도 색깔에 미세한 차이가 있다면 거절될 수 있다[472].

발주자가 목적물이 완벽하게 일치하지 않는다고 하여 거절할 때는 경제적인 손실비용을 고려하여야 한다. 경제적인 손실 개념은 미국의 법원에서 정립되어 왔는데 발주자의 구제 조치는 시공자의 이득 또는 가치 손실에 근거하여 산출되어야 한다[473].

계약에서 첫 번째 문서(First Articles)를 제출하도록 할 때, 시공자가 제출한 첫 번째 문서가 시방서에 적합하지 않다고 하여 승인되지 않을 수도 있는데, 첫 번째 문서가 쉽게 고쳐질 수 있는 사항인데도 불구하고 발주자가 계약해지하였다면 부적절한 것으로 보고 있다[474].

계약해지가 부적절하다는 사실을 보여주기 위해서는 시공자가 첫 번째 문서가 쉽게 고쳐질 수 있다는 사실을 입증해야 한다[475].

2. 불일치의 입증(Proving Noncompliance)

발주자가 목적물의 수령을 거절했을 때는 계약문서와 일치하지 않는다는 사실을 입증해

468) USA Case, *Blount Bros. Corp.*, ASBCA 31202, 88-3 BCA ¶20,878
469) USA Case, *Eslin Co.*, AGBCA 90-222-1, 93-1 BCA ¶25,321
470) USA Case, *R.D. Lowman Gen. Contractors, Inc.*, ASBCA 36961,91-1 BCA ¶23,456
471) USA Case, *Robert McMullan & Son, Inc.*, ASBCA 21159, 77-1 BCA ¶12,453
472) USA Case, *Tectonics, Inc.*, ASBCA 28609, 84-1 BCA ¶17,153
473) USA Case, *Granite Constr. Co. v. United States*, 962 F.2d 998 (Fed. Cir. 1992), Cert. denied, 113 S. Ct. 965 (1993)
474) USA Case, *Advanced Precision Indus., Inc.*, ASBCA 34676, 89-2 BCA ¶21,597
475) USA Case, *Marvin Eng'g Co.*, ASBCA 27016, 84-2 BCA ¶17,401

야 한다. 발주자가 입증하지 못할 때, 시공자는 수령거절로 인해 발생된 추가비용에 대한 청구권을 가지게 된다[476].

보통 발주자는 자신에 수행한 시험 결과를 제출하여 입증할 수 있는데, 이는 시공자가 그 시험 결과의 부당성을 입증해야 하는 결과를 초래하기도 한다[477].

시공자가 시방서에 일치하게 작업하였다는 입증자료를 제출하였을 때는 계약당사자 각각의 입증자료를 평가할 수 있다.

발주자가 자신의 기술자들이 보유한 장비와 실험 조건에 근거하여 충분한 입증자료없이 단순한 시험결과서를 제출하는 것은 시공자 자체 시험 결과에 근거하여 계약과 일치하다고 한 사항보다 우월하지 않은 것으로 본다[478].

3. 거절통지(Notice of Rejection)

발주자가 목적물의 수령을 적절한 시기에 거절하게 되면 자신의 이익을 지킬 수 있게 된다. 통지시점이 부적절하거나 통지내용이 부적절할 경우 묵시적으로 인수한 결과를 초래하거나 하자보수(瑕疵補修) 요구를 할 수 없게 되는 결과를 초래할 수 있다.

우리나라의 경우 공사계약일반조건 제27조(검사)제2항에서 시공자인 계약상대자의 계약이행 내용의 전부 또는 일부가 계약에 위반되거나 부당함을 발견한 때에는 필요한 시정조치를 하도록 규정하고 있다.

이때 발주자가 시공자에게 통지해야 하는 사항은 시정조치가 되며 시정조치에는 그 사유가 포함되어야 할 것이다.

미국의 경우 표준적인 검사조항에는 거절통지시 사유를 명시해야 한다는 사항이 포함되어 있지 않지만, 연방조달규정[479]에 발주자가 거절 통지를 할 경우 그 사유를 명시하도록 하고 있다. 발주자가 거절 사유를 통지하지 않거나, 하자를 보수할 적절한 시간(Adequate Time)을 제공하지 않은 상태에서 계약해지를 하게 되면 적절하지 않은(Improper)으로 보고 있다[480]. 발주자가 거절 사유를 통지하지 않게 되면 기 수행된 추가작업에 대하여 적절한 계약금액조정을 받을 수도 있다[481].

476) USA Case, *Hardeman-Monier-Hutcherson*, ASBCA 11785, 67-1 BCA ¶6210
477) USA Case, *C.W. Roen Constr, Co.*, DOTCAB 75-43, 76-2 BCA ¶12,125
478) USA Case, *National Aviation Elecs., Inc.*, ASBCA 18256, 74-2 BCA ¶10,677
479) FAR 46.407(g) 참조
480) USA Case, *Space Dynamics Corp.*, ASBCA 12085, 69-1 BCA ¶7662
481) USA Case, *Chula Vista Elec. Co.*, ASBCA 9830, 65-1 BCA ¶4745, recons. denied, 65-2 BCA ¶4900

시공자가 입찰시 불일치하는 물품공급사실을 알았다면 거절 통지할 필요도 없다[482].

통지시점은 우리나라에서 쓰는 용어라면 "지체없이"에 해당하는 가급적 빠른 시간내(As promptly as practicable) 또는 즉시(Promptly) 등의 형태로 규정되어 있는데, 구체적인 기간은 명시하고 있지 않으므로 계약의 해석문제가 될 수 있다.

통지기간(The Length of Time)은 작업의 성질, 검사의 난이도(難易度), 시공자에 대한 작업 지연 등에 영향을 받는다.

따라서 통지기간에 대한 사항은 개별사건별로 따로 판단해야 하는 사항이 된다.

Ⅱ. 목적물 인수(Acceptance)

준공검사에 합격하면 공사목적물은 발주자에게 인도된다. 여기서 인도란 공사목적물의 점유의 임의 이전이고, 인도하기 위한 특별한 방식이 있지 않다.

따라서 인도증은 인도를 했다는 중요한 증거기는 하지만 인도증을 교부하지 않으면 인도가 완료되지 않았다고 해석할 수 없다[483].

목적물의 인수는 계약의 이행과 관련하여 매우 중요한 역할을 한다.

우리나라의 경우 발주자가 준공대가를 지급하는 시점이 되고 동시에 시공자가 하자담보책임기간동안 하자를 보수하겠다는 하자보수증권(瑕疵補修證券)을 제출하여 하자담보책임기간이 기산되는 시점이 된다. 따라서 목적물을 언제, 어떻게 인수하느냐는 건설현장에서 매우 중요하다.

1. 인수권(Authority to Accept)의 지정

시공자는 목적물을 완성하였으면 인도하게 되는 것이 보통이지만 때로는 계약에서 발주자를 대신하여 목적물을 인수할 권한을 지정하는 경우도 있다.

검사자에 의한 인수(Acceptance by the Inspector)라는 용어를 쓰는 경우도 있는데, 이는 검사자에게 인수권을 위임한다(Delegate)는 의미가 아니라 검사자가 어떤 상황을 승인(Approval)하는 의미로 보는 경우도 있고[484], 상황에 따라 발주자의 검사자가 승인권(承

---

482) USA Case, *Premiere bldg. Servs., Inc. v. General Servs. Admin.*, GSBCA 11741, 93-1 BCA ¶25,476

483) 滝井繁男(1990), 앞의 책, p.110

484) USA Case, Trevco Eng's & Sales, VACAB 1021, 73-2 BCA ¶10,096

認權)을 갖는 것으로 보는 경우도 있다[485].

일부의 송사에서는 계약담당공무원으로부터 명확한 인수권의 위임을 요구하지만[486], 권한이 없는 발주자의 피고용인에 의한 인수가 있고, 이 사실을 계약담당공무원이 알고 있거나 알았어야 하는 상황이라면, 인수는 최종적이고 종국적(Final and Conclusive)인 것 보고 있다[487].

2. 인수시기와 장소(Time and Place of Acceptance)

우리나라 공사계약일반조건 제28조(인수)제1항에서 발주자는 검사 완료 통지를 한 후 계약상대자가 서면으로 인수를 요청하였을 때에는 즉시 현장인수증명서를 발급하고 당해 공사목적물을 인수하도록 규정하고 있으나 인수 장소에 대해서는 별도로 언급하지 않는다.

미국의 경우 연방조달규정의 몇 부분[488][489][490]에서 인수시기와 장소에 대해 규정하고 있다. 특히 FAR 46.503조는 인수장소에 대해 다음과 같이 기술하고 있다.

> **FAR 46.503 The Place of Acceptance**
>
> Each contract shall specify the place of acceptance. Contracts that provide for Government contract quality assurance at source shall ordinarily provide for acceptance at source. Contracts that provide for Government contract quality assurance at destination shall ordinarily provide for acceptance at destination.
>
> 모든 계약은 인수 장소를 명시해야 한다. 목적물에 대한 정부계약품질보증을 규정하는 계약들은 통상적으로 목적물의 인수조항을 규정해야 한다. 목표에 대한 정부계약품질보증을 규정하는 계약들은 통상적으로 목표의 인수조항을 규정해야 한다.

미국 연방조달규정중 건설계약에 해당하는 FAR 52-246-12(i)항은 다음과 같이 규정하고 있다.

485) USA Case, *Wisconsin Machine Corp.*, ASBCA 18500, 74-1 BCA ¶10,397
486) USA Case, *GonZales Custom Painting, Inc.*, ASBCA 39527, 90-3 BCA ¶22,950
487) USA Case, *Norwood Precision Prods.*, ASBCA 24083, 80-1 BCA ¶14,405
488) FAR 46.102(c)
489) FAR 46.501
490) FAR 46.503

FAR 52-246-12(i)

Unless otherwise specified in the contract, the Government shall accept, as promptly as practicable after completion and inspection, all work required by the contract or that portion of the work the contractor officer determines can be accepted separately.

계약에서 달리 규정하지 않는 한, 정부는 완공과 검사후 지체없이, 계약에서 요구된 모든 작업 또는 계약담당공무원이 분할하여 인수할 수 있다고 인정하는 공사의 경우 해당부분을 인수하여야 한다.

거절 통지에서 살펴본 바와 같이 인수에 대한 시점도 동일하게 즉시(Promptly), 지체없이(As promptly as practicable) 등의 용어가 쓰이는 경우가 있지만 획일적으로 규정하기는 어렵고 개별계약의 내용으로 판단하거나, 계약의 해석을 통해 이루어지고 있다.

3. 인수방법(Method of Acceptance)

우리나라에서는 공사계약일반조건 제28조(인수)제1항에서 시공자의 요청에 의해 인수요청을 하게 되면 즉시 현장인수증명서를 발급하고 당해 공사목적물을 인수하여야 한다. 이때 시공자는 준공명세서를 제출하여야 한다.

그리고, 시공자가 검사완료통지를 받은 날부터 7일이내에 인수요청하지 않을 수도 있는데, 이때에는 발주자가 시공자에게 현장인수증명서를 발급하고 당해 공사목적물을 인수할 수 있으며, 이때 시공자는 지체없이 준공명세서를 제출하여야 한다.

미국에서는 인수란 계약의 일부 또는 완전한 이행의 결과로 주어진 물품이나 서비스의 소유권이 발주자에게 귀속되는 것을 의미하는 것으로 정의[491]하고 있으며, 다음과 같이 인수방법에 대한 사항을 규정하고 있다.

FAR 46.501 General

Acceptance constitutes acknowledgement that the supplies or services conform with applicable contract quality and quantity requirements, except as provided in this subpart and subject to other terms and conditions of the contract. Acceptance may take place before delivery, at the time of delivery, or after delivery, depending

491) FAR 46.101 Definitions

on the provisons of the terms and conditions of the contract. Supplies or services shall ordinarily not be accepted before completion of Government contract quality assurance actions (however, see 46.504). Acceptance shall ordinarily be evidenced by execution of an acceptance certificate on an inspection or receiving report form or commercial shipping document/packing list.

인수란 다른 계약조건과 본 계약의 하부규정에 의한 사항을 제외하고 계약품질요구와 계약수량요구에 시공자가 제공한 목적물 또는 용역이 일치한다는 것을 인지함을 의미한다. 인수는 계약조건에 따라 인도전, 인도과정, 인도이후에 실시할 수 있다. 목적물과 용역은 통상적으로 발주자의 계약품질보증조치를 완성하기 전에 인수되어서는 안된다. 인수는 통상적으로 검사 또는 인수보고서양식 또는 상업적 선적문서일람에 대한 인수확인서의 발급에 의해 증빙되어야 한다.

문서상으로 목적물의 인수하지 않은 경우에도 목적물을 인수한 것과 같은 효과를 나타낼 수가 있는데 묵시적인 인수(Implied Acceptance)가 그것이다. 일본의 경우 보수 개소가 남아있어도 열쇠를 받는 등의 점유 내지 실력적 지배가 이전되어 있으면 인도되었다고 본다[492)493)].

묵시적인 인수가 인정되는 경우는 몇 가지로 나눌 수 있다.

첫째, 시공자의 목적물 인도에 대해 발주자가 통상적인 기간보다 늦게 인수거절하겠다고 통지하는 경우[494)]

둘째, 인수 전에 시공자 소유의 계약목적물을 발주자가 자신의 것처럼 사용하는 경우[495)]

셋째, 기타 인수 주장(Alleged Acceptance)을 둘러싼 주변환경의 판단에 의한 경우[496)]

계약에서 인수라는 용어를 사용하는 경우(예를 들어 "기성대가지급을 위한 인수")가 있는데, 이러한 모든 인수라는 용어의 의미가 최종준공확인을 거친 인수(Acceptance for Finality Purpose)라는 것은 아닌 것으로 보고 있다[497)].

시공중 발주자는 필요에 따라 목적물을 부분사용하거나 점유할 수 있는데, 여기에 대해

492) 일본 大阪高判 1986. 12. 9. 판결 640호 176항

493) 일본 山形地新壓地判 1980. 2. 28. 판결 1169호 133항

494) USA Case, *Cooper Mechanical Contractor's*, IBCA 2744, 92-2 BCA ¶24,821

495) USA Case, *John C. Kohler Co. v. United States*, 204 Ct. Cl. 777, 498 F.2d 1360 (1974)

496) USA Case, *K-Square Corp.*, NASBCA 1271-23, 76-1 BCA ¶11,867, recons. denied, 76-2 BCA ¶12,093

497) USA Case, *Industrial Data Link Corp.*, ASBCA 31570, 91-1 BCA ¶23,382

우리나라의 공사계약일반조건에서는 인수라는 개념을 사용하고 있지는 않지만 부분 사용으로 인해 시공자에게 추가비용이 소요된다면 실비를 보상하도록 규정하고 있다.

> **공사계약일반조건 제30조(부분사용 및 부가공사)**
>
> ① 발주기관은 계약목적물의 인수전에 기성부분이나 미완성부분을 사용할 수 있으며 동 부분에 대하여는 당해 구조물 안전에 지장을 주지 아니하는 부가공사를 할 수 있다.
>
> ② 제1항의 경우 계약상대자와 부가공사에 대한 계약상대자는 계약담당공무원의 지시에 따라 공사를 진행하여야 한다.
>
> ③ 계약담당공무원은 제1항의 규정에 의한 부분사용 또는 부가공사로 인하여 계약상대자에게 손해가 발생한 경우 또는 추가공사비가 필요한 경우로서 계약상대자의 청구가 있는 때에는 제23조의 규정에 의하여 실비의 범위안에서 보상하거나 계약금액을 조정하여야 한다.

미국의 경우 부분사용과 관련하여 이전에는 연방조달규정에 "사용이나 점유는 계약에 따라 준공되지 않은 목적물의 인수로 간주되어서는 안된다(Such possession or use shall not be deemed an acceptance of any work not completed in accordance with the contract)"로 규정하여 인수에 대한 책임을 면하고자 하였다. 그러나 이 조항과 관련하여 계약 분쟁이 발생하였고, 발주자가 부분사용하거나 점유한다면 묵시적으로 인수한 것으로 간주되어야 한다고 하며[498], 이러한 원칙은 Bradford Rule로 불려지고 있다.

이후 연방조달규정은 "발주자의 점유나 사용은 계약에 따른 어떤 목적물의 인수로 간주되어서는 안된다(The Government's possession or use shall not be deemed an acceptance of any work under the contract)"으로 변경되었다.

우리나라와 같이 발주자의 부분사용하고 그로 인해 발생하는 손해에 대해 발주자가 책임을 부담하는 경우에는 굳이 발주자가 인수했다는 표현을 사용할 필요가 없기 때문에 미국에서도 Bradford Rule이 적용되지 않는다[499].

4. 발주자의 구제조치(Remedies)

우리나라의 경우 공사계약일반조건 제27조에서 검사에 있어서 계약상대자의 계약이행내용의 전부 또는 일부가 계약에 위반되거나 부당함을 발견한 경우 첫째, 제3항에는 시정

498) USA Case, Mike Bradford & Co., ASBCA 11196, 66-2 BCA ¶5831
499) USA Case, Fraser Eng'g Co., VABCA 3265, 91-3 BCA ¶24,223

조치를 하도록 하고 있고, 둘째, 제4항에는 계약기간이 연장될 경우 지체상금을 부과하도록 규정하고 있다.

이에 반해 미국에서는 계약상대자의 계약이행 내용의 전부 또는 일부가 계약에 위반되거나 부당함을 발견한 경우 첫째, 시정조치를 하고, 둘째, 발주자가 스스로 하자를 보수하거나 또는 다른 시공자로 하여금 하자를 보수하게 하고 그 비용을 시공자에게 부담시키거나, 셋째, 대가를 감액하는 방법을 쓰고 있다.

시공자가 하자를 보수하는 경우에는 목적물을 인도해야하는 합리적인 기간 내에 보수해야 하며, 이를 위반할 때는 그에 따른 책임을 부담하게 된다.

발주자의 시정조치에 시공자가 즉시 응하지 않을 경우 발주자가 스스로 하자를 보수하거나 또는 다른 시공자로 하여금 하자를 보수하게 하고 그 비용을 시공자에게 부담시킬 수 있다.

이때 시공자가 비용을 부담해야 하는 사항은 하자를 보수하는데 소요되는 비용에 국한되는 것이며 재조달(Reprocurement)비용은 해당되지 않는 것으로 보고 있다[500]. 또한 발주자가 감액할 경우에는 발주자가 하자를 보수하는데 소요된 비용(Government Cost)이 아니라 시공자를 활용하여 절약할 수 있는 금액(Contractor Savings)에 근거해야 하는 것으로 보고 있다[501].

500) USA Case, *E.R. Smith Constr. Co.*, DOTCAB 1077, 80-1 BCA ¶14,386

501) USA Case, *John Lembesis Co.*, ASBCA 24100, 80-2 BCA ¶14,571

제 14 장

하자담보책임(Defect Liability)

제1절 ··· 불완전 이행 및 하자책임 관련 쟁점

건설사업을 이행하는 과정에 있어서 여러 가지 유형의 불완전이행이 발생할 수 있다. 그 중에는 발주자나 수급인의 책임으로 분명히 할 수 있는 경우도 있지만, 대부분의 경우 책임 주체를 분명히 할 수 없다.

다음은 건설공사 계약이행중 발생할 수 있는 불완전이행, 목적물 인수 이후 발생할 수 있는 하자와 관련한 분쟁에 대해 계약유형별로 몇 가지 예를 들어 살펴보고자 한다.

첫째, 설계시공분리발주공사에서 1㎞이상으로 된 콘크리트구조물인 지하차도를 건설하는 계약을 체결하였다. 발주자는 설계에 신축 이음을 두지 않았고, 방수공사 자재도 지정하였다. 그러나 수급인이 전체목적물을 완성하여 인도하지 않았는데도 누수현상이 발생하였다.

누수문제가 심각해지자 설계 하자인지 시공 하자인지를 규명하기 위해 수급인의 비용으로 해외전문가를 초청하여 검토하였으나 구체적인 답변을 제시받지 못하였다.

결국 시공중에 수급인은 균열 보강 작업을 하였고, 준공 이후에도 균열 보강 작업을 수행하게 되었다.

이러한 문제가 발생하자 수급인은 계약이행중 관련 법령 및 계약에 따라 설계를 검토한 후, 일정 간격마다 있어야 할 신축이음이 누락된 사실을 발견하고, 이를 발주자에게 통지하였으므로, 수급인에게 계약적 책임이 없다고 주장하게 되었다. 그러나 발주자는 지하차도의 경우 구조물에 균열이 발생할 정도의 온도 변화가 발생하지 않기 때문에 신축이음을 설치하지 않았던 것이며, 설계 문제는 없다고 하였다. 오히려 발주자는 설계대로 시공하도록 하였으나 수급인이 설계대로 시공하지 못하여 발생된 하자이므로 수급인에게 책임이 있다고 주장하게 되었다. 이를 간략히 도식화하면 다음 그림과 같다.

그림 14 … 계약이행중 설계하자관련 분쟁

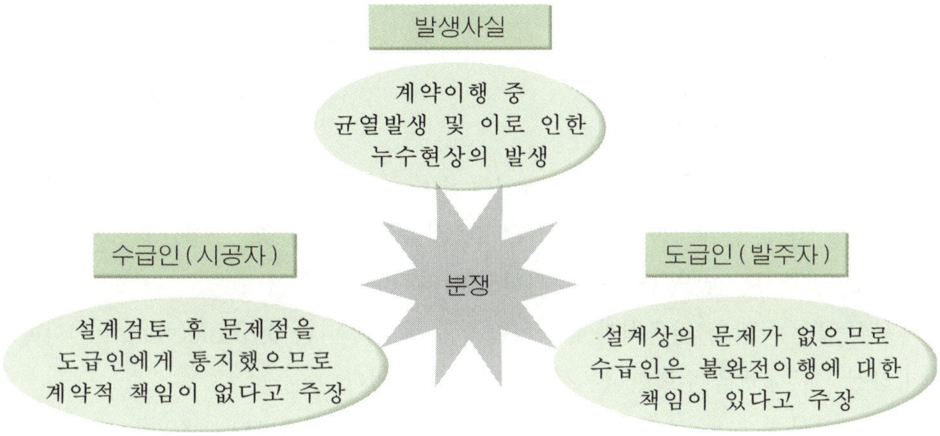

둘째, 설계시공분리발주공사에서 지하차도를 설치하기 위해 가시설인 H빔으로 수평버팀보를 설치하도록 하였으므로 수직철근과 버팀보 사이에 간섭현상이 발생하였고, 결국 버팀보 부분의 수직 철근은 절단된 후 연결되어야 하였다.

계약문서인 시방서에 고강도 철근의 용접 및 가열은 허용되지 않았고, 공사계약특수조건에 계약체결 후 90일 이내에 설계 검토하여 문제점을 제시하지 않을 경우 설계변경은 없는 것으로 규정되어 있었다. 그리고 공사계약일반조건에는 당해 공사의 이행 전에 설계 누락사실을 발주자에게 통지하면 발주자가 그 사실을 조사 · 확인한 후 공사가 적절하게 이행될 수 있도록 설계변경등의 조치를 하도록 규정되어 있었다.

수급인은 계약체결 후 1년이 지난 시점에 설계 하자라고 하여 설계 누락 사실을 보고하면서 대체 시공 방법을 제시하였다.

그러나 발주자는 대체 시공 방법의 자재를 승인하면서 수급인에게 계약불이행책임(90일 이내에 설계검토 의무불이행)을 물어 설계변경은 없는 것으로 답신하게 됨으로써 분쟁이 발생하였다. 이를 간략히 도식화하면 다음 그림과 같다.

그림 15 … 설계하자와 계약적 책임관련 분쟁

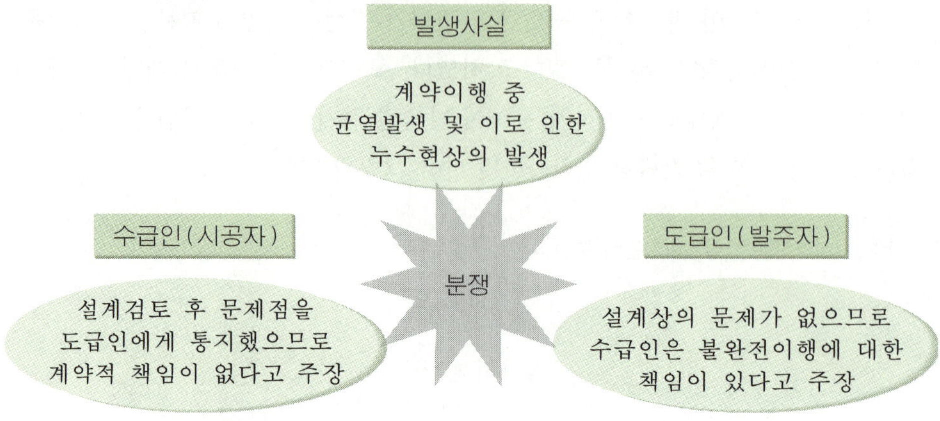

셋째, 설계시공일괄입찰공사에서 수급인이 소음 · 진동 규제 법령 및 표준시방서의 진동 허용 기준치 이내로 설계서를 작성하고 굴착공사를 진행하던 중, 소음 · 진동으로 인한 민원이 있었고, 발주자는 민원 대책을 수립하도록 지시하였다.

따라서 수급인은 발파 전문회사에 의뢰한 연구결과에 따라 0.3kine(=cm/sec)이하로 제어 발파하겠다는 대책을 수립한 후 이에 따라 시공하였다.

발주자는 공사계약특수조건에 수급인이 소음 · 진동에 대한 모든 책임을 부담하도록 계약체결하였음을 근거로, 제어된 소음 · 진동 공법에 의해 시공하는 것은 수급인의 계약이행 사항임을 주장하였다. 그러나 수급인은 공사계약특수조건에 진동기준을 설정하였으므로, 진동기준을 초과하여 추가비용이 소요될 정도의 과도한 요구가 있을 경우에는 발주자가 그 비용을 부담해야 한다고 주장하였다.

이에 대해, 중재판정부에서는 수급인의 책임 한계를 벗어나는 것으로 보아 수급인을 면책(免責)한 경우[502]도 있고, 수급인에게 엄격하게 계약적 책임을 부담시킨 경우[503]도 있다. 이를 간략히 도식화하면 다음 그림과 같다.

중재 제99111-0046호, 2000.11.30

국가의 규제기준을 지킨 계약자가 피해보상에 무한책임을 진다면 사회적 경제적 제반요소를 감안하여 제정된 국가의 규제기준이 아무런 의미가 없게 되는 것이므로 피신청인(발주자)의 주장은 이유없다.

502) 중재 제99111-0046호, 2000.11.30
503) 중재 제99111-0020호, 2000.10.19

▌중재 제99111-0020호, 2000.10.19

일반적으로 시가지 구간 공사이므로 신청인이 경험있는 시공자라면 입찰당시 예측이 가능한 범주에 속하는 사실로 간주할 수 있다....중략....따라서 공사금액증액에 관한 신청요구가 받아들여질 수 없다.

● 그림 16 … 설계자의 한계를 초과하는 책임관련분쟁

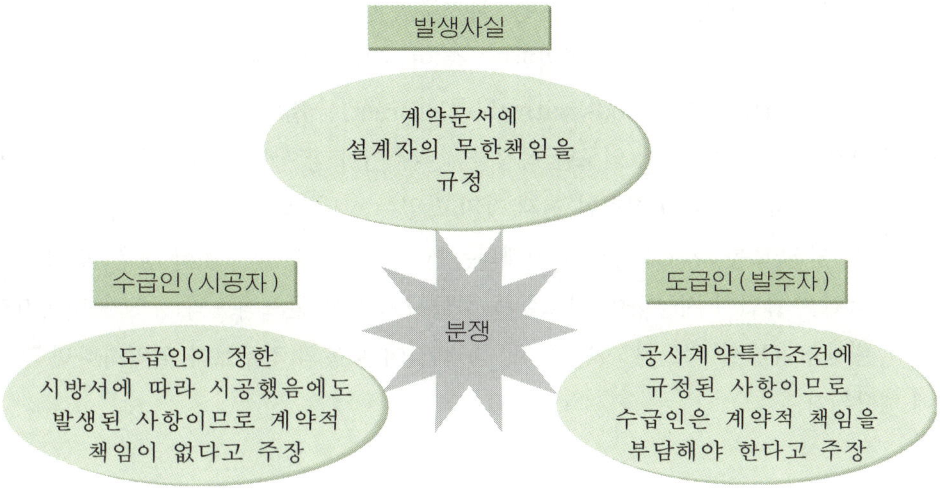

제2절 … 하자의 분류

일반적으로 건설사업에서 하자는 크게 물건의 하자와 권리의 하자로 구분되지만 권리의 하자는 하자담보책임의 대상에서 제외하고 있으므로 여기에서는 물건의 하자에 대해 살펴보고자 한다.

물건의 하자는 하자 판단관점, 하자의 중요성, 하자보수 여부, 계약목적의 달성 여부, 하자 존재 시기에 따른 분류, 하자범위에 따른 분류, 사업진행에 따른 분류 등 분류방법에 따라 매우 다양하다. 다음에서는 이들 하자의 분류에 대해 살펴보고자 한다.

Ⅰ. 하자판단관점에 따른 분류

하자는 일반적인 의미로는 물건에 결함, 잘못 또는 흠이 있는 것을 말하고, 법적인 의미에서 하자란 당사자가 예상한 요건이 충족되어 있지 않은 상태를 의미하는 것이며, 판단관점에 따라 주관적 하자와 객관적 하자로 구분할 수 있다.

주관적 하자라 함은 수급인이 인도한 목적물이 갖추어야 할 상태가 계약에 따라 당사자가 합의한 상태에 있을 것을 전제로 하여, 「목적물의 현상이 계약상 당사자가 합의한 성상(性狀)을 가지고 있지 못한 경우」를 의미한다. 즉 이는 유엔협약에서 규정된 물품(목적물)의 계약 적합성(Conformity of Goods with the Contract)이 결여된 것으로 볼 수 있다.

객관적 하자라 함은 수급인이 인도한 목적물이 갖추어야 할 상태를 같은 종류의 물건이 보통 갖게 되는 품질에 두어, 「목적물이 현재 가지고 있는 상태, 즉 성상이 그런 종류의 물건이면 일반거래관념상 보통 가지고 있다고 기대되는 성상을 가지고 있지 못한 경우」를 말한다.

예를 든다면 수급인이 시공하여 인도한 목적물에 타설한 콘크리트의 강도가 떨어지지만 구조적인 문제를 유발할 정도가 아닌 상태, 즉 품질이 보통의 경우보다 열악하다면 객관적 하자에 해당된다.

Ⅱ. 중요성에 따른 분류

오스트리아 민법[504]에서는 하자의 중요성에 따라 법적 효과를 달리하고 있으며, 중요한 하자라 하더라도 보수될 수 있는 하자일 경우에는 계약의 해제는 허용하고 있지 않고 대가감액만 인정하고 있다[505].

참고로, 설계에 대한 예를 든다면 2층 창고의 설계에서 1층 기둥의 부하하중을 설계자가 잘못 계산하여 일반사무실로는 사용할 수 있지만 계약으로 하는 창고로는 사용할 수 없게 되었다면, 발주자가 만약 일반사무실이 부족하여 신규 구조물을 일반사무실로 사용하고자 한다면 중요하지 않은 하자가 될 것이고, 발주자에게 일반사무실이 쓸모없게 된 상태라면 발주자는 통상의 사용을 방해받은 것이므로 수급인(설계자)의 행위 결과물은 중요한 하자라고 할 수 있다.

504) 이상광,(2000), 앞의 책, p.73

505) Koziol/Welser, 1995, Grundriß des bürgerlichen Rechts, Bd. I, p.256. – 이상광(2000), 앞의 책, p.73 재인용

Ⅲ. 보수가능 여부에 따른 분류

보수 여부에 따른 하자의 분류는 하자의 정도, 성질, 상태의 여하에 따른 분류 방법이며, 이 역시 중요성에 따른 분류와 마찬가지로 오스트리아 민법상의 분류방법이다. 보수할 수 있는 하자인지의 여부는 물리적인 관점에서 판단하는 것은 아니며 법적인 관점에서 판단되어야 할 사항이다.

즉 보수를 할 수 있으나 보수에 지나치게 많은 금액과 기간이 소요된다면 계약당사자 일방에게는 보수를 하더라도 실익이 없게 되므로 단순히 물리적인 측면에서만 고려해야 하는 것은 아니다.

통상적으로 도급계약의 목적물은 특정물(特定物, Specified Matter)인 경우가 많고 사소한 하자를 이유로 계약을 해제하는 것은 타당하지 않으므로 발주자는 수급인에 대하여 하자보수청구권(瑕疵補修請求權)만을 가지게 되며, 종류물(種類物, General Matter)인 경우에도 당연히 발주자는 수급인을 상대로 하자보수청구권을 가지게 된다.

Ⅳ. 계약목적달성 여부에 따른 분류

매매 목적물에 하자있는 것을 매수인이 알지 못한 때에는 이로 인하여 계약의 목적을 달성할 수 없는 경우에 한하여 매수인은 계약을 해제할 수 있다. 기타의 경우에는 손해배상만 청구할 수 있다(民法 제580조, 제575조)

이는 우리 민법에서 채택하고 있는 개념이며 계약의 목적을 달성할 수 있는지 여부에 대한 사항을 알기 위해서는 우선 하자가 있는지 여부가 검토되어야 한다. 만약 하자가 있다면 계약의 목적을 달성할 수 있는지의 여부가 검토되어야 한다.

Ⅴ. 하자범위에 따른 분류

목적물의 부분적인 하자로 인해 당초 체결한 계약의 목적을 달성할 수 없을 수 있다. 이 때는 우리나라 공동주택 관리규칙과 같이 하자의 발생내용이나 범위에 따라 하자를 구분할 수도 있다.

이 관리규칙에서는 하자의 범위를 공사의 잘못으로 인한 균열 · 처짐 · 비틀림 · 침하 · 파손 · 붕괴 · 누수 · 누출 · 작동 또는 기능불량 · 부착 또는 접지불량 및 결선불량 등으로 건축물 또는 시설물 등의 기능상 · 미관상 또는 안전상 지장을 초래할 정도의 하자로 규정하고 있다[506].

또한 공동주택관리령에서는 내력 구조부에 대한 하자의 범위를 내력 구조부에 발생한 결함으로 인하여 당해 공동주택이 무너진 경우와, 안전진단 실시 결과 당해 공동주택이 무너질 우려가 있다고 판정된 경우로 규정하고 있다[507].

VI. 하자존재시점에 따른 분류

일반적으로 매매계약에서는 계약 당시에 존재하는 원시적 불능(原始的 不能, Antecedent Events)과 계약체결 이후 발생하는 후발적 불능(後發的 不能, Supervening Events)으로 하자를 분류하고 있다.

그러나 민법 제664조에 따라 도급계약에서는 계약목적 자체가 일의 완성에 있기 때문에 일을 완성하기 이전의 사항인 원시적 일시불능(原始的 一時不能, Antecedent Temporary Impossibility)이란 있을 수 없고, 발주자(채권자)가 수령지체에 빠진 때에는 위험의 이전 시점이 하자 존재 시점의 기준이 된다.

우리나라 민법 제400조, 제401조, 제538조

민법 제400조 (채권자 지체)

채권자가 이행을 받을 수 없거나 받지 아니한 때에는 이행의 제공있는 때로부터 지체책임이 있다.

민법 제401조 (채권자지체와 채무자의 책임)

채권자지체중에는 채무자는 고의 또는 중대한 과실이 없으면 불이행으로 인한 모든 책임이 없다.

민법 제538조 (채권자 귀책사유로 인한 이행불능)

① 쌍무계약의 당사자 일방의 채무가 채권자의 책임있는 사유로 이행할 수 없게 된 때에는 채무자는 상대방의 이행을 청구할 수 있다. 채권자의 수령지체중에 당사자쌍방의 책임없는 사유로 이행할 수 없게 된 때에도 같다.
② 전항의 경우에 채무자는 자기의 채무를 면함으로써 이익을 얻은 때에는 이를 채권자에게 상환하여야 한다.

---

506) "공동주택관리규칙" [별표 3] 하자의 범위.
507) "공동주택관리령" 제16조의2 (내력구조부의 하자보수등).

민법에서는 완성 전에도 수급인에게 하자담보책임을 부담시킬 수 있으며, 목적물 인도 후에는 하자담보책임을 부담하여야 한다. 국가계약법령에서는 전체 목적물을 인수한 날과 준공검사를 완료한 날 중 먼저 도래한 날부터 하자담보책임을 부담하도록 하고 있다.

Ⅶ. 사업진행에 따른 분류

공공건설사업의 진행에 따라 하자를 분류할 수 있는 바, 계획 하자, 설계 하자, 시공 하자, 관리 하자 등으로 구분할 수 있다[508].

계획 하자란 발주자가 목적물을 추구하고자 할 때 기본계획에 대한 설정이나 잘못된 예측으로 인해 계약체결 후 기본계획을 변경해야 하는 경우를 말한다. 이는 통상적으로 계약체결 후 시공단계에서 발주자의 지시 내지는 발주자의 책임있는 사유로 인한 설계변경으로 해결되고 있다.

설계 하자란 설계서의 누락, 오류, 불분명, 상호모순 등에 기인한 하자를 말하며 지질, 용수 등 공사현장의 상태가 설계서와 다른 경우를 포함할 수 있다. 설계 하자는 입찰방법에 따라 설계변경 대상 여부가 달라지게 된다. 설계시공일괄입찰공사에서는 설계서의 작성 책임이 수급인에게 있으므로 설계서가 계약문서일지라도 설계 하자에 대해서는 설계변경으로 인한 계약금액의 조정이 이루어지지 않는다. 그러나 설계시공분리발주공사에서는 발주자가 설계서를 입찰당시 제공하며, 이는 계약문서에 포함되므로 설계 누락 등의 사실이 발생하면 설계변경으로 인한 계약금액조정대상이 된다[509].

시공 하자란 건설현장에서 발생하는 대부분의 하자를 지칭하는 것이며, 교량, 터널, 하천 등과 같이 시설물별로 주요 부위의 중대한 결함을 나타낼 수 있다[510].

교량의 경우 주요 구조 부위 철근량 부족, 기둥의 균열 심화, 철근콘크리트 부재의 심한 재료 분리, 철강재 용접부의 용접 불량, 교대(橋臺) 및 교각(橋脚)의 균열이다.

터널의 경우 벽체 균열 심화 및 탈락, 복공 부위의 누수 및 변형이다.

하천에서는 수문의 작동 불량을 들 수 있다. 댐은 월류부(越流部)의 토사류에 의한 마모, 기초 지반의 누수, Piping 및 세굴(洗掘)이다.

---

508) 박영재, 「하자의 원인과 현장시공상의 대책」, 건축 (대한건축학회지), Vol.30, No.2, 대한건축학회, 서울, 1986, p.60

509) 공사계약일반조건 제19조 참조

510) 시설물의 안전관리에 관한 특별법 시행규칙 제9조 관련

건축물은 조립식 구조체의 연결 부실로 인한 내력 상실, 주요 구조 부재의 과다한 변경 및 균열 심화, 지반 침하 및 이로 인한 활동적인 균열, 누수 및 부식 등에 의해 구조물의 기능이 상실될 수 있다.

항만은 갑문 시설 중 문비(門扉) 작동 시설 부식 노후화, 갑문층(閘門層) 및 배수 Archiduct시설의 부식 노후화, 잔교(棧橋) 및 시설 파손 및 결함, Caison구조물의 파손, 안벽(岸壁)의 경사면 변위 및 침하 등이 발생할 수 있다.

시공 하자를 건축공사, 미장공사, 타일공사 등과 같이 공종별로 나타낼 수도 있다[511].

건설현장에서 하자가 발생할 수 있는데, 건축공사에서 방수공사는 옥상 바닥 누수, 지하실 벽체 누수, 지하 피트 누수, 외부 벽체 누수 등이 있다.

미장공사는 외부 벽체 몰탈 접착 불량, 내외부 벽체 균열, 옥상 보호 몰탈 들뜸 현상 등이 있다.

타일공사는 바닥타일 접착불량, 벽체타일 접착불량 등이 있다.

수장공사는 내부 벽체 결로 현상, 목재 천장틀 처짐, 목재마루틀 처짐 등이 있으며, 기타 공사는 백화현상 등이 있다.

토목공사는 신축이음부 파손, 도로 균열, 설비 배관 누수, 도로 물고임 현상, 절토 사면 붕괴, 지반 침하에 따른 균열, 교좌장치 교체, 아스콘포장, 사면 수로 유실, 터널내 낙반, 도로 경계석 침하, 맨홀침하, 지중 전선관로 도통(道通) 불량, 상수관로 누수, 하수관로 통수(通水) 불량, 교량신축이음부 횡균열, 강교 용접 불량, 조경 식재 공사 등으로 분류할 수 있다.

관리 하자란 사용 부주의로 발생하는 하자로서 엄밀한 의미에서는 하자라고 할 수 없다. 이러한 하자는 전기공사 및 설비공사에서 부분적으로 발생할 수 있다.

최근 급속도로 확산되고 있는 전산 장비에 하자가 발생한다면 하자에 포함시킬 수 있다.

제3절 … 하자담보책임의 법적 성질에 대한 국내 학설동향

민법이나 국가계약법, 건설산업기본법 등 건설공사의 계약과 관련된 법령에서는 계약당사자의 불완전이행이나 하자와 관련된 책임에 대한 사항이 추상적으로 규정되어 있다.

511) 이석규, 「주요하자사례 원인 및 대책」, 국내 토목현장 품질관리자 간담회, 쌍용건설, 서울, 2000.

지금까지는 건설사업에서 수급인의 하자담보책임과 관련된 연구는 법학자들이 민법을 법리 분석을 통해 해석해 왔으나 최근에는 건설계약 및 건설법령과 접목(接木)시켜 수급인의 하자담보책임 또는 하자보수책임에 대해 논의하고자 하는 움직임이 있다[512].

그럼에도 불구하고 우리나라에서는 아직까지 건설사업의 불완전이행이나 하자에 대한 연구가 미진한 상태이다.

Ⅰ. 하자담보책임과 채무불이행책임의 비교

공공건설사업에서 하자가 발생할 경우 수급인(시공자 또는 계약상대자와 같다)은 민법 제667조(수급인의 담보책임) 및 국가계약법 제18조(하자보수보증금)에 의한 하자담보책임과 민법 제390조(채무불이행과 손해배상), 국가계약법시행령 제52조(공사계약에 있어서 이행보증)에 의한 채무불이행책임(債務不履行責任)으로 이원화된 규정을 적용받는다.

수급인에게 하자담보책임을 부담시킬 경우, 도급인은 하자보수청구권, 손해배상청구권, 계약해제권(契約解除權)을 갖지만 목적물이 시설물일 경우 계약해제권은 없다.

한편 수급인에게 채무불이행책임을 부담시킬 경우 도급인은 완전이행청구권(完全履行請求權), 손해배상청구권, 계약해제권을 갖는다.

하자담보책임과 불완전이행으로 인한 채무불이행책임의 내용을 나타내면 다음 표와 같다. 완전이행청구권은 추완보완권(追完補完權) 또는 완전물급부청구권(完全物給付請求權)이라고도 한다.

즉 하자담보책임의 성격을 무엇으로 볼 것이냐에 따라 법정 무과실책임을 물어 신뢰이익(信賴利益)에 해당하는 부분만을 손해배상으로 청구할 수 있는 것인지 아니면 채무불이행

표 19 … 하자담보책임과 채무불이행책임의 내용

구 분	하자담보책임	채무불이행책임	비 고
하자치유	하자보수청구권	완전이행청구권	
손해배상	법정무과실책임 : 신뢰이익배상	손해배상청구권 : 이행이익 및 후속피해청구가능	
	채무불이행책임의 특칙 : 이행이익 등의 배상		
계약해제	배 제	계약해제권	

512) 이종광, 「건설계약 시공자의 하자담보책임에 관한 연구」, 중앙대학교건설대학원, 석사학위논문, 2001

● 그림 17 … 수급인의 하자책임 비교

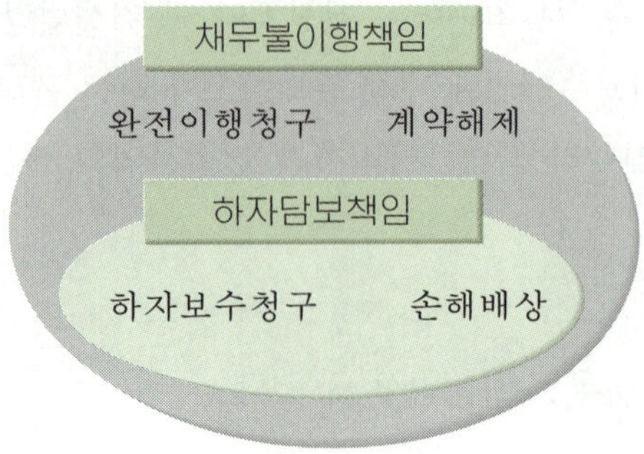

책임의 특칙으로 보아 이행이익(履行利益) 등의 손해까지 손해배상으로 청구할 수 있는 것인지 등이 분명하지 않았다.

참고로, 무과실책임이란 과실이 없더라도 하자가 발생할 경우 그에 대한 책임을 부담하는 것을 말하고, 신뢰이익이란 하자가 없다고 믿음으로써 생긴 손해 또는 하자가 있다는 것을 알았다면 입지 않았을 손해를 말하며, 이행이익이란 하자에 의해 생기는 손해를 말한다.

하자담보책임에 의한 하자보수청구권은 채무불이행책임에 의한 완전이행청구권의 일부분이며, 손해배상의 경우에도 하자담보책임의 성격을 어떤 것으로 보든지 채무불이행책임에서 청구할 수 있는 손해에 포함된다.

또한 채무불이행책임에서는 계약해제를 할 수 있지만 하자담보책임에서는 가능하지 않다. 따라서 채무불이행책임이 현행의 법령에서 정하고 있는 하자담보책임보다 과중한 책임을 부담시키는 것으로 볼 수 있다.

이로 인해 건설계약의 종료 후 불완전이행이나 하자가 발생할 경우 계약당사자의 책임과 관련된 문제가 빈발할 가능성이 높다[513].

건설공사에서는 계약이행중 설계 및 시공의 하자와 불완전이행의 책임에 대하여 다양한 분쟁이 발생할 수 있다.

따라서 계약당사자에게 부담시키게 되는 책임의 유형에 따라 책임의 내용이 근본적으로 달라지므로 법정 무과실책임을 물어 하자담보책임을 부담시켜야 하는 것인지, 아니면 과실책임(果實責任)을 물어 채무불이행책임을 부담시켜야 할 것인지를 정해야 한다.

우리나라에서는 계약이행중 불완전이행이 발생했을 때 수급인이 부담해야 하는 하자담

513) 조영준, 현창택, 「공공건설사업 하자에 대한 수급인의 책임에 대한 연구-민법과 국가계약법령의 비교를 통하여-」, 한국건설관리학회논문집, 제2권, 제4호, 통권 제8호, p.70, 2001

보책임에 대하여 법정 무과실책임이라는 학설과 채무불이행책임이라는 2개의 지배적인 학설이 있고, 최근에는 그 지배적인 학설을 이론으로 보완하는 학설이 대두되고 있다. 다음은 우리나라의 학설동향에 대해 살펴보고자 한다.

II. 법정 무과실책임설

하자담보책임에 대한 종래 우리나라 학설의 대부분[514)515)516)517)518)519)520)521)]은 민법 제667조이하의 수급인의 담보책임을 법정의 무과실책임으로 이해하고, 판결[522)523)]도 같은 입장이다.

> 대법원 80다923, 924 (1980.11.11)
>
> "하자담보책임은 법이 특별히 인정한 무과실책임으로서 ... 중략 ... 위 담보책임이 민법의 지도이념인 공평의 원칙에 입각한 것"
>
> 대법원 88다카31866 (1990.3.9)
>
> "을의 주문에 따라서 갑 소유의 재료를 사용하여 특수하게 만든 자동차 부품을 공급하고 을로부터 이를 수입하여 가는 외국의 병 외에는 이를 타에 매각처분하기가 불가능한 부대체물의 제작공급계약의 경우에는 당해 물건의 공급과 함께 그 제작이 계약의 주목적이 되어 도급의 성질을 띠게 되고, 그와 같은 수급인의 하자담보책임은 무과실책임이므로 매매에 관한 민법 580조 1항 단서의 조항이 적용될 여지가 없다."

유상계약(有償契約)의 일종인 매매계약에 있어서 매도인의 담보책임(擔保責任)을 무과실책임으로 보는 이상, 수급인의 담보책임(擔保責任)도 마찬가지로 이해하는 것이 적당하다는 것으로서[524)], 이에 의하면 수급인 담보책임 요건으로서의 하자는 수급인의 귀책사유로

514) 김기선, 『한국채권법각론』, 제3전정판, 법문사, 서울, p.133, 1988
515) 김증한, 『채권각론(민법강의 Ⅳ)』, 박영사, 서울, p.146, 1989
516) 김현채, 『주석채권각칙(I)』, 한국사법행정학회, p.541 이하, 1985
517) 김석우, 『채권법각론』, 박영사, 서울, p.181 이하, 1978
518) 김현태, 『신고 채권법각론』, 일조각, p.117 이하, 1975
519) 이영환, 「종류매매와 하자담보책임-불완전이행과의 관계를 중심으로-」, 법정, 제7권, 제6호, p.166, 1977
520) 이태재, 『채권각론』, 진명문화사, 서울, p.172 이하, 1982
521) 곽윤직, 『채권각론』, 박영사, 서울, p.453, 1999
522) 대법원 1980.11.11, 80다923, 924
523) 대법원 1990.4.9, 88다카31866(1990.3.9). 법률신문, p.9
524) 김석우(1978), 앞의 책, p.384

생긴 것이어야 하는 것은 아니고, 그 책임의 내용도 법률에 정해진 것에 한정한다.

그러나 수급인의 담보책임을 법정 무과실책임으로 보면서도 손해배상의 요건과 범위와 관련해서는 이견이 있다[525].

Ⅲ. 채무불이행책임설

하자담보책임에 관한 규정에 흠이 있음에도 불구하고 수급인 담보책임의 본질을 채무불이행책임으로 보는 견해[526][527][528][529][530][531]도 있다.

> 대법원 91다17146 (1992.4.14)
>
> "양도 목적물의 숨은 하자로부터 손해가 발생한 경우에 양도인이 양수인에 대하여 부담하는 하자담보책임은 그 본질이 불완전이행 책임으로서 본 계약내용의 이행과 직접 관련된 책임인 바 ... ".

특히 민법상 매도인의 담보책임에 대하여 매도인은 하자없는 물건을 급부할 의무가 있다고 보아 매도인이 하자있는 물건을 급부했다면 매수인에게 부담하고 있는 채무를 이행하지 않은 것으로 보고 있다.

매도인의 담보책임을 채무불이행의 한 측면으로 본다면 매도인의 담보책임은 법이론적으로 계약적 책임의 하나가 되어 당연히 채무불이행에 관한 일반 이론에 흡수된다[532][533]는 것이다.

525) 조영준, 「공공건설사업의 하자에 대한 수급인의 책임에 관한 연구」, 서울시립대학교 대학원, 공학박사학위논문, p.26, 2002

526) 김형배, 「하자담보책임의 성질」, 민법학연구, 박영사, 서울, p.226이하, 1986

527) 김주수, 『채권각론(상)-계약법-(민법강의 IV)』, 삼영사, 서울, p.181 이하, 1986

528) 김상묵, 「하자담보책임의 본질론」, 법정논총, 제24권, 중앙대학교 법과대학, p.75 이하, 1984

529) 김대정, 「채무불이행설에 의한 하자담보책임의 재구성」, 민사법학, 제9 · 10합병호, 한국민사법학회, p.242 이하, 1993

530) 조규창, 「물건의 하자담보책임-현행법규정의 비판적 고찰-」, 법학논집, 제21집, 고려대학교 법학연구소, p.221 이하, 1983

531) 대법원 91다17146(1992.4.14), 곽윤직, 앞의 책, p.247, 1999

532) 김대정, 「매도인의 하자담보책임에 관한 판례의 동향」, 한국민사법학발표회, p.2 이하, 1996. 6.22;

533) 이상광, 『하자담보책임론-한국 · 독일 · 오스트리아 민법 및 국제통일매매법을 중심으로-』, 법원사, 서울, p.53 이하, 2000

따라서 우리 민법에 특별히 규정되어 있는 하자담보책임에 관한 규정은 채무불이행설이라는 관점에서 볼 때, 법해석상 채무불이행과 법정책임은 서로 양립할 수 없으므로 하자담보는 채무불이행의 일종으로 규정지을 수 있고, 그 책임 내지 효과에 있어서는 일반 채무불이행과 구별되는 특수한 제도로 보아야 한다는 것이다[534].

Ⅳ. 기타 학설

최근에는 하자담보책임의 법적 근거, 법적 성질에 관한 논의는 개념 법학의 우를 범할 위험이 있음을 지적(指摘)하면서 하자담보책임과 관련된 손해배상, 하자보수 등의 문제로 구분하여 하자담보책임을 법정책임설과 채무불이행설의 입장을 구분하여 견해를 제시[535]하기도 한다.

발주자가 계약이익의 손해를 입었다면 수급인에게 귀책사유를 물어야 한다고 보는 경우[536]도 있다.

입법론적으로 하자담보책임에 관한 내용을 통일적으로 규정할 필요가 있다는 견해[537]도 있다. 또한 수급인의 하자담보책임은 하자보수책임을 그 고유의 내용으로 하면서 손해배상책임은 광의의 하자 손해를 배상하는 책임이라는 견해[538]도 있다.

Ⅴ. 우리나라 하자담보책임의 내용

현재 우리나라에서 하자담보책임과 관련하여 발생되는 책임을 살펴보면 다음과 같다[539][540].

534) 김형배, 『채권각론(계약법)』, 박영사, 서울, 1997, p.602 이하

535) 이상광(2000), 앞의 책, p.36 이하

536) 이상태, 「수급인의 담보책임론」, 무암 이영준 박사 화갑기념논문집 간행위원회 한국민법이론의 발전, 박영사, 서울, 1999, p.886

537) 조성민, 「도급계약상 하자담보책임」, 고시계, 제39권, 제8호, 국가고시학회, 서울, p.58, 1994

538) 정광수, 「도급계약상 하자담보책임과 불완전이행책임과의 관계-회사설립절차의 합리화를 중심으로-」, 한일법학연구 제16집, 한일법학회, 서울, 1997, p27

539) 조영준, 현창택, 「건설공사의 하자에 대한 수급인의 책임의 법적 성질에 관한 연구」, 대한건축학회 논문집(구조계), v.19 n.7, 2003.07

540) Young-Jun Cho, Chang-Taek Hyun, Sang-Beom Lee and James E Diekmann, 「Characteristics of Contractor's Liabilities for Defects and Defective Work in Korean Public Projects」, Journal of Professional Issues in Engineering Education &Practice(ASCE), vol 132, Number 2, April 2006 ISSN 1052-3928, pp 180-186

1. 하자보수청구권

하자보수청구권이 성립하기 위해서는 우선 하자보수가 가능해야 하고, 건물 완성 전의 성취된 부분도 가능하며(민법 제667조 제1항), 중요한 하자거나 보수에 과다한 비용이 들지 않아야 한다(민법 제667조 제1항 단서).

일부분에 대해 하자보수가 가능하면 그 범위내에서만 하자보수청구권이 성립한다. 완성 전의 성취된 부분이라 함은 도급계약에 따른 일이 전부 완성되지 않았지만, 하자가 발생한 부분의 작업이 완료된 상태를 말한다[541].

쟁점이 되는 사항은 하자가 중요한지 여부의 판단이다. 하자의 개념을 체계화할 수 없는 상태에서 하자가 중요한지 여부를 판단하는 것은 또 하나의 문제가 될 수 있으나, 객관적인 상태인 하자의 내용도 중요하지만 계약의 목적과 내용 등 주관적 사항도 검토되어야 하는 것으로 보고 있다[542].

예를 들어, 습식공법을 반건식공법으로 시공한 것은 시공 하자지만 중요한 하자로 보지 않고[543], 계약에 규정된 회사의 승강기를 설치하지 않은 것은 중요한 하자로 보고 있다[544].

또한 하자보수비용이 과다한지 여부도 쟁점이 될 수 있고, 이의 판단기준은 수급인의 보수조치로 인해 도급인이 얻을 수 있는 이득과 수급인의 비용을 고려하여 결정하는데, 도급인이 얻을 수 있는 이득은 보수대상 자체의 가치증가액이 아니라 관련 재산 전체를 대상으로 보아야 하는 것으로 보고 있다[545].

하자보수를 청구할 때 도급인이 모든 하자를 특정하여 보수하도록 해야 하는지가 쟁점이 될 수 있는데, 이에 대해 건축에 대한 전문가가 아닌 도급인은 모든 하자를 밝히는 것이 불가능하므로 전반적인 하자를 지적하고 대책을 요구하면 각 하자 부분에 대한 포괄적인 권리행사를 한 것으로 본다[546].

하자보수를 청구하려면, 민법 제667조에 규정된 바와 같이 상당한 기간을 정하여야 하고, 상당한 기간이라면 해당 하자보수에 일반적으로 소요되는 시간이 기준이 되며, 그 기간이 경과하면 하자보수에 대한 지체책임(遲滯責任)이 발생한다.

---

541) 윤재윤, 『건설분쟁관계법-건설분쟁의 법적쟁점과 소송실무』, 박영사, 2004, p.222
542) 윤재윤(2004), 앞의 책, p.223
543) 대법원 1998. 3. 13. 선고 97다54376; 윤재윤(2004), 앞의 책, p.224. 재인용
544) 대법원 1996. 5. 14. 선고 95다24975; 윤재윤(2004), 앞의 책, p.224 재인용
545) 이준형, 「수급인의 하자담보책임에 관한 연구」, 서울대학교 박사학위논문, 2001, p.184
546) 대법원 2007.1.26. 선고 2002다73333 판결 【보증채무금】 [공보불게재]

하자보수청구권은 도급인의 의사표시만으로 효과가 발생하는데, 미국과 마찬가지로 도급인이 완벽하게 하자를 특정할 필요는 없고, 하자가 존재한다는 사실 등을 수급인인 시공자에게 통지하면 되는 것으로 본다[547].

수급인인 시공자는 하자보수요구를 거절할 수 있으나 악의가 있거나 중과실이 있을 경우 거절권을 행사할 수 없는 것으로 보는데[548], 이 또한 미국과 마찬가지로 입증이 어려우므로 계약해석의 문제로 귀결된다.

2. 손해배상청구권

1) 손해배상의 내용

민법 제667조 제2항에는 도급인은 하자보수에 갈음하여 또는 보수와 함께 손해배상을 청구할 수 있도록 규정하고 있다.

건설에 있어서는 수급인에게 불리하다고 보일 정도로 하자담보책임을 부담시키고 있으나, 건설의 특성상 도급인이 건설에 대해 잘 알지 못한다는 점, 공사 모든 과정을 검사할 수도 없다는 점, 작업의 방법이나 태도는 수급인인 시공자가 결정해야 한다는 점 등을 볼 때 법에서 규정하는 사항이 일방적이라고는 할 수 없다.

하자보수에 갈음하여 손해배상을 청구하는 경우, 하자담보책임의 내용 중에서 도급인이 수급인에게 금전적인 부담시켜 손해배상청구권을 인정하는 것이나 무과실책임인 하자담보책임에 포함되는 점 등을 볼 때, 하자담보책임의 손해배상청구권은 도급인을 특별히 보호하는 제도로 볼 수 있다.

통상 수급인이 하자보수를 행할 때 투입되는 비용보다 도급인이 청구하는 손해배상액이 높기 때문에 도급인은 법원을 통한 손해배상청구를 주로 활용[549]하는 것으로 알려져 있다.

하자보수와 함께 손해배상을 청구하는 경우는 일의 완성이 지연될 경우, 완전한 보수가 불가능한 경우, 하자로 인해 계약에서 정한 대상 이외의 대상에게 발생하는 손해의 배상을 구하는 것이다.

하자보수가 불가능한 경우란 물리적 하자 이외의 법률적, 환경적 하자 등에 따라 현실적으로 하자보수가 불가능한 사항을 의미하며, 손해배상액은 하자보수에 갈음하는 하자보수

547) 윤재윤(2004), 앞의 책, p.225
548) 이준형(2001), 앞의 논문, p.194
549) 윤재윤(2004), 앞의 책, p.227

비가 아니라 도급인이 하자로 인해 입은 손해가 되고, 이는 '특별한 사정이 없는 한 수급인이 하자없이 시공하였을 경우 목적물의 교환가치(交換價値)와 하자가 있는 현재 상태로의 교환가치와의 차액' [550]이 손해액이 된다.

2) 손해배상청구범위

손해배상청구권의 범위는 앞에서 살펴본 바와 같이 하자보수비, 도급인이 입은 손해 자체 등이 있고, 이와 함께 앞의 두 가지 손해배상으로 회복될 수 없는 경우 특별한 사정으로 인한 손해로 인정할 수 있는데, 이때에는 도급인이 하자보수 기간의 임대료 감소액이나 영업 감소액 등을 입증하여야 한다[551].

아울러 목적물인 건물의 하자로 인해 정신적 고통을 받았을 경우 위자료도 특별한 사정으로 인한 손해로 보는데, 위자료로 인정받기 위해서는 다음의 요건을 갖추어야 한다[552].

첫째, 도급인이 하자나 손해배상만으로 회복될 수 없을 것
둘째, 그로 인해 정신적 고통을 입었다는 특별한 사정이 있을 것
셋째, 수급인이 이와 같은 사정을 알거나 알 수 있었을 것

목적물인 건물의 하자로 인해 도급인의 신체 또는 재산상의 손해가 발생한 경우를 하자확대손해(擴大損害)라고 하는데, 수급인의 귀책사유를 묻지 않고 배상이 인정된다고 보는 경우도 있고, 확대손해는 일반 채무불이행책임으로 보아 수급인의 귀책사유가 필요하고 민법 제670조이하의 단기의 권리행사 기간에 걸리지 않는다고 하는 견해가 있다[553][554][555].

하자보수를 이행함으로 인해 당초 계약내용에 있던 사항을 함께 보수하여야 하는 경우가 있고, 이로 인해 목적물의 품질이 좋아지면서 수급인에게 추가비용이 발생하는 경우, 추가비용에 대한 청구권은 인정하지 않아야 한다는 견해[556]가 있다. 반면에 특수한 경우 계약의 해석이나 상황의 판단을 통해 개별적으로 판단[557]해야 하는 견해가 있다.

550) 대법원 1998. 3. 13 선고 95다30345 판결; 윤재윤(2004), 앞의 책, p.228 재인용
551) 윤재윤(2004), 앞의 책, p.231
552) 대법원 1996, 6. 11 선고 95다12798 판결, 윤재윤(2004), 앞의 책, p.231 재인용
553) 이상태, 「건축수급인의 하자담보책임」, 서울대학교 석사논문(1991), p.91
554) 이준형(2001), 앞의 논문, p.205
555) 윤재윤(2004), 앞의 책, p.232
556) 이준형(2001), 앞의 논문, p.189
557) 윤재윤(2004), 앞의 책, p.232

3) 손해배상 산정 기준시점

손해배상액 산정의 기준은 원칙적으로 하자보수 청구시 또는 손해배상 청구시로 보고 있다[558)559)]. 건설의 특성상 목적물에 하자가 있을 때 도급인이 수차례 구두통지하는 경우가 있고 수급인이 이에 불응하거나 늦게 대응하여 문서로 통지하는 경우에는 하자보수 청구시점에 대해 당사자간에 이견이 있을 뿐만 아니라 손해배상도 마찬가지가 된다. 따라서 실무적으로는 손해배상청구권의 발생시점을 공사가 완성되어 인도되었다면 인도 시에, 공사도급계약이 중도 해제 또는 해지된 경우에는 그 시점에 하자보수 필요성이 발생한 것이므로 이를 각각 기준으로 산정하기도 한다[560)].

4) 과실상계

수급인의 하자담보책임에 대하여 도급인도 그에 대해 책임이 있을 때 과실상계가 쟁점이 될 수 있다. 실제로 건설현장에서는 계약문서인 도면이나 시방서에 문제가 있을 수 있다. 이를 발견하지 못하였거나 간과한 상태에서 계약문서대로 시공하여 문제가 될 수 있으며, 이와 반대되는 경우도 있을 수 있다.

또한 시설물을 사용하면서 발생되는 문제 등 다양한 문제를 예상할 수 있다.

우리나라 법원에서는 하자담보책임에 대해 다음과 같은 견해를 가지고 있다[561)].

첫째, 적용의 기본 원칙 : 민법의 지도 이념인 공평의 원칙에 입각

둘째, 하자로 확대손해 발생 : 도급인의 하자 미발견 인정시 참작 대상이 됨

셋째, 수급인의 항변 필요성 : 특별히 인정할 필요없고 소송에 나타난 자료로 판단

넷째, 과실 상계 규정 : 민법 제396조의 준용되지 않고, 신의칙(信義則)에 의해 배상액 감경

5) 동시이행항변권

발주자가 하자를 이유로 담보책임 이행이 있을 때까지 공사대금 지급을 거부할 수 있다고 한 것은 공평한 이념에 유래한 것이다[562)].

---

558) 대법원 1980. 11. 11. 선고 80다923,924 판결
559) 대법원 1998. 3. 13. 선고 95다30345 판결
560) 윤재윤(2004), 앞의 책, 233쪽
561) 대법원 1999. 7. 13. 선고 99다12888 판결
562) 滝井繁男(1990), 앞의 책, p.166

민법 제667조 제3항은 민법 제536조를 준용하고 있으므로 도급인의 손해배상청구권은 수급인의 공사대금 채권과 동시이행(同時履行)의 관계에 있다. 따라서 하자보수나 손해배상청구권을 보유하고 행사하는 한 도급인의 공사대금 지급 채무는 이행지체에 빠지지 않는 것으로 본다[563].

아울러 일본의 경우 발주자의 동시이행 항변이 인정되면 수급인이 하자담보책임 이행을 하기까지 미지급된 공사대금에 대해서 지체책임을 지지 않는 것으로 보고, 발주자가 보수를 요구했을 때는 보수 의무 이행하기까지 지연 손해금 지급 의무를 지지 않게 된다[564].

한편, 공공건설공사에서는 일정기간을 정하여 공사대금을 분할하여 지급하고 있으며, 공사대금을 지급할 때마다 검사하도록 규정하고 있는데, 공사대금을 청구한 부분에 대해 일정 부분 하자가 발견될 수도 있다. 이때 도급인은 하자가 있는 부분에 대해서만 보수액의 지급을 거절할 수 있는 것으로 보고 있다[565][566][567].

건설공사의 특성상 기성대가 청구시 검사를 통해 발견하지 못한 숨겨진 하자(Latent Defect)가 있다면, 이를 알지 못하므로 도급인은 수급인에게 대가를 지급하게 된다. 이후 공사과정에서 이러한 숨겨진 하자가 발견된 경우 공사대금 지급 채무는 하자가 발생한 부분의 기성공사대금에 한정되는 것은 아닌 것으로 보고 있다[568].

6) 상 계

수급인의 공사대금청구권과 도급인의 하자보수에 갈음하는 손해배상청구권은 동시이행의 관계에 있어서 채권의 상계가 쟁점이 될 수도 있는데, 법률관계 및 소송경제를 고려하여 실무에서 허용하는 것이 타당한 것으로 보고 있다[569].

3. 공사대금감액청구

도급인은 건물의 인도와 동시에 잔여 공사대금을 지급하게 되고, 건물의 하자를 발견하는 시점에는 통상 도급인이 지급해야 할 공사대금은 남지 않게 된다. 따라서 현실적으로 볼

563) 대법원 1996. 7. 12. 선고 96다7250, 7267 판결
564) 滝井繁男(1990), 앞의 책, p.166
565) 대법원 1990. 5. 22 선고 90다카230 판결
566) 대법원 1991. 12. 10. 선고 91다33056 판결
567) 대법원 1994. 10. 11. 선고 94다26011 판결
568) 대법원 2001. 9. 18. 선고 2001다9304 판결
569) 윤재윤(2004), 앞의 책, p.235

때 도급인이 건물을 공사대금을 감액한다는 개념은 공공건설공사에서는 발생할 수 없다.

그러나 민간건설공사에서는 일단 도급인이 건물의 인도 후에도 공사대금을 지급하지 않는 경우도 있고, 계약에 따라서는 건물 인도 후 공사대금을 건물의 일부분으로 대체하여 지급한다는 등의 형태로 할 수도 있기 때문에 인도 후 공사대금 관련 문제가 발생할 수도 있다.

인도 후 하자보수청구나 손해배상청구를 하는 대신에 공사대금을 감액하여 청구할 수 있다고 보는 경우도 있으나[570], 법원에서는 이를 인정하고 있지 않다[571].

4. 계약해제

민법 제668조의 단서조항에 따라 건물이 완성되면 중요한 하자라고 하더라도 계약해제를 인정하지 않는다. 그러나 완성된 건물의 하자가 극심하여 도급인에게 가치가 없고, 그 자체로도 사용을 위한 하자보수비용이 철거 및 신축 비용보다 크거나 붕괴 위험성이 있어 철거를 피할 수 없는 등 객관적인 가치가 없는 경우라면 계약해제를 인정할 필요가 있는 것으로 본다[572].

실제로 일본의 경우에도 원칙적으로 기시공된 부분의 해제에 대해는 인정하고 있지 않지만, 주택에서 기시공부분의 보수는 불가능하다고 판단하여 전부 해제를 인정한 예가 있다[573].

> **일본 나고야지판 85년 5월 23일 (판결562호136항)**
>
> 「(가) 기초부분에 관해서는 칸막이 부분의 기초 콘크리트부에 있어야 할 다짐자갈이 적고, 특히 화실간막이부분에는 거의 놓여 있지 않다. 기초의 두께는 계약보다 약 40mm 부족하고 또 현관부분에 대해서는 기초 콘크리트가 처음부터 부실하게 되어 있다. 그리고 건물전체의 하중을 지탱하는 기둥중에는 이것이 기초 콘크리트 부분의 통기공 패인 곳 위에 와서 앞의 기둥이 지탱하는 것이 빈 공간이고 「기초」 콘크리트에는 쓸모가 없는 곳이 있다.
>
> (나) 사용재에 관해서는 기둥중에도 여러 곳에 계약보다 직경이 작은 것을 볼 수 있고 관주는 그 대부분이 계약기준에 도달해 있지 않으므로 본건 건물은 주택금융공고의 융자기준을 만족시키지 않는다. 또 지둥과 직경이 계약기준에 이르지 않음이 명확하다. 그리고 그 나머지 모든 부분이 모두 수치가 부족하고 또 미비할 뿐만 아니라 그 재질이 매우 조악하여

570) 곽윤직, 『민법주해 15권』, 박영사, 1997, p.460
571) 대법원 1991. 12. 10. 선고 91다33056 판결
572) 윤재윤(2004), 앞의 책, p.237
573) 일본 Case, 나고야지판 85년 5월 23일(판결562호136항)

이미 파손되어 있는 것, 부패해서 너덜너덜하게 되어 있으며, 또한 불필요하게 잘린 흔적을 여러 곳에서 볼 수 있다.

(다) 건물 구조에 대해서는 이층 천정높이가 계약보다 약 40㎝ 낮아지고 2층이라기보다도 중2층이라고 해야 할 상태로 되어 있다. 이렇게 보면 본건 건물에는 공사도중까지의 단계에서도 정도가 심한 기초적 결함이 존재하는 것으로 볼 수 밖에 없고 원고의 계약위반(채무불이행)은 우선 명확하다. 특히 앞에 설명한 사용재에 관한 부분은 거주용 건물로서 갖추어야 할 최소한의 강도조차 유지하고 있지 않은 것으로 생각되고 물리적으로도 신의상으로도 도저히 공사를 속행할 수 없다.

이 판결에서 본 건 계약을 소급하여 해제 청구한 것이 인정되어야 하는 이유를 다음과 같이 적고 있다.

「(가) 민법 635조에 의하면 도급계약은 계약목적에 하자가 있기 때문에 계약목적을 달성할 수 없을 때에 주문자가 이것을 해제할 수 있음을 규정하고 있다. 앞에서 말한 계약 목적에 하자가 있어 그로 인해 계약 목적을 달성할 수 없다」는 것은 ①하자가 중대해서 그 보수가 불가능한 경우 또는 ② 하자 보수가 가능해도 도급인이 그것을 거절하는 경우를 의미한다고 해석해야 할 것이다.

(나) 그런데 전기 1(주 · (1)(2)(3))에서 판단한 바에 의하면 본건 건물에서는 대부분의 기둥이 치수부족이고 기타 공사내용 등에 심한 조악재를 볼 수 있고, 이층지붕 부분에 공법의 결함을 볼 수 있는 등의 하자가 있음이 인정되지만 이들이 전기대로의 정도에 이르고 있는 것을 생각할 때 이들 하자를 보수하려고 한다면 그 하자내용에서 보아 결국 기초부분을 제외하고 전혀 새롭게 다시 세울 수 밖에 없게 되고 그것은 이미 보수 영역을 넘는 것 밖에 되지 않고 요컨대 본건 건물에 있어서는 「보수」는 불가능하다고 할 수 밖에 없는 것이다. 그리고 〈증거〉에 의하면 보수는 불가능하지는 않다고 되어 있지만 그것은 물리적 의미에서의 것이고 거기서 말하는 보수란 실질적으로는 다시 세우는 것 밖에 되지 않고 법적으로 보면 본건에서는 피고(주 · 발주자)에게 계약해제권을 인정하여 별도공사를 다시 하는 기회를 주는 것이 타당하다고 할 수 있다. 앞에서 판단한 대로 본건에서는 하자보수가 불가능한 이상, 피고로부터 하는 본건도급계약의 소급적 해제는 인정받는 것이다.」

이상에서 살펴본 하자담보책임과 관련하여, 보수 여부, 하자의 중요성, 보수 과다 여부, 하자보수청구, 보수에 갈음하는 손해배상, 하자로 인한 손해배상으로 구분하여 그 내용을 간략히 요약하면 다음과 같다[574].

574) 윤재윤(2004), 앞의 책, p.242 재인용

● 표 20 … 하자담보책임의 성질

보수여부	하자 중요성	보수 과다성	하자보수청구	보수에 갈음하는 손해배상	하자로 인한 손해배상
불가능			×	×	○
가능	중요	적다	○	○	
		과다	○	○	
	중요않음	적다	○	○	
		과다	×	×	○
기능			이행보증	이행보증	손해보증
지체책임			청구이후 상당기간 경과시부터	청구시부터	
손해액				하자보수비 상당액	교환가치 차액
손해액 산정시점				하자보수청구시 또는 손해배상청구시	복성식평가법(재조달 원가에 감가수정을 하는 방법) 감가수정이 적당하지 않은 경우 건물 완공시의 재조달원가를 산정비교

제4절 … 각국의 하자에 대한 책임의 비교 · 분석

이상에서 살펴본 바와 같이 수급인의 하자에 대한 책임의 해석에 대해 우리나라에서는 법정 무과실책임설(無過失責任說), 채무불이행책임설(債務不履行責任說), 기타 혼합책임설(混合責任說) 등 다양한 견해가 표출되고 있으며, 현재까지 최종적으로 확정되고 있지 못하다. 이와 같은 견해가 나타나게 된 것은 우리나라를 포함한 대륙법권에서 수급인의 하자에 대한 책임을 이원화했기 때문에 나타나는 현상인 것으로 파악된다. 다음은 하자책임에 대한 성질을 구체적으로 규명해 나가기 위해 우리나라를 포함한 대륙법권과 영미법권의 수급인 하자책임에 대해 살펴보고자 한다[575].

575) 조영준, 현창택, 「설계시공분리계약 공공건설사업에 있어서 수급인의 하자책임에 관한 연구」, 대한건축학회 논문집(구조계), v.19 n.11, 2003.11

Ⅰ. 대륙법권

1. 책임의 근거

대륙법권이나 영미법권 국가에서 수급인의 하자에 대한 책임은 법령에 근거하고 있다. 대륙법권에서 프랑스를 제외한 대부분의 국가는 민법에 근거를 두고 있다.

독일에서는 2002년 1월 이후 민법을 개정하여 기존에 규정하고 있던 수급인이 일을 완성할 책임내용을 수급인이 하자가 없는 일을 제공할 의무를 부담하는 것으로 규정함으로써 하자담보책임과 채무불이행책임의 장벽을 허물고 있음을 알 수 있다.

2. 책임의 내용

우리나라는 완성 이전의 목적물 또는 완성 이전의 성취된 부분에 하자가 있는 때에 발주자는 수급인에게 담보책임을 물을 수 있도록 민법에서 규정하고 있으나 일본의 경우 민법에서 이를 별도로 구분하고 있지 않고 단지 법원의 판결로 이를 보충하고 있다.

2002년 1월 이전까지 독일의 경우에도 완성 이전과 완성 후를 구분하여 담보책임을 부담하도록 했으나 민법이 개정되면서 그 구분을 없애고, 수급인에게 과실이 있을 경우 책임을 부담하도록 하여 실질적인 채무불이행책임을 부담시키고 있다.

프랑스의 경우 보험법 Art. L. 241-1[576]에 따라 수급인은 시설물 계약 시 보험 가입이 의무화되어 있고, 하자발생시 주된 책임을 지는 자나 보험회사가 책임 소재를 규명하지 않고 60일 이내에 하자보수비용을 지불하도록 규정하고 있다.

> 프랑스 보험법, Art. L. 241-1 (L.n. 78-12, 4 janv, 1978, art. 12)
>
> "1972조에 언급된 추정들에 근거하여 책임이 있는 모든 자연인과 법인은 보험에 가입해야 한다. 건축시 자연인 또는 법인은 책임을 담당할 수 있는 보험계약에 가입했음을 증명할 수 있어야 한다."

3. 목적물 인수의 효과

우리나라의 경우 완성된 목적물에 대해 하자보수, 손해배상을 인정하고 있으나 계약해제

576) 프랑스 보험법, Art. L. 241-1 (L.n. 78-12, 4 janv, 1978, art. 12); 이의섭, 「공동주책의 하자보수 책임제도 개선방안」, 한국건설산업연구원, 서울, p.65, 2002.6 재인용

는 인정하지 않고 있다. 프랑스에서는 발주자가 목적물을 인수했더라도 숨은 하자가 존재하는 것이 밝혀졌을 경우, 수급인은 그 책임을 면하지 못하는 것[577]으로 간주한다.

독일의 경우 발주자가 하자를 알면서도 인수한 경우, 하자로 인한 권리를 유보할 경우에만 민법에서 규정된 권리행사가 가능하다.

일본의 경우 공사가 예정된 공정의 최후까지 일단 종료하였으나 불완전한 경우에 하자담보책임을 부담하는 것[578]으로 간주하는데, 학설[579]은 대가관계의 조정이라는 관점으로부터 도급계약의 하자담보책임을 파악하면서도 그것을 채무불이행책임 소멸 후에 법이 특별히 인정한 책임으로 구성한다.

대륙법권 적용 국가의 사례를 보면, 하자 발생시 채무불이행책임과 하자담보책임에 대한 논란이 계속되므로 목적물 인수에 대한 효과가 분명하지 않으나 독일의 경우 특별히 인수시 권리 유보 여부에 따라 책임을 제한하고 있다.

4. 면책조항

우리나라와 일본의 경우 민법에서 발주자가 지시하거나 재료를 제공하는 경우에 수급인에게 담보책임을 면제하고 있다.

프랑스의 경우 발주자가 일에 대한 상당한 지식이 있고, 일에 대해 감독할 가능성이 있는 경우, 수급인의 책임을 일부 제한하는 것이 허용되지만 인적 손해는 전혀 면책이 안 된다[580].

독일의 경우 발주자가 지시하거나 재료를 제공한 경우 수급인은 급부한 노동에 상당하는 부분의 보수 및 보수에 포함되지 아니한 비용의 상환을 청구할 수 있다.

다만, 각국에서 거의 모두 수급인이 도급인의 지시나 재료가 잘못된 사실을 알고서도 도급인에게 고지하지 아니한 경우 면책되지 아니하는 것으로 규정하고 있다.

참고로, 일본은 대가를 받지 않고 제공하는 서비스공사에 대해 하자담보책임 부담 여부를 다루고 있는 바, 도급계약과 따로 행해진 특별한 사정이 없는 한, 서비스공사에 대해서도 하자담보책임을 인정하고 있다[581].

577) Ferid/Sonnenberger, Verlagsgesellschaft Recht und Wirtschaft, Da Franzosische Zivilrecht, Bd.II, Heidelberg, S.290, 1986

578) 일본 Case, 東京高判(1972.5.29) 民9部判決2471, 2870號, 判例時報668號第49項

579) 三宅正男, 『契約法(各論)下卷』, 青林書院, 東京, pp.902~914, 1988

580) Ferid/Sonnenberger, 앞의 책, p.290

581) 滝井繁男(1990), 앞의 책, p.180

표 21 … 우리나라 하자담보책임 내용

구 분	내 용
책임근거	· 민법 제664조 : 수급인이 일을 완성할 것을 약정 · 민법 제667조 : 일을 완성하지 못했을 때 하자담보책임을 부담
책임내용	· 목적물 완성 전의 책임과 완성 후의 책임으로 구분함 · 완성 전 책임 : 민법 제667조에 완성 전 성취된 부분의 목적물에 대하여 발주자는 수급인에게 담보책임을 물을 수 있도록 하고 있음 · 완성 · 인도 후의 책임 – 하자보수청구권 및 손해배상청구권은 인정됨 – 손해배상의 범위는 별도로 규정하고 있지 않으며, 하자담보책임의 법적 성질에 따라 범위가 달라짐 – 완성 전에는 민법 제673조에 따라 해제 가능하지만 완성 이후에는 해제불가
목적물 인수효과	· 민법 제661조, 제667조, 제668조에 따라 완성된 목적물에 하자가 있을 경우 발주자가 하자보수청구 또는 하자보수청구와 함께 손해배상청구 가능하고, 수급인은 하자담보책 임 부담 · 계약해제를 인정하지 않음
면책	· 민법 제669조에 따라 목적물의 하자가 발주자가 제공한 재료의 성질 또는 발주자의 지시에 기인한 때에는 수급인에게 담보책임 면제 · 단, 수급인이 알고서 고지하지 아니 한 하자에 대해서는 민법 제672조에 따라 그 책임을 면할 수 없음 · 약관의 규제에 관한 법률에 따라 정당한 이유 없이 수급인의 담보책임을 배제 또는 제한하거나 가중하는 조항, 견본이 제시되거나 품질 · 성능표시가 있는데도 담보책임을 배제 또는 제한하는 경우 무효로 간주

표 22 … 프랑스 하자담보책임 내용

구 분	내 용
책임근거	· 판례와 학설에 의해 발전 : 수급인은 일을 양호하게 할 의무가 있고, 약정된 결과가 성취되지 않을 경우 주된 의무위반이 됨
책임내용	· 민법 제1792조 : 시설물에 하자가 있는 경우 수급인의 책임을 추정하는 규정을 둠 · 담보책임내용 : 계약책임의 일반원칙에 따라 원상회복하고 그것이 부적당한 경우 등가배상 – 공작물, 구성부분의 일부, 설비요소 : 목적물의 인도시부터 10년 – 기타의 설비요소 : 목적물의 인도시부터 최저 2년(민법 제2270조) – 수급인은 인도시부터 1년간 완전완성, 즉 하자제거의 담보책임 부담(민법 제1792조의6 제2항) · 보험법 Art. L. 241-1에 따라 수급인은 시설물계약시 보험가입이 의무화되어 있고, 하자발생시 주된 책임을 지는 자나 보험회사가 책임소재를 규명하지 않고 60일 이내에 하자보수비용을 지불

목적물 인수효과	· 발주자가 목적물을 인수한 후에도 숨은 하자가 존재하는 것이 밝혀진 경우 수급인은 책임부담
면책	· 수급인의 책임을 제한 또는 면제하는 약정에 대해 당사자가 알았거나 중대한 과실로 몰랐을 경우 무효 · 발주자가 일에 대한 상당한 지식이 있고, 일에 대해 간섭할 가능성이 있는 경우 수급인의 책임을 제한하는 것이 가능하지만 인적 손해에 대해서는 면책 안 됨

표 23 … 독일 하자담보책임 내용

구 분	내 용
책임근거	· 민법 제663조 : 수급인은 도급인에게 물건 및 권리의 하자가 없는 일을 제공할 의무를 부담 · 목적물 완성전의 책임과 완성후의 책임을 구분하지 않음
책임내용	· 민법 제634조 : 발주자가 追完을 요구하는 경우에는 수급인은 자신의 선택에 따라 하자를 제거하거나 또는 새로운 일을 할 수 있고, 수급인은 추완에 소요되는 비용, 특히 운송비, 도로비, 노임, 그리고 재료비를 부담 – 추완 가능한 경우 : 수급인이 추완하겠다고 기간을 정한 경우 그 기간이 경과한 이후 발주자는 스스로 하자 제거할 수 있고 비용상환청구 가능 – 추완 가능하지 않거나 필요 없는 경우 : 발주자는 기간의 설정이 필요 없고, 발주자는 하자의 제거에 소요되는 비용을 수급인에게 미리 청구 가능 · 追完請求權, 損害賠償 및 有益費償還請求權의 소멸시효 – 물건 제조, 수리, 변경, 이와 관련한 계획, 감리 : 2년 – 건축물 이와 관련한 계획, 감리 : 5년 – 기타의 경우 : 일반적인 소멸시효기간 적용 · 계약해제 및 대가감액 : 수급인의 귀책사유 필요 – 계약해제 : 급부청구권 또는 추완청구권은 그 시효가 완성하면 계약해제는 효력이 없어짐 – 대가감액 : 계약해제 조항 유추 적용
목적물 인수효과	· 발주자가 하자를 알면서도 인수한 경우 인수시에 하자로 인한 권리를 유보한 경우에만 하자보수, 비용상환청구, 계약해제, 대가감액 등의 권리보유
면책	· 발주자가 제공한 재료의 하자, 발주자의 지시로 인한 하자에 대해 추가비용이 소요될 경우 수급인은 급부한 노동에 상당하는 보수 및 보수에 포함되지 아니한 비용상환청구 가능

표 24 … 일본 하자담보책임 내용

구 분	내 용
책임근거	· 민법 제632조 : 수급인은 발주자에 대하여 도급계약에 따라 일을 완성할 의무를 부담
책임내용	· 목적물 완성 전의 책임과 완성 후의 책임을 구분하지는 않으나 학설이나 판결례에서 이를 구분함 · 완성 전의 책임 : 공사완성 전에 발견된 부적합 시공에 대해서는 재검토하는 것으로 하고, 하자에 대해서는 보수를 요구하는 것으로 간주 · 완성 후의 책임 – 하자제거 또는 하자보수 : 수급인이 인도한 공사목적물에 하자가 있으면 발주자는 하자보수 요구 가능(민법 제634조), 발주자 선택에 따라 손해배상 또는 하자보수를 요구, 발주자가 하자보수하는 경우 발주자는 필요로 하는 보수비용에 대해서만 손해배상을 청구가능(판결) – 손해배상 범위 : 하자담보책임으로서의 손해배상 범위는 하자가 있음으로써 발주자가 받는 모든 손해(이행이익)로 간주(판결)
목적물인수 효과	· 불완전하게 이행한 것이지만 발주자가 일의 완성을 승인하고 목적물을 인도받은 경우 수급인의 채무불이행책임은 소멸하되 하자담보책임은 남는 것으로 간주(학설) · 계약해제를 인정하지 않음
면책	· 발주자 지시(구속력이 있어야 함)와 지정된 재료에 근거했을 때는 수급인에게 하자담보책임 면제 · 수급인이 알고서 고지하지 아니할 경우 수급인은 면책 안 됨 · 하자책임이 수급인과 발주자에게 동시에 있을 경우 과실상계하는 것으로 간주

II. 영미법권

영미법권에서 영국은 용역공급과 매매법(Sale and Supply of Service Act 1994), 미국에서는 통일상법전(Uniform Commercial Code : U.C.C.), Magnuson-Moss Warranty Act, 주건설규정(State Building Code) 및 연방조달규정(Federal Acquisition Regulation : 이하 FAR이라 한다)에서 보증(Warranty)의 사항을 다루고 있다는 점에서 그 차이가 있을 뿐이다.

그리고 영미법권에서는 하자담보책임이라는 제도는 존재하지 않지만 이에 해당하는 것으로서 묵시적 보증(Implied Warranty)이 있으며, 이는 계약책임의 일종으로 다루어지고 있다[582].

582) 김대정,「영미법에 있어서의 하자담보책임-대륙법과의 비교법적고찰」, 首善論叢第14輯, 성균관대학교, 1990.12, p.175

따라서 영국에서는 공공공사 계약조건에서 하자보증사항을 다루고 있으며, 미국의 경우 FAR에서 건설공사 계약조건이 되는 사항을 규정하고 있다.

1. 책임의 근거

영국이나 미국의 경우 법원 판정에 의한 판례법(Case Law)이 의회에서 제정한 제정법(Statute)보다 우선하기 때문에 하자와 관련된 제정법이 있지만 여기에 근거하기보다는 관습법 의무(Common Law Obligation), 즉 판례법에 근거를 두고 있는 것으로 봐야 한다.

실제 제정법은 판례법을 근거로 만들어지는 경우가 많기 때문에 우선순위에 대한 실익은 없다고 봐야 한다.

미국의 경우 연방조달규정 52.246-12(i)에서는 건설계약에서의 인수를 규정하고 52.246-2(k)에서는 공급계약에서의 인수를 규정하고 있고, FAR 52.246-21에서는 건설보증을 규정하고 있다.

한편, 일반적으로 통일상법전(Uniform Commercial Code : 이하 U.C.C.)은 매매계약 등에 적용되는 것이지만, 적절한 상황이 되면 정부계약에서도 묵시적 보증과 관련하여 U.C.C. §2-314, §2-315조항이 적용될 수도 있다.

FAR 52.246-12(i) Inspection of Construction

Acceptance shall be final and conclusive except for latent defects, fraud, gross mistakes amounting to fraud, or the Government's rights under any warranty or guarantee.

인수는 보증에 따라 정부에 주어지는 권리가 있거나 인수당시 발견하지 못한 하자가 있거나, 하자사실을 속였거나, 사기에 준하는 중대한 과실이 있는 경우가 아니라면 최종적이고 종국적이어야 한다.

FAR 52.246-21 Warranty of Construction.

(a) In addition to any other warranties in this contract, the Contractor warrants, except as provided in paragraph (i) of this clause, that work performed under this contract conforms to the contract requirements and is free of any defect in equipment, material, or design furnished, or workmanship performed by the Contractor or any subcontractor or supplier at any tier.

(a) 본 계약의 다른 보증에 부가하여, 시공자는, (i)항을 제외하고, 계약요구를 준수하여 계약

에 따라 목적물이 수행되었고, 시공자 또는 하도급자 또는 모든 단계의 자재공급업자에 의해 이행된 작업내용 또는 설계 또는 재료 또는 장비에 하자가 없다는 것을 보증한다.

(b) This warranty shall continue for a period of 1 year from the date of final acceptance of the work. If the Government takes possession of any part of the work before final acceptance, this warranty shall continue for a period of 1 year from the date the Government takes possession.

(b) 이 보증은 목적물의 최종인수일로부터 1년간 유지되어야 한다. 발주자가 최종인수전에 목적물의 일부분을 점유한다면 이 보증은 발주자의 점유일로부터 1년간 유지되어야 한다.

(c) The Contractor shall remedy at the Contractor's expense any failure to conform, or any defect. In addition, the Contractor shall remedy at the Contractor's expense any damage to Government-owned or controlled real or personal property, when that damage is the result of-

(1) The Contractor's failure to conform to contract requirements; or

(2) Any defect of equipment, material, workmanship, or design furnished.

(c) 시공자는 하자발생시 자신의 비용으로 보수해야 한다. 또한 시공자는 계약요구사항을 준수하지 못하거나 제공된 설계, 작업내용, 재료 또는 장비의 하자로 인해 발주자의 통제하에 있는 자산의 손해가 발생하였다면, 이를 부담해야 한다.

(d) The Contractor shall restore any work damaged in fulfilling the terms and conditions of this clause. The Contractor's warranty with respect to work repaired or replaced will run for 1 year from the date of repair or replacement.

(d) 시공자는 본 조항을 충족하기 위해 하자를 보수해야 하며, 보수완료일로부터 1년간 보증하여야 한다.

(e) The Contracting Officer shall notify the Contractor, in writing, within a reasonable time after the discovery of any failure, defect, or damage.

(e) 계약담당공무원은 손해, 하자 등의 사실의 발견일로부터 합리적인 기간내에 문서로 시공자에게 통지해야 한다.

(f) If the Contractor fails to remedy any failure, defect, or damage within a reasonable time after receipt of notice, the Government shall have the right to replace, repair, or otherwise remedy the failure, defect, or damage at the Contractor's expense.

(f) 시공자가 통지를 받은 후 합리적인 기간안에 손해 또는 하자를 보수하지 않는다면, 발주자가 직접 보수하거나 시공자의 비용으로 손해, 보수하여야 한다.

(g) With respect to all warranties, express or implied, from subcontractors, manufacturers, or suppliers for work performed and materials furnished under this contract, the Contractor shall-

(1) Obtain all warranties that would be given in normal commercial practice;

(2) Require all warranties to be executed, in writing, for the benefit of the Government, if directed by the Contracting Officer; and

(3) Enforce all warranties for the benefit of the Government, if directed by the Contracting Officer.

(g) 본 계약에서 공사나 자재를 위해 하도급자, 제조업자, 공급업자에 의한 모든 명시적, 묵시적 보증에 대해, 시공자는 정상적인 상관행에서 행해지는 보증을 해야 하고, 계약담당공무원이 문서로 지시한다면 보증이 행해져야 하며, 계약담당공무원의 지시가 있다면 정부에 이익이 되는 방향으로 보증을 이행해야 한다.

(h) In the event the Contractor's warranty under paragraph (b) of this clause has expired, the Government may bring suit at its expense to enforce a subcontractor's, manufacturer's, or supplier's warranty.

(h) 제2항에 따른 시공자의 보증기간이 만료된 경우, 발주자는 하자로 인한 비용을 보상받기 위해 하도급자, 제조업자 또는 공급업자가 제출한 보증을 상대로 소송할 수 있다.

(i) Unless a defect is caused by the negligence of the Contractor or subcontractor or supplier at any tier, the Contractor shall not be liable for the repair of any defects of material or design furnished by the Government nor for the repair of any damage that results from any defect in Government-furnished material or design.

(i) 하자가 시공자 또는 하도급자 또는 각 단계별 공급업자의 과실에 기인하지 않는다면, 시공자는 정부에 의해 제공된 자재 또는 설계의 하자보수나 정부에 의해 제공된 자재나 설계의 하자로부터 기인하는 손해를 보상할 책임이 없다.

(j) This warranty shall not limit the Government's rights under the Inspection and Acceptance clause of this contract with respect to latent defects, gross mistakes, or fraud.

(j) 이 보증조항은 검사당시 발견할 수 없는 잠재적 하자, 중과실 또는 사기에 대해서는 검사인수조항에 기초한 발주자의 권리를 제한하지 않는다.

U.C.C. § 2-314. Implied Warranty: Merchantability; Usage of Trade.

(1) Unless excluded or modified (Section 2-316), a warranty that the goods shall be merchantable is implied in a contract for their sale if the seller is a merchant with respect to goods of that kind. Under this section the serving for value of food or drink to be consumed either on the premises or elsewhere is a sale.

(1) Section 2-316조를 배제하거나 수정하지 않는 한, 상품이 시장성이 있어야 한다는 보증은

매도인이 상품을 판매한다면 판매당시 계약에 묵시적으로 포함되어 있다. 본 조항에 따라 매장 등에서 소비되는 식사나 음료에 대해 지불하는 봉사도 판매의 일종이 된다.

(2) Goods to be merchantable must be at least such as:

(a) pass without objection in the trade under the contract description;

(b) in the case of fungible goods, are of fair average quality within the description;

(c) are fit for the ordinary purposes for which goods of that description are used;

(d) run, within the variations permitted by the agreement, of even kind, quality and quantity within each unit and among all units involved;

(e) are adequately contained, packaged, and labeled as the agreement may require; and

(f) conform to the promise or affirmations of fact made on the container or label if any.

(2) 시장성이 있는 상품은 최소한 계약에 설명된 바에 따라 거래시 반대없이 통과되어야 하고, 대체품인 경우 설명범위내에서 공정하게 평균품질을 유지해야 하며, 설명된 상품이 사용되기 위해 통상의 목적에 맞아야 하며, 합의에 의해 허용된 변경이내에서 포함된 모든 단위들 중에서 그리고 각각의 단위내에서 품질과 수량을 유지해야 하고, 합의서에서 요구하는 바에 따라 적절하게 포장되어 꼬리표를 부착해야 하며, 컨테이너나 꼬리표에 부착된 사실과 일치해야 한다.

(3) Unless excluded or modified (Section 2-316) other implied warranties may arise from course of dealing or usage of trade.

(3) Section 2-316조를 배제하거나 수정하지 않는 한, 다른 묵시적 보증이 거래과정에서 발생할 수 있다.

U.C.C. § 2-315. Implied Warranty: Fitness for Particular Purpose.

Where the seller at the time of contracting has reason to know any particular purpose for which the goods are required and that the buyer is relying on the seller's skill or judgment to select or furnish suitable goods, there is unless excluded or modified under the next section an implied warranty that the goods shall be fit for such purpose.

계약체결시 매도인이 상품에 요구되는 특정의 목적이 있다는 것을 알아야 하고, 매도인이 적절한 상품을 고르거나 제공할 때 매도인의 판단이나 기교에 의존한다는 사실을 알아야 하는 곳에서, Section 2-316조를 배제하거나 수정하지 않는 한, 상품은 그러한 목적에 맞아야 한다는 묵시적 보증이 있는 것이다.

두 나라의 하자와 관련된 사항은 다음 표와 같다.

영미법권의 국가에서는 하자가 발생하면 명시적이든 묵시적이든 관계없이 보증(warranty)조항을 위반한 것으로 간주하여 처리하고 있는데, 이는 대륙법권에서 수급인의 하자책임에 대하여 취하고 있는 태도와 상이하다.

2. 책임의 내용

영국 공공공사계약 일반조건(GC/Works/1)[583]에 규정된 내용과 FAR에 규정된 내용을 위주로 책임의 내용을 살펴보면 다음 표 25와 같다. 영미법권에서 계약위반에 대한 구제방법으로는 손해배상만이 인정되며, 손해배상만으로 구제되지 못하는 경우 형평법에 의한 특정이행명령이 내려질 수 있다.

미국의 경우 하자보수, 손해배상, 적절한 대가감액(Equitable Reduction in Price) 등이 이루어질 수 있다.

이상에서 살펴본 바와 같이 영미법권에서는 수급인의 하자책임에 대해 별도의 법정책임인 하자담보책임을 부과하는 것이 아니라 전형적인 채무불이행책임으로 간주하여 처리하고 있음을 알 수 있다.

3. 목적물 인수의 효과

영미법권에서 목적물을 인수하는 것은 실질적 준공을 의미하므로 수급인이 계약조건을 위반했다고 하더라도 발주자는 계약을 해제할 수 있는 권리를 상실하게 되며, 손해배상만을 청구할 수 있다는 것이 일반적인 견해이다.

미국의 경우 시공자가 목적의 하자를 보수하지 않거나 교체하지 않을 경우 시공자의 책임있는 사유를 들어 계약을 해제할 수 있다[584]. 이와 같이 건설도급의 경우 계약의 준공과는 관계없이 계약을 해제할 수 있도록 명시하고 있는데 이는 건설에서 하자를 발견하는 데 상당한 기간이 소요되기 때문이다[585][586].

---

583) 영국 공공공사계약일반조건, General Conditions of Government Contracts for Building and Civil Engineering Works, 1993

584) USA Case, *Jo-Bar Mfg. Corp.*, ASBCA 17774, 73-2 BCA ¶10,311

585) USA Case, *Davis v. Hedges*(1871), L.R, 6QB. 687 : Stokes/Finuf, Construction Law for Owners and Builders, McGraw-Hill., New York, p.116, 1986

586) USA Case, *Elliot Consol School Dist. v. Busbroom*(1964), 227 F. Supp. 858, S.D. Iowa. : Stokes/Finuf, Construction Law for Owners and Builders, McGraw-Hill., New York, p.116, 1986

4. 면책조항

계약당사자들이 원한다면 당사자 일방의 책임을 면책시키는 약정은 자유로이 행할 수 있다는 것이 관습법(Common Law)의 일반원칙이다.

영국의 경우 불공정계약금지법(The Unfair Contract Act, 1977)에서 면책조항을 통제하는 규정이 있으며, 사망과 인적 손해에 대한 책임 면제 조항은 무효로 하고 있다. 기타 손해에 대해서는 합리성을 갖출 경우 유효한 것으로 보고 있다.

미국의 경우 앞에서 살펴본 바와 같이 검사당시 발견하지 못한 잠재적하자, 하자를 숨긴 경우, 중과실에 의한 하자 등의 경우 인수된 것으로 보지 않고 있다. 인수당시 발주자가 일반적으로 알고 있는데 발견하지 못한 하자라면 잠재적인 하자로 보지 않고[587], 합리적인 주의만 기울이더라도 알 수 있는 하자라면 잠재적인 하자로 보지 않는다[588].

시공자가 시험하고 검사하도록 규정된 상태에서 발주자가 이를 믿고 하자를 발견하지 못했다면 잠재적인 하자로 본다[589]. 또한 경험있는 시공자(Experienced Contractor)가 하자를 발견하는 시험을 실시하였다는 것을 믿고 검사 시 하자를 발견하지 못했다면 잠재적하자로 보지만[590], 시공자가 계약에서 규정된 시험을 실시하지 않고 하자를 숨겼는데도 발주자가 제대로 주장하지 못하여 검사당시 하자를 발견하지 못했다면 잠재적하자로 보지 않는다[591].

검사 비용과 검사 난이도도 중요한 요소가 되며, 단순한 수치 오차는 잠재적하자로 보지 않으며[592], 일정기간 운영 후에 하자 여부를 판별할 수 있는 사항은 잠재적하자로 본다[593]. 발주자가 하자를 발견하기 위한 시험을 실시하느냐의 여부를 결정하는데 있어 시공자의 경험도 고려사항이 된다[594].

사기로 하자를 숨겼을 경우 발주자는 False Claim Act, False Statement Act 등에 따라

587) USA Case, *Southwest Welding & Mfg. Co. v. United States*, 188 Ct. Cl. 925. 413 F.2d 1167(1969)

588) USA Case, *United Tech. v. United States*, 27 Fed. Cl. 393 (1992) recons. denied, 31 Fed. Cl. 698 (1994)

589) USA Case, *Utley-James, Inc.*, GSBCA 6831, 88-1 BCA ¶20518

590) USA Case, *Jung Ah Indus. Co.*, ASBCA 22632, 79-1 BCA ¶13,642, recons denied, 79-2 BCA ¶13,916

591) USA Case, *Wickham Contracting Co.*, ASBCA 32392, 88-2 BCA ¶20,559

592) USA Case, *Jo-Bar Mfg. Corp.*, ASBCA 18292, 73-2 BCA ¶10,353, recons. denied, 74-1 BCA ¶10,392

593) USA Case, *Keco Indus., Inc.*, ASBCA 13271, 71-1 BCA ¶8727

594) USA Case, *Triple "A" Machine Shop, Inc.*, ASBCA 16844, 73-1 BCA ¶9826

민사 및 형사상 구제조치를 받을 수 있다. 사기에 준하는 중과실(Gross Mistake Amounting to Fraud)이 있을 경우 숨길 의도(Intention)가 있었는지 여부가 중요한 판단기준이 된다.

잘못 표기된 사항이 있는지, 발주자가 신뢰하였는지, 피해가 발생하였는지에 대해 다양한 견해가 있다. 잘못 표기된 사항(Misrepresentation)이라고 하여 모두 사기에 준하는 중과실로 보지 않고, 시공자가 검사 당시 오류가 있는 모든 자료를 공개하고, 검사관이 거절 없이 목적물을 살펴보았다면 사기에 준하는 과실이라고 보지 않는다[595].

표 25 … 영미법권에서의 하자에 대한 책임의 근거와 책임의 내용

구 분	책임의 근거	책임의 내용
영국	· 건설계약에서는 상품 및 용역공급법(Supply of Goods and Services Act 1982) S.12의 규정으로 성문화되고, Merchan table quality와 관련해서는 용역공급과 매매법(Sale and Supply of Service Act 1994) S.14(6)의 규정이 적용됨 · Defective Premises Act(1972), Housing Grants, Construction and Regenera tion Act(1996), Limitation Act(1980) 및 Limita tion Act(1980)의 약점이 보완된 Latent Damage Act(1986) 등이 적용	· 하자보수 : 공공공사계약 일반조건이 적용되는 경우 발주자의 계약관이 만족할만한 수준으로 수급인의 비용으로 하자보수해야 함 · 손해배상 : 하자제거비용뿐만 아니라 후속 피해금액까지 청구 가능, 발주자는 Limi tation Act에 의해 6년 이내에 하자보수비용을 청구해야 함 · 계약해제 : 계약이행과는 관계없이 부적합 사항 통지 후 1주일 이내에 요구사항을 준수하지 않을 경우 계약 해제 가능
미국	· Magnuson－Moss Warranty Act는 소비자가 수급인(공급업자), 보증인(warrantor) 혹은 서비스계약자의 과실로 인해 손해가 발생했을 경우 소를 제기할 수 있도록 함 이 법에서는 시공자가 1) 능숙한 솜씨로 시공해야 하고, 2) 보수 또한 능숙한 솜씨로 시공해야 하며, 3) 거주성이 있도록 최종 목적물을 만들어야 하는 묵시적 보증 의무를 부담함 · 근로자안전보건법(Occupational Safety and Health Act : OSHA), 환경보존법(National Environment Policy Act), U.C.C(Uniform Commercial Code), 주건설규정 등은 수급인의 준수표준을 명시함 · FAR 46.706(b)(2), 52.246-21 등	· 하자보수 : 목적물인수 후 1년 이내에 시공상 하자가 발견되면 하자제거 또는 보수의무가 있고, 시정된 부분에 대해서는 다시 1년간 하자보증의무가 있음 · 손해배상 : 계약조건이 우선하며, 통상적으로 하자 있는 시설물을 교정하거나 시공을 완성하기 위한 합리적인 시장가격으로 봄 · 계약해제 : 하자가 중대한 계약위반에 해당하면 실질적으로 준공된 부분을 제외한 부분은 계약 해제 가능

595) USA Case, *H. Bendzulla Contracting, Inc.*, ASBCA 18588, 74-2 BCA ¶10,690

또한 사기에 준하는 중과실로 인정받기 위해서는 발주자가 열악한 품질이나 계약요구조건을 준수하지 못하는 사항으로 인해 피해를 입었다는 사실을 입증해야 한다[596].

Ⅲ. 미국 건설공사 하자보증(Warranty)

미국에서 정부건설공사에서 하자보증(瑕疵保證, Warranty)이 적용되는 근거법령에 대해서는 앞에서 살펴보았다. 건설공사에서 하자보증은 FAR과 U.C.C에 근거하여 명시적, 묵시적 보증사항을 규정하고 있다. 이하에서는 미국에서 하자보증이 실제 어떻게 적용되는지에 대해 살펴보고자 한다.

1. 입증책임 및 통지(Notice and Burden of Proof)

발주자가 하자보증에 따라 보호를 받기 위해서는 우선 발주자는 "특정한 상황에서 합리적으로 빠른 시간이내(Reasonably prompt notice, in the particular circumstance)"에 시공자에게 불일치 사항을 통지해야 한다[597].

문서 통지가 선호되지만, 하자가 발견되었을 때 하자보증 기간내에 시공자의 대표에게 구두로 통지하였다면 적절한 것으로 보는 경우도 있다[598].

발주자가 시공자의 보증위반을 주장할 때는 제기하는 모든 사항들에 대한 입증책임을 부담한다. 발주자가 보증클레임을 제기할 때는 첫째, 적절한 시간내에 통지해야 하고, 둘째, 하자있는 물품이나 목적물이 시공자의 책임이라는 사실을 입증해야 하며, 마지막으로 클레임이 하자에 기인한 것이라는 사실을 밝혀야 한다[599].

발주자가 클레임을 제기할 때는 하자있는 물품이나 목적물이 하자의 원인이라는 것을 분명히(Explicit) 밝힐 필요는 없고 거의 확정적이라는 사실을 입증(Show by a preponderance of the evidence)하면 된다[600].

목적물의 인도 후 발주자가 사용하다가 하자가 발생하였고, 시공자의 설계, 시공자가 제공한 재료, 시공자가 제공한 노무 등이 하자발생의 주된 원인이 된 경우에는 시공자가 입증책임을 부담하게 된다[601].

596) USA Case, *Massman Constr. Co.*, ENGBCA 3443, 81-2 BCA ¶15,212
597) USA Case, *Instruments for Indus., Inc., v. United States*, 496 F.2d 1157(2d Cir. 1974)
598) USA Case, *Harwell Constr. Co.*, ENGBCA PCC-30, 79-2 BCA ¶14,061
599) USA Case, *Joseph Penner*, GSBCA 4647, 80-2 BCA ¶14,604
600) USA Case, *ABM/Ansley Business Materials*, GSBCA 9367, 93-1 BCA ¶25,246
601) USA Case, *Inter-West, Ltd.*, DOTBCA 2238, 92-3 BCA ¶25,073

또한 발주자가 입증책임을 부담하는 곳에서 제대로 입증하지 못하였다고 보는 경우도 있는데, 대표적으로 목적물을 적정하게 사용(Proper Use)하였는데도 불구하고 하자가 발생하였거나[602], 계약서에 규정된 작업방법을 준수하지 않았다는 사실 등을 입증하는 것이다. 예를 든다면, 하자있는 씰런트 공사에 대해 시공자에게 책임이 있다는 사실[603], 시험 전에 페인트를 흔들어야 하는데 제대로 흔들지 않았기 때문에 하자보증을 위반하였다는 사실[604], 천장의 붕괴 사고가 하자있는 공사에 기인하였다는 사실[605], 하자보증조항을 준수하지 않는 발주자의 시험결과를 토대로 시공자에게 책임을 부담시키려고 하는 사항[606] 등이 있는데, 대부분의 경우 발주자가 입증책임을 다하지 못한 것으로 보고 있다.

2. 보증조항에 근거한 구제조치(Remedies under Warranty Clauses)

검사조항에 규정된 보증(Warranty)에 따라 발주자는 목적물의 인도 이전에 보증책임을 물을 수도 있지만, 별도로 보증 조항을 두어 발주자의 구제조치를 다루고 있다. 연방조달규정 46.706(b)(2)항을 살펴보면 다음과 같다.

FAR 46.706(Warranty terms and conditions)(b)(2)

(2) Remedies.

(i) Normally, a warranty shall provide as a minimum that the Government may–

(A) Obtain an equitable adjustment of the contract, or

(B) Direct the contractor to repair or replace the defective items at the contractor' s expense.

(i) 통상적으로, 보증조항은 최소한 발주자가

(A) 계약금액조정을 받을 수 있도록 하거나,

(B) 시공자 부담으로 하자있는 사항을 수리 또는 교체하도록 지시할 수 있도록 해야 한다.

(ii) If it is not practical to direct the contractor to make the repair or replacement, or, because of the nature of the item, the repair or replacement does not afford an appropriate remedy to the Government, the warranty should provide alternate remedies, such as authorizing the Government to?

602) USA Case, *Philadelphia Biologics Center*, ASBCA 32567, 88-3 BCA ¶21,147

603) USA Case, *Ed Dickson Contracting Co.*, ASBCA 27205, 84-1 BCA ¶16,950

604) USA Case, *Camrex Reliance Paint Co.*, GSBCA 6166, 83-1 BCA ¶16,485

605) USA Case, *Joseph Penner*, GSBCA 4647, 80-2 BCA ¶14,604

606) USA Case, *Julian A. McDermott Corp.*, ASBCA 23435, 80-1 ¶14,210

(A) Retain the defective item and reduce the contract price by an amount equitable under the circumstances; or

(B) Arrange for the repair or replacement of the defective item, by the Government or by another source, at the contractor's expense.

(ii) 만약, 시공자가 수리 또는 교체하도록 지시하는 것이 현실적이지 않거나, 성질상 수리 또는 교체하는 것이 발주자게에 유리하지 않는다면, 보증조항은 다음과 같은 대체 구제조치를 발주자에게 제공해야 한다.

(A) 하자있는 사항을 유보하고 상황에 따라 적절한 금액만큼 계약금액을 감액하거나

(B) 시공자의 부담으로 발주자 또는 다른 시공자가 수리 또는 교체하도록 해야 한다.

보증 조항에 특정 구제조치가 명시되었고, 하자가 발생되었다면 발주자는 명시된 구제조치에 한정하여 구제받을 수 있는 것으로 보고 있다[607].

초기에는[608] 보증 조항이 구제조치를 포함하지 않을 때 보증위반을 이유로 계약을 해지(Default Termination)한 것은 부적절한 구제조치였다고 보았다. 이러한 원칙은 시공자가 보증 조항에서 요구되는 하자있는 작업에 대한 보수 또는 교체를 거절한 경우에도 적용되었다[609]. 검사당시 발견할 수 없었던 하자(Latent Defect)가 있을 때도 보증위반을 들어 계약을 해지한 것은 적절한 구제조치로 보고 있다[610].

보증 조항에 계약금액조정이 포함된 경우 하자있는 부분이 쓸모없게 되었다면 전체 가액(價額)을 보상받는 것이 적절하고[611], 일부 가치가 있을 경우 그 부분을 제외한 가액을 보상받는 것이 적절한 것으로 보고 있다[612].

발주자는 합리적인 재조달가격(Reprocurement) 또는 손해에 대해 금전 보상을 받을 수 있고, 이를 초과하는 금액은 보상 대상이 되지 않는 것으로 본다[613]. 또한 보증기간(Warranty Period) 동안 부적절한 보수로 인하여 하도급자에 의해 발생된 손해에 대해서는 계약에 규정된 책임한계(Limitation of Liability Clause)에도 불구하고 시공자가 자신의 보험에서 부보하는 한도까지 발주자에게 발생한 비용을 부담하도록 하였다[614].

607) USA Case, *Kordick & Son, Inc. v. United States*, 12 Cl. Ct. 662 (1987)
608) USA Case, *Astubeco, Inc.*, ASBCA 8727, 1963 BCA ¶ 3941
609) USA Case, *Ganary Bros.*, ASBCA 7779, 1963 BCA ¶ 3721
610) USA Case, *Cross Aero Corp.*, ASBCA 15092, 71-2 BCA ¶ 9076
611) USA Case, *Mercury Chemical Co.*, ASBCA 12882, 69-1 BCA ¶ 7769
612) USA Case, *Atlantic Hardware & Supply Corp.*, ASBCA 10450, 66-1 BCA ¶ 5378
613) USA Case, *Oklahoma Aerotronics, Inc.*, ASBCA 25605, 87-2 BCA ¶ 19,917
614) USA Case, *Luster-On prods., Inc.*, ASBCA 23367, 80-2 BCA ¶ 4,777

Ⅳ. 하자담보책임 적용의 문제 및 법적 성질

이상에서 건설공사에서 발생되는 분쟁과 관련한 계약당사자 하자책임의 성질 및 대륙법권과 영미법권의 하자에 대한 책임을 살펴본 바와 같이 대륙법권에서는 기존의 하자담보책임과 채무불이행책임을 별도로 규정함으로 인해 수급인에게 부담시켜야 할 책임에 대해 수많은 논쟁이 있음을 알 수 있다.

이에 독일은 2002년 1월부터 도급과 관련된 조항을 대폭 수정한 개정민법을 적용하고 있다. 여기에서는 하자담보책임과 채무불이행책임의 경계를 허물면서 수급인에게 일을 완성할 책임이 아니라 하자 없는 일을 제공할 의무를 부담하도록 하고 있다.

이로 인해 독일에서는 하자담보책임과 채무불이행책임의 관계에 대해 논쟁의 필요성이 줄어들었지만 일본이나 우리나라의 경우 아직도 채무불이행책임과 하자담보책임을 분리하여 규정하고 있으므로 지속적 논쟁이 예상된다.

그러나 영미법권에서는 당초부터 하자에 대한 책임을 계약적 책임으로 간주하여 보증위반의 문제로 다루어왔기 때문에 하자와 관련된 책임의 법적 성질과 관련해서는 복잡한 이론전개가 필요없게 된다.

본 절에서는 현행 법령의 한도 내에서 수급인이 부담하는 하자담보책임을 법정 무과실책임으로 해석할 경우 발생되는 문제와 채무불이행책임의 특칙으로 해석할 경우 발생되는 문제는 다음과 같다.

1. 법정책임으로 이해할 경우 발생되는 문제

하자담보책임을 법정책임으로 이해할 경우 발생되는 문제점을 간략히 살펴보면 다음과 같다.

우선, 건설공사계약의 이행 중 발주자의 책임있는 사유로 계약기간이 연장되더라도 수급인은 목적물을 인도한 이후부터 전체계약에 대하여 하자담보책임기간 동안 책임을 부담하게 되므로 발주자의 책임이 수급인의 하자담보책임 연장효과를 유발하게 된다.

건설공사를 이행하는데 있어서 발주자는 전체공사에 대해 계약할 수도 있고, 공종별로 분리하여 소규모의 계약으로 나눌 수도 있다. 그런데 전체공사에 대한 하자담보책임과 공종별로 분리하여 계약할 경우의 하자담보책임 기간이 이원화되는 문제가 발생하게 된다.

공공건설사업의 경우 예산의 확보문제로 장기계속공사로 집행하는 경우가 많은데, 장기계속공사의 경우 실질적인 공사기간만 설정하고 차수별로 별도의 계약을 체결하게 된다.

즉 차수별 계약이 종료되었더라도 전체계약이 종료되지 않았기 때문에 수급인이 부담하는 책임은 채무불이행책임을 부담하게 되고, 수급인이 목적물을 인도한 이후부터 하자담보책임을 부담하게 된다.

2. 채무불이행책임으로 이해할 경우 발생되는 문제

일본과 같이 계약이행중에는 채무불이행책임을 부담하고 목적물의 인도 후에는 하자담보책임을 부담하게 되는 형태로서 이와 같이 하자담보책임을 채무불이행책임의 특칙(特則)으로 이해할 경우 발생되는 문제점은 다음과 같다.

우선, 건설공사가 이행되는 도중에 채무불이행(불완전이행)이 있을 경우 수급인은 이에 대한 책임을 부담하게 된다. 불완전이행에 대한 책임은 계약의 종료시점까지 계속 유효하게 된다. 그런데 수급인은 계약의 이행 중에 채무불이행책임을 부담하게 되고 목적물의 인도 이후에 하자담보책임을 부담하게 된다.

즉 계약이행중 수급인이 부담하던 채무불이행책임은 목적물의 인도와 함께 소멸해버리고, 하자담보책임으로 그 성격이 변하게 되는 것으로 봐야 한다. 따라서 하자담보책임의 제척기간 중 수급인이 부담하는 책임과 채무불이행책임의 소멸시효가 만료되지 않았을 때 수급인이 부담해야 하는 하자에 대한 책임기간이 달라지게 된다.

하자담보책임의 제척기간은 민법, 건설산업기본법 및 국가계약법령에서 상이하게 나타나는데, 민법에서는 10년, 5년으로 구분하지만, 건설산업기본법이나 국가계약법령에서는 건설공사의 특수성을 반영하여 공종별로 기간을 1년에서 10년까지 세분하고 있다.

채무불이행책임은 민법 제390조에 따라 채무자가 채무의 내용에 좇은 이행을 하지 아니한 때에는 채권자는 손해배상을 청구할 수 있으며, 민법 제166조에 따라 소멸시효는 권리를 행사할 수 있는 때로부터 진행하고, 민법 제162조에 따라 채권은 10년간 행사하지 아니하면 소멸시효가 완성하므로, 건설공사에서 불완전이행으로 인한 채무불이행책임의 소멸시효 기산시점은 수급인의 불완전이행 시점이 되며, 소멸시효는 불완전이행 시점부터 10년이 되면 완성된다.

그리고 목적물의 인도와 동시에 책임이 분명히 구분된다면, 수급인의 하자에 대한 책임도 그 성격을 달리하게 된다. 계약 이행 중 수급인이 부담하는 책임은 채무불이행책임이며, 이를 건설사업에 적용한다면 도급인은 하자보수청구, 하자로 인한 손해배상청구, 계약의 목적을 달성할 수 없을 경우 전체 또는 일부를 계약해제할 수 있다.

건설공사의 경우 계약이행중 발견되는 하자도 있지만 목적물의 인도 후에 발견되는 하자가 많은 것을 고려할 때, 수급인의 계약이행중 채무불이행책임은 목적물의 인도와 동시에 하자담보책임으로 변하게 된다.

따라서 이때 도급인은 하자보수 또는 하자보수와 함께 손해배상을 청구할 수 있을 뿐이고 계약해제는 가능하지 않게 되어 계약이행중 채무불이행책임과 책임내용이 달라지게 된다.

그리고 계약이행중에는 수급인이 과실책임을 부담하게 되지만 목적물의 인도 후에는 무과실책임을 부담하게 된다. 아울러 손해배상의 경우도 과실책임일 때는 이행이익까지 청구할 수 있으나 무과실책임의 경우 신뢰이익으로 한정되어 책임내용이 달라지게 된다.

V. 하자책임의 해석관련 쟁점

이상에서 살펴본 바와 같이 하자담보책임을 법정책임으로 이해하든 채무불이행책임의 특칙으로 이해하든 하자담보책임의 성질과 관련된 근본적인 문제점은 해결되지 않는다.

왜냐하면 건설공사에서는 계약종료를 전후하여 채무불이행책임과 하자담보책임으로 이원화하여 구분함으로써 계약종료 후(목적물 인도 후) 하자가 발생했을 때 하자담보책임을 적용하여 책임을 부담시킬 것인지, 그렇지 않으면 채무불이행책임을 적용하여 책임을 부담시킬 것인지가 불분명하게 된다.

이러한 근본적인 문제는 하자담보책임이 존속할 경우 어떠한 방법으로든 남게 된다.

건설사업은 일반 도급계약과는 달리 일의 정의, 완성된 성취된 부분 등의 해석에서 상당한 특수성을 지니게 되는 데도 불구하고 하자담보책임을 법에서 일방적으로 규정함으로써 적용상 상당한 문제가 발생할 가능성이 높은 것으로 판단된다.

이에 우리나라에서도 건설공사의 특수성에 비추어 볼 때 이상에서 살펴본 문제점을 근원적으로 해결하기 위해서는 담보책임을 법에서 일방적으로 규정하는 것보다는 하자담보책임의 법적인 성질을 특정화하는 작업이 선행될 필요성이 있다. 그렇게 됨으로써 후속적으로 하자담보책임의 내용이 분명해질 수 있을 것으로 보여진다.

하자담보책임의 법적인 성질을 특정화하기 위한 방법으로는 해외의 하자책임내용에서 살펴본 바와 같이 독일처럼 실질적으로 하자담보책임과 채무불이행책임의 경계를 허무는 방법을 고려할 수 있다. 즉 도급계약에서 수급인이 일의 완성에 대한 책임을 부담하게 된다면 일의 개념과 일의 완성이라는 개념 정립이 필요하며, 하자에 대해서도 완성 전의 하자인지, 그렇지 않으면 완성 후의 하자인지에 대한 개념 정립이 별도로 필요하게 된다. 그러나 하자없는 일을 제공할 의무로 규정된 상태에서 하자가 발생하게 된다면 계약적 책임을 위반한 것으로 간주할 수 있고, 수급인에게 자연스럽게 채무불이행책임을 부담시킬 수 있으므로 하자책임의 성질에 대한 별도의 논쟁이 필요 없게 된다.

독일과 같은 방법으로 하자책임에 대한 논쟁을 종결시킬 수도 있으며, 영미법권과 같이 하자담보책임을 별도로 규정하지 않고 당초부터 보증위반으로 보아 계약적 책임으로 포섭하여 채무불이행책임으로 처리하는 방법을 고려할 수 있을 것으로 보여진다.

하자와 관련된 수급인의 책임내용과 관련하여 살펴본다면 하자책임에 대한 성질이 규명된 이후에야 손해배상 부분을 신뢰이익만으로 국한하거나 후속손해까지 배상해야 하는지가 결정될 수 있다. 그리고 하자의 처리에 있어서도 하자보수에 국한할 것인지 완전이행을 해야 하는지도 결정될 수 있으며, 계약해제가 가능한 부분을 특정지을 수 있게 된다.

하자담보책임을 구체적으로 적용하기 위해서는 현행의 건설공사 관련 법령 내용 및 계약적 책임을 그에 맞추어 보완하는 연구가 필요할 것이다[615].

제5절 ··· 우리나라의 하자보수보증제도 현황

Ⅰ. 하자보수의 보증

우리나라의 국가계약법에는 도급인인 발주자는 도급계약에 있어서 수급인인 계약상대자로 하여금 그 공사의 하자보수를 보증하기 위하여 하자보수보증금을 납부하게 하고 있다(국가계약법 제19조제1항).

Ⅱ. 유보금과의 관계

유보금(留保金, Retention Money)은 영국에서는 Retention Money, Retention Fund등으로 불리우며, 미국에서는 Retainage로 불리우고 있는데, 수급인이 목적물을 불완전이행 없이 완성하는데 인센티브를 부여하기 위해 사용되는 것으로, 발주자가 기성대가의 일정액에 대해 지급을 보류한 금액을 말한다[616].

615) 조영준, 「公共建設事業의 瑕疵에 대한 受給人의 責任에 관한 研究」, 서울시립대학교 박사학위논문, 2002.8

616) Hinze, Jimmie, 『Construction Contracts』, McGrow-Hill Inc., New York, 1993, p335.

유보되는 금액은 수급인으로부터 제기되는 사소한 클레임을 처리하는 데 충분할 정도의 금액이 되는데[617], 사업별로 차이가 있고, 미국의 경우 5~20%까지 유보하고 있으며, 통상적으로 5~10%를 유보하는 것이 일반적이다[618].

유보금은 실질적 준공일(Substantial Completion)까지 50%를 환급(Release)하고 나머지는 최종 준공일(Final Completion)에 해제하는 것이 일반적이다.

미국에서 수급인이 부도가 발생하여 보증회사가 사업을 완성하였다면 유보금은 보증회사에 환급하는 것으로 판결하고 있다[619].

미국에서는 계약이행보증(Performance Bond)과 지급보증(Payment Bond)과 같은 계약보증(Contract Bond)이 발주자에게 제출됨에도 불구하고 유보금 (Retainage)를 별도로 부담해야 하는지 여부에 대해 많은 논의가 이루어져 왔다.

그러나 계약보증은 수급인에 의한 계약위반(Breach of Contract)이 있어야 효력이 발생하고, 유보금은 하자있는 공사의 보수(Remedy)에 대한 불이행(Failure), 공사와 관련한 기타 클레임 또는 저당권의 해결(Settlement of Liens), 완성지연(Late Completion)으로 인하여 발생한 손해와 같은 사태(Eventuality)에 대비하기 위한 것이다. 즉 발주자는 수급인으로 하여금 공정을 준수하고, 작업의 품질을 유지하기 위해 유보금을 도입하는 것으로 간주하고 있다[620].

그러나 유보금은 발주자, 수급인 및 하수급인에게 바람직하지 않은 면도 있다. 수급인은 하수급인에게 자신의 유보금 비율만큼 하수급인에게도 유보금을 요구하기 때문이다.

수급인도 실질적인 금융 비용을 부담하기 때문에 입찰에 부담을 가질 수도 있다. 이러한 문제점을 해소하기 위해 미국에서는 다양한 방법들이 연구되었다.

예를 들어 미국의 공공건설사업에서는 10%까지 유보하도록 하지만 계약담당공무원(Contracting Officer)이 만족하도록 공사가 진행되었을 경우 전체 유보금을 지급할 수 있는 권한도 있다. 그리고 많은 기관(Agency)은 수급인이 예금증서(Certificate of Deposit) 등으로 대체하는 것을 인정하기도 하고, 일부기관은 유보금 대신 연대보증(Surety Bond)을 세우도록 하는 경우도 있다[621].

617) Hinze, Jimmie(1993), 위의 책, p44.
618) Hinze, Jimmie(1993), 위의 책, p198.
619) Hinze, Jimmie(1993), 위의 책, p199.
620) Clough, Rechard H./Sears, Glenn A., 『Construction Contracting』, sixth edition, John Willy & Sons. INC., New York, 1994, pp146-147
621) Clough, Rechard H./Sears, Glenn A.,(1994), 위의 책, p147

Ⅲ. 하자보수보증금액

하자보수보증금은 기획재정부령이 정하는 바에 의하여 계약금액의 100분의 2 이상 100분의 10 이하로 해야 하며, 공사의 성질상 하자보수가 필요하지 아니한 경우로서 기획재정부령이 정하는 경우에는 하자보수보증금을 납부하지 아니하게 할 수 있다(국가계약법시행령 제62조제1항).

도급인(각 중앙관서의 장 또는 계약담당공무원)은 하자보수보증금을 당해 공사의 준공검사 후 그 공사의 대가를 지급하기 전까지 납부하게 하고 하자담보책임 기간 동안 보관해야 한다(국가계약법시행령 제62조제2항).

장기계속공사에 있어서는 연차계약별로 하자보수보증금을 납부하게 해야 하며, 연차계약별로 하자담보책임을 구분할 수 없는 공사인 경우에는 총공사의 준공검사 후 하자보수보증금을 납부하게 해야 한다(국가계약법시행령 제62조제1항).

Ⅳ. 하자보수보증금의 납부

국가계약법시행규칙에 따라 도급인(각 중앙관서의 장 또는 계약담당공무원)은 수급인이 지급보증서 · 보증보험증권 또는 보증서(이하"보증보험증권 등"이라 한다)로 납부하고자 할 때에는 다음 각호의 요건이 충족된 것으로 유가증권취급공무원에게 제출하게 해야 한다.

1. 피보증인의 명의가 대한민국 정부일 것.
2. 보증금액이 납부해야 할 보증금액 이상일 것.
3. 보증기간은 하자보수보증금의 경우 목적물을 인수한 날과 준공검사를 완료한 날 중에서 먼저 도래한 날부터 하자담보책임기간 종료 후 60일 이상일 것.
4. 보증보험증권 등에 기재된 보증내용이 계약상대자의 의무이행과 동일한 내용을 보증하는 것일 것.
5. 보증보험증권인 경우에는 보증보험보통보험 약관에 규정된 면책사유에도 불구하고 국고에 귀속시켜야 할 금액을 보증하는 특약조항이 있을 것.

(4) 하자담보책임기간 및 하자보수보증률의 설정

도급인(각 중앙관서의 장 또는 계약담당공무원)은 국가계약법시행규칙 제70조의 규정에 의하여 공사계약을 체결할 때에 공사의 공종별 하자담보책임 기간의 공종 구분에 따라 하자담보책임 기간을 정해야 한다. 다만, 각 공종간의 하자책임을 구분할 수 없는 복합공사인 경우에는 주된 공종을 기준으로 하자담보책임 기간을 정해야 한다.

또한 국가계약법시행규칙 제72조에 따라 도급인(각 중앙관서의 장 또는 계약담당공무원)은 공사계약을 체결할 때에 다음 각호의 공종(각 공종간의 하자책임을 구분할 수 없는 복합공사인 경우에는 주된 공종을 말한다) 구분에 의하여 계약금액에 대한 하자보수보증금률(瑕疵補修保證金率)을 정해야 한다.

1. 철도 · 댐 · 터널 · 철강교 설치 · 발전설비 · 교량 · 상하수도구조물 등 중요구조물공사 및 조경공사 : 100분의 5
2. 공항 · 항만 · 삭도설치 · 방파제 · 사방 · 간척 등 공사 : 100분의 4
3 관개수로 · 도로(포장공사를 포함한다) · 매립 · 상하수도관로 · 하천 · 일반건축 등 공사 : 100분의 3
4. 제1호 내지 제3호 외의 공사 : 100분의 2

그리고 하자보수보증금을 납부하지 아니하게 할 수 있는 경우는 다음의 공사로 한다.

1. 건설산업기본법시행령 별표 1에 의한 건설업종의 업무내용 중 구조물 등을 해체하는 공사 및 철도 · 궤도공사(레일용접공사와 콘크리트직결도상 철도 · 궤도공사를 제외한다)
2. 단순암반절취공사, 모래 · 자갈채취공사 등 그 공사의 성질상 하자보수가 필요하지 아니하다고 중앙관서의 장 또는 계약담당공무원이 인정하는 공사
3. 계약금액이 3천만 원을 초과하지 아니하는 공사(조경공사 제외한다)

Ⅴ. 국가계약법령상의 공종별 하자담보책임기간

국가계약법시행규칙 제70조 관련 별표1에서 규정하고 있는 공사의 공종별 하자담보책임기간은 다음 표와 같다.

표 26 … 공사의 공종별 하자담보책임기간

구 분	하자담보 책임기간
1. 건설산업기본법에 의한 건설공사	
가. 교량	
(1) 교각과 교각 사이의 간격이 50m 이상이거나 길이 500m 이상인 교량의 철근콘크리트 또는 철골구조부	10년
(2) 길이 500m 미만인 교량의 철근콘크리트 또는 철골구조부	7년

(3) 교량 중 교면포장 · 이음부 · 난간시설 등 "(1)" 및 "(2)" 외의 공종	2년
나. 터널	
(1) 터널(지하철을 포함한다)의 철근콘크리트 또는 철골구조부	10년
(2) "(1)" 외의 시설	5년
다. 철도	
(1) 교량 및 터널을 제외한 철도시설 중 철근콘크리트 또는 철골구조부	7년
(2) "(1)" 외의 시설	5년
라. 공항 및 삭도	
(1) 철근콘크리트 또는 철골구조부	7년
(2) "(1)" 외의 시설	5년
마. 항만 · 방파제 · 사방 또는 간척	
(1) 철근콘크리트 또는 철골구조부	7년
(2) "(1)" 외의 시설	5년
바. 도로(암거 · 측구 및 포장을 포함한다)	2년
사. 댐	
(1) 본체 또는 여수로 부분	10년
(2) "(1)" 외의 시설	5년
아. 상 · 하수도	
(1) 철근콘크리트 또는 철골구조부	7년
(2) 관로매설 또는 기기설치	3년
자. 하천시설물	
(1) 하천제방상의 수문	5년
(2) "(1)" 외의 시설	3년
차. 관개수로 또는 매립	3년
카. 부지정지	2년
타. 조경시설물 또는 조경식재	2년
파. 발전 · 가스 또는 산업설비	
(1) 철근콘크리트 또는 철골구조부	7년
(2) 압력이 1제곱센티미터당 10킬로그램 이상인 고압가스의 관로(부대기기를 포함한다)설치	5년
(3) "(1)" 및 "(2)" 외의 시설	3년
하. 기타 토목공사	1년
거. 건축	
(1) 대형공공성 건축물(공동주택 · 교정시설 · 종합병원 · 관광숙박시설 · 관람집회시설 또는 대규모 소매점과 16층 이상, 기타 용도의 건축물을 말한다. 이하 이 목에서 같다)의 기둥 또는 내력벽	10년
(2) 대형공공성 건축물 중 기둥, 내력벽 외의 주요구조부 또는 "(1)" 외의 건축물 중 주요구조부	5년

(3) 건축물 중 "(1)" 및 "(2)" 와 너목의 전문공사를 제외한 기타 부분	1년
너. 전문공사	
(1) 실내의장	1년
(2) 토 공	2년
(3) 미장 또는 타일	1년
(4) 방 수	3년
(5) 도 장	1년
(6) 석공사 또는 조적	2년
(7) 창호제작 또는 설치	1년
(8) 지붕	3년
(9) 철물(가목 내지 거목에 해당하는 철골을 제외한다)	2년
(10) 철근콘크리트(가목 내지 거목에 해당하는 철근콘크리트를 제외한다)	3년
(11) 급배수 · 공동구 · 지하저수조 · 냉난방 · 환기 · 공기조화 · 자동제어 · 가스 또는 배연설비	2년
(12) 승강기 또는 인양기기 설비	3년
(13) 온실설치공사	2년
(14) 보링그라우팅공사	1년
(15) 건축물조립공사	1년
(16) 판금	1년
(17) "(11)" 내지 "(16)" 외의 건물내 설비	2년
2. 전기공사업법에 의한 전기공사	
가. 터널식 및 개착식 전력구 송전설비공사 (지중)	
(1) 철근콘크리트 또는 철골구조부	10년
(2) "(1)" 외의 시설	5년
나. 송배전관로공사(지중)	
(1) 송전관로공사	3년
(2) 배전관로공사	2년
다. 154KW급 이상 철탑공사	3년
라. 변전소 설비(전기설비 및 기기설치공사)	3년
마. 배전선로공사	2년
바. 기타 전기공사	1년
3. 정보통신공사법에 의한 정보통신공사	
가. 통신공구공사(터널식을 제외한다)	3년
나. 통신시설용 철탑 · 케이블설치공사, 지하관로공사, 교환기 등 통신시설용 기계설치공사	2년
다. 기타 정보통신공사	1년
4. 소방법에 의한 소방공사 등	1년

Memo

제 2 편

Construction Contract Management

계약관리실무

제 1 장

계약관리실무 개요

계약관리는 유권해석과는 차이가 있다. 유권해석은 법령이나 계약조건을 보고 계약당사자간에 해석상 차이가 있을 경우 이를 제 · 개정한 기관에 작성한 의도를 물어보는 것이며, 계약관리는 계약당사자중 일방이 작성한 문서에 대해 공사도중 계약당사자사이에 해석상 차이가 있을 경우 해소해 나가는 과정이다. 따라서 유권해석은 공공기관의 유권해석사례집을 통해 그 실체를 파악할 수 있으나 계약관리는 발주자와 시공자사이에서 건설사업관리를 수행하는 조직에서 주로 수행하는 업무이므로 별도로 문서화되어 공개되지 않는다.

한편 건설사업관리조직에서 계약관리업무를 수행하기도 하지만 특수한 경우 발주자의 적극적인 지원에 힘입어 외부 계약관리전문가와 함께 현장에서 발생되는 다양한 계약문제를 풀어나가기도 한다. 외부 계약관리전문가의 자문내용이 있다고 하더라도 현장에서는 그대로 이행하는 것이 아니라 현장실정에 맞춰 보완해 나가는 경우가 많다.

따라서 본 서에서 언급하는 계약관리자문내용은 지극히 개인적인 용도로 작성되었으며, 개별 현장실정을 모두 반영할 수는 없다.

참고로 본 서에 언급된 현장은 한 곳이 아니라 몇 군데 현장에 대한 계약관리자문내용이다.

계약관리자문방법은 현장의 요구가 있을 경우 방문하고, 특별한 사정이 없는 한, 인터넷을 통해 자문을 요청하고 답변하는 방식을 택하였으며, 어떤 현장의 경우 자문계약기간 중 총 10회이상 방문하였고, 문서로 자문한 횟수는 총 40회 이상(자문사항 수정, 보완 제외)이다. 계약관리자문내용은 발주자와 CM단에 전달되는 경우도 있었고, 시공자의 요청에 의해 자문내용을 전달하는 경우도 있었다. 다음은 몇 년간에 걸쳐 자문한 내용에 대한 사항을 요약한 것이다.

제 2 장

계약체결전 설계보완 관련

제1절 ··· 입찰안내서에 명시된 관련기관심의 준수로 재설계하게 된 경우

I. 자문 요청사항

설계시공일괄입찰계약 입찰안내서에 규정된 사항중 양립할 수 없는 사항의 충돌로 인해 중대한 변경이 발생되는 경우 입찰자의 입찰안내서 준수 여부 및 처리방법은 무엇인지 여부

II. 계약관리 자문의견

1. 입찰자가 기본설계 작성시 현장설명서와 입찰안내서를 위반하여 작성해도 되는지 여부

턴키입찰계약에서 입찰공고는 민법에 규정된 현상광고계약과 도급계약이 혼합된 계약과 비견할 수 있다. 일단 설계부분만을 구분하여 본다면, 현상광고계약과 크게 다르지 않다. 현상광고계약에서는 어느 행위를 한 자에게 일정한 보수를 지급할 의사를 표시하고, 이에 응한 자가 그 광고에 정한 행위를 완료함으로써 성립하는 계약을 말한다. 이를 턴키입찰계

약에 적용하면 현장설명서 및 입찰안내서에 규정된 사항에 따라 기본설계도서를 제공한 자에게 설계비 전액이나 설계비의 일부를 지급할 의사를 대형공사설계비보상요령에 표시하고, 이에 응한 입찰자가 현장설명서 및 입찰안내서에 맞춰 기본설계도서를 제출하는 것이다. 발주자는 현상광고처럼 현장설명서 및 입찰안내서에 규정된 사항을 충족하고, 대형공사설계비보상요령에 규정된 사항을 충족하는 입찰자에게 그에 따른 설계비보수를 청구가 있을 경우 설계비를 지급함으로써 계약이 성립되는 것이다.

여기에서 쟁점이 되는 사항은 입찰자가 현장설명서에 규정된 사항과 입찰안내서에 규정된 사항을 위반하여 설계도면을 작성해도 되는지 여부이다. 현장설명서에는 입찰자가 제시해야 하는 연면적의 범위를 규정하고 있고, 입찰안내서에는 시설규모와 감점기준을 명시하고 있다.

발주자가 감점기준에서 100㎡당 -0.3점으로 규정하고 연면적 감점한도를 -6점으로 한 점으로 미루어 볼 때 발주자는 입찰자가 최대 ±2,000㎡이내에서 연면적을 제시하도록 요구한 것으로 보인다. 그런데, 입찰안내서 50,000㎡, 원안입찰시 연면적 52,000㎡, 관련기관 심의통과 연면적 30,000㎡인 점을 볼 때 관련기관 심의에서 통과된 연면적과 입찰안내서의 연면적차이는 20,000㎡에 달하고 있다. 이 수치는 당초 발주자가 감점기준한도로 제시하였던 한계치의 10배이상을 초과하고 있다.(수치는 임의로 작성함)

발주자도 이 정도의 연면적 축소가 발생하리라는 것을 예측하지 못한 상태였던 것으로 보이고, 이는 통상적인 발주자라면 예측할 수 있는 범위를 벗어나는 사항으로 보여진다. 왜냐하면, 이 정도의 연면적이 축소될 수 있었다면 감점규정을 입찰안내서와 같이 규정하지도 않았을 것이고, 관련기관 심의로 인해 예상되는 문제를 현장설명이나 입찰안내서에 규정하였을 것이기 때문이다.

이는 발주자의 직접적인 설계변경요구사항은 아니고 발주자도 입찰공고나 입찰안내서 배포당시 예측하지 못했던 입찰안내서에 규정된 제3의 공공기관에 의해 발생된 사항에 기초한 발주자의 간접적인 설계변경요구사항으로 보여진다.

즉, 입찰자는 당초 발주자가 제시한 현장설명서 및 입찰안내서의 규정에 맞춰 입찰하였으나, 발주자조차 예측할 수 없었던 입찰안내서에 규정된 추가업무에 의해 입찰자가 수차례에 걸쳐 계획설계를 하게 된 것이다. 이는 입찰자가 입찰안내서를 위반하여 발생한 것이 아니라 입찰안내서에 규정된 제3의 기관이 입찰안내서에 규정된 사항을 초과하는 범위의 업무를 요구함으로써 발생된 사안으로 보인다.

따라서 본 건은 입찰자의 과실에 의해 발생된 사안으로는 보여지지 않는다.

2. 현장설명서와 입찰안내서에 규정된 과업을 준수하면서 발생한 사항이 과업의 일반적인 범위가 아니라 중대한 변경사항으로 볼 수 있는지 여부

중대한 변경이라 함은 과업의 일반범위(General Scope)를 벗어나는 변경을 의미한다. 이는 아직 우리나라에의 판례 등에 제대로 정립된 개념은 아니다. 그러나 미국의 경우 공사계약에서 설계변경여부를 판단할 때 과업에 일반적으로 포함되는지를 판단하는 기준은 작업(作業)의 성질(性質)이 당초와 다르게 변경(變更)되었는지 여부, 노력(努力)의 양(量)이 과도한지 여부이다[622].

계약체결시(契約締結時) 합리적(合理的)이고 공정(公正)하게 당사자가 생각할 수 있는 사항이라면(should be regarded as having been fairly and reasonably within the con templation of the parties when the contract was entered into) 과업의 일반사항에 포함되는 것으로 본다[623].

공사계약에서 적용되는 사항이라도 그 개념은 설계계약에도 적용할 수 있을 것으로 보여지며, 본 건의 경우 현장설명서와 입찰안내서에 규정된 관련기관의 심의과정은 과업의 일반범위에 포함되어 있는데, 발주자는 관련기관 심의를 통과하기 위해 사소한 설계변경은 발생할 수 있다는 것을 예측할 수도 있고, 입찰자도 심의에서 지적되는 사항을 보완하는 정도는 예측할 수 있다.

그러나 관련기관 심의여부에 따라 기획도면 자체를 변경해야 하고, 변경된 기획도면 자체도 심의에 통과될 지 여부를 판단할 수 없으며, 발주자가 관여할 수 없는 제3자 기관의 심의를 통과해야 알 수 있는 사항이라면 당초도면의 전면적인 변경은 일반적인 과업의 범위에 속하는 것은 아닌 것으로 보인다.

아울러 발주자가 현장설명서와 입찰안내서에 규정된 연면적에서 누구도 예측할 수 없을 정도로 축소되어야 심의에 통과될 수 있는 사항이라면 통상적인 발주자나 입찰자가 예측할 수 없는 사항으로 보이며 이는 일반적인 과업의 범위라고 보기는 어려운 것으로 보인다.

3. 별도의 계약으로 처리여부

관련기관 심의과정에서 발생된 수차례 설계에 소요된 사항에 대한 처리사항을 검토하기

622) Cibinic, John and Nash, Ralph, 『Administration of Government Contract』, The George Washington University, 3rd Ed, 1995 p.385
623) USA Case, Freund v. United States, 260 U.S. 60 (1922)

위해 입찰과정을 검토하기로 한다.

우선, 실시설계적격자로 선정된 후 입찰안내서에 규정된 관련기관 심의를 받는 과정에서 선정된 원안의 기본설계가 부결되어 발주자가 기본설계(안)을 작성하도록 지시하였다면 이는 새로운 입찰절차로 볼 수 있고, 입찰자가 다시 기본설계안을 수차례 작성하였다면 보수에 대한 사항을 별도로 규정한 바가 없으므로 객관적으로 인정될 수 있는 실비를 기준으로 대가를 보상받는 것이 타당해 보인다.

그런데 마지막 기본설계안으로 확정되어 실시설계를 추진하였다면 마지막 기본설계안에 따른 실시설계에 소요된 용역대가를 보상받을 수 있겠지만 마지막 기본설계안이 폐기되고 발주자가 전혀 새로운 안으로 설계를 하게 되면서 그에 소요된 비용문제가 발생하였다.

한편 국가계약법시행령 제91조(설계변경으로 인한 계약금액 조정의 제한) 제2항에 의거 계약체결후 설계변경에 대한 계약금액을 조정하여야 하므로 당초의 기본계획에 의한 실시설계를 하여 확정계약을 체결한 후 변경계약을 하여야 하는 것이 타당한 것으로 유권해석(시설총괄과 6744, 2008. 11. 13)되었다.

이는 확정계약이 체결되지 않은 상태에서 발생하는 다수의 행위에 대한 명확한 처리지침으로 판단되고, 원안으로 실시설계를 하여 계약체결한 후 새로운 설계를 수행하게 되었다. 따라서 본 건의 경우 시공자에게 책임있는 사유나 발주자에게 직접적으로 책임있는 사유라기보다는 관련기관에 의한 심의과정에서 발생된 문제로 인해 발주자의 입찰절차 및 계약과정에 중대한 변경이 발생한 것이므로 그에 소요된 비용은 합리적으로 처리되어야 할 것으로 보인다.

우선, 원안으로 기본설계, 실시설계가 이루어졌다고 하지만 이때는 이미 원안으로 공사를 하기 위한 것이 아니라 단순히 비용을 확정하기 위한 절차에 불과하므로 상세한 정도의 실시설계가 이루어졌다고 하는 것은 무리이다. 그리고 계획설계비용에 대해서는 서로 합의한 바가 없으므로 실비를 지급하는 것이 타당한 것으로 보이며, 따라서 다음과 같은 방법으로 설계비를 계산할 수 있을 것이다.

■ 처리방법 예시

· 원안 : 계획설계비용 및 기본설계비용, 관련법령에 따른 비용, 실시설계비용, 객관적으로 인정될 수 있는 실비

· 수차례 작성된 설계안 : 계획설계비용, 객관적으로 인정될 수 있는 실비

· 새로운 안 : 계획설계비용, 기본설계비용, 실시설계비용, 관련법령에 따른 비용

제2절 ··· 입찰안내서에 명시된 관련기관 심의 준수로 재설계한 경우 변경공사비의 처리여부

Ⅰ. 자문 요청사항

설계시공일괄입찰공사에서 실시설계적격자로 선정되고 Fast Track부분계약이후 당초(안)에 대해 실시설계를 진행하던 중 당초(안)에 대한 관련기관 심의가 통과되었으나, 관련자 및 제3자의 디자인 비판에 따라 당초(안)에 대한 재설계협의 후, 재설계(안)에 대한 계획설계비를 부담하는 것으로 한 경우 변경공사비를 어떻게 산정해야 하는 것인지 여부

Ⅱ. 계약관리 자문의견

설계시공일괄입찰공사에서 당초(안)에 대해 실시설계적격자로 선정되었으나 관련기관 심의에 따라 당초(안)이 변경될 수 있었다면 입찰안내서에 이에 대한 사항이 반영되었어야 할 것입니다.

발주자는 현장설명서에 "발주기관이 요구하는 인허가(각종 심의, 인증, 협의 포함), 보고 등의 도서작성과 발주기관외의 기관과 협조 · 협의, 인 · 허가의 취득 및 변경"을 규정하고 있으나 본 규정을 근거로 관련기관 심의후 당초(안)을 변경할 수 있는 근거라고 보기는 어려울 듯 합니다.

즉, 실시설계적격자로 선정된 이후에 관련기관 심의를 받는 것이 아니라 관련기관 심의후 실시설계적격자로 선정되는 과정이 되었어야 할 것입니다.

당초(안)을 폐기하고 재설계(안)을 만드는 과정이라고 한다면 이는 새로운 계약으로 보는 것이 타당하지 않을까 사료됩니다.

제3절 ··· 기술위원 지적 및 보완사항 반영 여부

Ⅰ. 자문요청 사항

CM단에서는 실시설계 반영을 의무 이행하여야 하며, 미반영할 경우는 기술위원과의 협

의 결과에 준한 확인서 또는 증빙자료를 제출하여야 한다고 하고, 실시설계적격자는 적법하고 적절한 절차에 의거 협의 후, 반영할 예정이며, 필요할 경우 설계변경 절차를 거친 후, 반영할 예정이라고 하는 바, 기본설계 심의 토론회 개최 前, '기술위원 지적 및 보완사항 이행 확약서' 에 대한 실시설계적격자의 실시설계 반영 의무 이행 여부

II. 계약관리 자문의견

설계결함이 아닌 것으로 당초 기본설계의 품질이나 성능을 향상하는 것이거나, 본질적이거나 중대한 목적물의 변경에 대한 사항을 지적하는 것은 기술위원의 권능을 초과하는 것이라 판단됩니다. 당초 입찰안내서에 규정된 사항으로 설계에 누락된 사안이 있고, 기술적으로 문제가 될 경우 기술위원이 지적할 수 있는 범위가 아닌가 판단됩니다. 물론 기술위원이 중대한 목적물의 변경을 지적할 수 있고, 발주자가 이를 수용할 수도 있지만, 추가비용과 추가설계기간 등 복합적인 요인이 고려되어야 할 수 있습니다.

따라서, 기술위원이 지적한 내용중 설계결함사항인지, 품질이나 성능향상을 위한 것인지, 본질적이거나 중대한 목적물의 변경에 대한 사항인지를 판단하여 처리방향을 결정하여야 할 것으로 판단됩니다.

제4절 ... 발주자 지적 및 보완사항 반영 여부

I. 자문요청 사항

CM단에서는 실시설계 반영을 의무 이행하여야 하며, 미반영할 경우는 발주자와의 협의 결과가 반영된 증빙자료를 제출하여야 한다고 주장하고, 실시설계적격자는 적법하고 적절한 절차에 의거 협의 후, 반영할 예정이며, 필요할 경우 설계변경 절차를 거친 후, 반영할 예정이라고 하는 바, 기본설계 심의 토론회 개최 前, '발주자 지적 및 보완사항 이행 확약서' 에 대한 실시설계적격자의 실시설계 반영 의무 이행 여부

II. 계약관리 자문의견

발주자는 자신이 원하는 목적물을 얻고자 하기 때문에 사업의 어느 단계에서든 자신의

의사를 표시할 수 있습니다. 다만, 발주자의 요구에 따라 비용이나 기간이 소요될 가능성이 있고, 이때에는 기술위원의 이행에서 지적한 바와 같이 적법한 절차에 따라 처리되어야 할 것으로 판단됩니다.

제5절 ··· 입찰안내서에 불분명한 사항 보완 반영 여부

Ⅰ. 자문요청 사항

CM단에서는 기본설계에 반영된 시설물 형식이 경제성만을 고려한 평이한 모델로 반영되었으므로 기본설계에 반영된 시설물 형식과는 별도로 주위 미관 등을 고려한 여러 대안을 선정, 비교 및 검토하여 발주자의 요구 및 승인에 준한 시설물 형식을 준수하여 설계에 의무적으로 반영해야 한다는 것이고, 실시설계적격자는 안정성 및 경제성과 주위 미관 등을 고려하여 시설물 형식에 대한 여러 대안을 선정, 비교 및 검토 후, 기본설계에 반영하였으므로 기본설계에 반영된 시설물 형식을 실시설계에 반영하여야 하며, 발주자 요구사항에 대한 실시설계 반영은 설계변경 절차를 거친 후, 반영되어야 한다고 주장하는 바, 실시설계 진행 中, 발주처 요구사항(입찰안내서의 지침이 불분명한 항목)에 대한 실시설계적격자의 실시설계 반영 의무 이행 여부

Ⅱ. 계약관리 자문의견

입찰안내서의 지침이 불분명한 경우 입찰자는 입찰안내서의 내용은 만족하는 상태에서 최소의 비용으로 평이한 설계대안을 제시할 것인지, 최대의 비용으로 설계대안을 제시할 것인지를 결정하여 입찰에 참여하였을 것입니다. 즉, 입찰자가 제시한 금액에는 설계와 공사비에 대한 사항이 복합적으로 포함된 것이라고 보는 것이 타당한 것으로 판단됩니다. 실시설계적격자로 선정하였다는 의미는, 실시설계적격자가 아직까지 계약단계에까지는 이르지 못하였지만, 입찰자가 제시한 도면과 비용을 발주자가 일단 수용한 것으로 판단됩니다. 이런 취지에서 본다면 기본설계입찰후 실시설계적격자로 선정된 자에게 미관향상, 품질향상 등을 통하여 시설물의 가치를 높이기 위해 추가설계를 요구할 경우 그에 따른 추가비용이나 추가설계기간이 고려되어야 할 것으로 판단됩니다.

제6절 ··· 입찰안내서에 규정하지 않는 항목의 반영 여부

Ⅰ. 자문요청 사항

CM단에서는 현장설명서, 입찰안내서, 질의답변, 기술위원 지적 및 보완사항, 발주자 지적 및 보완사항에 포함되지 않은 항목으로 발주자의 요구에 의해 실시설계에 반영되는 사항이라도 기능 및 운영을 위하여 필수적인 사항은 실시설계적격자가 실시설계에 의무 반영하여야 하며, 그 외 별도의 발주자 지시 항목에 대해서만 설계변경의 절차를 거친 후, 실시설계에 반영하여야 한다는 것입니다.

그러나 실시설계적격자는 현장설명서, 입찰안내서, 질의답변, 기술위원지적 및 보완사항, 발주자 지적 및 보완사항에 포함되지 않은 항목으로 발주자의 요구에 의해 실시설계에 반영되는 사항은 설계변경의 절차를 거친 후, 실시설계에 반영되어야 한다는 주장하는 바, 실시설계 진행 中, 발주자 요구사항(입찰안내서의 지침이 없는 항목)에 대한 실시설계적격자의 실시설계 반영 의무 이행 여부

Ⅱ. 계약관리 자문의견

입찰안내서에 지침에 없는 사항이지만 사업의 수행상 당연히 입찰자가 설계에 포함시켰어야 하는 사항인지, 아니면 미관향상, 품질향상 등을 통하여 시설물의 가치를 높이기 위한 사항인지에 따라 처리방법이 달라질 것으로 판단됩니다. 전자의 경우에는 추가공사비 없이 설계보완기간에 완료하여야 하겠지만, 후자의 경우에는 그에 따른 추가비용이나 추가설계기간이 고려되어야 할 것으로 판단됩니다.

제7절 ··· 입찰안내서에 규정하지 않거나 불분명한 사유로 설계기간 추가반영여부

Ⅰ. 자문요청 사항

첫째, 입찰안내서에 규정되어 있지 않는 사항 또는 입찰안내서에 그 내용이 불분명하게

기재되어 있어 실질적으로 발주자의 귀책사유로 인한 설계변경의 절차를 거쳐 실시설계에 반영하여야 할 항목이 발생될 경우 이에 대한 실시설계 추가 소요 일정의 반영 여부

둘째, 실시설계 추가 소요 일정을 반영하기 위하여 입찰안내서의 실시설계 일정을 연장하여야 할 경우 발주자와 실시설계적격자 상호간의 협약체결에 의하여 실시설계 일정을 변경하여도 법적인 문제가 없는지 여부

셋째, 설계변경 추진 및 실시설계 추가 소요 일정의 반영에 따른 설계용역비 및 제반 경비 등 추가 비용의 부담 주체여부

II. 계약관리 자문의견

첫째, 요청사항에 대해, 발주자에게 책임있는 사유로 인해 기본설계를 변경하여야 할 경우 설계업무뿐만 아니라 당초 기본계획당시에 수행한 인허가 절차가 변경되어야 하는 등 추가일정이 소요될 수 있으며, 합리적으로 그 기간이 반영되어야 할 것으로 판단됩니다.

둘째, 요청사항에 대해, 실시설계의 일정변경사항은 입찰안내서에 실시설계 적격자로 통지된 날로부터 150일로 규정되어 있습니다. 이는 공구별로 발주자의 변경사항이 다르기 때문에 기간을 달리 지정하는 것이 타당한 것으로 판단됩니다. 입찰안내서의 내용변경사항이기 때문에 협약으로 처리하시는 것이 좋을 듯하고, 향후 이 협약문서가 계약문서에 포함되도록 하시는 조치하시면 될 듯합니다.

셋째, 요청사항에 대해, 공사입찰특별유의서에 따라 낙찰자로 선정되는 경우 설계비를 지급하지 않는 것이 원칙이지만, 이는 입찰자가 제출한 기본설계의 내용을 근거로 실시설계를 작성할 때의 문제이며, 기본설계의 내용을 변경하는 경우에는 별도의 설계비용이 투입되는 바, 실시설계적격자의 요구 또는 청구가 있을 경우 발주자가 그 실제투입된 기간과 실제 투입된 비용을 부담해야 할 것으로 판단됩니다.

제8절 … 입찰안내서에 규정하지 않거나 불분명한 사유로 변경 인허가 용역의 시행 및 비용 부담

I. 자문요청 사항

다음과 같이 인허가 용역비용에 대해 입찰안내서에 규정되어 있을 때, 입찰안내서에 규

정되어 있지 않는 사항 또는 입찰안내서에 그 내용이 불분명하게 기재되어 있어 실질적으로 발주자의 귀책사유로 인한 설계변경의 절차를 거쳐 실시설계에 반영하여야 할 항목이 발생될 경우 변경인허가 시행 및 비용부담주체는?

입찰안내서 규정사항

실시설계적격자 및 낙찰자는 관광단지조성계획 관련 인허가(의제처리사항 등 포함) 및 각종평가업무(환경, 교통, 재해, 에너지사용계획심의등)를 위한 도서 작성 및 관련 협의를 하며, 조성계획 변경 승인(제2종지구단위계획 등 인허가 변경 포함)과 실시계획인가, 개별인허가 등 공사 착수 및 준공 수행을 위한 각종 인허가를 수행한다.

II. 계약관리 자문의견

현행 입찰안내서의 경우 비용부담주체가 분명한 경우 이를 명시하고 있으나 본 건의 경우 비용부담주체를 명시적으로 표현하지 않고 있습니다.

입찰안내서에 대한 유의사항에 의할 경우 실시설계적격자 및 낙찰자는 공사착수 및 준공수행을 위한 각종 인허가를 수행해야 합니다. 인허가를 수행한다는 의미는 인허가에 필요한 각종 문서를 준비하고, 제출하며, 승인(인허가)결과를 받아 후속업무를 수행한다는 것으로 보아야 할 듯합니다. 즉, 이와 관련된 비용은 각종문서 준비비용, 제출시 접수비용으로 구분할 수 있으리라 판단됩니다.

당초 득한 인허가에 따라 기본설계를 하였고, 그에 따라 실시설계를 수행하였다면 추가비용이 발생하지 않을 수 있습니다. 그러나 기본설계를 변경하도록 함으로써 당초 취득한 인허가사항이 무용지물이 되는 경우에는 이를 유발시킨 자가 그 비용이나 기간을 부담하는 것이 타당한 것으로 판단됩니다.

물론 이 건과 관련하여 발주자와 입찰자간에 이견이 있을 경우 입찰안내서 규정에 규정한 바와 같이 중재로 처리해야 합니다.

제9절 ··· 계약체결전 부분공사 시행절차 여부

Ⅰ. 자문요청 사항

본 사업은 200○년 ○월 ○일 현재 실시설계 전체 일정 200일중 150일이 소요되었으며 현재까지도 추가적인 발주자 요구사항의 실시설계 반영을 위하여 실시설계 완료 일정이 상당기간 순연될 것으로 예상됩니다.

입찰안내서 상에는 부분공사에 대한 언급이 없으나 본공사 착수를 위한 선결 조건인 용지보상 일정 및 상기 실시설계 완료 일정의 순연 등을 감안하여 부분공사에 대한 시행을 검토하고 있습니다.

부분공사 시행의 검토 결과, 일부 구간에서 토공사 및 골조공사 등 일부 공종에 한하여 부분공사 시행이 가능할 것으로 예상됩니다.

입찰안내서에 명기되어 있지 않은 부분공사(Fast-Track)를 실시설계기간 중에 시행코자 할 때, 법률적 가능 여부 및 가능할 경우 부분공사 시행을 위한 발주처와 실시설계적격자 상호간의 협약서 체결, 부분공사 실시설계도서의 설계심의, 부분공사 도급 계약 등의 정식 절차 시행 여부

Ⅱ. 계약관리 자문의견

입찰안내서의 명기되어 있지 않은 상태에서 부분공사를 시행할 경우 그 부분에 대한 실시설계가 완성되어야 합니다. 특별히 실시설계가 복잡하지 않거나 필요하지 않는 공종의 경우 기본계획만으로도 공사를 시행할 수 있다면 부분공사를 수행할 수 있을 것으로 판단됩니다.

부분공사의 실시설계심의여부는 입찰안내서의 기본내용 훼손여부, 기본설계심의시 지적내용이 없었는지 여부 등에 따라 판단해야 할 사안으로 판단됩니다.

부분공사의 내용이 입찰안내서에서 규정하고 있는 기본내용을 훼손하지 않고, 기본설계심의시 문제가 발생하지 않았다면 또다시 심의절차를 밟는다는 것은 부분공사를 시행하는 취지(Fast Track)에 부합되지 않는 듯합니다.

부분공사도 하나의 계약이고, 전체공사도 하나의 계약입니다. 당연히 정식계약절차에 따

라 계약체결이 이루어져야 할 것으로 판단됩니다.

이를 위해서는 먼저, 부분공사에 관한 협약서가 필요하며, 협약서에는 부분공사의 내용, 범위, 공사금액, 공사시간을 정하여야 하고, 이에 따라 부분공사 도급계약을 체결해야 합니다. 그리고 부분공사 협약서 및 도급계약서는 전체공사의 일부가 된다는 사항이 명시되어야 합니다.

제 3 장

패스트트랙 계약관련

제1절 … 패스트트랙(Fast Track) 계약과 본 계약과의 관계

Ⅰ. 자문 요청사항

설계시공일괄입찰계약에서 토공사와 본체공사를 구분하였고, 토공사를 패트스트랙계약 체결하였습니다. 토공사는 1차계약이고, 본체공사는 2차계약으로 구분되는지 여부? 패스트트랙 부분인 토공사계약과 본체공사 계약을 통합할 수 있는지 여부?

Ⅱ. 계약관리 자문의견

패스트트랙 계약은 전체 설계시공일괄입찰계약의 일부분계약으로 보시는 것이 좋을 듯합니다. 당초 입찰안내서에서 특별히 정한 사항이 없을 경우 별도로 계약한 것이라고 보기는 어려울 듯합니다. 만약 별도의 계약이라고 하더라도 패스트트랙 부분의 계약이 설계시공일괄입찰계약으로 봐야 한다면 계약적인 측면에서 두개의 계약으로 분리하는 것과 다를 바가 없습니다. 앞에서 설명드린 바와 같이 본체공사 계약이 체결된다면 당연히 포함시켜야 할 것으로 판단됩니다. 당초 입찰안내서를 작성할 때 발주자도 시공자도 모두 그렇게 생각하였을 것이고, 분리한다고 해도 별도의 실익이 없기 때문입니다.

제2절 ··· 패스트트랙(Fast Track) 계약 내역의 변경/수정

Ⅰ. 자문 요청사항

설계시공일괄입찰계약에서 패스트트랙 부분인 토공사 수행중 계약의 변경내용(수량, 신규 혹은 삭제 항목 등)이 발생할 경우 어떻게 처리하면 되는 것인지 여부? 패스트트랙 부분인 토공사계약을 본체공사 계약인 총차계약시 변경/수정할 수 있는지 여부?

Ⅱ. 계약관리 자문의견

패스트트랙 계약 내역 즉, 산출내역서를 본 계약시 변경할 수 있는지에 대한 사항입니다. 설계시공일괄입찰계약에서 산출내역서는 대가의 지급기준으로 계약문서에 포함될 뿐이며 수량이나 단가에 대한 모든 책임은 계약상대자가 부담하는 것이므로 변경할 수 없는 것으로 보는 것이 좋을 듯 합니다.

제3절 ··· 패스트트랙(Fast Track) 계약부분의 규격수량 변동시 정산

Ⅰ. 자문 요청사항

설계시공일괄입찰계약에서 패스트트랙 부분인 토공사 수행중 규격 및 수량에 변동이 발생하여 계약변경사항이 발생하였을 때 어떻게 정산을 해야 하는지?

Ⅱ. 계약관리 자문의견

정산은 계약에 별도로 정한 바가 없다면 계약의 원칙에 위배되지 않도록 하여 발주자의 자금사정에 따라 지급하시면 문제가 없을 듯합니다.

수량에 차이가 발생한다면 위에 말한 바와 같이 기성지급시에는 실제수량을 지급하도록 하고, 당해공사(여기서 당해공사는 두개의 계약이 붙은 계약이라 볼 때 패스트트랙분이 될 수도 있고, 한개 계약의 부속계약이라고 볼 때 전체공사가 될 수도 있습니다)가 종료될 때 정산처리하시면 될 듯합니다.

제4절 ··· 토목관련 패스트트랙(Fast Track)의 세부공종단위

Ⅰ. 자문 요청사항

공사계약 일반조건 제21조(대형공사의 설계변경등)제5항에서 규정하고 있는 세부공종단위에 대한 사항입니다. 패스트트랙으로 진행되고 있는 지하터파기 공사의 부분도 세부공종단위로 해석할 수 있는지 여부?

> **참고 : 2004년 9월 공사계약일반조건 제21조 제5항**
>
> ⑤ 제3항 각호의 1에 정한 사유에 해당되지 않는 경우로서 현장상태와 설계서의 상이등으로 인하여 설계변경을 하는 경우 세부공종(단일사유로 계약금액 조정이 동시에 발생되는 관련 공종이 있는 경우에는 동 공종을 포함한다. 이하 같다)에서 감액되는 금액과 증액되는 금액이 동시에 발생할 때에는 세부 공종단위로 증 · 감되는 금액을 합산하여 계약금액을 조정하되, 세부공종 단위별 계약금액을 증액할 수는 없다.

Ⅱ. 계약관리 자문의견

본 건 계약은 지하터파기공사부분과 구체공사를 구분하여 패스트트랙으로 진행한 공사입니다. 제가 판단하건데, 패스트트랙 계약은 전체계약의 일부로 보아야 하는 것이 타당할 것으로 보이며, 이에 따라 패스트트랙 부분의 계약금액보다 패스트트랙의 실제공사비가 증가되든, 감소되든 패스트트랙을 포함한 전체사업비내에서 조정하는 것이 계약의 일관성을 유지하는데 문제가 없을 듯 합니다.

토목관련 패스트트랙 부분을 별도의 계약으로 본다면, 계약금액조정이나 정산시 복잡한 절차가 추가되고, 발주자측에서 효율적으로 사업을 진행하는데 도움이 덜 될 것으로 보여집니다.

실제 토목관련 패스트트랙은 현장여건의 상이부분에 대한 책임을 시공자가 부담한다는 측면에서 볼 때, 당연히 하나의 세부공종단위로 보는 것이 타당할 것으로 보여집니다. 예를 들어, 더 많은 부분에 파일을 박든, 덜 박든 그에 대한 전적인 책임은 시공자의 지질조사책임으로 보아야 하고, 연암이 늘든, 풍화암이 줄든 그에 대한 책임도 시공자의 책임으로 보는 것이 타당할 것으로 사료됩니다.

제 4 장

발주자의 요구조건과 제안불일치

제1절 ··· 발주자의 요구조건과 입찰자의 제안불일치

Ⅰ. 자문 요청사항

발주자의 요구조건인 입찰안내서와 입찰자가 제안한 계약문서가 일치하지 않고, 계약체결 후 계약상대방이 발주자의 요구조건에 응하지 않을 경우 어떻게 처리해야 하는지?

Ⅱ. 계약관리 자문의견

입찰안내서와 설계도서가 상이한 경우는 해외에서도 종종 일어나는 일로 보여집니다.

영국의 경우에도 공공건설공사계약조건인 GC/Works/1(1998) 설계시공일괄계약조건은 발주자의 요구사항과 시공자의 제안사항에 차이(Discrepancy)가 발생한 경우 합리적으로 분명히 명시하고 있으며, 제2조에는 다음과 같이 규정합니다.

> In the case of discrepancy between the Employer' s Requirements and either the Contractor' s Proposals or the Pricing Document, the Employer' s Requirements will prevail without adjustment to the Contract Sum' .
>
> 발주자의 요구조건과 시공자의 제안서 또는 산출내역서의 불일치가 있을 경우, 발주자의 요구조건은 계약금액의 조정없이 시공자의 제안서 또는 산출내역서에 우선한다.

제10A조에서는 불일치에 대해 다음과 같이 규정하고 있습니다.

> To demonstrate compliance with the Employor's Requirements the contractor shall ensure that relevant work will be the subject of a Design Document.'
> 발주자의 요구조건에 부합한다는 것을 보여주기 위하여 시공자는 관련되는 공사가 설계도서에 따라 시공된다는 것을 보장해야 한다.

제10A(7)조는 다음과 같이 규정합니다.

> In case of any discrepancy between Employer's Requirements and Design Documents the Employer's Requirements shall prevail, without any adjustment to the Contract Sum.'
> 발주자의 요구사항과 시공자의 제안사항에 차이가 발생한 경우 발주자의 요구사항이 우선되고, 계약금액조정은 없다.

이상의 내용이 해외에서의 전체적인 내용은 아니지만 통상적으로 인정되고 있는 내용이라 보면 무방할 것입니다.

따라서 본 건의 경우 제4조에서 규정하는 입찰안내서는 발주자의 요구사항이라고 볼 수 있고, 기본설계와 실시설계는 시공자의 제안사항으로 볼 수 있을 것입니다. 이때는 계약체결이 되었다고 하더라도 발주자의 요구사항인 입찰안내서가 우선되어야 하고, 계약금액조정은 없는 것으로 하는 것이 올바른 방법인 것으로 판단됩니다.

제2절 ··· 패스트트랙(Fast Track)계약 일부내역대체시 비목별 일치방법

Ⅰ. 자문 요청사항

설계시공일괄입찰계약에서 패스트트랙 부분인 토공사 수행중 계약변경사항이 발생하여 총액, 단가, 비목별 합계금액에 차이가 발생하였습니다. 총액, 단가, 비목별 합계금액 3요소를 모두 일치시키는 것이 물리적으로 불가능하다면 총액, 단가는 일치시키고 비목별 합계금액 차이분을 신규 내역항목(계약단가 “0” 1식)을 생성하여 조정할 수 있는지 혹은 다른 방법이 있는지 여부?

II. 계약관리 자문의견

우리나라의 설계시공일괄입찰계약에서는 발주자의 책임있는 사유 또는 불가항력의 사유 이외에는 계약금액조정을 인정하지 않고 있으므로 총액을 변경하는 것은 인정되지 않습니다. 계약단가가 있는 경우 계약단가를 변경시키는 것은 중대한 계약사항이 될 수 있기 때문에 특별한 사유(발주자의 책임있는 사유 또는 불가항력의 사유)이외에는 가능하지 않은 것으로 판단됩니다. 따라서 비목별 합계금액 차이분에 대하여 신규내역항목을 생성하여 조정하는 방법이 현실적인 대안이라고 판단됩니다.

제3절 … 패스트트랙(Fast Track)계약 일부내역 대체로 비목별 일치시 관련법령 저촉여부

I. 자문 요청사항

설계시공일괄입찰계약에서 패스트트랙 부분인 토공사가 종료되고, 본계약을 체결해야 하는 시점에서 당초 계약내역과 대체 계약내역의 비목별 차이금액을 아래와 같은 신규 내역항목(비목 조정분 : +, − SUM=0)으로 조정할 경우 회계예규 또는 관련법규에 저촉되지 않는지 여부?(금액은 예시입니다.)

표 27 … 당초계약내역과 대체계약내약의 비목별 차이분 및 조정분

ITEM	단 위	수 량	재료비	노무비	경 비	합 계
비목별차이분			−25,471,123	204,102,178	-58,571,279	0
비목별조정분	식	1	25,471,123	-204,102,178	58,571,279	0
합 계			0	0	0	0

Ⅱ. 계약관리 자문의견

위에서 설명하고 있는 방법에 대해서까지 회계예규나 관련법규에 규정하기는 사실상 불가능합니다. 회계예규에서는 설계시공일괄입찰계약에 있어서 발주자의 책임있는 사유나 불가항력의 사유이외에는 계약금액을 조정하지 않는 것으로 명시하고 있을 뿐이므로, 본 건으로 인해 계약금액 조정되는지의 여부만이 유권해석의 결과가 되지 않을까 생각되며, 재정경제부(현 기획재정부, 조달청)에서 추가답변을 기대하기는 어려울 것으로 사료됩니다.

참고로, 공사계약일반조건의 유권해석은 관련기관에서 하는 사안이고, 유권해석에 대해 당사자간에 의견차이가 발생하여 합리적으로 해결되지 않을 경우 법원에 맡겨 그에 대한 후속처리를 해야 하는 사안으로 판단됩니다.

제4절 … 패스트트랙(Fast Track)의 내역변경시 변경계약 필요여부

Ⅰ. 자문 요청사항

설계시공일괄입찰계약에서 패스트트랙으로 시공중인 토공사에 대해, 대체된 총차 계약내역을 추후 결정하기로 하였을 때, 현시점에서 조치해야 하는 사항은 무엇입니까?

Ⅱ. 계약관리 자문의견

본 건의 경우 변경계약사항이 되는지의 여부, 변경계약이 된다면 주체는 어디에서 해야 하는지 여부입니다. 본 건의 경우 발주자의 책임있는 사유나 불가항력의 사유가 없는 상태에서 계약금액조정이 없이 단순히 내역변경이 발생된 것이므로 변경계약사항은 아닌 듯합니다. 따라서 발주기관과 내역변경만 하면 되지 않을까 생각합니다.

제5절 … 패스트트랙(Fast Track) 내역변경으로 적용요율 변경시 처리

Ⅰ. 자문 요청사항

설계시공일괄입찰계약에서 패스트트랙으로 시공중인 토공사에 대해, 패스트트랙의 대체된 총차 계약내역을 변경하는데 있어서, 입찰시의 원가계산서상 적용요율과 현재의 적용요율에서 차이가 발생하는 바 어느 요율을 적용해야 하는지 여부?

Ⅱ. 계약관리 자문의견

우리나라 설계시공일괄입찰계약의 경우 회계예규나 유권해석 등에 계약금액조정이 있는지의 여부에 대해서만 규정하고 있을 뿐 구체적인 방법에 대해서는 별도로 규정하는 방법이 없는 바, 당사자간에 협의하여 처리하여야 할 듯합니다. 사견으로는 입찰시의 적용요율을 적용하고, 변경된 부분에 대해서는 변경수량을 그대로 기재하고 단가를 "0"으로 하시는 것이 어떨까 합니다.

제6절 … 패스트트랙(Fast Track)계약 일부내역대체시 비목별 일치여부

Ⅰ. 자문 요청사항

설계시공일괄입찰계약에서 패스트트랙으로 시공중인 토공사가 종료되고, 총차 계약시점에 설계서와 공사현장의 상태 불일치등으로 인해 패스트트랙으로 시공한 토공사의 일부 내역을 대체하여야 합니다. 이때 대체한 내역에 대해서도 당초 계약내역의 총액, 단가, 비목별 (재료비, 노무비, 경비) 합계금액과 일치해야 하는지 여부?

Ⅱ. 계약관리 자문의견

어떤 계약이든 공사중 내역변경은 발생할 수 있는 사항이고, 특히 우리나라 설계시공일괄입찰계약에서는 발주자의 책임있는 사유 또는 불가항력의 사유이외에는 계약금액의 조정을 허용하고 있지 않습니다. 계약금액의 산출은 내역수량과 단가를 곱한 금액으로 나오게 되는데, 우리나라의 설계시공일괄입찰계약에서는 수량이나 단가의 변동에 대한 책임을 시공자가 부담하는 것으로 보는 것이 타당할 것으로 사료됩니다. 따라서, 본 건의 경우에도 공사중 어떠한 내용이 바뀌든 발주자의 책임있는 사유 또는 불가항력의 사유를 별도로 입증하여 요청하지 않는 이상 당초 계약내역과 일치시켜야 할 것으로 보입니다.

제7절 ... 준공단계에서 차수준공으로 처리여부

Ⅰ. 자문 요청사항

설계시공일괄입찰계약에서 패스트트랙으로 시공중인 토공사가 종료되었을 때, 일단 공사완료된 패스트트랙 공사에 대하여 정산하고 잔여공사분에 대해서는 본 계약인 2차수 계약분으로 이월할 수 있는지 여부 및 그 처리절차는?

Ⅱ. 계약관리 자문의견

본 건 공사가 전체계약 1건으로 이루어진 공사인지, 2건으로 나누어진 공사인지가 정해져야 됩니다. 전체계약 1건으로 본다면 잔여공사분을 2차수 계약분으로 이월할 수 있을 것이고, 그렇지 않다면 이월이 곤란할 것으로 보여집니다. 제의 사견으로는 본 건은 동일한 업체가, 당초 전체금액을 기술하여 1차공사에 들어왔으며, 2차공사를 이행하고 있으므로, 2건 공사로 보는 것은 부적절한 것 같고, 따라서 잔여공사분의 이월이 가능하지 않을까 생각됩니다. 이월하는 방법은 변경된 부분에 대해서는 수량은 변경된 대로 두고 단가를 "0"으로 처리하시는 것이 현실적인 대안이 되지 않을까 생각합니다.

제 5 장

공사계약일반조건 제21조 제6항 관련

제1절 … 공사계약 일반조건 제21조(대형공사의 설계변경등) 제5항(현행 6항으로 변경)에 대한 설명

Ⅰ. 자문 요청사항

공사계약일반조건 제21조(대형공사의 설계변경등) 제5항(현행 6항으로 변경)에 대한 설명

▌제21조(대형공사의 설계변경 등) 2009. 11월 현재

제21조(설계변경으로 인한 계약금액조정의 제한 등)

① 다음 각 호의 어느 하나의 방법으로 체결된 공사계약에 있어서는 설계변경으로 계약내용을 변경하는 경우에도 정부에 책임있는 사유 또는 천재 · 지변 등 불가항력의 사유로 인한 경우를 제외하고는 그 계약금액을 증액할 수 없다.

1. 시행령 제14조제6항제3호 단서에 따라 입찰을 할 때에 새로운 기술 · 공법 등에 의한 공사비의 절감사유를 제출하여 체결된 공사계약(새로운 기술 · 공법 등이 채택된 부분에 한함)
2. 시행령 제78조에 따른 일괄입찰 및 대안입찰(대안이 채택된 부분에 한함)을 실시하여 체결된 공사계약
3. 시행령 제98조에 따른 설계공모 · 기술제안입찰 및 기술제안입찰(기술제안이 채택된 부분에 한함)을 실시하여 체결된 공사계약

② 각 중앙관서의 장 또는 계약담당공무원은 시행령 제78조에 따른 일괄입찰과 제98조에 따른 설계공모 · 기술제안입찰의 경우 계약체결 이전에 실시설계적격자에게 책임이 없는 다음 각 호의 어느 하나에 해당하는 사유로 실시설계를 변경한 경우에는 계약체결 이후 즉시 설계변경에 의한 계약금액 조정을 하여야 한다.

1. 민원이나 환경 · 교통영향평가 또는 관련 법령에 따른 인허가 조건 등과 관련하여 실시설계의 변경이 필요한 경우
2. 발주기관이 제시한 기본계획서 · 입찰안내서 또는 기본설계서에 명시 또는 반영되어 있지 아니한 사항에 대하여 해당 발주기관이 변경을 요구한 경우
3. 중앙건설기술심의위원회 또는 설계자문위원회가 실시설계 심의과정에서 변경을 요구한 경우

③ 제1항 또는 제2항의 경우에 계약금액을 조정하고자 할 때에는 다음 각호의 기준에 의한다.

1. 감소된 공사량의 단가 : 시행령 제85조제2항 및 제3항의 규정에 의하여 제출한 산출내역서상의 단가
2. 증가된 공사량의 단가 : 설계변경당시를 기준으로 산정한 단가와 제1호의 규정에 의한 산출내역서상의 단가의 범위안에서 계약당사자간에 협의하여 결정한 단가
3. 계약당사자간에 제2호의 규정에 의하여 협의가 이루어지지 아니하는 경우의 단가 : 설계변경당시를 기준으로 산정한 단가와 제1호의 규정에 의한 산출내역서상의 단가를 합한 금액의 100분의 50으로 하되, 산출내역서상의 단가가 설계변경당시를 기준으로 산정한 단가보다 높은 경우에는 설계변경당시를 기준으로 산정한 단가
4. 제1호의 규정에 의한 단가가 없는 신규비목의 단가 : 설계변경 당시를 기준으로 산정한 단가

④ 제1항에 정한 정부의 책임있는 사유 또는 불가항력의 사유란 다음 각호의 1의 경우를 말한다. 다만, 설계시 공사관련법령 등에 정한 바에 따라 설계서가 작성된 경우에 한한다.

1. 사업계획 변경 등 발주기관의 필요에 의한 경우
2. 발주기관외에 당해공사와 관련된 인허가기관 등의 요구가 있어 이를 발주기관이 수용하는 경우
3. 공사관련법령(표준시방서, 전문시방서, 설계기준 및 지침 등 포함)의 제 · 개정으로 인한 경우
4. 공사관련법령에 정한 바에 따라 시공하였음에도 불구하고 발생되는 민원에 의한 경우
5. 발주기관 또는 공사 관련기관이 교부한 지하매설 지장물 도면과 현장 상태가 상이하거나 계약이후 신규로 매설된 지장물에 의한 경우
6. 토지 · 건물소유자의 반대, 지장물의 존치, 관련기관의 인허가 불허 등으로 지질조사가 불가능했던 부분의 경우
7. 제32조의 규정에 정한 사항 등 계약당사자 누구의 책임에도 속하지 않는 사유에 의한 경우

⑤ 제3항에 따라 계약금액을 증감조정하고자 하는 경우 증감되는 공사물량은 수정전의 설계도면과 수정후의 설계도면을 비교하여 산출한다.

⑥ 제2항 각호의 사유 및 제3항 각호의 사유에 해당되지 않는 경우로서 현장상태와 설계서의 상이 등으로 인하여 설계변경을 하는 경우에는 전체공사에 대하여 증 · 감되는 금액을 합산하여 계약금액을 조정하되, 계약금액을 증액할 수는 없다.

참고 : 2004년 9월 현재 공사계약일반조건 제21조 제5항

⑤ 제3항 각호의 1에 정한 사유에 해당되지 않는 경우로서 현장상태와 설계서의 상이등으로 인하여 설계변경을 하는 경우 세부공종(단일사유로 계약금액 조정이 동시에 발생되는 관련 공종이 있는 경우에는 동 공종을 포함한다. 이하 같다)에서 감액되는 금액과 증액되는 금액이 동시에 발생할 때에는 세부 공종단위로 증 · 감되는 금액을 합산하여 계약금액을 조정하되, 세부공종 단위별 계약금액을 증액할 수는 없다.

II. 계약관리 자문의견

본 조항은 설계시공일괄입찰 등 대형건설공사에서의 현장여건상이에 대한 설계변경조항을 명시하고 있는 사항입니다. 설계시공일괄입찰에서 설계서(도면, 시방서)는 입찰자가 만들어 오는 것이기 때문에 입찰자가 전적인 책임을 부담합니다. 아울러 입찰자는 계약체결시 산출내역서를 제출하게 되며, 이때 산출내역서는 설계변경자료로 활용되는 것이 아니라 단지 대가의 지급기준으로서의 역할만을 수행하게 됩니다.

이상의 내용을 종합해 볼 때, 우리나라의 설계시공일괄입찰계약에서는 현장여건에 대한 전적인 책임을 입찰자/시공자설계자포함)에게 부담하고 있는 것이라고 볼 수 있습니다. 따라서 입찰자는 현장여건에 대해서는 도박적인 성격을 갖는 것이라 보면 될 것입니다.

본 조항의 취지는 현장여건이 입찰/계약이후 발주자나 불가항력의 사유로 인해 변경되지 않는 한 입찰자/시공자가 그에 대한 전적인 책임을 부담하는 것이라고 보면 될 것으로 보여집니다.

제2절 ··· 계약조건 상의 세부공종 단위에 대한 설명

I. 자문 요청사항

공사계약 일반조건 제21조(대형공사의 설계변경등)제5항(현행 6항으로 변경)의 세부공종 단위의 해석에 대한 자문의견은?

> **참고 : 2004년 9월 현재 공사계약일반조건 제21조 제5항**
>
> ⑤ 제3항 각호의 1에 정한 사유에 해당되지 않는 경우로서 현장상태와 설계서의 상이등으로 인하여 설계변경을 하는 경우 세부공종(단일사유로 계약금액 조정이 동시에 발생되는 관련 공종이 있는 경우에는 동 공종을 포함한다. 이하 같다)에서 감액되는 금액과 증액되는 금액이 동시에 발생할 때에는 세부 공종단위로 증 · 감되는 금액을 합산하여 계약금액을 조정하되, 세부공종 단위별 계약금액을 증액할 수는 없다.

Ⅱ. 계약관리 자문의견

현장여건이 변경될 경우 당연히 전체 체적이 동일하다면, 증가되는 공종이 있으면 감소되는 공종이 발생하게 됩니다. 이러한 경우를 세부공종중에서도 단일사유로 계약금액조정이 동시에 발생되는 관련공종이라 보면 될 것입니다.

대표적인 예를 든다면, 경암 100, 연암 100, 풍화암 100으로 설계되어 있고, 실제 현장을 보았을 때, 경암 80, 연암 120, 풍화암 100으로 되는 경우가 있습니다.

이때 발파를 기준으로 보면 세부공종단위는 경암발파–연암발파–풍화암발파로 볼 수 있을 것이며, 이들 세공종을 연계하여 증감금액을 합산하여 계약금액을 조정해야 한다는 의미로 판단됩니다.

세부공종단위별이라는 것은 각 공종을 의미하는 것으로 보여지고, 경암발파가 줄어들면 이에 대해서는 설계변경을 하지 않고, 연암부분의 증가부분만 별도로 분리하여 계약금액을 증가시키게 된다면 전체계약금액은 증가되는 문제가 발생되므로, 이를 예방하기 위해 다시 한 번 확인하는 차원에서 규정한 내용인 것으로 판단됩니다.

그림 18 … 당초 및 변경 현장여건 예시

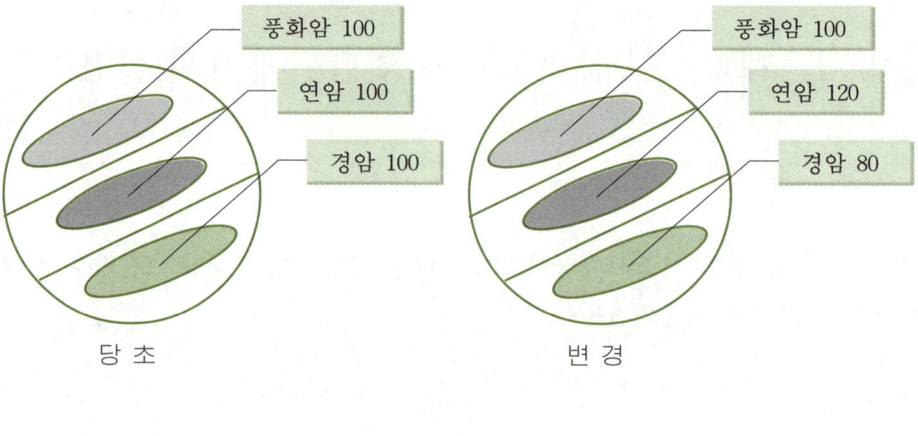

제3절 ··· 공사금액증이 안되면 감액가능여부

Ⅰ. 자문 요청사항

공사계약 일반조건 제21조(대형공사의 설계변경등)제5항(현행 6항)에서 공사금액이 增이 안된다고 하는데 감액은 가능한지?

Ⅱ. 계약관리 자문의견

설계시공일괄입찰계약에서 현장여건에 대한 전적인 책임은 계약상대자에게 있기 때문에 설계변경은 가능하되 그로 인한 전체공사의 계약금액조정은 없다고 하는 것이 재정경제부 유권해석의 내용이기도 합니다.

만약, 감액할 수도 있다면 시공자의 입장에서는 불리한 상황에 도달하게 될 가능성이 있습니다. 물론 경암-연암-풍화암-토사 만으로 구성되어 증가되는 부분이 있으면 당연히 감소되는 부분만 있는 것이 아니고, 실제 지반의 성질에 따라 부분적으로 방수가 더 필요하거나 덜 필요한 부분, 지반보강이 더 필요하거나 덜 필요한 부분등 증가는 있으되 감소는 없는 부분, 감소는 있으되 증가는 없는 부분 등 여러가지 사항이 발생할 수도 있습니다.

예들 들어, 당초 설계에는 특정지역에 방수를 100으로 하기로 하였는데, 땅을 파보니 10으로도 충분하다면 방수부분에 대한 사항을 감액할 수 있는가의 문제와도 동일합니다.

상황을 극단적으로 뒤집어 본다면 방수가 1000이 투입되어야 한다면 세부공종단위별 금액을 증액할 수 없기 때문에 시공자는 900에 대한 리스크를 부담해야 할 것입니다. 마찬가지로 발주자도 방수가 적게 들었을 때 90에 대한 비용을 시공자에게 지급하므로써 그만큼의 리스크를 부담해야 할 것으로 판단됩니다.

본 조항은 그러한 의미에서 계약당사자가 공평한 리스크를 부담하도록 하기 위해 설정해 둔 것이 아닌가 사료됩니다.

제 6 장

폐기물 처리 및 환경보전비 관련

제1절 ··· 계약내용에 포함된 폐기물 처리비

Ⅰ. 자문 요청사항

설계시공일괄입찰계약으로 시공중인 현장에서 시공 중 발생되는 제반 폐기물처리비는 계약상대자가 부담하도록 되어있고, 관계법령에 따라 분리발주해야 할 경우에는 계약금액에서 감액하도록 입찰안내서에 규정되어 있습니다. 실제 시공중 불법쓰레기가 매립되어 있을 경우, 처리주체, 처리비 부담방법은?

Ⅱ. 계약관리 자문의견

본 입찰안내서의 현장설명서 등에 의할 경우 매립된 쓰레기가 불법으로 매립된 것인지, 합법적으로 매립된 것인지는 명시되어 있지 않고, 시공중 발생되는 제반 폐기물 처리비용은 시공자가 부담하는 것으로 규정되어 있습니다.

정황을 미루어 볼 때 발주기관에서는 입찰안내서를 작성하는 과정에서 당 현장이 쓰레기 처리장이었기 때문에 쓰레기가 매립되었을 가능성을 인지하고, 미리 입찰자가 입찰가에 반영하도록 요구한 것입니다.

그리고, 관계법령에 따라 분리발주해야 할 경우 계약금액에서 감액하도록 한 것입니다.

이러한 상황을 입찰자인 시공자가 충분히 알고 입찰하였기 때문에 시공자는 폐기물처리와 관련하여 책임을 벗어나기 힘든 듯합니다.

시공자가 요구한 것이 계약금액변경인데 폐기물처리비용을 감액해 달라는 것인지, 추가비용을 달라는 것인지는 분명하지 않으나 아마도 후자에 가까운 듯합니다.

현 상태에서는 관련법령에 따라 폐기물을 처리하여야 하며, 시공자가 처리할 경우 계약금액의 감액이 발생하지 않겠지만, 발주자가 분리발주하여 처리한다면 처리한 후에 실처리비용을 감액해야 합니다.

실제로 시공자는 입찰당시에 계약금액에 쓰레기처리비용을 반영하지 않았을 수도 있으나, 이는 무대로 처리하겠다는 취지로 보아야 하는 것이지, 별도의 계약금액조정사항은 아닌 것으로 판단됩니다.

실제로 해외에서 판결되는 판결례를 볼 때 발주자의 요구사항과 시공자의 제안사항 사이에 문제가 발생하였고, 발주자의 요구사항이 적절하였다면 그로 인한 추가비용은 시공자가 부담하는 것으로 보고 있습니다.

따라서 본 건도 이상과 같이 처리하시는 것이 좋을 듯합니다.

제2절 … 설계시공일괄입찰계약공사에서 시공자가 폐기물 상차시 감액처리시점

Ⅰ. 자문 요청사항

시공중 발생되는 제반 폐기물처리비는 계약상대자가 부담하도록 되어있고, 관계법령에 따라 분리발주해야 할 경우에는 계약금액에서 감액하도록 입찰안내서에 규정되어 있고, 실제 시공중 불법쓰레기가 매립되어 발주자가 폐기물처리비에 해당하는 금액으로 폐기물처리업자와 계약을 체결하였습니다. 터파기 공사시행중 토사물량과 동시에 폐기물이 발생하여, 우선 입찰자(계약상대자)가 폐기물을 상차한 경우에는 그 비용을 어떻게 처리해야 하는지?

Ⅱ. 계약관리 자문의견

입찰안내서에 규정된 바에 따라 발주자는 발주자가 폐기물처리비에 해당하는 금액을 폐기물처리업자와 계약을 체결할 수 있는 것이고, 이에 따라 발주자는 계약상대자와 체결한 계약금액을 감액조치하여야 합니다. 그러나 감액조치의 시점이 문제가 될 수 있습니다.

감액조치의 시점은 크게 다음과 같이 3가지로 나누어 볼 수 있을 것입니다.
첫째, 토사가 아닌 폐기물이 묻힌 사실이 발견되었을 경우
둘째, 토사가 아닌 폐기물을 현장에서 처리 완료한 경우
셋째, 전체계약이 종료되는 경우

첫째의 경우, 토사가 아닌 폐기물이 묻힌 사실이 발견되었을 때는 폐기물의 양을 파악할 수 없으므로 입찰안내서의 내용을 준수할 수 없게 되는 문제가 발생됩니다.

둘째의 경우, 토사가 아닌 폐기물을 현장에 처리완료한 경우에는 입찰안내서의 내용을 준수할 수 있습니다. 이때 발주자가 계약상대자에게 중간에 계약금액을 변경하여 변경계약을 체결해야 하여야 한다고 요구할 수 있습니다.

그러나 내용을 잘 들여다 보면 당초 계약상대자는 토사로 처리하는 비용으로 모든 위험을 부담하기로 하였던 것이고, 그리고 실제로 상차비용까지는 계약상대자가 토사로 처리하였으므로 계약금액조정을 할 수는 있으나, 그렇게 될 경우 왜냐하면, 계약상대자의 입장에서 본다면 설계시공일괄입찰계약의 특성이 제대로 반영되지 못하는 결과를 초래할 수 있을 것으로 보여집니다.

예를 들어, 발주자의 책임있는 사유나 불가항력의 사유로 공종을 추가하거나 삭제한 경우에는 그 시점에 계약금액조정을 하는 것이 타당하겠지만, 계약상대자는 토공비를 10억원을 부담하기로 하였는데 폐기물로 됨으로 인해 50억원을 부담하게 되었을 때, 계약상대자는 50억원-10억원의 차액인 40억원을 준공시점까지 부담하면 된다고도 볼 수 있기 때문에, 중간정산을 하게 되면 계약상대자에게 부당하게 작용될 수 있을 가능성이 있습니다.

셋째의 경우에는 입찰안내서의 내용도 준수하는 것이고, 둘째에서 지적한 내용도 반영할 수 있는 것으로 보입니다.

따라서 본 건의 경우 최종준공시점에 처리하는 것이 타당한 것으로 보입니다.

제3절 … 세륜시설비가 경비(환경보전비)와 직접공사비에 중복된 경우 처리

Ⅰ. 자문 요청사항

설계시공일괄입찰계약에서 환경보전비는 직접공사비의 경비형태로 요율로 반영되는 부분이 있고, 동시에 직접공사비에는 세륜시설비의 항목으로 반영되어 있습니다. 이 경우 세륜시설비는 실제로 중복된 것으로 볼 수 있는지, 중복된 것이라면 어떻게 처리해야 하는 것인지, 계약상대자가 취하여야할 사항은 무엇인지?

Ⅱ. 계약관리 자문의견

■ 근거법령

환경보전비는 건설기술관리법 제26조의5에 따라 건설공사의 현장관리를 위해 공사금액에 계상하여야 하고, 건설기술관리법시행규칙 제28의2에는 건설공사현장에 설치하는 환경오염방지시설의 설치 및 운영에 소요되는 비용을 계상하도록 하고 있으며, 발주자 또는 감리원이 확인한 비용의 사용실적에 따라 정산하도록 규정하고 있습니다.

한편 시행규칙 별표 15에는 환경보전비를 표준품셈 등 원가계산에 의하여 산출하는 것이 곤란한 경우에는 직접공사비에 주택이외의 건축의 경우 0.5%이상((2005. 4월 기준으로는 0.2%이상)을 적용하여 계상할 수 있으며, 환경오염시설에는 세륜시설을 포함하고 있습니다.

한편 조달청의 2005년 공사원가계산 제비율 적용기준(2005. 9. 15현재) 에서는 건설공사현장에 설치하는 환경오염방지시설의 설치 및 운영에 소요되는 비용(환경보전비)은 표준품셈 등 원가계산에 따라 산출하여 당해 건설공사의 내역서에 각 항목별로 명시함을 원칙으로 하고 있습니다.

환경보전비를 표준품셈 등 원가계산에 의하여 산출하는 것이 곤란한 경우(내역서에 직접공사비로 환경보전비 항목(건설기술관리법 시행규칙 별표15 환경관리비산출기준 제1호의 다목에 규정된 시설(42개)) 등이 일부라도 반영된 경우에는 요율로 계상하지 않음)에는 직접공사비에 해당 요율을 적용하여 계상할 수 있음(2005. 7. 1개정)으로 규정되어 있습니다.

그리고 이 적용기준에 의하면 주택외 건축은 0.5%(2005. 4월 기준으로는 0.2%)로 규정되어 있습니다.

■ 현 황

현재 본 사업에서는 환경보전비를 요율로도 계상하고, 세륜시설의 경우 환경보전비에 포함되는 내용임에도 불구하고 직접비로도 계상하고 있습니다.

계약적인 관점에서 본다면 일단 계약이 체결되면 그 자체로 쌍방을 구속하는 결과를 초래하게 됩니다.

예를 들어, 입찰자가 부가가치세를 원가계산에 포함하지 않고 산출내역서를 제출하여 계약이 체결되었다고 가정할 때, 부가가치세 10%는 국세이므로 반드시 납부해야 하는 것으로 보아야 하고, 당연히 10%만큼 부가가치세를 입찰자(계약자)가 부담하는 것으로 보아야 합니다. 이러한 이유로 본 건에서도 환경보전비가 중복되었다고 하여 일방적으로 삭제하는 것은 논리적인 모순에 도달하게 된다고 볼 수 있습니다.

따라서 조달청 질의회신(접수번호 : 29680번, 2006. 9. 6)에서 보시는 바와 같이 계약금액조정대상이 되지 않으며, 일방적으로 삭제를 요구해서는 안되고, 계약담당공무원이 현장여건, 설계서, 관계법령 등을 종합적으로 고려하여 사실을 판단하면 됩니다.

본 건의 경우
첫째, 중복계상되어 있는 것인지,
둘째, 현장여건의 필요에 따라 직접공사비에는 세륜시설을 넣고, 요율로 환경보전비를 넣은 것인지가 확인되어야 할 것입니다.

■ 처리방안

중복계상된 것이라면 삭제하여야 하지만, 실제 세륜시설을 설치하였고, 환경보전비로 계상한 0.5%를 전부 사용하고 있다는 것이 입증되고, 계약담당공무원이 이를 확인할 수 있다면 0.5%를 초과하더라도 근거법령인 건설기술관리법, 건설기술관리법시행규칙을 위배한 것으로는 보이지 않습니다.

본 계정은 건설기술관리법시행규칙에 따라 정산하여야 하므로 전체 공사가 완료되기 전까지는 그 사용실적을 확인할 수 없는 바, 현재로서는 감리원(CM단) 또는 발주자가 그 사용실적을 확인하시면 될 것으로 판단됩니다.

■ 붙임자료

붙임 1. 조달청 질의회신

붙임 2. 건설기술관리법 및 시행규칙 - 환경보전비 관련

붙임 3. 건설기술관리법 시행규칙 [일부개정 2006.8.7 건설교통부령 제530호]

[별표 15] 〈신설 2001.8.13, 2005.7.1〉 환경관리비 산출기준(제28조의2제3항관련)

건설기술관리법시행규칙 (제28조의2제3항관련) [별표 15] 환경관리비 산출기준

1. 환경보전비의 산출기준

가. 건설공사현장에 설치하는 환경오염방지시설의 설치 및 운영에 소요되는 비용(이하 "환경보전비"라 한다)은 표준품셈 등 원가계산에 따라 산출하여 당해 건설공사의 내역서에 각 항목별로 명시한다.

(1) 환경오염방지시설의 설치 및 운영에 따른 손료는 다음의 산식에 의하여 산출하되, 산출방식을 별도로 정하고 있는 경우에는 그 방식에 의한다.

$$\frac{(\text{상각률}+\text{수리율})\times\text{설비가격}}{\text{연간표준설비가동시간}\times\text{내용연수}}\times \text{설비가동시간}$$

※ 상각률 · 수리율은 표준품셈에 의하되, 표준품셈에 정하고 있지 않은 경우에는 발주자가 당해 시설의 특성을 고려하여 정한다.

※ 설비가격은 구입가격을 말한다.

※ 연간표준설비가동시간은 표준품셈에 의하되, 그 밖의 경우 1천시간을 표준으로 한다.

※ 내용연수는 기계류는 5년, 초자류 및 금속류는 3년으로 한다.

(2) 재료비는 정부가 공인한 물가조사기관에서 조사 · 공표한 가격을 적용하고, 노무비는 「통계법」 제3조의 규정에 의하여 대한건설협회 및 한국엔지니어링진흥협회가 조사 · 공표하는 노임단가를 적용하며, 전력 · 상수도 등 공공요금은 정부가 고시하는 금액을 적용한다.

(3) 환경관리와 관련한 시험검사비, 교육훈련비, 홍보물제작비 등 환경보전비를 항목별로 명시할 수 없는 경우에는 위의 (1), (2)의 합계액의 12% 상당액을 기타 환경보전비로 계상할 수 있다.

나. 환경보전비를 표준품셈 등 원가계산에 의하여 산출하는 것이 곤란한 경우에는 직접공사비에 다음의 요율을 적용하여 계상할 수 있다.

(1) 도로 : 0.9% 이상

(2) 플랜트 : 0.4% 이상

(3) 지하철 : 0.5% 이상

(4) 철도 : 1.5% 이상

(5) 상하수도 : 0.5% 이상

(6) 항만 : 0.8% 이상 또는 1.8% 이상(오탁방지막 또는 준설토 방지막을 설치하는 경우)

(7) 댐 : 1.1% 이상

(8) 택지개발 : 0.6% 이상

(9) 주택(재개발 및 재건축) : 0.7% 이상

(10) 주택(신축) : 0.3% 이상

(11) (9), (10) 외 건축 : 0.5% 이상

다. 건설공사현장에 설치하는 환경오염방지시설은 다음의 시설과 그 밖에 환경관련법령에 규정된 시설을 말한다.

(1) 비산먼지 : 세륜시설, 살수시설, 살수차량, 방진덮개, 방진벽, 방진망(막), 진공청소기, 간이칸막이 이송설비 분진억제시설, 집진시설(이동식, 분무식), 기계식 청소장비

(2) 소음 · 진동 : 방음벽, 방음막, 소음기, 방음덮개, 방음터널, 방음림, 방음언덕, 흡음장치 및 시설, 탄성지지시설, 제진시설, 방진구시설, 방진고무, 배관진동절연장치 및 시설

(3) 폐기물 : 소각시설, 쓰레기슈트, 폐자재 수거박스, 폐기물 보관시설(덮개, 배수로), 건설오니 처리시설, 브레이커, 폐기물 선별기

(4) 수질오염 : 오폐수처리시설, 가배수로, 임시용 측구, 절성토면 비닐덮개, 침사 및 응집시설, 오탁방지막, 오일펜스, 유화제, 흡착포, 단독정화조, 이동식 간이화장실

2. 폐기물처리 및 재활용비의 산출기준

가. 건설공사현장에서 발생하는 폐기물의 처리 및 재활용에 소요되는 비용(이하 "폐기물처리 및 재활용비"라 한다)은 폐기물의 예상발생량을 실측하여 산출하거나 표준품셈에 따라 산출할 수 있으며, 폐기물을 처리하는 경우에는 다음 비용 중 필요한 비용을 반영하여야 한다.

(1) 수집 · 운반비 : 폐기물의 분리수거 · 중간처리 또는 최종처리를 위하여 수집 · 운반하는 데 소요되는 비용으로서 표준품셈에 따라 산출한다.

(2) 중간처리비 : 폐기물을 재활용하기 위하여 분리 · 선별 · 파쇄 · 압축 · 중화 · 탈수 · 고형화 등의 처리를 하는 데 소요되는 비용으로서 원가계산 또는 표준품셈에 따라 산출한다.

(3) 최종처리비 : 폐기물을 직접 매립지에 매립하거나 중간처리 후 잔여폐기물을 매립 · 소각 등 최종처리하는 데 소요되는 비용(운반비는 제외한다)으로서 매립의 경우에는 지역별 매립지 반입단가를 적용하여 산출한다. 이 경우 잔여폐기물 발생량은 건설공사현장의 여건과 폐기물의 성상 등을 고려하여 정한다.

나. 위의 방법으로 폐기물처리 및 재활용비를 산출하는 것이 곤란한 경우에는 운반거리 · 폐기물의 성상 · 지역여건 및 정부가 공인한 물가조사기관에서 조사 · 공표한 가격 등을 고려하여 발주청이 고시한 기준에 따라 그 비용을 산출한다.

3. 기 타

가. 건설업자 또는 주택건설등록업자는 건설공사현장의 환경보전에 필요한 환경오염방지시설을 추가로 설치한 경우에는 감리원 또는 감독자의 확인을 받아 그 비용의 추가 계상을 발주자에게 요청할 수 있다. 이 경우 발주자는 그 내용을 확인하고 설계변경 등 필요한 조치를 하여야 한다.

나. 삭제 〈2005.7.1〉

제 7 장

발주자의 지시 관련

제1절 … 발주자의 지시로 계약이후 도면 등 수정

Ⅰ. 자문 요청사항

설계시공일괄입찰계약에서 계약체결당시 대회의실의 위치 및 규모를 확정하였습니다. 그러나 사업진행과정 중 대회의실의 위치, 규모 등을 현실에 맞게 보완 및 수정할 필요성이 있을 것으로 판단되어 공사계약추가특수조건을 작성하여 처리방법을 명시하였습니다. 실제 사업진행 중 대회의실의 위치, 규모 등을 변경하면서 공사계약추가특수조건의 해석에 대해 이견이 있는 바 그 처리 방법은 무엇인지 여부? 또한 커튼월의 경우 기둥위치에 맞춰 모듈을 보완 수정한 경우 처리방법은 무엇인지 여부?

Ⅱ. 계약관리 자문의견

대회의실 보완 수정에 소요되는 비용은 공사계약추가특수조건 제3조제2에 따라 설계비용 및 공사비를 계약상대자가 부담하되, 공사비부분에 대해서는 총액계약 공사금액을 증액시키지 않는 범위내에서 발주기관과 계약상대자가 상호 협의하여 가치공학 등등의 방법으로 절감액 부분을 이용하여 처리하여야 합니다.

즉, 설계비는 금액의 과다여부를 떠나 계약상대자가 부담하여야 합니다. 공사비의 경우 대회의실을 추가함으로써 공사금액이 총액계약금액을 초과한다면 가치공학 등의 방법으로 총액계약금액을 증액시키지 않아야 합니다.

계약상대자의 경우 일괄·대안공사계약특수조건 제22조 및 공사계약일반조건 제19조의7에 의거 설계비를 청구할 수 있으나, 이는 발주기관이 기본설계 및 실시설계심의시 공사의 기본계획, 입찰안내서의 내용 또는 입찰자가 기본 설계입찰시 제시한 사항 이외에 대하여 시공을 요구하고, 계약체결 후 계약금액을 조정하겠다는 의사를 서면으로 합의한 사항에 해당하지 않으며, 당초의 설계도면 등을 계약상대자가 수정하여 제출하는 경우에 해당하는 것입니다.

당초의 설계도면을 작성하는데 드는 비용은 설계변경으로 인한 사항이 아니며, 당연히 입찰자(계약상대자)가 부담해야 하는 것이므로, 이 설계비는 총액계약금액내에 포함된 설계비로 보는 것이 타당한 것으로 판단됩니다.

제2절 … 건축평면의 일부 위치변경

Ⅰ. 자문 요청사항

건축평면에 표시된 간막이 등의 위치를 발주자가 사용상 편리하도록 일부 변경지시한 경우 처리방법은?

Ⅱ. 계약관리 자문의견

본 건의 경우 계약체결이후 발주자의 요구에 의한 창고의 간막이 설치, 위치변경 등으로 인한 설계변경 중에서 발주자의 요구사항과 미흡사항 보완사항으로 구분하여, 발주자의 요구사항에 대해서는 설계에 대한 비용과 공사비변경은 발주자가 부담해야 할 것으로 판단되지만 미흡사항에 대해서는 설계비나 공사비의 변경은 없는 것으로 보아야 할 듯 합니다.

제3절 ... 계약후 판매시설 MD 변경한 경우 책임

I. 자문 요청사항

지하 1층에는 상가들이 입점하게 되어 있고, 입찰자가 당초에 판매시설 MD를 해 왔으나, 잠정적으로 수익성등의 문제가 되어 있어 MD계획을 조정할 필요성이 대두되었을 때, MD 변경으로 발생되는 추가비용을 계약상대자에게 지급해야 하는지? 참고로 계약문서인 입찰안내서에는 다음과 같이 규정되어 있습니다.

> **입찰안내서 제4장 설계지침**
>
> 가. 실시설계적격자는 분야별(건축, 기계, 전기, 통신, IBS, 토목 등) 사전조사를 통하여 각종 시설 및 설비의 사용예상용량을 파악하고 계산하여 실시설계에 반영하여야 한다.
>
> 나. 향후 시설물 여건변화와 용도변경 등에 대비하여 각 분야별(건축, 구조, 기계, 전기, 통신, IBS, 토목 등) 융통성 및 가변성을 검토하여 계획에 반영하여야 한다.
>
> 다. 입주자들의 생활편의시설과 방문자들의 쇼핑 및 휴식을 위한 시설로서 입지 적합성, 전체 시설 연계성, 공익성, 편의성, 수익성 등을 바탕으로 세부도입시설을 선정하여 계획하여야 한다.

II. 계약관리 자문의견

■ 1차 자문

지하 1층의 Mall Design은 사업의 성패를 가늠할 수 있는 중요한 요소로 보입니다. 당초 설계자가 판매시설 MD업체에서 지하 1층의 MD 보고서를 받아 발주자에게 제공하였을 때 발주자는 이를 검토한 후 보완 사항이 있으면 보완하도록 요구하였어야 합니다. 그러나 현실적으로 설계가 진행되는 것을 볼 때 발주자가 정해진 기간내에 설계의 잘됨과 잘되지 못한 점을 파악하여 검토의견을 제시하는 것도 무리라고 보여집니다.

본 건은 계약체결 후 발주자의 내부적인 상세검토과정에서 수익을 극대화하기 위하여 도출된 사항으로 발주자의 설계변경지시는 당연한 사항으로 보여집니다.

따라서 설계변경지시로 인하여 향후 얻을 수 있는 수익이 이를 보완하는데 소요되는 설계비와 공사비를 상회한다면 발주자는 설계변경지시에 대한 당위성을 갖게 될 것이고, 아울러 그에 대한 설계비와 공사비를 부담해야 할 것으로 판단됩니다. 조속히 계약당사자가 설계를 완성하여 공사할 수 있도록 조치하여야 할 것으로 보입니다.

■ 2차 자문

MD라는 것은 보는 사람의 관점에 따라 잘된 것인지, 마음에 들지 않는 것인지가 달라지는 성질의 것입니다.

또한 MD를 하는데 있어서 중요한 부분은 입찰안내서에도 명시된 바와 같이 수익성을 고려해야 하는데, 수익성도 미래를 낙관적으로 보는지 비관적으로 보는지에 따라 달라지게 됩니다. 계약체결시점에 설정한 수익율이 잘된 것인지 문제가 있는지를 판단하는 것은 주관적일 가능성이 높습니다.

따라서 발주자가 입찰안내서에 가변성, 수익성 등을 고려하여 설계하도록 하고, 설비도 사전조사에 따라 반영하도록 한 것은, 수익성 등으로 인해 분양시점까지 MD가 변경될 가능성이 많기 때문에 최종 설계를 유보하려고 하는 의도가 입찰안내서에 내재되어 있는 것으로 판단됩니다. 이는 발주자가 일단 계약은 체결하고 필요한 시점에 설계변경을 하려는 의도로 보는 것이 타당한 것으로 보입니다.

한편 입찰에 참여한 계약상대자의 입장에서는 기본설계로 입찰하고 계약체결이후 MD가 변경되었다면 계약상대자의 책임사항이 아니라 발주자의 지시에 의한 것이므로 설계변경이 되어야 하는 것이라고 주장할 수도 있을 것으로 판단됩니다.

계약이라는 것은 당사자 의사의 합치가 있어야 하는 것인데, 서로 간에 의사의 견해차이가 발생하고 있는 것으로 판단됩니다.

따라서 본 건을 명확하게 처리하기 위해서는

첫째, 계약상대자에서는 입찰안내서에 명시된 바에 따라 당초 MD와 변경된 MD에 대한 수익성 판단을 할 수 있는 근거자료를 마련하여 발주자에게 제시하여야 할 것입니다.

둘째, 당초 발주자는 입찰안내서에 가변성과 융통성이 있도록 건축계획을 하도록 하였고, 사전조사를 철저히 하여 설비의 사용예상용량을 정하도록 하였는데, 본 건 MD변경을 함으로 인해 설비와 관련된 비용에 있어 당초MD계획과 차이가 많이 발생하게 되었습니다. 계약상대자는 비용증가에 대한 타당한 근거자료를 제시하여야 합니다.

셋째, MD계획은 분양을 한 후 그 처리방향을 구체적으로 알 수 있고, 현재의 MD계획이 최종적인 것이라 볼 수 없는 바, 분양 몇 개월 전에 설계변경을 하게 된다면 실제 분양을 하게 되는 시점에 분양결과에 따라 다시 MD계획을 재조정하여야 하고, 다시 설계변경을 하는 것으로 됩니다. 이를 발주자의 입장에서 본다면 이중으로 설계변경을 하게 되고 공사비도 중복되어 집행되는 결과를 초래할 수 있으므로 현재는 MD계획변경으로 인한 설계변경을 잠정적인 것으로 하고 실제 설계변경은 분양실시후 그 추이를 보아 MD계획변경여부를 결정한 후 실시하는 것이 타당한 것으로 판단됩니다.

제4절 ... 계약문서상에 규정된 Mall Design의 경제성 적용 여부 판단

Ⅰ. 자문 요청사항

설계시공일괄입찰계약에서 판매시설 MD계획조정과 관련하여 '05년 12월 본계약, '06년 12월 1차 변경계약 후 '07년 5월 중 2차 변경계약예정이며, MD도 분양업무를 추진하고 있는 바 변경사항이 많아 재 설계변경 추진 중입니다.

발주자는 본 건 MD변경과 관련하여 다음과 같이 입찰안내서에 기재되어 있는데, 당초 계약상대자가 제출한 MD는 경제성이 떨어지고 수익성에 대한 검토가 제출되어 있지 않은 상태로 MD를 계획하였으며, 2차의 변경과정을 거친 후에야 비로소 분양팀에서 최종 분양을 할 수 있는 도면으로 인정한 것이므로 설계상에 하자가 있는 것이고, 따라서 설계변경은 없고 당초 금액 한도내에서 공사를 수행해야 한다고 하는데 어떻게 처리해야 하는지?

> **공사입찰유의서**
>
> 가. 준공후 유지관리에 능률성과 경제성이 제고될 수 있는 방법으로 설계 · 시공하여야 함은 물론 공사의 기본 목적에 맞게 설계 · 시공하여야 한다.
>
> 나. 입주자들의 생활편의시설과 방문자들의 쇼핑 및 휴식을 위한 시설로서 입지 적합성, 전체 시설 연계성, 공익성, 편의성, 수익성 등을 바탕으로 세부 도입시설을 선정하여 계획하여야 한다.

II. 계약관리 자문의견

쟁점이 될 수 있는 사항은 다음과 같이 크게 나눌 수 있을 것입니다.

첫째, 당초 계약상대자가 기본설계 및 실시설계당시 경제성이 제고될 수 있는 방법으로 MD를 계획하였는지 여부

둘째, 당초 계약상대자가 기본설계 및 실시설계당시 수익성 등을 바탕으로 세부도입시설을 선정하여 MD를 계획하였는지 여부

셋째, 계약상대자의 당초 계약도면은 설계상의 하자로 볼 수 있는지 여부

첫 번째와 두 번째의 경제성 및 수익성에 대한 사항은 세 번째 설계상의 하자로 볼 수 있는지에 대한 하나의 요건이 될 수 있을 것으로 보입니다.

통상적으로 발주자가 요구하는 사항이 구체화될수록 계약상대자(설계자 · 시공자)의 도면이나 시방서가 구체화되기 때문에 공사도중 서로 의사차이로 인한 갈등이 줄어들 수 있습니다.

본 건의 경우 경제성의 한도나 수익성의 한도를 구체적으로 명시하지 않고 있기 때문에 그 범위에 대하여 논란이 발생될 수 있는 것으로 보입니다.

통상적으로 설계자는 설계에 대하여 전적으로 책임을 부담하여야 합니다. 설계책임과 관련하여 미국의 경우를 보면 그러나 여기에는 발주자와 설계자에게 몇 가지 전제조건을 두고 있습니다.

우선 첫째, 발주자는 설계자가 설계를 하는데 충분한 조사기간을 부여했어야 합니다.

둘째, 발주자는 설계자에게 조사를 하는데 충분한 조사비용을 제공했어야 합니다.

그 다음 설계자는 발주자에 대하여 전문적인 기술을 제공할 때는, 스스로 동일한 지역에서 영업을 하고 있는 통상적인 조건을 갖춘 설계자들이 제공할 수 있는 학습 및 기교의 정도를 제공해야 할 의무가 있다는 사실을 발주자에게 제출하는 문서 등, 예를 들면 PQ자료나 입찰서 같은 곳에 충분한 기술자수를 보유하고 있다거나 충분한 경험이 있는 기술자를 투입하겠다는 등의 내용을 명시적으로 표현했어야 합니다.

또한 설계자가 기술을 제공할 경우 동일한 지역에서 전문적인 영업을 하는 명성이 있는 요원에 의한 기술제공사항과 같이 취급하여야 하며, 그가 계약하려고 하는 사항에 대하여 설계자가 습득한 학습을 적용하고 기교를 활용하는데 있어서 최선의 판단을 하고 합리적으로 성실했다는 사실을 보여주도록 합니다. 이는 우리나라도 별로 다를 바가 없는 것으로 보입니다.

본 건과 관련하여 실제로 발주자는 기본설계기간으로 총 7개월, 실시설계시 기존 제출된 기본설계의 MD계획이 적정한지 보고 또는 재검토 요청으로 약 2개월 정도의 기간을 부여한 바 있으므로 통상적으로 MD를 위한 설계기간이 부족하다고 보여지지는 않습니다.

그리고, 설계시공일괄입찰계약에서 계약상대자가 적법한 절차를 거쳐 계약당사자가 된 이상 발주자가 충분한 설계비를 제공했는지 여부는 논란거리가 되지 못하며, 기본설계와 재검토단계에서 MD전문업체에 충분한 비용이 지불되었는지는 계약당사자인 계약상대자와 MD전문업체와의 관계일 뿐 발주자가 논할 사항은 아닌 것으로 보입니다.

결국, 본 건 MD변경과 관련하여 계약상대자는 계약체결과 동시에 계약상대자가 제시한 MD계획을 수용한 것이라고 주장할 수도 있습니다.

그러나, 발주자는 본 사업의 성공을 위해 당초 요구하였던 사항에 대하여 경제성과 수익성을 고려하도록 하였고, 실시설계과정에서도 발주자가 수용할 수준의 경제성과 수익성이 확보되는 MD계획이 제시되었으나 사업의 성공을 위해 불가피하게 당초 MD계획이 보완되어야 한다는 점을 유보한 상태에서 계약체결을 하고 계약체결이후라도 계약금액이내에서 이행하도록 할 의도가 있었던 것으로 보입니다.

그렇다면 본건과 관련하여 JV는 발주자에게 계약체결과정에서 자신이 제시한 MD계획에 대하여 경제성과 수익성이 검토되었다는 것을 보여주고, 합리적이고 성실하게 자신의 지식을 적용했으면 설계책임을 벗어나게 되지 않을까 판단됩니다.

제 8 장

설계하자 관련

제1절 ... 계약당시 전력인입방식을 적용할 수 없거나 추가 비용이 많이 들 경우 처리방법

Ⅰ. 자문요청 사항

전력인입방식과 관련하여 계약당시에는 A변전소(6km 6억원)와 B변전소(4km 4억원)에서 전력을 공급하는 것으로 계약체결하였으나, A변전소에서 수용가의 전력공급부족을 이유로 전기를 공급할 수 없다고 하여 부득이 B변전소에서 상시전력 1회선과 예비전력 1회선을 활용해야 할 경우 처리방법은?

그림 19 … 당초 및 변경 전기 인입계획

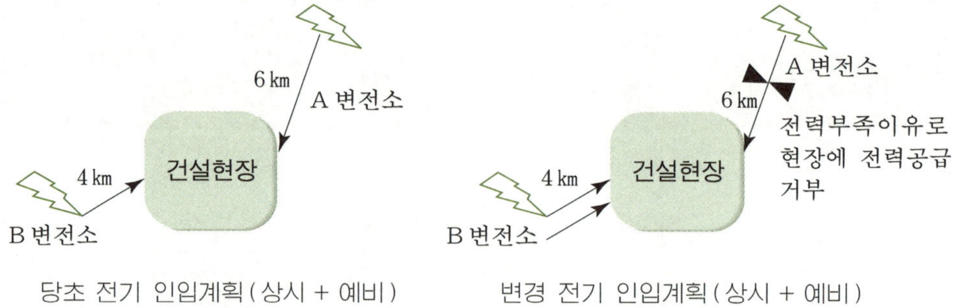

II. 계약관리 자문의견

1. 당해 현장에서 발주자는 입찰안내서-전기설비-특고인입설비를 통해 입찰자가 주변 ○○동 ○○지역 전력시설현황을 조사하여 적합한 인입방식(상시전력 1회선 또는 상시전력 및 예비전력 2회선)을 제안하도록 규정(청약의 유인행위)하였습니다.
2. 현장설명서의 비용부담의 한계에서는 한전수전 인입비 및 기타 ○○시 조례, 고시 등 관련법규에서 규정되는 모든 비용은 본 공사에 포함되는 것으로 규정하였습니다.
3. 현장설명서의기타사항에서는 사전조사 미비로 인하여 발생하는 제반비용에 대한 부담은 계약상대자가 지며, 본 공사에 포함하는 것으로 규정하였습니다.
4. 이에 입찰자는 기본설계-설계설명서-한국전력공사 인입에서 상시전력은 4km떨어진 B변전소에서, 예비전력은 6km떨어진 A변전소에서 인입하는 것으로 제시(청약)하여 실시설계적격자로 선정되었고, 상시전력 1회선 B변전소, 예비전력 1회선 A변전소로 계약체결됩니다.
5. 계약체결이후 시공자의 현장방문결과 A변전소의 경우 타 수용가 전력공급으로 인한 용량부족으로 당 현장 전력인입이 불가하다는 구두통지를 받은 바, 이 사실을 계약체결 전에 시공자가 조사했는지는 알 수 없지만 현실적으로 볼 때 계약체결당시에도 A변전소의 경우 당 현장 전력인입은 가능하지 않았던 것으로 추측할 수 있습니다.
6. 그렇다면 시공자는 당초 계약에 따라 B변전소와 A변전소가 아닌 변전소(C변전소)에서 예비전력을 인입해야 하는 상황이 발생되고, 이렇게 될 경우 당초 시공자가 예상하였던 금액을 약 10억원 상회(당초계약금액 10억원, 변경 약 20억원)하는 효과가 발생합니다.
7. 본 건의 경우 2가지 측면에서 검토가 이루어져야 합니다.

   첫째, 전력을 인입하는데 있어서 안정성을 해치지 않고서도 변경할 수 있는 방법이 있는지,

   둘째, 시설은 거의 반 영구적으로 존재한다고 가정할 경우 유지관리비를 절감할 수 있는 방법은 있는 것인지,

   셋째, 설계변경을 하고자 할 경우 발주자가 취할 수 있는 방법은 무엇인지에 대한 사항입니다.
8. 첫째사항과 둘째사항은 VE/LCC검토에서 충분히 논의되었던 사항이며, 그 내용은 SA변전소에서 2회선을 인입하더라도 전력인입의 안정성은 예비전력을 타변전소에 인입하는 경우와 비교하더라도 큰 문제가 없으며(천재지변의 경우 정전가능성 상존하

지만 현실적으로 그렇게 발생된 문제는 확률이 거의 없는 것으로 검토됨), 오히려, 유지관리비가 년간 5,000만원 절감되는 것으로 나타납니다.

9. 이에 발주자는 VE/LCC에서 검토된 내용을 반영하여 당초계약내용을 변경하는 것은 가능한 것으로 판단됩니다.
10. 본 건의 경우 발주자의 요구나 지시에 의한 사항이라기 보다 시공자의 요청에 의해 발주자가 설계서를 변경할 필요가 있다고 인정하는 경우의 설계변경으로 보는 것이 타당한 것으로 보여집니다. 즉, 발주자는 공사계약일반조건 제19조의5에 따라 본 건을 처리하면서, A변전소를 삭제하고 B변전소를 추가하면 됩니다.
11. 본 건의 경우 시공자의 책임있는 경우이며, 시공자의 요청에 의한 설계변경이고, 이로 인한 계약금액조정이므로 19조의5에 의해야 하고 증감된 공사량의 단가는 계약단가로 해야 합니다.
12. 10항과 11항을 실제에 적용한다면 다음과 같습니다.
    - 당초 : A + B = 10억원
    - 1차 변경(A변전소 삭제) : A(6억원)
    - 2차 변경(B변전소 추가) : B(4억원) + B(4억원)

    주) B변전소에서 인입하는 비용을 4억원으로 산출하였는데, 이 금액은 설계변경당시의 금액인 것으로 보이고, 설계변경을 위해서는 정확하게 계약당시의 금액을 산출하여 계약단가로 만들어야 합니다.
13. 본 건의 경우 설계시공일괄입찰이므로 설계변경을 하더라도 이후 계약금액의 증가가 없이 추진해야 하므로 변경된 금액이내에서 공사가 이루어지도록 합의할 필요가 있습니다.

제2절 … 일부 시설물 위치변경 및 당초도면의 내용누락 vs 설계하자

Ⅰ. 자문 요청사항

발주자는 입찰안내서 A검사센터에서 규정된 서버를 위한 공간계획, 수납공간 등을 계약상대자가 B검사센터 도면에서 반영하고 있지 않으며, 계약체결이후 계약상대자의 설계내용을 검토한 바 기존에 설계된 사항으로는 서버실이 누락됨과 동시에 서버실이 있으면 반드시 함께 검토되어야 할 항온항습실이 누락되어 현실적으로 설계자체에 결함이 있고, 또한 서버실과 항온항습실 등 전기 부하량이 높은 실이 추가됨으로 인해 전기설비의 용량이 증가되어야 함에도 불구하고 누락되어 있으므로 설계하자라고 하는데 이에 대한 의견은?

> **입찰안내서 관련 내용**
>
> 가) 항 : 각종 검사센터 등에는 실별로 주별실과 소음을 차단할 수 있는 차음성능을 갖춘 실내 마감재를 사용하여 계획하고, 흡음, 차음을 고려하여 바닥, 벽체, 천장이 마감되게 하며, 각 실의 운영 동선을 고려하여 최적의 작업 환경을 제공할 수 있도록 설계하여야 한다.
>
> 나) 항 : B검사센터와 C검사센터는 A검사센터 세부지침에 준하여야 한다. A검사센터는 "별도 구축 되어질 PC, Workstation과 Printer, Server 등을 위한 Lan 통신망과 유선통화망에 대한 시스템의 확장성과 실내에서의 이동성을 충분히 고려하여 계획하여야 한다."

II. 계약관리 자문의견

당초 입찰안내서를 보면 "별도 구축되어질 PC, Workstation과 Printer, Server 등을 위한 Lan 통신망과 유선통화망에 대한 시스템의 확장성과 실내에서의 이동성을 충분히 고려하여 계획하여야 한다"로 규정하고 있습니다.

즉, 발주자는 A검사센터에 들어갈 내용물(PC, 서버 등)에 대하여 규정하고 있을 뿐입니다.

발주자의 요구로 인해 해당실의 변경이 발생하였다고 하더라도 당초 계획했어야 하는 사항은 설계도면에 반영되어 있어야 하는 것입니다.

즉, 해당실에 투입될 예정인 내용물이 충분히 제 역할을 할 수 있는 기본 시스템(서버실, 항온항습실 등)은 본 공사에 포함되어 있어야 하며, 이를 위한 설비시스템(전력과 설비용량 등)도 갖추어져야 하는 것입니다.

한편, 발주자가 검사센터의 위치를 지하1층에서 지상2층으로 당초계약도면을 변경하였으므로 이는 설계변경으로 볼 수 있습니다.

여기서 당초 위치에 두어도 괜찮지만 발주자가 편의상 위치를 변경한 것이라면 설계변경으로 볼 수 있을 것입니다. 그러나 당초 그 위치에 있는 것이 유지관리에 편하지 않거나 경제적이지 못하게 계획되어 있다면 발주자는 입찰안내서의 내용을 충족하지 않는다고 볼 수 있고, 계약상대자는 유지관리에 적절하다거나 경제적으로 설계하였다고 주장할 수도 있으므로 의견충돌이 발생할 수도 있습니다.

이러한 경우에도 계약상대자가 자신이 최선을 다하여 유지관리의 편리성, 경제성 등을 판단하였다는 것을 발주자에게 제시해야 할 것으로 보입니다.

계약상대자가 이를 제시하고 설계변경으로 인정받는다고 하더라도 건축공사에 있어서 설계변경이라는 것이 단순한 위치변경만 발생하고 계약금액이나 계약기간연장 등의 조치가 필요없는 경우가 많기 때문에 당초 내역에 있던 항목의 변경이나 사소한 변경 등은 Alteration으로 처리하여 계약기간이나 계약금액의 증감없이 처리하는 것이 타당할 것으로 보이고, 신규비목이나 일부물량증가, 일부물량삭제 등에 대해서는 계약에서 정하는 바에 따라 처리하면 될 것으로 판단됩니다.

만약, 발주자의 변경이 확정되기 전에 이미 시공된 부분이 있다면 계약에서 정한 바에 따라 합리적으로 조정하면 되지 않을까 사료됩니다.

제3절 … 임대 및 분양면적의 전용률 향상을 위한 공용부분 조정 변경

Ⅰ. 자문 요청사항

입찰안내서 어디에도 최대전용률이나 최소전용률에 대한 사항을 규정하는 바는 없고, 이와 유사한 내용을 찾는다면 다음과 같습니다.

> **입찰안내서**
>
> 가. 준공후 유지관리에 능률성과 경제성이 제고될 수 있는 방법으로 설계 · 시공되어야 한다.
>
> 나. 복도 및 계단은 각실의 연결, 외부 출입구와의 관련 각종 법규 등을 고려하여 계획하여야 한다.

발주자는 통상의 설계를 하여 입찰에 참가하는 입찰자라면 사무소임대나 지하상가분양시 층별전용률과 전체건물에 대한 전용률을 확인하여야 하고, 이는 경제성을 검토하기 위한 기초자료가 되어야 한다고 합니다.

즉 설계자의 기본의무에 속하는 사항이며, 통상의 사무소나 상가는 전용률이 일정비율(예시 50%)은 상회해야 한다는 것이 기본적인 상식에 속하는 것임에도 불구하고 과도한 복도폭을 두어 전용률이 대폭 저하되게 만들었으며 기존 업체를 유치하는데도 어려움에 봉착하게 만들었으므로 입찰안내서에서 규정하고 있는 사항을 제대로 반영하지 않은 것이라고 합니다.

특별히 발주자가 통상의 전용률보다 높은 전용률을 요구할 경우 지침을 줄 수 있는 것이며, 통상의 전용률을 유지해야 하는 경우에는 일반적인 설계자가 반드시 지켜야 하는 사항이기 때문에 별도의 지침을 줄 필요도 없는 것이라고 하는데 의견은?

II. 계약관리 자문의견

본 건과 관련하여 발주자는 계약상대자가 입찰안내서에서 별도로 규정하고 있지 않는 설계자의 기본 의무(Implied Warranty)를 준수하지 않은 사항이기 때문에 하자 있는 설계라고 보는 것입니다.

그러나 계약상대자는 발주자가 당초 입찰안내서에 전용률에 대한 지침을 별도로 주지 않았고, 기본설계 적격자선정시 및 계약체결시에도 기존의 도면을 수용하였다면 이는 계약문서로서의 효력이 있는 것이므로 전용률의 변경으로 도면변경이 발생하였고, 이에 따라 물량이 증가하거나 신규비목이 발생되었다면 계약상대자가 그 책임을 부담하는 것은 합리적인 것이라고 주장하는 것으로 보입니다.

본 건과 관련하여 쌍방의 주장이 대립될 수 있으나 계약상대자가 기본설계단계, 실시설계단계 및 최종계약시까지 층별전용률과 전체전용률을 발주자에게 제출하여 발주자가 합리적으로 도면의 적정성을 판단할 수 있는 근거를 제시하지 않았고, 아울러 발주자는 사업의 성공적인 수행을 위해 일부 미흡한 사항이나 계약체결당시 검토되지 아니한 사항은 계약금액내에서 보완하는 것을 전제로 계약체결하였다고 보아야 할 것입니다.

그렇다고 하여 전체적인 개념이 변경되거나 전체적인 구조의 변경을 수반하는 변경사항이 발생하였다면 일방적으로 계약상대자가 모든 책임을 부담하는 것은 한계가 있는 것으로 보여집니다. 왜냐하면 기본개념이나 전체적인 구조같은 사항은 실시설계적격자선정 및 계약체결당시 발주자측에서도 충분한 검토를 거친 사항으로 보여지기 때문입니다.

따라서 본 건을 처리할 경우 근본적(Fundamental)인 사항의 변경을 수반하는 경우에는 발주자측에서 그 부담을 하고, 그렇지 않고 개념적인 사항이나 전체의 구조를 변경하지 않는 사항의 변경은 계약상대자가 부담하는 것이 타당한 것으로 보여집니다.

제4절 … 일반상가 음식물 매장의 설계 상세정도와 비용 부담

Ⅰ. 자문 요청사항

설계시공일괄입찰로 계약을 체결하면서 일반상가의 경우 입주자의 의사를 충분히 반영하여야 분양률이 높아지기 때문에 기본설계시에는 음식물 매장내 점포별로 정확하게 구획하지 않고 일부만 구획한 상태입니다. 이때 시공자에게 입찰당시 이러한 사실을 알고 입찰하였으므로 분양시점에 시공자가 음식물 매장내 점포별로 정확한 구획을 하고, 각 점포의 최소인테리어를 수행하도록 요구할 수 있는지 여부?

Ⅱ. 계약관리 자문의견

계약상대자는 음식물 매장의 시설을 최소화할수록 공사비나 공사기간이 줄어들게 되므로 공사를 최소화하는 방향으로 설계나 인테리어를 구상하게 될 것입니다.

그러나 발주자의 입장에서는 음식물 매장의 분양성도 고려해야 하고, 일단 분양되고 나면 분양입주자로부터 통상의 음식물 매장이 갖추어야 하는 시설을 갖추지 않았다고 불평을 받을 가능성이 있으므로 통상의 음식물 매장이 갖추어야 하는 시설을 갖추도록 요구하여야 할 것입니다.

통상적으로 음식물 매장은 통일된 규격을 지니고 있으며, 이를 영업행위에 활용하는 것으로 알고 있습니다.

그리고, 본 건 음식물 매장은 분양을 하는 시설물이기 때문에, 분양후에는 발주자가 개입하기 힘들며, 입주자들끼리 의견차가 발생할 수 있고, 통일된 규격을 갖추기 힘들 가능성이 높으며, 아울러 음식물 매장 분양자들은 시설물에서 자신이 당초 생각하였던 사항을 반영하지 않았기 때문에 발주자에게 불평을 제기할 수 있습니다. 이러한 상황이 도래할 경우 발주자나 음식물 매장 입주자는 자신이 기대하였던 음식물 매장으로서의 의미가 퇴색될 수 있기 때문에 분양 후에도 통상의 음식물 매장이 갖추고 있는 정도의 통일된 규격을 지닐 수 있도록 설계되고 시공되어야 할 것으로 보여집니다.

제5절 ··· 공사비증감없음으로 실정보고해도 설계변경승인 필요여부

Ⅰ. 자문 요청사항

계약상대자 요청 설계변경 내용 중 "공사비 증감 없음"으로 실정보고를 하여 오는 바, 이러한 사항에 대하여 설계변경승인요청(서) 처리가 필요한지 여부, "공사비 증감없음"의 기준에 대해 계약상대자는 물가상승분까지를 포함한 금액으로 하여야 한다는 의견이지만, 직접비 기준으로 하여야 하는 지, 간접비까지를 기준으로 하여야 하는 지, 물가상승분을 포함한 공사금액을 기준으로 하여야 하는 지 여부 등 개념정립은 어떻게 해야 하는지?

Ⅱ. 계약관리 자문의견

첫째, '공사비증감없음' 의 설계변경 필요성여부

기존 설계항목의 내용중 당초 발주자가 입찰안내서 등에서 요구하였던 성능이나 기준에 부합되지 않는 것일 경우 시공자가 당연히 자체비용으로 부담하여야 하는 것이지만, 발주자의 품질향상이나 성능향상 요구에 의한 것일 경우에는 발주자가 부담해야 하는 경우도 발생할 수 있기 때문입니다.

대부분의 건설계약은 시간의 경과에 따라 여러 가지 상황이 변경되는 바, 이에 대응하기 위해 국가계약법 및 공사계약일반조건에서는 물가변동, 설계변경, 기타계약사항의 변경으로 인한 계약금액조정을 명시하고 있습니다.

실제로 현장확인시 실제시공된 내용과 내역에 규정된 내용이 상이할 때 공사비증감이 없다면 실정보고로 대체할 수 있다는 규정은 없으며, 현장에서 공사비 증감없이 내역항목이 변경되었을 경우라 하더라도 설계변경으로 인한 계약금액조정에 규정된 내용으로 처리하지 않은 이유는 찾을 수가 없습니다.

둘째, '공사비증감없음' 의 기준 개념

공사계약일반조건에 규정된 바와 같이 계약당사자간에 계약이행중 주고 받은 통지문서는 계약문서로서의 효력을 지니게 됩니다. 그리고, 계약을 성립하는 것은 당사자의 의도(Intention)가 서로 합치해야 하는 것입니다.

본 건은 당초계약에 규정된 계약내역항목의 삭제와 설계변경당시단가의 적용상의 문제인 것으로 보입니다. 즉, 당초계약내역항목은 기간이 지나고 물가가 변동함에 따라 물가변동적용을 받게 됩니다. 그러나 내역항목이 변경되어 설계변경당시단가를 적용하게 되는 경우에는 현재가가 반영되어 있으므로 물가변동적용을 받지 않게 됩니다.

JV가 '공사비변경없음' 이라는 내용으로 공문을 발송한 의도는 당초내역을 변경내역대로 공사는 하면서 설계변경을 별도로 하지 않고 물가상승분은 당초내역대로 지급받는 것이라고 주장할 수 있습니다.

그러나 발주자의 입장에서 이를 본다면 당초내역이 변경내역으로 변경되었다면 당연히 설계변경대상이 되었어야 하는 것이고 변경내역에 대해서는 설계변경당시단가를 적용하기 때문에 ESC는 별도의 고려대상이 아니라고 할 수 있습니다.

따라서, 앞에서 지적한 바와 같이 본 건 공사에서 당초내역이 변경이 되었는데도 불구하고 설계변경을 하지 않아야 하는 이유를 계약문서에서 찾을 수는 없고, 설계변경당시단가로 설계변경을 한 점으로 미루어 볼 때, 물가상승분은 고려대상이 될 수 없고, 따라서 당초계약단가에 물가상승분을 포함하는 것은 곤란한 것으로 보입니다.

제 9 장

심의지적사항 반영 관련

제1절 ··· 건축심의시 지적된 특수시설의 미설치비 감액

Ⅰ. 자문 요청사상

기본설계입찰문서를 심의하는 도중 건축심의시 특수시설이 설치되어야 한다는 사실을 지적하였고, 이를 계약체결당시까지 계약상대자가 알고 있던 사항으로 보아야 할 것입니다.

따라서 당연히 도면에도 그 내용이 포함되고 내역에도 특수시설사항과 특수시설을 설치함으로 인해 구조적으로 영향을 받는 부분을 고려하여야 할 것입니다.

발주자(CM단 포함)는 계약체결과정에서 특수시설이 누락된 사실을 발견하고 계약상대자에 특수시설을 설계에 반영할 것을 요구하였으나 계약상대자는 설계에 반영하지 않은 상태에서 계약체결까지 하였고, 계약체결이후에도 발주자는 특수시설을 설계에 반영할 것을 요구하였으나 현재까지 반영되지 않는 사항입니다.

그리고 계약상대자는 특수시설을 설치해야 할 경우 계약내역에도 없고 설계도면에도 반영되어 있지 않으나 입찰안내서의 규정에 따라 인허가요건에 맞게 자신의 비용으로 처리할 계획이라고 하는 사항입니다.

이에 발주자는 인접지역에 본 건물의 준공일보다 일찍 준공되는 건물이 있고, 그 건물에 특수시설을 설치하는 것으로 계획되어 있어, 굳이 본 건물에 특수시설을 설치할 필요는 없는 것으로 보이며, 이에 따라 특수시설을 설치함으로 인해 투입되는 비용만큼은 발주자가 계약상대자에게 단가 "0"으로 시공을 요구할 수 있는지에 대한 의견은?

II. 계약관리 자문의견

우선 본 건의 경우 입찰안내서에 인허가과정에 투입되는 모든 비용(공사비)은 계약상대자가 부담하도록 규정하고 있으므로 특수시설을 설치하는 것이 계약상대자의 부담으로 처리해야 하는 사항으로 판단됩니다.

이를 시공자자 입장에서 분석해 보면 크게 두 가지로 구분해 볼 수 있을 것으로 보입니다.

첫째, 발주자가 스스로 특수시설을 유치하지 않기 위해 노력할 것이고, 실제 그렇게 될 가능성이 높기 때문에 특수시설을 내역에서 빼되, 구조적인 사항은 특수시설이 들어가더라도 안전하게 하고, 실제 준공시점까지 특수시설을 설치하지 않아도 된다면 특수시설을 설치하지 않고, 감액도 하지 않는다.

둘째, 발주자가 스스로 특수시설을 유치하지 않기 위해 노력할 것이고, 실제 그렇게 되지 않았을 경우라 하더라도 특수시설을 내역에서 빼고, 발주자가 인허가요건은 계약상대자가 부담하는 것이라고 한다면 단가 "0"으로 시공한다.

그러나 발주자의 입장에서 본다면 특수시설은 계약내역에 포함되었어야 하는 사항이고, 계약내역에 포함된다면 통상적인 가액(예를 들어 시장가액)정도는 반영하였을 것이고, 설계과정에서 누락한 사항이므로 계약체결과정 및 계약체결이후에 설계에 반영하도록 요구하였으나 계약상대자가 반영하지 않은 상황입니다. 따라서 계약금액을 감액할 수 있는지가 검토되어야 하고, 감액한다면 어느 정도 감액할 수 있는 것인지, 감액할 수 없고 계약금액 내에서 조정해야 한다면 다른 내역의 성능을 향상하도록 요구할 수 있는지가 쟁점사항이 될 수 있습니다.

이를 요약하면 특수시설을 설치해야 한다면 계약상대자의 비용으로 처리한다는 데는 계약당사자 모두 이견이 없으나, 특수시설을 설치하지 않을 경우 발주자는 특수시설금액이 당초계약금액에 포함되었어야 하는 사항이지만 이를 반영하지 않았기 때문에 금액감액 여부가 검토되어야 한다는 것이고, 계약상대자는 감액대상은 되지 않는다는 것으로 보입니다.

현재까지 특수시설을 설치하지 않아야 한다는 구체적인 지시나 요구가 없는 상황에서 본

건의 처리방향을 다루기 보다 현재 상태에서 계약상대자에서 무엇을 해야 하는지를 다루는 것이 타당한 것으로 보입니다.

아직까지 특수시설의 미설치가 결정된 바가 없으므로 계약상대자는 발주자(CM단 포함)의 요구대로 설계에 반영하는 조치(내역포함)가 우선되어야 할 것으로 보입니다. 그 내용을 보고 처리여부를 결정하면 될 것으로 보입니다.

제2절 ··· 현장부지 외부에 명시된 사항의 처리

Ⅰ. 자문 요청사항

기본설계당시 현장부지 외부에 동선계획상 보행자통로를 명시하였으나 2차에 걸친 심의 과정에서 보행자통로가 삭제되고 추가되는 과정을 거쳤습니다. 이후 ○○시에서는 도시계획결정조서에 보행자통로를 반영하였습니다.

그러나 계약상대자는 도시계획결정조서에 명시된 보행자통로를 계약도면에 반영하지 않아 이를 계약상대자에게 보행자통로를 설치하도록 하였습니다.

이에 대해 발주자는 계약상대자가 기 결정되어 있는 도시계획결정조서를 반영하여 계약체결도면을 작성하였어야 하지만 누락한 채로 작성하여, 설계하자이므로 계약상대자의 부담으로 보행자통로를 개설해야 한다는 것인데 이에 대한 의견은?

Ⅱ. 계약관리 자문의견

본 건은 입찰 및 계약체결 과정에서 입찰자가 미리 알고 계약체결전까지 설계에 반영하였어야 하는 사항이지만 입찰자의 고의 · 과실로 설계에 반영하지 못하여 계약체결된 사항이므로 입찰안내서에 따라 당연히 계약상대자가 책임을 부담해야 합니다.

계약상대자는 현장외부까지 공사현장의 범위가 제한된다고 주장할 수도 있으나, 기본설계당시 계약상대자가 제안한 도면에는 보행자통로가 구체적으로 명시되어 있으므로, 이를 계약금액내에서 추진하겠다는 의사로 보아야 할 것입니다. 그리고, 심의단계에서 보행통로에 대하여 중간에 삭제되고 그 이후 추가되는 과정을 거쳤다고 하더라도 접근성 등 근본적인 내용이 변경되지 않은 것으로 보여집니다.

따라서 인허가사항을 충족하면서 기본설계에서 제시된 범위내에서 계약상대자의 부담으로 처리하면 되지 않을까 사료됩니다.

제3절 ··· 재인허가 비용의 처리여부

Ⅰ. 자문 요청사항

계약이행중에 설계변경 사항이 발생하여 재인허가를 추진하고 있는 바, 다음의 입찰안내서 내용을 고려하여 재인허가에 따르는 설계 용역비를 일괄사업자(설계사)에게 지급하여 주어야 하는지 여부?

> **입찰안내서**
>
> 가. 인 · 허가(각종 심의, 인증, 협의 포함)에 필요한 비용, 제세 · 공과금 및 도면작성, 행정절차 수행 등은 본 공사에 포함한다.
> 나. 계약상대자 비용 부담으로 사업시행(변경) 관련 협의 및 인허가 관계서류의 작성/추진
> 다. 계약상대자 비용 부담으로 건설공사 관련 각종 인허가 관계서류 작성 추진

Ⅱ. 계약관리 자문의견

■ 조달청 법무지원팀 2007.5.25 답변자료

국가기관이 국가를 당사자로 하는 계약에 관한 법률 시행령 제78조의 규정에 의하여 일괄입찰을 실시하여 체결한 공사계약에서는 계약상대자가 설계와 시공을 모두 책임지는 것으로서, 만약, 설계시 발주기관의입찰안내서 및 공사관련법령등에서 정한 바대로 설계서를 작성하였으나 계약체결 후 시공중 회계예규 공사계약일반조건 제21조 제3항각호의 1에 해당되는 사유("정부에 책임있는 사유나 불가항력적인 사유"라 함)로 설계변경을 하는 경우 이외의 경우에는 설계변경으로 인한 계약금액을 증액할 수 없는 것인 바(단, 감액은 가능함).

만약, 계약상대자가 설계시 발주기관의 설계지침등 입찰안내서 및 공사관련법령등에서 정한 바대로 설계서를 작성하지 아니한 경우이거나 당해 설계서 작성상의 오류 등에 의한 책임은 계약상대자 책임이므로 그로 인한 설계변경 및 그 설계변경으로 인하여 추가로 발생된 비용은 계약상대자의 부담으로 하는 것이 타당할 것입니다.

귀 질의에서 발주기관이 작성한 “입찰안내서”의 구체적인 내용에 대한 해석은 우리청(제3자 기관)이 할 수 있는 회계규정이 아니므로 동 안내서를 작성한 당해 발주기관이 판단하여야 할 사항입니다.

제4절 ... 동선편리를 위해 발주자의 지시로 기둥축소

Ⅰ. 자문 요청사항

계약이행중 지하1층 특정부분에 대해 도면대로 할 경우 엘리베이터에서 나오는 동선에 불편할 것으로 예상되어, 동선의 편리를 위해 발주자가 기둥축소를 지시한 경우 설계하자인지 아니면 성능향상으로 보아야 하는 것인지 그 처리방법은?

Ⅱ. 계약관리 자문의견

지하1층의 특정부분 기둥을 설치함으로 인해 6개의 엘리베이터에서 나오는 입구폭은 승차이용객과 하차이용객의 최대부하를 고려하여 설계하여 일정폭을 유지해야 합니다. 그러나 본 건의 경우 상당히 좁게 보이도록 설계된 것으로 보입니다. 따라서 발주자의 요구가 있을 경우 계약상대자는 6개의 엘리베이터를 이용하는 승차이용객과 하차이용객의 최대부하를 고려하여 설계된 것인지 여부를 발주자에게 제시해야 할 것으로 보여집니다.

즉, 설계가 잘못된 것이므로 보완되어야 하는 사항인지, 설계의 잘못은 없는데도 불구하고 성능을 향상시키려고 하는 것이지를 판단해야 하기 때문입니다.

설계잘못이 있다면 그에 따른 비용은 계약당사자가 부담해야 하고, 설계잘못이 없다고 판단되면 발주자의 지시로 보아 처리해야 할 듯합니다.

제5절 ... 발주자 지시로 도면변경으로 기초설계변경의 처리

Ⅰ. 자문 요청사항

대회의실 관련 기본설계도면이 심의과정에서 지적되어 변경되고, fast track으로 터파기 공사과정에서 PRD 기초로 이미 이행하고 있을 때 기초부분에 설계변경이 발생하였을 경우 처리방법은?

Ⅱ. 계약관리 자문의견

본 공사는 패스트트랙으로 진행해야 할 정도로 시간적인 여유가 많지 않은 상태에서 진행하였습니다. 그리고 대회의실부분의 실시설계를 보완하는 과정에서 PRD공사를 시행해야 하는 상황이 도래되어 PRD는 패스트트랙 공사시 기 시공되었습니다.

대회의실부분에 대한 사항은 계약상대자의 귀책사유에 의한다기보다는 실시설계적격심의시 지적된 것이고 발주자의 필요에 의한 사항이라고 판단되며, 실제 PRD시공시 CM단의 입회하에 시공하였으므로 계약조건에 따라 적법하게 설계변경되어야 할 것으로 판단됩니다.

참고 : PRD 공법[624)]

1. 공법개요
   우리나라는 지형변화가 심하고 하천이 많이 발달되어 있어서 토층의 변화가 심하거나 또한 연약지반과 사력층 밑에는 암반층이 있는 경우가 많아, 기초 지정 공사가 어려운 대옥석층 및 사석층과 같은 지층이 많은데, 도심 재개발공사 및 해안매립 등을 위해 개발되었다.
   기존공사가 단일층 내지 1-2개 지층에 국한되어 시공되었다면 PRD공법은 여러 종류의 토적층 및 암반 기초는 물론 사면의 대활동에 대한 방지 및 TOP DOWN공법 등에 다양하게 적용시킬 수 있는 공법이다. 또 저압의 AIR를 사용하므로 주위의 구조물의 피해를 없애 민원의 소지를 거의 없앤 공법이다.
2. PRD공법의 종류
   2.1 PRD케이싱 동시 압입 공법

624) http://blog.naver.com/happyk753/90017102885 : PRD공법(Percussion Rotary Method) 시공사례|작성자 미친독사

N치 50이상의 사력층으로서 공벽을 유지할 수 있는 토질을 관통하여 암반에 항타하는 경우 적용되는 방법으로 압일 실린더를 신축하여 케이싱 및 강관 PILE의 위치를 변화시켜 시공하는 공법이다.

2.2 PRD 일반 굴삭 공법

일반적인 암반의 천공 방법으로 ROD의 연결을 적게하여 사면 및 경사지의 작업을 시공할 수 있다.

2.3 PRD도너츠 오가 병용 공법

강관과 BOTTON TYPE BIT가 정, 역회전을 하며 천공하는 공법으로 지층에 구애를 전혀 받지 않으며 천공경을 400mm-1500mm 까지 선택을 자유로이 할 수 있으며 케이싱의 탈착이 자유로워 강관 기초 파일 및 TOP DOWN공법의 센타 PILE 암반 기초 등에 널리 이용되는 공법이다.

또한 주열식 시공이 가능하여 여러 가지 형태의 강관 시공이 가능하다.

2.4 PRD 전선회 튜밍머신 병용공법

대구경의 천공을 하여 여러형태의 구조물 및 Top Down 공법에 적용시키는 공법으로 D1000mm이상에 유용하다.

3. 장단점

장점 : 지반조건에 구애받지 않고 시공이 가능하며 지지층까지 확실하게 시공이 가능하다.

단점 : 공사비가 고가이고, 타격에 의한 소음이 발생한다는 점이다.

4. 시공방법

1. 광파기를 사용하여 기둥중심선을 표시,
2. 아웃케이싱 터파기,
3. 기둥중심선 재측량,
4. 아웃케이싱설치 및 압입천공,
5. 아웃케이싱주변 레미콘타설,
6. 트랜싯으로 수직확인 및 천공장비설치,
7. 천공완료후 수직도확인을 위해 코덴테스트실시,
8. 천공홈내의 슬러지제거를 위한 에어서징,
9. 근입장 콘크리트 타설을 위한 트레미관 설치,
10. 가이드앵글 설치, H-파일 근입 및 트랜싯 2대로 수직도 검사,
11. 케이싱 인발

제6절 ··· 발주자의 지시로 실의 위치 및 사양이 변경된 경우 처리방법

Ⅰ. 자문 요청사항

최초 계약시 도면에는 지상3층에는 3개의 실습실로 구성되고, 지상4층에는 2개의 작업실로 구성되었으나, 변경계약체결이후 실제 추진 도면에는 지상3층에 사무실, 지상4층에 여러가지 실습실과 작업실 및 각 실의 부수적인 실이 생김. 이에 따라, 기계설비, 전기설비 등의 일부 사양이 변경된 경우 설계변경사항인지 여부 및 그 처리방법은?

Ⅱ. 계약관리 자문의견

본 건의 경우 당초 발주자가 입찰안내서에서 요구하였던 사항을 계약상대자가 충족하였음에도 불구하고 3층부분의 공사중 일부분이 실질적으로 이루어지거나 이루어지고 있는 상태에서 발주자의 요구로 위치가 변경되고, 일부 실의 조정이 있었을 경우 그 처리방향에 대한 사항으로 요약됩니다.

통상적으로 설계변경이라 하더라도 간단한 위치변경(Alteration)의 경우에는 공사기간이나 공사금액(내역)에 영향을 미치지 않기 때문에 별도로 설계변경이 필요한 것이 아니고 준공도면에서 그 변경사항을 기술하더라도 문제가 되지 않을 것입니다.

본 건의 경우 당초도면에 따라 일부분의 실에서 부분적으로 공사가 이루어지고 있거나 이루어진 이후 발주자의 요구에 따라 일부 실의 위치가 변경되었으므로, 계약상대자의 책임있는 사유로 보기는 어려운 듯합니다.

따라서 일부 공사가 이루어진 부분 및 일부 실의 조정(변경)으로 인해 발생되는 사항에 대해서는 계약에서 정하고 있는 방법에 따라 설계변경조치가 이루어져야 할 것으로 판단됩니다.

제7절 ··· 발주자 요청으로 일부 자재의 변경시

Ⅰ. 자문 요청사항

공사의 준공시점에 즈음하여 발주자 요청에 의하여 엘리베이터 홀의 화강석 판석에서 통석으로 변경되었음에도 발주자가 공사비의 증감이 미미하여 공사비증감없이 처리하고 싶은 경우 처리방법은?

Ⅱ. 계약관리 자문의견

당초 계약내역에는 엘리베이터 홀에 화강석 판석을 부착하는 것으로 되어 있었으나 발주자의 요청에 의해 화강석 통석으로 변경하게 된 건인데, 설계변경절차 및 그 처리방향에 대한 사항입니다.

본 건 설계변경에 대해 만약 공사비가 증가되는데도 불구하고 발주자측 당사자 일방의 의사표시로 "공사비증감없음"이라고 표현하게 된다면 설계변경절차상의 문제 뿐만 아니라 설계변경내용(계약금액증액)도 문제가 제기될 수 있는 것으로 보입니다.

먼저 본 계약조건에 규정된 설계변경절차는 다음과 같습니다.

본 계약조건 제19조제1항제4호 및 제19조의5제1항제1호내지제2호에 따라 발주자는 당해공사의 일부변경이 수반되는 추가공사, 특정공종의 삭제를 서면으로 통보할 수 있고, 계약상대자는 계약조건 제19조의5제3항에 따라 통보를 받은 즉시 공사이행상황 및 자재수급상황 등을 검토하여 설계변경 통보내용의 이행가능 여부를 감독관을 경유하여 발주자에게 통지해야 합니다.

이때 계약금액을 증액할 경우에만 계약조건 제21조제4항에 따라 수정전 설계도면과 수정후 설계도면을 비교하여 공사비를 산출하여야 하며, 계약금액을 증액할 필요가 없다고 인정할 경우(설계변경요건은 해당되며, 공사금액도 증가되지만 증가액이 경미하여 계약상대자가 스스로 부담하겠다고 하는 경우)에는 설계변경절차만 수행하고 증액부분은 "0"으로 처리하여야 할 것으로 판단됩니다.

결론적으로 말씀드리면, 본 건에 대해서는 발주자(CM단 포함)는 합리적인 절차에 따라 설계변경지시를 하면 되는 것이고, 계약상대자가 경미한 변경이므로 스스로 증액부분에 대하여 부담하고 계약금액증액요청을 하지 않겠다는 의사표시를 문서로 하게 된다면 계약문서상 무리가 없는 진행이 될 것으로 보입니다.

제8절 … 당초 계약내용의 사양조정시 계약단가 이내로 공사가능할 경우 처리방법

Ⅰ. 자문 요청사항

건물 LED전광판에 관한 내역으로 일정금액 반영되었습니다. 계약이행중 전광판의 사양이 미흡한 것으로 판단되어 사양을 조정 후 공사를 요청하였습니다. CM단에서는 당초 계약금액 내에서 사양 조정안이 공사 수행 가능한 것으로 판단되나, 계약당사자는 증액 부분에 대한 추가 공사비를 지속적으로 요청하고 있는 바 증액 설계변경을 해 주어야 하는지 여부?

Ⅱ. 계약관리 자문의견

본 건의 경우 위에서 다루었던 내용과는 약간 차이가 있는 듯합니다. 본 건은 계약에 정해진 바에 따라 계약상대자가 이행을 하였으나, 이후 이에 대해 사양이 미흡하다고 판단되어 보완시공을 하게 된 것입니다.

엄밀하게 본다면 계약상대자는 당초 계약내역에서 정해진 금액에 따라 계약을 이행한 것으로 판단됩니다. 즉, 보완시공은 별개의 공사로 보여지며, 그 책임주체에 따라 비용을 부담해야 할 것으로 보여집니다. 당초 계약상대자가 설계, 시공한 부분에 기능적인 문제가 있었다면 당연히 계약상대자가 그에 대한 책임을 부담해야 할 것이지만, 품질을 상향시켰다거나 하는 요구사항이 발생하였다면 발주자가 그에 대한 책임을 부담해야 할 것으로 사료됩니다.

다만 그에 따른 비용을 설계변경처리하는 데 있어서 기존에 시공된 부분을 최대한 활용하고, 실제공사비가 반영될 수 있도록 조치하는 것이 타당한 것으로 판단됩니다.

제9절 … 발주자의 지시로 일부 항목의 규격변경

Ⅰ. 자문 요청사항

계약이행도중 계약된 바에 의할 경우 회전문의 폭이 좁은 것으로 예상되어 회전문 및 방풍문의 규격을 확대하도록 지시한 경우 처리방법은?

Ⅱ. 계약관리 자문의견

시설물의 성능향상 또는 기능향상을 위하여 발주자의 요구에 의한 변경은 발주자가 그에 따르는 비용을 부담해야 할 것으로 판단됩니다.

제 10 장

공사관련 법령의 변경

제1절 … 당초 계약조건과 계약체결이후 회계예규의 차이

Ⅰ. 자문 요청사항

본 건 계약에서는 일반관리비, 이윤 등 승율과 관련한 조항이 별도로 규정되어 있지 않지만, 계약체결이후 공사계약일반조건이 변경된 경우 당초 계약문서인 일반조건 제20조 4항을 준수하라는 조항이 별도로 규정되어 있지 않더라도 당해 현장에도 준수해야 하는지 여부

Ⅱ. 계약관리 자문의견

본 건의 경우 입찰안내서에 규정된 공사계약일반조건(2200.04-104-12, 2004. 4. 6)에는 제21조 제6항에 계약금액조정의 경우에는 제20조 제7항 및 제8항의 규정을 준용하는 것으로 규정하고 있을 뿐 제4항의 규정을 적용해야 하는지 여부에 대해서는 언급하고 있지 않습니다.

그러나 2006. 5. 25일 재정경제부의 공사계약일반조건(2200.04-104-14)을 보면 간접노무비 등 승율비용과 일반관리비 및 이윤에 대한 조정방법 명확화하기 위해 제20조 제4항의 규정이 제21조에도 적용되어야 함을 명시하고 있습니다.

따라서, 2006년 이전의 공사계약일반조건에서 이에 대한 사항이 빠져 있었다고 하여 계약당사자가 별도로 정할 수 있었던 것은 아니고 제20조 제4항에 규정된 바에 따라 승율비용, 일반관리비, 이윤을 적용해 왔으며, 2006년 5월 25일 이에 대한 사항이 명문화되었음을 고려할 때 제20조 제4항에 따라 처리하여야 할 것으로 판단됩니다.

제2절 … 계약된 가설장비를 계획대로 투입하지 않은 경우 처리방법

Ⅰ. 자문 요청사항

총차 계약서 작성시 타워크레인이 3대로 계획되고 내역이 작성되었습니다. 1차 시공계획서에도 3대 운영(운영기간)으로 계획되었으나 공사 진행과정에서 내역서 변경없이 2대의 타워크레인을 운영하고 부족한 부분은 이동식 크레인으로 사용하였습니다.

크레인을 운영할 때 운영기간으로 내역서를 작성하였으나 월대 크레인대가를 지급하여 시공하였습니다. 이에 따라 공사기성은 타워크레인 3대가 아닌 2대/월로 청구 기성되었습니다(안전측으로 기성).

그런데 총차 계약서에 따르면 타워크레인인 3대를 투입하여 2월초에 완료하였어야 하지만, 2월 말에 철거되어 1개월의 오차가 발생하였습니다.

CM단의 의견으로 볼 때 최초 계획상으로는 약간의 차이가 있지만 2대로 운영(이동식크레인 포함)하고 크레인이 철거되었으므로 종료처리(내역서상 비용 기성처리)하여야 함이 바람직할 것으로 판단되는데 그에 따른 의견은?

Ⅱ. 계약관리 자문의견

설계시공일괄입찰공사의 특징에서 도면이나 시방서가 잘못되었을 경우 통상적으로 설계자(시공자)가 책임을 지게 됩니다. 그러나 당초의 공사방법이 아닌 발주자가 승인한 공사방법으로 시공하였고, 이로 인해 비용이 절감되었다고 하여 삭감할 수 있는 성질의 것도 아닙니다. 물론 발주자가 승인하여 비용이 증가되었다고 증가분을 청구할 수 있는 것도 아닙니다.

왜냐하면 시공방법에 대해서는 시공자(설계자)가 그 책임을 부담해야 하기 때문입니다.

본 건의 경우 타워크레인을 당초와 변경하여 시공하였고, 2월말에 완성되어야 할 것이 2월말에 철거된 건입니다.

당초 내역항목에 포함된 타워크레인 금액을 매월 확인하고 집행하였을 것이며, 그에 따라 내역상 잔액이 남아있을 가능성이 있습니다. 물론 시공자측에서는 돌관작업 등을 하여 추가비용을 집행했을 수도 있습니다.

즉, 설계시공일괄입찰공사에서 타워크레인공종의 선집행 또는 후집행으로 인하여 발생되는 제반 책임은 계약상대자가 부담해야 한다는 점을 감안하여야 할 것입니다.

따라서 본 건은 잔액을 언제 시공자에게 지급하느냐의 문제가 남게 되는데, 당초 내역에 의하면 2월초에 모든 내역이 집행되었어야 하지만 현실적으로 2월말에 공사가 완료되었기 때문에 내역을 집행해야 하는 시점은 2월말 이후이면 언제든지 가능할 것으로 보입니다.

따라서 시공자가 그 잔액을 청구하는 시점이 2월말 이후여야 하고 지급도 2월말 이후가 된다면 계약처리상 문제는 없을 듯합니다.

제 11 장

물가변동으로 인한 계약금액 조정 관련

제1절 ··· 물량증가시 물가변동 적용방법

Ⅰ. 자문 요청사항

물량감소의 경우, 관련법에서 내역단가 적용하도록 하고 있고, 당 현장 내역단가 적용하여 감하고 있는 바 특기사항 없으나, 물량증가의 경우에는 관련법) 1순위- 협의단가 적용, 2순위-협의가 어려울시 (당시단가+내역단가)/2 적용하고, 당현장에서는 협의단가를 적용하는 것으로 하여 (계약시 당시단가+내역단가)/2 적용하는 것으로 협의하여 적용하고 있습니다. 계약시 당시단가(결국 입찰시 당시단가를 적용함)를 적용하는 것이 위법사항인지 여부? 참고로 계약상대자는 입찰시 당시단가로 하여 물가변동 증액(ESC)을 하고자 합니다.

Ⅱ. 계약관리 자문의견

발주자측의 경우 계약문서 및 관련법령에 정해진 절차에 따라 계약을 집행하면 되는 것인데, 그 절차를 스스로 바꾸고자 한다면 그에 맞는 합당한 이유가 제시되어야 할 것입니다.

대표적인 경우로 발주자에게 유리(물가변동의 경우 금전적으로 나타나는 것이 할 것임)하게 된다거나 하는 것이겠지요. 만약 외부에서 감사를 받게 된다면 맨 처음으로 보게 될 것이 계약문서와 관련법령대로 하였는지, 아니면 이를 어겼는지가 될 것입니다.

계약문서와 관련법령대로 하였다면 아무런 문제가 되지 않겠지만 그 절차를 어겼다면 왜 어겼는지에 대하여 답변을 할 수 있어야 할 것입니다. 즉, 금전적인 측면에서 발주자측이 국가에 이로운 방향이라고 판단하였고, 실제로도 이로운 것이며, 계약당사자가 이에 대해 합의한 것이라면 굳이 외부기관에서 문제삼을 필요성도 없을뿐더러, 문제를 제기하더라도 합리적으로 해명할 수 있기 때문에 그로 인한 피해를 입을 가능성이 없어지게 됩니다.

본 건의 경우 이를 적용한다면, (계약시 당시단가 + 내역단가)/2를 하는 것이 (설계변경 당시단가 + 내역단가)/2 보다 발주자측에게 유리하다는 것이 입증되어야 할 것으로 판단되며, 이를 입증하기 위한 방법으로는 원칙적으로 모든 설계변경항목에 해당되어야 할 것입니다. 그러나 물가변동항목이 너무 많다고 한다면 공사비를 결정하는 대표적인 항목들을 선정하고, 기 적용한 물가상승분을 고려한 후, 이들에 대해 입증하면 어떨까 사료됩니다.

제2절 … 시공자요청으로 설계변경하고 공사비 증액없음으로 된 경우 물가변동처리방법

Ⅰ. 자문 요청사항

물량감소의 경우, 관련법에서 내역단가 적용하도록 하고 있고, 당현장 내역단가 적용하여 감하고 있는 바 특기사항 없으나, 신규비목의 경우 관련법) 설계변경 당시단가 적용하도록 하고, 당 현장에서는 수정보완 사항으로 설계기간만 연장하여 준 사항으로 작년 계약시점을 적용하고 있으므로 공사계약 특수조건(대회의실 등) 관련 사항은 계약시(입찰시) 당시단가를 적용하고 있습니다.

또한 발주자 요청 설계변경 관련 사항은 설계도서를 완료하여 발주자가 최종 확인한 금년 10월을 단가적용 시점으로 하고 있으며, 정상적인 시점 설정이라 사료됩니다. 공법 변경 등 계약상대자 요청으로 설계변경을 하고 "공사금액 증액없음"으로 처리한 설계변경(예, RC 구조의 계단을 선조립 철골구조의 계단으로 변경) 사항은 계약상대자가 당시단가를 입찰시 당시단가로 적용하려고 하는데, 이때 당시단가를 입찰시 당시단가로 하여도 문제가 되지 않는지(위법성)의 여부?

Ⅱ. 계약관리 자문의견

본 건의 경우 입찰시 당시단가로 한다면 발주자에게 유리한 것으로 보이나, 대표적인 사항을 도출하여 발주자에게 유리하다는 것이 입증되어야 향후 문제가 되지는 않을 것으로 판단됩니다.

제3절 ··· 물량증가된 부분의 단가변경시 물가변동 처리방법

Ⅰ. 자문 요청사항

설계시공일괄입찰계약공사에서 물량감소의 경우, 관련법에서 내역단가 적용하도록 하고 있고, 당현장 내역단가 적용하여 감하고 있는 바 특기사항 없으나, 동일 항목에 대하여 상기 물량증가 등의 이유로 물량증가된 부분의 단가가 내역단가와 다르게 된 경우 이 부분에 대하여 물가변동 증액(ESC)을 적용하여도 문제가 되지 않는지(위법성)의 여부? 첨부 File 참조

Ⅱ. 계약관리 자문의견

물량증가된 부분에 대해 ECS를 적용하는 것도 조달청의 유권해석에 의하면 가능한 것으로 보이지만, 전제조건이 발주자에게 이익을 가져줄 수 있어야 하는 것으로 이해하는 것이 타당한 것으로 보입니다.

제4절 ··· 기시공 완료된 부분에 대해 두 가지 단가 발생가능여부

Ⅰ. 자문 요청사항

물량감소의 경우, 관련법에서 내역단가 적용하도록 하고 있고, 당현장 내역단가 적용하여 감하고 있는 바 특기사항 없으나, 기시공 완료된 부분에 대하여 설계변경 항목이라는 이유로 증가된 부분에 대하여 두 가지 단가가 발생될 수 있는지 여부?

Ⅱ. 계약관리 자문의견

발주자의 요구에 의해 증가된 부분이 발생할 경우 당초내역과 증가된 부분의 내역의 적용단가는 물가변동내용 및 계약당사자의 협의결과에 따라 당연히 다를 수 있는 것으로 사료됩니다. 이후에 발주자의 요구에 따라 2차 증가된 부분이 발생하였다면 이는 1차 증가분과는 적용단가가 다를 가능성도 배제할 수 없는 것으로 보입니다.

제5절 ··· 공사비 변경이 있을 때 미술장식품 설치비의 조정

Ⅰ. 자문 요청사항

미술장식품의 설치비는 최종변경시점의 건축물연면적에 허가당시 표준건축비와 적용비율을 곱하여 산출하는데, 여러 가지 사유 등으로 계약금액이 변경될 때, 미술장식품 설치비의 조정이 가능한지 여부

Ⅱ. 계약관리 자문의견

미술장식품의 설치비는 최종변경시점의 건축물연면적에 허가당시 표준건축비와 적용비

율을 곱하여 산출합니다. 최종변경시점의 건축물연면적은 계약체결당시에는 알 수 없는 사항이기 때문에 계약도면으로 산출하여야 하고, 계약도면의 연면적과 최종변경시점의 연면적의 차이를 표준건축비와 적용비율에 곱하여 미술장식품 설치비용을 산출해야 할 것으로 보입니다. 통상 연면적의 증가는 발주자의 지시에 의해 이뤄지는 경우가 많기 때문에 발주자가 추가비용을 부담해야 할 것으로 판단됩니다.

제6절 … 미술장식품 설치비에 세금포함여부

Ⅰ. 자문 요청사항

미술장식품 설치비에 세금이 포함되어야 하는지 여부에 대해 예술장식품은 관련법에 의거 부가가치세를 부과하지 않는다는 정보를 입수한 바 저희 현장에서는 공사비 원가계산서상에 공사비로 간주하고 JV에서 부가가치세를 부과하는 것을 전제로 전체공사비를 산정하였는 바 적정성 여부에 대한 의견을 구하고자 합니다.

일반적인 경우 예술장식품의 경우 발주자가 직접 발주 및 공사를 수행하여 상기와 같은 사항이 발생하지 않으나 저희 현장은 입찰안내서 공사범위에 일괄사업자 공사분으로 업무범위가 정하여져 있으므로 계약상대자는 부과가치세를 부과하여 원가계산을 하였는 바 그동안 본 건에 대하여 누구도 이의를 제기하지 않았으나 상기와 같은 상황에서 적정성 여부를 재검토하고자 합니다.

Ⅱ. 계약관리 자문의견

본 건은 계약의 기본원칙과 입찰자의 관련법령에 대한 숙지와 관련된 질문으로 보입니다.

통상적으로 계약은 법의 테두리내에서 체결되고, 집행되어야 합니다.

여기에서 말하는 법은 모든 법이 아니라 이를 위반하였을 경우 무효가 될 수 있는 정도의 법으로 보면 될 것으로 판단됩니다.

입찰자는 입찰자에서 명시하고 있는 관련법의 내용을 숙지한 후 그에 따라 공사금액을 계상하여야 합니다.

만약 입찰자의 실수로 관련법을 알지 못한 채 부당하게 공사금액에 추가한 경우 그에 대해서는 입찰자가 그 책임을 부담해야 할 것으로 판단됩니다.

원래 공사계약을 체결한다는 의미는 계약당사자에게 일방적으로 이익을 주는 것이 아니라 신의성실의 원칙에 따라 서로에게 이익이 되는 방향으로 계약서를 작성한다는 것으로 볼 때 입찰자가 불필요한 부가가치세를 추가한 경우 그에 대해서는 발주자에게 지급의무가 없는 것으로 보아야 할 듯합니다.

반대의 경우도 고려할 수 있습니다.

입찰자가 부가가치세를 포함해야 하는 공종임에도 불구하고 부가가치세를 누락한 경우에는 입찰자가 그 사실을 알았는지의 여부와 관계없이 입찰자 스스로 부가가치세를 부담하려고 했다고 보는 것이 일반적입니다.

한편, 부가가치세의 성격을 보면 부가가치세(VAT)는 국세(國稅) · 보통세(普通稅) · 간접세(間接稅)에 속한다(국세기본법 제2조). 그리고 부가가치세는 모든 재화 또는 용역의 소비행위에 대하여 부과되는 일반소비세이며, 조세의 부담이 거래의 과정을 통하여 납세의무가 있는 사업자로부터 최종소비자에게 전가되는 간접소비세(間接消費稅)이고, 모든 거래단계에서 생성된 각각의 부가가치에 부과되는 다단계거래세(多段階去來稅)의 성격을 가집니다.

이러한 부가가치세의 성격에 비추어 볼 때, 거래단계에 발생하는 세금이므로 포함되어야 할 것으로 판단됩니다. 참고로 예술장식품 설치에 부가가치세를 포함시킨 입찰공고를 첨부합니다.

예술장식품의 설치에 부가가치세를 포함시켰다는 참고자료

서울특별시 건설안전본부공고 제2005-35호
시립 보라매병원 새병원 미술장식품 작품 공모 공고
시립보라매 병원 새병원 미술장식품 설치를 위한 작품(작가)을 공개 공모하오니 적극적인 참여를 바랍니다.

2005년 12월 15일
서울특별시 건설안전본부장

1. 작품 공모 개요
   가. 공모명 : 시립보라매 병원 새병원 미술장식품 제안 설치 공모
   나. 공모개요
      · 미술장식품의 종류 : 조형 예술물(조각, 공예), 환경 조형물
        ※ 설치 위치에 조각, 공예 분야 작가가 자유롭게 선정(2개이상 장르 설치 가능)
      · 설치 위치 : 새병원 내부 로비(1~2개소 설치)

다. 설치금액 : 금120,000천원

※ 설치 금액은 공과잡비 및 경비, 부가가치세 등 제세 공과금을 모두 포함한 금액임

라. 계약방법 : 작품 공모하여 심사 후 당선작품이 서울시 미술장식품 심사통과 후 시공업체와 계약

2. 응모자격

가. 공고일 현재 전국규모 미술 공모전 조형예술물(조각, 공예) 또는 환경조형물로 출품하여 입상경력이 있는 자

나. 국가 또는 지방자치단체에서 시행한 조형예술물(조각, 공예) 또는 환경조형물로 공모에서 당선되어 제작/설치한 경력이 있는 자

다. 가) 또는 나) 해당자로서 현장설명회에 참가한 자에 한하여 응모에 참가할 수 있으며 공모지침에 따라 미술장식품을 제안하여 제작/설치할 수 있는 대한민국 국적을 가진 자

※ 단, 가) 또는 나)에 해당하는 경력이 없는 자의 경우 경력자와 공동응모 가능하며, 수상경력자를 소유한 업체도 가능함

라. 현장설명회 참석 및 응모신청은 본인 또는 대리인도 가능

마. 작품제출은 응모신청한 자로서 1건만 제출할 수 있으며, 2건이상 제출시는 심사대상에서 제외

바. 2인 이상 공동응모가 가능하나 공동 응모시 참가 작가 모두 응모 신청자라야 하며, 대표자를 반드시 명기하여야 하고 계약은 대표자와 총 설치비용(일괄금액)으로 계약합니다.

3. 공모일정

가. 현장설명회 일시 : 2005년 12월 23일(금) 14:00~16:00

나. 응모신청기간 : 2005년 12월 23일(금) 14:00~12월28일(수) 18:00

다. 응모작품 접수 일시 : 2006년 2월 6일(월) 10:00~18:00

라. 당선작 발표(예정) : 2006년 2월13일(월) 예정

마. 도판 반환기간(예정) : 2006년 2월14일(화)~2006년 2월 20일(월)

※ 응모신청 및 작품은 규정된 시간 내에만 접수함

※ 응모신청과 작품의 제출은 우편으로 송부할 수 없음

※ 현장설명회 참석자(대리참석가능)에 한하여 응모신청 접수 가능

※ 접수장소 및 심사 일정 등은 우리본부 업무추진 일정에 따라 변경 될 수 있으며, 접수장소 등의 변경시는 서울특별시 건설안전본부 건축부 홈페이지(또는 건설안전 본부 홈페이지)에 게시.

4. 공모절차 및 안내

가. 응모요령 : 응모신청서(소정양식)는 현장 설명 시 배부함

※ 건축부 홈페이지에서 신청서 양식을 download 가능합니다.

나. 응모신청을 필한 작가에 한하여 작품을 제출할 수 있음

다. 공모조건 등 세부사항은 공모지침 및 현장설명서에 의함

라. 응모신청 시 신청자를 확인할 수 있는 신분증 지참

※ 본인의 경우 본인의 신분증, 대리인인 경우 신청인과 대리인 신분증 둘 다 지참

마. 응모신청 및 작품접수 장소 : 서울특별시 건설안전본부 13층 건축부

(위치:서울특별시 서대문구 충정로3가 139 동아일보빌딩- 충정로역8번출구)

바. 서울특별시 건설안전본부 건축부 홈페이지(http://www.archi.seoul.kr)에서 공모지침내용을 볼 수 있습니다.[※변경시 서울시 건설안전본부 홈페이지 참조 (http://www.csm.seoul.kr)]

5. 응모작품 제출도서

제출도서 작성상의 세부적인 내용은 공모지침과 현장설명서에 의함

6. 기타 및 유의사항

1) 당선작품에 대한 모든 권리와 권한은 저작권법 제41조에 의하여 서울특별시 건설안전본부에 귀속됩니다.

2) 응모 작품의 도서 제작 등 제비용은 지급하지 아니합니다.

3) 당선 작가에게는 해당사업의 작품 제작 및 설치에 대한 권한을 부여합니다.

※ 단, 서울시의 미술장식품 심의에서 3회이상 재심 등 심의에 통과하지 못할 경우에는 계약을 체결하지 아니하고 재 공모 또는 차 순위자의 작품으로 재선정할 수 있으며, 그러할 경우에도 그간 소요된 제반비용은 지급하지 아니합니다.

4) 계약금액은 설계변경 등 공사규모 확정에 따라 일부 증감이 있을 수 있습니다.

5) 위 미술장식품 공고는 설치예정 비용 2.6억원 중 1차 설치 분(1.2억원)에 해당 되며, 잔여분에 대한 작품 공고는 추후 공사 진행에 따라 공고 예정임

6) 기타 문의사항은 서울특별시 건설안전본부 건축부 (☎ 3708-2479~2480, 담당자 : ○○○)로 문의바랍니다.

2005. 12.

서울특별시 건설안전본부장

제 12 장

준공시점 관련

제1절 ··· 설계시공일괄입찰계약에서 계약기간내 공사완료 불가시 조치

Ⅰ. 자문 요청사항

일부 누구의 책임인지 확정할 수 없는 사유로 인해 설계변경항목 등이 추가되어 계약기간내 공사완료가 불가능하다고 판단되어 계약금액 변경없이 공사범위를 조정하는 것이 가능한지 여부?

Ⅱ. 계약관리 자문의견

설계시공일괄입찰계약공사가 아니더라도 당초 계약기간을 정하였다면, 그에 따라 공사를 진행해야 하는 것은 시공자의 당연한 계약상 의무입니다. 본 건의 경우 설계시공일괄입찰계약공사이므로 현장여건에 대해 입찰자(시공자)가 책임을 부담하는 계약입니다.

현장여건의 상이로 인해 공사범위가 조정될 수 있으며, 이는 내역항목으로 나타나게 됩니다. 본 건 현장에서 현장여건의 상이가 불가항력의 사항인지 또는 발주자의 책임있는 사유로 보는 것이 타당한지의 여부는 공사계약일반조건 제21조에 규정된 내용을 따라야 할 것으로 판단됩니다.

현장여건이 당초 입찰당시보다 훨씬 좋아질 수도 있고, 이로 인해 공사비나 공사기간이 줄어들 수도 있으며, 당연히 시공자의 위험부담으로 보아야 할 것입니다. 당초 계약금액은 설계변경, 물가변동, 공기연장 등의 사유가 해당요건이 되었을 경우 조정하는 것입니다.

공사계약일반조건 제21조에는 설계변경으로 계약내용을 변경하는 경우에도 정부에 책임 있는 사유 또는 천재지변등 불가항력의 사유로 인한 경우를 제외하고는 그 계약금액을 증액할 수 없다고 규정하고 있습니다.

이 내용을 미루어 볼 때, 현장여건의 상이 등에 의해 설계변경이 발생하더라도 발주자의 책임있는 사유 또는 불가항력의 사유를 제외하고는 설계변경으로 인한 계약금액조정은 이뤄지지 않는 것이며, 공기연장도 가능하지 않고, 공기연장으로 인한 계약금액조정도 이뤄지지 않는 것으로 봐야 할 듯합니다.

단, 공사계약일반조건 제21조제1항에 규정되어 있는 "그 계약금액을 증액"에 설계변경으로 인한 계약금액조정내용만이 들어가는지, 공기연장으로 인한 계약금액조정내용이 포함되는지를 확인하기 위해서는 재정경제부에 유권해석을 의뢰해야 할 듯합니다.

제2절 … 소방검사기관을 계약문서에서 특정하지 않은 경우 처리방법

Ⅰ. 자문 요청사항

소방 준공검사시 공인기관 선정 및 관련시설 설치기준과 관련하여, 준공시 소방검사를 받아야 하는 바 1차 소방관청의 검사 및 2차 공인기관의 인정 필증을 받을 예정입니다.

상기 2차 공인기관 소방검사와 관련하여 공인기관이 한국화재보험협회의 및 소방안전협회 2곳이 있으나 인정 기관에 따라 검사기준이 달라 계약상대자는 보다 쉬운 소방안전협회 검사를 발주자는 한국화재보험협회의 검사를 받기를 원하고 있어 이는 공사 수행에도 영향이 있으며, 따라서 비용적인 측면도 이해관계가 상충하는 상황입니다.

한국화재보험협회 검사(준공 후 어차피 보험요율을 정하기 위하여 검사를 받아야 합니다.)시 계약상대자는 검사 수준이 까다로워 공사비용 추가가 예상되며, 발주자는 보험요율을 좋게 받아 유지관리시 연간 2-3천만원의 비용이 절감될 것으로 봅니다. 물론 어느 쪽에서 검사를 받아도 준공 여부와는 관계가 없습니다.

입찰안내서에는 계약상대자가 "관련기관 사전동의 및 중간검사 포함"하여 소방허가 관련사항을 부담하는 것으로 규정되어 있습니다. 또한 시운전 및 보증, 운영요원의 교육 등 건축물 준공 후 운영관리 체계수립도 본 공사에 포함되며, 시운전 등 전체시설의 준공평가는 공인기관(발주기관이 인정하는 기관 포함)을 통해 인정받도록 하고, 필증을 제출하여야 하는 것으로 규정되어 있습니다.

CM단 입장에서는 한국화재보험협회 검사를 받도록 추진 예정인 바 CM단 업무지시 적정성 여부? 계약상대자가 CM단의견을 준수해야 하는 명분 등에 대하여 문의드립니다.

II. 계약관리 자문의견

문의하신 내용을 살펴보건데, CM단 의견대로 추진하셔야 할 듯합니다.

처음 보내주신 입찰안내서의 시운전관련 내용을 보면 몇 가지로 해석할 수 있는 것처럼 보입니다.

첫째, 공인기관 또는 발주기관이 인정하는 기관이라는 것
둘째, 공인기관으로 발주기관이 인정하는 기관이라는 것
셋째, 공인기관은 아니더라도 발주기관이 인정하는 기관이라는 것 등이 그것입니다.

그리고 시공지침에서 계약상대자의 의무를 보게 된다면 소방허가 관련 사항도 위와 같이 몇 가지로 해석할 수 있는 것처럼 보입니다.

첫째, 소방허가 관련사항에 대해서는 관련기관의 사전 동의 및 중간검사 포함한다는 것
둘째, 소방허가와 관련해서는 관련기관의 사전동의 및 중간검사가 반드시 있어야 한다는 것

이상의 내용을 종합해 볼 때 계약상대자와 발주기관은 입찰안내서의 내용을 자신에 맞게 해석하려고 할 가능성이 높은 것으로 보입니다.

발주기관은 자신이 사전에 동의하는 공인기관으로 해석하려 할 것이고, 계약상대자는 공인기관이면 충분한 것이고, 소방허가와 관련한 관련기관은 공인기관으로 보면 된다고 해석하려고 할 것입니다.

본 건의 경우 입찰안내서가 애매할 경우 어떤 내용으로 처리하는 것인가의 문제로 귀착됩니다.

통상 약관의 경우 *Contra proferentum*원칙(작성자 불이익의 원칙)이 적용되지만, 본 입찰안내서는 약관은 아니고 계약문서에 포함되며, 발주자의 요구사항을 명시한 것이므로 해석과 관련된 문제가 발생할 경우 발주자의 의도가 더 중요한 것으로 보입니다.

즉, 입찰안내서에 대한 첫번째 해석은 발주자가 어떤 의도로 그렇게 표현하였느냐가 더 중요한 것이며, 발주자가 자신의 의도를 분명히 밝힐 수 있고, 계약의 기본원칙인 신의성실의 원칙에 어긋나지 않는다면 발주자의 해석에 따라 처리하는 것이 타당한 것으로 판단됩니다.

제3절 ··· 준공일에 즈음하여 설계변경을 해야 하는 경우

Ⅰ. 자문 요청사항

현장의 준공일에 즈음하여 최종 설계변경 및 계약변경 작업중에 있습니다. 발주자의 요구로 공랭식냉동기 설치에 대한 설계변경을 진행하고 있으나, 발주자의 용량변경 요구(첨부된 진행사항 참조)로 설계변경 및 공사일정이 늦어지다가, 준공일이 지나서 공사가 끝나는 공사일정(첨부참조)을 조건부로 계약상대자가 설계변경 승인 요청하였습니다.

이에 따른, 논의 끝에 협약서를 써서 계약서에 첨부하여 계약변경하고, 공사는 하되 준공일에 공사가 완료되지 않아도 협약서의 내용대로 준공하고, 일정대로 잔여공사를 진행하겠다고 하고 있습니다. 이에 자문드릴 사항은

1) 협약서를 첨부하여 계약변경한 후, 개별사안에 대한 준공처리를 별도로 할 수 있는지 여부 (참고로 본건은 대관(○○시)준공에서는 제외된 내용입니다),
2) 조건부 준공에 대한 사례가 있는지 여부
3) 별도 준공 후 기성금 처리는 어떻게 해야 하는지 여부 (유보금 처리등)에 대한 사항

Ⅱ. 계약관리 자문의견

말씀하신 내용에 대해 현재의 제도를 벗어나지 않는 상태에서 추진할 수 있는 방법에 대해 고민해 보았습니다.

준공기간이 임박하여 발주자가 추가공사를 요구하여 당초 준공기한내에는 완성할 수 없을 경우 그 처리방법은 다단계준공의 방식으로 문제를 풀어나가면 어떨까 합니다.

준공을 한다는 의미는 계약상대자가 계약상의무를 다한 것이 되고, 그에 따라 발주자는 지체상금을 부과할 수 없게 된다는 의미가 되며, 아울러 발주자가 목적물을 인수해야 하고 그에 따라 유지관리업무를 수행해야 함을 의미합니다.

동시에 계약상대자는 준공한 목적물에 대하여 발생할 수 있는 하자에 대한 책임을 부담해야 하는데, 하자보수보증이 그것입니다.

따라서 그 처리방법을 계약상 문제를 발생시키지 않으며 처리하는 방법을 다음과 같이 모색해 보았습니다.

■ 다 음

첫째, 변경계약을 체결하는 것은 당사자의 자유의사에 따라 가능합니다. 그에 따라 당초 목적물에 대한 준공기한과 나머지 목적물에 대한 준공기한을 명시하여 협약서를 체결하면 될 듯합니다.

둘째, 단계별로 준공기한을 명시한 경우에는 그에 따라 하자에 대한 책임과 유지관리에 대한 책임문제가 발생할 수 있는데, 전체목적물을 인수받기 전에는 계약의 이행과정중에 있는 것이므로 당초목적물에 대해서 지체상금 적용대상에서 제외하여야 할 듯합니다.

셋째, 전체목적물에 대한 준공기한과 당초준공기한에 별로 차이가 나지 않는다면 단계별 준공을 실시하되 계약에 명시된 바에 따라 전체 공사 목적물의 준공에 맞춰 기성을 지급하는 것이 어떨까 합니다.

왜냐하면 추가로 설치한 공사부분에서 문제가 발생하여 전체목적물에 영향을 미칠 수 있기 때문입니다.

넷째, 전체목적물이 완성되었을 경우 준공대가를 지급하는 것이므로 전체목적물이 준공되지 않은 상태에서는 당연히 대가를 지급하지 아니하는 것이고, 별도로 유보금이라고 할 필요조차 없는 사항이 아닌가 사료됩니다. 기성대가를 지급해야 한다면 계약에 따라 지급하면 될 것인데, 준공기한과 맞닿아 있을 경우에는 준공에 맞추는 것이 문제의 발생가능성을 최소화하는 것이 되지 않을까 사료됩니다. 통상 준공시점에 남이 있는 계약금액은 거의 집행된 상태이고, 잔여금액은 그 일부분이기 때문에, 계약상대자의 입장에서도 큰 문제를 제기하지 않을 것으로 판단됩니다.

다섯째, 조건부 준공이라는 표현은 잘 사용하지 않는 것이고, 정상적으로 별도의 합의를 통해 계약에 정한 바에 따라 처리해야 할 것으로 보입니다.

제4절 ··· 계약문서에 특정항목을 일관되게 규정하지 않은 경우 처리방법

Ⅰ. 자문 요청사항

태양광집광설비 설계와 관련하여 당초 계약도면에는 인공광시스템의 케이블에 대해 코어수와 코어굵기에 대한 사항이 명기되지 않고, 플라스틱케이블이라고 명기됩니다. 당초 계약시방서에는 석영으로 된 광케이블 사양의 내용만 기술되어 있고, 플라스틱케이블은 누락되어 있습니다.

당초 내역서에는 글라스 광케이블이나 플라스틱 광케이블에 대한 구분이 없이 광케이블로만 명기되어 있고, 수량은 100(예시)이고, 단가가 100,000(예시)원으로 기재되어 있는 상태입니다.

이에 대해 첫째, 당초 도면에 명시된 플라스틱케이블로는 빛의 감쇄현상으로 인해 제대로 된 인공광기능을 할 수 없으므로 당초 도면의 오류사항으로 보아야 하고, 글라스케이블은 기능을 할 수 있으므로 플라스틱케이블을 글라스케이블로 바꾸어야 한다는 의견이 있고,

둘째, 당초 도면에 명시된 플라스틱케이블로는 빛의 감쇄현상으로 인해 제대로 된 인공광 기능을 할 수 없으므로 당초 도면의 오류사항으로 인정은 하는데, 당초 목적하였던 인공광만 제공하면 되는 것으로 볼 수 있고, 그에 따라 설계도면을 수정하여, 빛의 감쇄가 최소화될 수 있도록 플라스틱 케이블을 사용해해야 한다는 의견이 있는데 이에 대한 견해는?

Ⅱ. 계약관리 자문의견

계약이라는 것은 당사자의 진정한 의도가 합치되어야 성립되는 것입니다. 통상적으로 계약이 성립되는 과정을 보면 우선 한쪽에서 어떠한 사항을 제안하고, 상대방이 이를 수용하면서 체결됩니다. 그런데 한쪽 당사자가 어떠한 사항을 제안하면서 당초 의도했던 바를 제대로 표기하지 못하는 경우가 발생할 수 있고, 상대방이 그 사항을 제대로 인지하지 못한 상태에서 계약이 체결되는 경우도 있습니다.

이러한 경우에는 당초 당사자가 하고자 하였던 진정한 의도를 찾아나가는 것이 문제를 해결하는 첩경이 아닌가 사료됩니다.

실례로, 우리나라 대법원에서는 계약상 문언이 명확하게 드러나지 않을 경우 다음과 같이 인정하고 있습니다.

> 계약당사자 사이에 어떠한 계약내용을 처분문서인 서면으로 작성한 경우에 문언의 객관적인 의미가 명확하다면, 특별한 사정이 없는 한 문언대로의 의사표시의 존재와 내용을 인정하여야 하지만, 그 문언의 객관적인 의미가 명확하게 드러나지 않는 경우에는 그 문언의 내용과 계약이 이루어지게 된 동기 및 경위, 당사자가 계약에 의하여 달성하려고 하는 목적과 진정한 의사, 거래의 관행 등을 종합적으로 고찰하여 사회정의와 형평의 이념에 맞도록 논리와 경험의 법칙, 그리고 사회일반의 상식과 거래의 통념에 따라 계약내용을 합리적으로 해석하여야 하고, 특히 당사자 일방이 주장하는 계약의 내용이 상대방에게 중대한 책임을 부과하게 되는 경우에는 그 문언의 내용을 더욱 엄격하게 해석하여야 한다.(대법원 2002. 5. 24. 선고 2000다72572 판결, 대법원 2004. 4. 28. 선고 2003다39873 판결 등 참조)

그리고, 해외의 경우에도 비슷한 견해를 나타내고 있습니다.

> 작성된 계약이 분명하지 않은 부분이 있고, 그에 대해 당사자 일방이 말하는 의도와 상대방이 말하는 의도가 상충되며, 당사자 누구도 자기 자신이 주장하는 의도에 대한 직접적인 증거를 제시하지 못할 때는, 합리적인 사람(reasonable people)이 계약당사자의 입장에 있었더라면 가졌을 의도가 무엇인지가 확인되어야 한다.(*Reardon-Smith Line Ltd. v. Yngvar Hansen-Tangen* 1976 1 W.L.R 989; 120 S.J. 719)- 출처 Kim Lewison, The Interpretation of Contract, Sweet & Maxwell, 1997)

이상의 내용을 종합해 볼 때, 첫째의견과 둘째의견을 반영할 경우를 비교해보면 어느 것이 선택되느냐에 따라 상대방에게 중대한 책임을 부과하는 정도에 매우 큰 차이가 나므로, 그렇다면 그 문언의 내용을 더욱 엄격하게 해석하여야 할 것으로 보입니다.

계약에서 규정된 사항을 엄밀히 보면 계약상대자가 제출한 도면을 다시 한번 고찰해 보면 플라스틱 광케이블과 Glass 광케이블을 분명하게 분리하여 기재하고 있는 바, 분리할 의도가 있었다고 보여집니다. 그런데 계약내역에는 두개의 케이블에 대한 사실을 구분하여 기재하지 않았고, 단가도 1개만 기재하고 있습니다.

따라서 두개의 공종중 하나의 공종이 누락된 것으로 보는 것이 타당한 해석인 것으로 보여집니다. 잠정적으로 밝혀진 바에 의하면 계약내역의 단가가 Glass 광케이블의 단가인 것으로 추측되지만, 플라스틱 광케이블과 Glass 광케이블의 심의단가를 보면 계약상대자가 1개의 견적서를 보내왔기 때문에 객관적으로 판단할 수 있는 근거자료로 삼기에는 부족한 면이 있고, 따라서 사실관계를 확인하기 위해서는 발주자측에서도 최소한 2개 이상의 견적서를 확인해 볼 필요가 있는 것으로 보여집니다.

이상의 내역이 검토되어 플라스틱 광케이블 단가가 계약내역에서 누락되어 있다는 사실이 확인되었다면, 플라스틱 광케이블로는 장거리를 설치할 수 없음에도 불구하고, 플라스틱 광케이블로 설계를 잘못한 책임이 있으므로, 계약상대자는 발주자의 당초 목적했던 의도를 훼손하지 아니하는 범위내이고, 상대방에게 중대한 책임을 부과하지 않는 정도내에서 설계를 보완해야 하는 것입니다.

아울러 플라스틱 광케이블의 수량과 단가가 당초 내역에 빠져있었던 사항이므로 플라스틱 광케이블에 대해서는 계약상대자가 자신의 비용으로 처리하겠다는 취지로 인정하는 것이 타당한 것으로 사료됩니다.

제5절 ··· 준공시점이후 일부항목을 추가설계변경지시하는 경우 처리

Ⅰ. 자문 요청사항

준공시점에 설비 Infra 구축 관련 계약업무 및 공사 추진 관련하여, 설비 인프라설치가 준공시까지 완료되지 못하고, 약 3주 지연되고 있는 바 계약적 처리방안으로 준공 전 설치 예정 완료일을 명기하여 본 건에 대한 "이행 합의서"를 작성하여 별도 완공처리하는 방안에 대한 계약적 문제점 등은 무엇인지?

그리고 자금집행과 관련하여 계약상대자와 협의결과 방안으로, 두 가지를 고려할 수 있습니다. 첫째, 기성을 청구할 예정이고 이때 시점 기성청구분은 계약금액의 약 98%가 예정되는 바 나머지 2%에 대한 기성청구를 설비 인프라 구축 완료 후 계약상대자가 기성을 청구하는 방안이 있습니다. 이 경우 발주자의 자금집행계획과 관련이 있으며, 발주자가 이 부분에 대한 확인 및 동의를 해야 합니다.

둘째, 계약서상의 준공일자에 전체에 대하여 기성을 지급하고, 내부적으로 합의서를 작성하고, 설비 인프라 부분만큼의 공사비에 대하여 공탁금을 계약상대자가 제3기관에 내는 방안 하자보수이행증권은 분할 설정이 가능한 것으로 검토되고 있습니다. 하자보수기간 착수시점을 준공 후가 아닌 약 3주 후로 하는 방안에 대하여도 계약상대자는 수용 의사가 있습니다.

II. 계약관리 자문의견

원론적으로 본 건의 경우 현재의 계약조건에 명시된 바에 따라 처리해야 하는 사항을 말씀드리겠습니다.

공사계약일반조건 제19조에는 발주자의 책임있는 사유로 인한 설계변경, 제26조에는 그로인한 계약기간의 연장방법을 명시하고 있습니다.

일단 계약당사자는 발주자의 책임있는 사유로 인하여 준공기간내에 계약을 이행할 수 없을 경우에는 제26조에 따라 계약기간 종료전에 지체없이 제17조제1항제2호에 대한 수정공정표를 첨부하여 계약담당공무원과 공사감독관에게 서면으로 계약기간의 연장신청과 제4항의 규정에 의한 계약금액 조정신청을 함께 하여야 합니다. 다만, 연장사유가 계약기간내에 발생하여 계약기간 경과후 종료된 경우에는 동 사유가 종료된 후 즉시 계약기간의 연장신청과 제4항의 규정에 의한 계약금액 조정신청을 함께 하여야 합니다.

또한 계약담당공무원은 제1항의 규정에 의한 계약기간연장 신청이 접수된 때에는 즉시 그 사실을 조사 확인하고 공사가 적절히 이행될 수 있도록 계약기간의 연장 등 필요한 조치를 하여야 합니다.

그리고 계약담당공무원은 제1항에서 규정한 연장청구를 승인하였을 경우 동 연장기간에 대하여는 제25조의 규정에 의한 지체상금을 부과하여서는 아니됩니다.

계약상대자는 공사를 완성하였을 때에는 제27조에 규정된 바에 따라 그 사실을 준공신고서 등 서면으로 계약담당공무원(건설기술관리법 제27조의 규정에 의하여 책임감리를 하는 공사에 있어서는 당해공사의 감리전문회사를 말한다. 이하 이조 제2항, 제3항 및 제6항에서 같다)에게 통지하고 필요한 검사를 받아야 합니다.

이후 계약담당공무원은 제28조(인수)에 규정된 바와 같이 제27조제6항의 규정에 의하여 검사완료통지를 한 후 계약상대자가 서면으로 인수를 요청하였을 때에는 즉시 현장인수증명서를 발급하고 당해 공사목적물을 인수하여야 합니다.

본 건의 경우 계약상대자가 설비부분을 제외한 부분에 대한 사항에 대하여 준공신고서 등 서면으로 통지한다면 설비부분이 성질상 분할할 수 있는 경우라면 제29조(기성부분의 인수)에 따라 계약담당공무원은 전체 공사목적물이 아닌 기성부분(성질상 분할할 수 있는 공사에 대한 완성부분에 한한다)에 대하여 이를 인수할 수 있습니다.

계약상대자는 제33조(하자보수)에 따라 전체목적물을 인수한 날과 준공검사를 완료한 날 중에서 먼저 도래한 날부터 시행령 제60조의 규정에 의하여 계약서에 정한 기간(이하 "하자담보책임기간"이라 한다)동안 공사목적물의 하자(계약상대자의 시공상의 잘못으로 인하여 발생한 하자에 한함)에 대한 보수책임이 있습니다.

이상의 내용을 요약하면

· 계약상대자인 계약상대자는 수정공정표를 첨부하여 준공기간이전에 계약기간의 연장요청 및 그로인한 계약금액조정요청을 해야 하고

· 발주자는 연장등 필요한 조치를 해야 하며,

· 계약상대자가 설계변경되어 추가되지 않은 부분에 대해서는 준공일 14일전에 준공신고서 등으로 검사를 요청해야 합니다. 참고로 본 건의 경우 100억원을 초과하는 공사이므로 검사기간을 1주일 연장할 수는 있습니다.

· 발주자는 설계변경되지 않은 부분에 대한 검사가 완료되면 검사완료통지서를 발급해야 하고,

· 계약상대자가 서면으로 인수를 요청하면

· 발주자는 즉시 현장인수증명서를 발급한 후 당해 목적물을 인수해야 합니다.

· 계약상대자는 이후 설계변경되지 않은 부분에 대한 준공대가(설비공사를 제외한 나머지부분에 대한 기성대가, 전체금액의 2%정도)를 청구해야 합니다.

· 설계변경된 부분(설비추가부분)에 대하여는 위에서 언급한 부분과 같이 처리하면 될 것으로 판단되나 계약상대자가 현실적으로 설비공사의 완공 14일전에 검사요청을 하는 것이 가능하지 않습니다.

· 발주자는 이러한 사항을 고려하여 계약기간을 연장(설비공사기간+14일)하여야 할 듯합니다.

· 계약상대자는 전체목적물을 인수한 날과 준공검사를 완료한 날 중에서 먼저 도래한 날부터 공사목적물의 하자에 대한 보수책임을 부담해야 합니다.

제6절 ··· 준공시점에 당초내역서에 없던 항목의 삭제시 공사비처리방법

Ⅰ. 자문 요청사항

준공시점에 계약상대자와 미협의 사항에 대한 설계변경 처리와 관련된 사항으로 내역서에 건물상당부 경관조명이 특정형으로 20개(임의수량) 반영되어 있으나 실시설계도서 진행과정에서 여러차례 설치 위치 등이 변경되고 최종적으로 일부만 설치하고 나머지는 삭제되었는데, 실시설계도서 진행과정에서 추가 되었던 경관조명(내역서에 없습니다.)이 삭제된 경우 공사비 감액이 가능한지 여부

Ⅱ. 계약관리 자문의견

계약내역서인 산출내역서에 그 내용이 포함되지 아니하였을 경우에는 유권해석 (회계 41301-1564, 2007. 6. 19)에 따라 산출내역서상 경관조명단가는 계약단가를 "0"으로 보아야 할 것이므로 그 내용이 삭제되었다고 하더라도 공사비를 감액하는 것은 가능하지 않은 것으로 사료됩니다.

참조 유권해석 (회계 41301-1564, 2007. 6. 19)

T/K공사에 있어 내역서에 누락되어 있는 공종이 설계변경으로 인하여 삭제되는 경우 계약금액의 조정방법

1. 국가기관이 설계 · 시공입찰을 실시하여 체결한 공사계약에 있어 설계도면상의 일부공종 또는 수량이 누락된 산출내역서가 제출된 경우 산출내역서상에 누락된 공종 또는 수량의 금액을 무대(0원)로 처리하여야 합니다.
2. 설계 · 시공일괄입찰공사에 있어 정부의 요구로 인한 설계변경에 의하여 산출내역서상에 계약단가가 있는 공사물량의 증감이 발생되는 경우에는국가를당사자로하는계약에관한법률시행령 제91조의 규정에 의거 계약단가를 적용하여 계약금액을 조정하여야 하는 바, 산출내역서상에 누락된 공종의 물량이 증 · 감되는 설계변경의 경우에는 계약단가가 무대(0원)이므로 계약금액의 조정이 발생되지 않습니다.
3. 다만, 산출내역서상에 누락된 공종의 물량 증감이 발생되는 설계변경은 발주기관의 계약담당공무원이 설계변경의 불가피성 등을 종합 고려하여 신중하게 처리할 사항으로 사료됨

제7절 ··· 일식개념의 단가 적용 및 준공이후 발주자 시공시 처리방법

Ⅰ. 자문 요청사항

설계시공일괄입찰계약공사에서 이동식칸막이 예비물량 공사비에 대해 내역서에 재료비와 시공비가 포함된 일식 개념의 단가가 적용된 바 준공 후 시공은 발주자가 할 예정인 바 어떻게 공사비를 처리하는 것이 합리적인지 여부?

Ⅱ. 계약관리 자문의견

일식개념의 단가에 대하여 처리할 경우 유권해석(회제41301-12) 및 유권해석(회계제도과-207)에 규정된 바와 같이 계약상대자가 제출한 일위대가표, 단가산출서 등을 참고하여 공사비를 분개한 후 설계변경 및 계약금액을 조정해야 할 것으로 사료됩니다.

유권해석(회제41301-12, 2007. 6. 19) 1식단가 품목의 계약금액조정 관련

국가기관이 체결한 공사계약에 있어 일부 공종의 단가가 세부공종별로 분류되어 작성되지 아니하고 총계방식으로 작성(1식단가)되어 있는 경우에도 설계도면 또는 공사시방서가 변경되어 1식단가의 구성내용이 변경되는 때에는 회계예규 "공사계약일반조건" 제20조제6항의 규정에 정한 바에 따라서 계약금액을 조정하는 것인 바, 설계도면 또는 공사시방서가 변경되지 않을 경우에는 이러한 계약금액의 조정이 불가한 것이며, 설계서(공사시방서, 설계도면, 현장설명서 및 추정가격이 1억원이상인 공사에 있어서 공종별 목적물 물량이 표시된 내역서)의 내용이 불분명하거나 누락, 오류 또는 상호모순되는 점이 있을 때 및 설계서와 지질, 용수 등 공사현장의 상태가 다를 때에는 회계예규 "공사계약일반조건" 제19조의 규정에 의하여 설계변경이 가능하나, 단가산출서는 설계서에 포함되지 않음

유권해석(회계제도과-207, 2007. 6. 19) 1식단가의 설계변경

1. 국가기관이 체결한 공사계약에 있어 일부 공종의 단가가 세부공종별로 분류되어 작성되지 아니하고 총계방식으로 작성(1식단가)되어 있는 경우로서 설계도면 또는 공사시방서가 변경되어 1식단가의 구성내용이 변경되는 때에는 회계예규 "공사계약일반조건" 제20조제6항의

규정에 정한 바에 따라 계약금액을 조정하는 것인 바, 귀 질의의 경우가 1식공종에 대한 발주기관의 설계내역서 등이 과다 · 과소하게 산정되어 있는 경우라면 설계서의 오류에 해당되지 아니하므로 설계변경 및 계약금액조정을 할 수 없습니다.

2. 상기 규정에 의한 계약금액 조정은 1식으로 구성된 단가중 변경되는 세부품목 또는 비목에 대하여만 적용하는 것이며, 이 경우 변경되는 부분의 계약단가는 계약상대자가 제출한 일위대가표, 단가산출서 등을 참고하여 산출할 수 있을 것입니다.

제8절 ··· 미술품설치비용 산출시 시점적용

Ⅰ. 자문 요청사항

설계시공일괄입찰계약공사에서 미술장식품 설치비용 산정 기준 관련하여, 재인허가 신청 기간 중 미술장식품 신청을 한 바, 미술장식품 설치비용 산정 대상면적 기준 관련하여, 직전 인허가 필증을 접수받은 연면적 기준으로 하여야 하는지 또는 필증은 교부 받지 아니하였으나 재인허가 신청된 면적으로 산정을 하여도 되는지 여부

Ⅱ. 계약관리 자문의견

미술장식품 금액을 산정하는 공식은 인허가면적에 그에 대한 비율(당해년도 표준건축비 반영)을 곱하여 산출하게 됩니다. 따라서 당초 인허가를 받았고, 일부 설계변경사항이 발생하여 재인허가를 진행중에 미술장식품 금액을 산정하기 위해서는 기 확정된 인허가인 당초 인허가면적을 반영하는 것이 타당한 것으로 사료됩니다. 그리고 미술장식품비용이라는 것은 그 도입취지가 최소하한선을 정하는 것이지 산출된 금액에 정확히 맞추라는 의미는 아닌 것으로 사료되며, 이를 반영하여 처리하시면 될 듯 합니다.

제9절 … 설계변경, 변경계약 및 예비준공검사 시점

Ⅰ. 자문 요청사항

설계시공일괄입찰계약공사에서 예비준공검사와 설계변경 및 총차계약 처리 시점에 대해, 예비준공검사 전 설계변경 및 총차 변경계약이 처리가 완료되어야 하는지 여부

Ⅱ. 계약관리 자문의견

예비준공검사는 감리업무수행지침서에 규정된 사항으로 준공기한내 준공 가능여부 및 미진사항의 사전 보완을 위해 실시하는 것입니다. 즉, 본 건 계약의 원활한 이행을 위해 실시하는 사항이고, 지침의 내용이 당해 건설공사의 현장여건 등에 적합하지 아니하거나 건설공사의 특성상 필요하다고 인정되는 경우에는 감리업무수행지침서 제20조의 내용을 제외하고 발주청별로 지침을 정할 수 있습니다. 그런 의미에서 본다면 본 건 계약에서 준공이 임박한 시점에서 설계변경이 이루어지고, 확정되어야 하는 점을 감안하면 현실적으로 감리업무수행지침서에서 규정하고 있는 기간을 준수하기는 쉽지 않아 보입니다.

따라서 본 건 계약에서는 계약일반조건에서 규정된 바와 같이 준공검사이전에 14일이전에 설계변경 및 총차변경계약업무를 완료하고, 실질적으로 그 기간중에 준공검사를 실시할 수 있는 정도의 공사를 완료한다면 계약적인 문제를 유발할 것으로 보이지 않습니다. 현실적으로 접근하기 위해서는 앞의 자문의견에서 제시한 바를 참조하여 처리하시면 될 듯합니다.

제10절 … 건축물 관리대장 작성 및 사용승인업무 포함여부

Ⅰ. 자문 요청사항

설계시공일괄입찰계약공사에서 건축물 관리대장 작성 및 사용승인 업무 설계변경 적정성 여부에 대한 사항으로, 통상적으로 설계시공일괄입찰의 개념을 살펴 볼 때, 계약상대자

의 임무는 건축물을 설계하고 시공하는 것에 한정해야 할 것입니다.

그러나 설계시공일괄입찰이라고 하더라도 발주자의 사정상 입찰안내서나 기타 계약문서 등을 통해 별도의 업무를 지정할 수도 있으며, 그러한 업무가 지정된 경우에는 그 업무를 수행하는데 소요되는 제반 비용을 입찰자가 고려하여 입찰금액에 포함시켜야 할 것입니다.

본 건의 경우 건축물 관리대장을 작성하도록 하였는데, 이 업무가 당초 입찰안내서에 명시되었는지 여부에 대한 사항입니다. 당초 입찰안내서에는 인 · 허가(각종 심의, 인증, 협의 포함)에 필요한 비용, 제세 · 공과금 및 도면작성, 행정절차 수행은 본 공사에 포함됩니다.

그리고 건설공사 관련 각종 인 · 허가 관계서류 작성/추진은 계약상대자 부담으로 하는 것으로 규정하고 있습니다. 이에 발주자의 경우 허가 관청(○○시)에 사용승인 신청시 건축물 관리대장을 작성하여 첨부하여야 하는 사항으로 계약상대자의 업무라고 볼 수도 있습니다.

한편, 계약상대자는 설계시공일괄입찰의 입찰안내서에 규정된 사항은 공사의 수행에 필요한 각종 인 · 허가에 필요한 비용, 제세 · 공과금 및 도면작성, 행정절차의 수행이 본 공사에 포함되는 것이고, 공사의 수행과는 상관없이 임대시 근저당권의 범위를 최소화하여 건물주의 재산권을 보호하며, 이를 위해 준공 후 원활한 등기업무 진행을 위해 사용승인 신청시 시청에 반영하여 소유권 현황을 구분 기재하는 것으로 등기업무의 일부분이라고 할 수도 있을 것입니다. 이에 대한 의견은?

II. 계약관리 자문의견

설계시공일괄입찰계약공사에서 설계 · 시공, 전체목적물 인수 후 또는 준공검사를 완료해야 계약이 완성되는 것입니다.

본 건 공사의 경우 당초 입찰안내서 등에서 발주자의 준공검사와 동시에 입주자가 사용할 수 있어야 한다는 사항이 전제되었던 사항으로 보아야 하고, 그렇다면 입주자를 위한 건물의 사용승인신청은 당연히 준공검사 이전에 있어야 하는 것은 명백한 사실입니다.

즉, 건물의 사용승인신청이 되지 않은 상태에서는 발주자가 준공검사를 하거나 전체목적물을 인수할 수 없게 될 수도 있음을 의미합니다. 이러한 관점에서 본다면 건물의 사용승인신청업무는 발주자가 준공검사를 완료하여 공사가 완성되었음을 계약상대자에게 통지하기 위한 필수업무라고 보는 것이 합리적인 것으로 보입니다.

즉, 사용승인신청업무는 입찰안내서상에 규정한 인 · 허가(각종 심의, 인증, 협의 포함)

에 필요한 비용, 제세 · 공과금 및 도면작성, 행정절차 수행으로 보는 것이 타당한 것으로 사료됩니다.

제11절 ... 준공의 법적인 의미 및 품질미비사항 처리방안

Ⅰ. 자문 요청사항

건축물 준공의 개념에 대하여, 공사의 준공 정도 (특히 책임감리 입장에서 준공 인정의 정도), 법적 의미, 준공이 되지 않았을 경우 법적 적용 내용, 준공이 되었을 경우 법적 적용 내용, 공사 중 품질 미비 사항에 대한 합리적인 처리 방안 등 에 대한 사항은 어떻게 되는지요?

Ⅱ. 계약관리 자문의견

첫째, 공사의 준공정도 및 법적 의미

대법원(1997. 10. 10. 선고 97다23150 판결 공사대금등)에서는 공사의 미완성과 공사를 완성하였으나 하자가 있음에 불과한 경우의 구별기준을 판시하고 있고, 공사가 도중에 중단되어 예정된 최후의 공정을 종료하지 못한 경우에는 공사가 미완성된 것으로 볼 것이지만, 공사가 당초 예정된 최후의 공정까지 일응 종료하고 그 주요 구조 부분이 약정된 대로 시공되어 사회통념상 일이 완성되었고 다만 그것이 불완전하여 보수를 하여야 할 경우에는 공사가 완성되었으나 목적물에 하자가 있는 것에 지나지 아니한다고 해석함이 상당하고, 예정된 최후의 공정을 종료하였는지 여부는 시공자의 주장이나 발주자가 실시하는 준공검사 여부에 구애됨이 없이 당해 공사 도급계약의 구체적 내용과 신의성실의 원칙에 비추어 객관적으로 판단할 수밖에 없고, 이와 같은 기준은 공사 도급계약의 시공자가 공사의 준공이라는 일의 완성을 지체한 데 대한 손해배상액의 예정으로서의 성질을 가지는 지체상금에 관한 약정에 있어서도 그대로 적용된다고 하고 있습니다.

즉, 현재의 계약상대자가 시공한 사항에 따라 사용자가 입주하여 사용할 수 있을 정도로 주요구조물이 완성되었고 최후의 공정이 종료되었다면, 공사가 완성되었다고 보아야 할 것이고, 지체상금을 부과하는 것은 합당하지 아니한 것으로 사료됩니다. 다만, 최후의 공정이 종료되지 아니하였을 경우에는 그 책임이 누구에게 있느냐에 따라 지체상금부과 여부가 결정될 것으로 사료됩니다.

둘째, 준공되지 않았을 경우 지체상금 부과방법

지체상금을 부과할 경우에는 미시공된 부분이 기시공된 부분에 영향을 미쳐 하자범위가 늘어날 수 있으므로 미시공된 부분에 한정되는 것은 아니지만, 지체상금을 계약 총액에서 지체상금률을 곱하여 산출하기로 정한 경우, 민법 제398조 제2항에 의하면, 손해배상액의 예정액이 부당히 과다한 경우에는 법원은 적당히 감액할 수 있다고 규정되어 있고 여기의 손해배상의 예정액이란 문언상 그 예정한 손해배상액의 총액을 의미한다고 해석되므로, 손해배상의 예정에 해당하는 지체상금의 과다 여부는 지체상금 총액을 기준으로 하여 판단하여야 합니다(대법원 1996. 4. 26. 선고 95다11436 판결 참조).

즉, 미시공부분이 발생할 경우, 전체공사에 대한 지체상금을 계산하되, 이와 같이 지체상금을 부과한다면 계약상대자의 입장에서 본다면 '부당히 과다한 경우' 라고 판단하여 법적인 절차에 돌입할 가능성이 있으므로, 미시공된 부분 및 그로 인해 발생될 수 있는 손해의 범위내에서 합리적으로 결정해야 할 것으로 판단됩니다.

셋째, 공사중 품질미비 사항에 대한 합리적 처리

공사중 품질미비 사항은 최후의 공정이 종료된 이후 발생되는 전형적인 하자담보책임사항이므로 계약상대자가 우선 계약에 따라 하자보수를 하여야 하고, 품질미비에 따라 손해가 발생하였다면 그 부분에 대해서는 민법에 규정된 수급인(시공자)의 하자담보책임에 따라 손해배상을 청구할 수 있을 것으로 판단됩니다.

Bibliography

참고문헌

1. 참조 인터넷

1) http://blog.naver.com/happyk753/90017102885 : PRD공법(Percussion Rotary Method)
2) http://en.wikipedia.org/wiki/Act_of_God, 2009. 1. 26
3) http://www.i-law.com/ilaw/doc/view.htm?id=129976, 2009. 06. 13
4) http://www.iquest.co.kr/aihtm/ai03066.htm, 2009. 6. 14
5) http://www.mlit.go.jp/common/000004788.pdf, 2009. 06. 13
6) Wikipedia, フリー百科事典『ウィキペディア』, http://ja.wikipedia.org/wiki/, 2009. 06. 13
7) 두산세계대백과 Encyber, http://kr.encycl.yahoo.com, 2009. 6. 14
8) 두산백과사전, http://100.naver.com/100.nhn?docid=90591, 2009. 6. 14

2. 참조법령 및 계약조건

1) "공동주택관리규칙" [별표 3] 하자의 범위.
2) "공동주택관리령" 제16조의2 (내력구조부의 하자보수등).
3) "정부 입찰 · 계약 집행기준" (회계예규 2200.04-159-5, 2007.10.12) 제13장
4) 공사계약일반조건 제19조, 제27조(검사) 제7항, 제39조의2(2008. 12. 29) 참조
5) 기획재정부, "정부 입찰 · 계약 집행기준" (회계예규 2200.04-159-5, 2007.10.12) 제13장 실비의 산정 제73조(공사이행기간의 변경에 따른 실비산정) 제1항
6) 기획재정부, "공사기간 연장에 따른 간접공사비 지급관련 업무지침"(회계제도과-568호 : 2008.12.23)

7) 기획재정부, “예정가격 작성기준” (회계예규 2200.04-160-5, 2008.12.29) 제19조
8) 민법 제111조 1항, 제527조, 제535조, 제750조
9) 시설물의 안전관리에 관한 특별법 시행규칙 제9조 관련
10) 약관의 규제에 관한 법률 제2조 참조.

3. 해외 관련 참조법령 등

1) 미국 제2리스테이트먼트 제89조, 제90조
2) 미국 통일상법전(U.C.C) §1-107, §2-205(1)
3) 영국 공공공사계약일반조건, General Conditions of Government Contracts for Building and Civil Engineering Works, 1993
4) 1 A. Corbin, Contracts SS 125, 126, Restatement S 80(1)
5) 15 Comp. Gen. 573(A-66501) (1935)
6) 32 Fed. Reg. 16269 (1967)
7) 49 Comp. Gen, 733 (B-169473) (1970)
8) Agreement & Schedule of Conditions of Building Contract for use in the Hong Kong Special Administrative Region, Private Edition with Quantities
9) AIA A201 General Condition 12.2.1 Concealed Conditions
10) FAR 10.004(a)(2), 46.101, 46.102(c), 46.407(g), 46.501, 46.503 참조
11) FIDIC Conditions of Contract for EPC/TurnKey Project(The Silver Books), 2003
12) FIDIC, Conditions of Contract for Construction for Building and Engineering Works Designed by the Employer, 1999
13) FIDIC, Conditions of Contract for Construction for building and Engineering Works, 1999
14) FIDIC, Conditions of Contract for EPC/Turnkey Project(The Silver Book), 2003, Sub-Clause 14.2
15) UNCISG, The United Nations convention on contracts for international sale of goods, Vienna, 1990.
16) 프랑스 보험법, Art. L. 241-1 (L.n. 78-12, 4 janv, 1978, art. 12)

4. 해외 참고문헌

1) Allman I. Chartered Quantity Surveyor, Significant Items Estimating, pp. 24-25, UK, September 1988.

2) Barns NML, Civil Engineering Bills of Quantities, CIRIA Research Report No. 98. Department of Civil and structural Engineering, UMIST, UK, 1971.

3) Barry B. Bramble and Michael T. Callahan, 「Construction Delay Claims」, 2ed., John Wiley & Sons, Inc, Wiley Law Publication, 1992.

4) Betts M and Gunner J. Financial Management of Construction Projects: Cases and Theory in the Pacific Rim, Longman Inc., White Plains, New York, USA, 1993.

5) Cibinic, John and Nash, Ralph, 「Administration of Government Contract」, The George Washington University, 3rd Ed, 1995

6) Clough, Rechard H./Sears, Glenn A., 「Construction Contracting」, sixth edition, John Willy & Sons. INC., New York, 1994, pp146-147

7) Dunkan W.R., A Guide to the Project Management Body of Knowledge, PMI Standard Committee, 1996, p.111

8) Edwards, Leslie,「Practical Risk Management in the Construction Industry」, Thomas Telford, 1995, p.4

9) Eglleston, Brian.「Liquidated Damages and Extensions of Time in Construction Contract」, Blackwell Science, 1992, p.181

10) Ferid/Sonnenberger, Verlagsgesellschaft Recht und Wirtschaft, Da Franzosische Zivilrecht, Bd.II, Heidelberg, S.290, 1986

11) Fisk, Edward R, 「Construction Project Administration」, Prentice Hall, 1994, p.224

12) G.H. Treitel, 「Frustration and force majeure」, Sweet & Maxwell, London, 1994, pp.1-61

13) G.H. Treitel, 「The law of contract」, 10ed, Sweet & Maxwell, 1999, p.1.

14) Geoffrey Trickey and Mark Hackett, 「The Presentation and Settlement of Contractors' Claims,」 Taylor & Francis, 2005, 2ed, London and New York, pp.15-81.

15) H. Hunter, Modern Law of Contract, pp.12-45.

16) Hamish Lal, 「Quantifying and Managing Disruption Claims」, Thomas Telford, 2003, London, pp.27-48.

17) Harmer S. Chartered Quantity Surveyor, Identifying Significant BoQ Items, pp. 95-96, UK, Octover 1983.

18) Hinze, Jimmie, 「Construction Contracts」, McGrow-Hill Inc., New York, 1993, p335.

19) Kim Lewison, 「The Interpretation of Contracts」, Sweet & Maxwell, 1997, p.8

20) Koziol/Welser, 1995, Grundriβ des b?rgerlichen Rechts, Bd. I, p.256.

21) Maindenhead Electrical Services v. Johnson Controls, QUEEN' S BENCH DIVISION (OFFICIAL REFEREES' BUSINESS), 26 JANUARY 1996)

22) McGowan PH. Ph.D. Thesis, Integrated Cost and Time Models for Measuring, Value and Controlling Construction Projects, The University of Dundee, UK, 1994.

23) Moyles BF. M.Sc. Thesis, An Analysis of the Contractor' s Estimating Process, Loughborough University of Technology, UK, 1973.

24) Richter, Irv and Mitchell, Roy, 「Handbook of Construction Law and Claims」, Reston Publishing Company, INC, A Prentice Hall Company, Reston Virginia, 1982, p.146

25) Rothcopf, M. H., On Measuring Risk」, Working Paper, Xerox palo Alto Research Center, 1975

26) Roy S. Mitchell & Thomas W. Gray, 「Resolving International Construction Claims(Course Manual)」, Crown Eagle Communication Ltd. 1984

27) Saket MM. Ph.D. Thesis, Cost Significance Applied to Estimating and Control of Construction Project, The University of Dundee, UK, 1986.

28) Short GS, Second Conference on Contracting in Civil Engineering since Banwell. EDC for Civil Engineers and Municipal Engineers, National Economic Development Office, UK, 1970.

29) Skoyles ER. Introducing Bills of Quantities(Operational Format), Current Paper 62, Building Research Station, UK, 1968,

30) Spector, "An Analysis of the Standard 'Changes' Clause," 25 Fed. B. J. 177 (1965), 2 YPA 1273

31) Stokes/Finuf, Construction Law for Owners and Builders, McGraw-Hill., New York, p.116, 1986

5. 참조 송사

5.1 영 국

1) UK Case, Cogg v. Bernard(1703) 송사

2) UK Case, Elizabeth(1819) 송사

3) UK Case, Esposito v Bowden(1857) 송사

4) UK Case, Howell v. Coupland(1876) 송사

5) UK Case, Lawrence v. Twentiman(1611) 송사

6) UK Case, Torell v. Maby Todd & Co (1952) 송사
7) UK Case, Paradine v, Jane(1647) 송사
8) UK Case, Rugg v. Minett(1809) 송사
9) UK Case, Sparrow v Southgate(1622) 송사
10) UK Case, Taylor v. Caldwell, 122 Eng. Rep. 309 (Q.B. 1863)
11) UK Case, Ascon and Henry Boot Construction(UK) Limited v. Malmaison Hotel (Manchester) Limited, 2 All Er 118
12) UK Case, BFI Group of Companies Ltd. v. DCB Integration Systems Ltd (1987)
13) UK Case, Bovis Construction v. Whatling (1995)
14) UK Case, Carapanayoti v E.T. Green 1959년
15) UK Case, City Inn v. Shepherd Construction, Outer House, 17 July 2001
16) UK Case, Dunlop Pneumatic Type Co. Ltd v. New Garage & Motor Co Ltd (1915)
17) UK Case, IBM U.K. Ltd v. Rockware Glass Ltd (1980), F.S.R
18) UK Case, J.F. Finnegan v. Community Housing (1993)
19) UK Case, John L. Haley Ltd v. Dumfries & Galloway Regional Council, Scottish court, (1988)
20) UK Case, Philips Hong Kong Ltd. v. The Attorney General of Hong Kong (1993)
21) UK Case, Robophone Facilities v. Blank (1996)
22) UK Case, Roger Knowles, 150 Contractual Problems and their Solutions, Blackwell Publishing, 2005, p.43
23) UK Case, Stanley Hugh Leach v. London Borough of Merton, Chancery Division, 32 Build LR 51, 20. Dec. 1985
24) UK Case, Temloc v. Errill Properties Ltd (1987)
25) UK Case, Tunisienne d' Armement. v Sidermar Spa
26) UK Case, Victor Stanley Hawkins v. Pender Bros Pty Queensland (1994)
27) UK Case, Walter Lawrence and Son Ltd v. Commercial Unition Properties (UK) Ltd (1984)
28) UK Case, Westminster City Council v. J Jarvis & Sons Ltd (1970)

5.2 미 국

1) USA Case, A.S. Horner Constr. Co., ASBCA 5335, 59-2 BCA ¶ 2321
2) USA Case, ABM/Ansley Business Materials, GSBCA 9367, 93-1 BCA ¶ 25,246
3) USA Case, Ace Elecs. Assocs., Inc., ASBCA 13899, 69-2 BCA ¶ 7922

4) USA Case, Acme Process Equip. Co. v. United States, 171 Ct. Cl. 324, 347 F.2d 509 (1965), rev' d on other ground, 385 U.S. 138 (1966)Z
5) USA Case, Advanced Precision Indus., Inc., ASBCA 34676, 89-2 BCA ¶21,597
6) USA Case, AKwa-Downey Constr. Co., ASBCA 14823, 75-1 BCA ¶11,254
7) USA Case, Alert Prods., Inc., ASBCA 5620, 59-2 BCA ¶2422
8) USA Case, Allied Contractors, Inc. v. United States, 149 Ct. Cl. 671, 277 F.2d 464 (1960)
9) USA Case, Allied Contractors, Inc., IBCA 265, 1962 BCA ¶3501, recons. denied, 1962 BCA ¶3591
10) USA Case, Allied Materials & Equip. Co. v. United States, 215 Ct. Cl. 406, 569 F.2d 562 (1978)
11) USA Case, American Structures, Inc., ENGBCA 3410, 76-1 BCA ¶11,683
12) USA Case, Argus Indus., Inc., ASBCA 9960, 66-2 BCA ¶5711
13) USA Case, Armstrong Featherweight Decoy Corp., WDBCA 354, 1 CCF ¶975(1943)
14) USA Case, Arrow LAcquer Corp., ASBCA 22132, 78-2 BCA ¶13,229
15) USA Case, Arundel Corp. v. United States, 96 Ct. Cl. 77(1967)
16) USA Case, Astubeco, Inc., ASBCA 8727, 1963 BCA ¶3941
17) USA Case, Atlantic Hardware & Supply Corp., ASBCA 10450, 66-1 BCA ¶5378
18) USA Case, Automated Extruding & Packaging, Inc., GSBCA 4036, 74-2 BCA ¶10,949
19) USA Case, Automated Extruding & Packaging, Inc., GSBCA 4036, 74-2 BCA ¶10,949, recons. denied, 75-1 BCA ¶11,067
20) USA Case, B&M Roofing & Painting Co., ASBCA 26998, 86-2 BCA ¶18,833 recons. denied, 86-3 BCA ¶19,306
21) USA Case, Ballenger Corp., DOTCAB 74-32, 84-1 BCA ¶16,973, modified, 84-2 BCA ¶17,277
22) USA Case, Baltimore Contractors, Inc. v. United States, 12 Cl. Ct. 328 (1987)
23) USA Case, Baltimore Contractors, Inc., GSBCA, 4808R, 80-2 BCA ¶14,676
24) USA Case, Bernard McMenamy Contractor, Inc., ENGBCA 3413, 77-1 BCA ¶12,335
25) USA Case, Betteroads Asphalt Corp., ASBCA 32417, 88-1 BCA ¶20,366
26) USA Case, Bick-Com Corp., VACAB 1320, 80-1 BCA ¶14,285
27) USA Case, Big State Garment Co., ASBCA 337, 4 CCF ¶60,946 (1950)
28) USA Case, Bill' s Janitor Serv., ASBCA 10345, 65-2 BCA ¶4916
29) USA Case, Blackhawk Heating & Plumbing Co., GSBCA 2432, 75-1 BCA ¶11,261

30) USA Case, Blount Bros. Corp., ASBCA 31202, 88-3 BCA ¶20,878
31) USA Case, Blunt Inc., VABCA 3236, 93-1 BCA ¶25,474
32) USA Case, Boeing-Vertol, ASBCA 18838, 78-2 BCA ¶13,377
33) USA Case, Bonny Prods., Inc., GSBCA 4577, 76-2 BCA ¶12,158
34) USA Case, Brazier Lumber Co., ASBCA 18601, 76-2 BCA ¶12,207
35) USA Case, Brechan Enters, Inc., v. United States, 12 Cl. Ct. 545(1987)
36) USA Case, Brooklyn & Queens Screen Mfg. Co. v. United States, 97 Ct. Cl. 532 (1942)
37) USA Case, Bruce Anderson Co., ASBCA 29412, 89-2 BCA ¶21,872
38) USA Case, C&L Constr. Co., ASBCA 22993, 81-1 BCA ¶14,943, aff'd, 81-2 BCA ¶15,373
39) USA Case, C&M Mach. Prods., Inc., ASBCA 43348, 93-2 BCA ¶25,748
40) USA Case, C.R. Bagwell, ASBCA 3514, 57-1 BCA ¶1322
41) USA Case, C.W. Roen Constr, Co., DOTCAB 75-43, 76-2 BCA ¶12,125
42) USA Case, California Dredging Co., ENGBCA 5532, 92-1 BCA ¶24,475
43) USA Case, California Reforestation, AGBCA 87-226, 89-1 BCA ¶21,301
44) USA Case, Camrex Reliance Paint Co., GSBCA 6166, 83-1 BCA ¶16,485
45) USA Case, Cannon Structures, Inc., AGBCA 90-207-1, 93-3 BCA ¶26,059
46) USA Case, Canon Constr., Inc., GSBCA 11227, 92-2 BCA ¶25,001
47) USA Case, Cape Ann Granite Co. v. United States, 100 Ct. Cl. 53. cert. denied, 321 U.S. 790(1943)
48) USA Case, Carnegie Steel Company v. United States, 240 U.S. 156 (1915)
49) USA Case, Carothers Constr. Co., ASBCA 41268, 93-2 BCA ¶25,628
50) USA Case, Carpenter Constr. Co., NASBCA 18, 1964 BCA ¶4452
51) USA Case, CCI Contractors, Inc., ASBCA 84-314-1, 91-3 BCA ¶24,225, aff'd, 979 F.2d 216(Fed. Cir. 1992)
52) USA Case, Centre Mfg. Co. v. United States, 183 Ct. Cl. 115, 392 F.ed 229 (1968)
53) USA Case, Chas. I. Cunningham Co., IBCA 60, 57-2 BCA ¶1541
54) USA Case, Chas. I. Cunningham, IBCA 242, 60-2 BCA ¶2816
55) USA Case, Cheshier Janitorial, ENGBCA 5487, 91-3 BCA ¶24,351
56) USA Case, Chronometrics, Inc., NASABCA 185-2,90-3 BCA ¶22,992
57) USA Case, Chula Vista Elec. Co., ASBCA 9830, 65-1 BCA ¶4745, recons. denied, 65-2 BCA ¶4900
58) USA Case, Cimarron Constr. Co. v. United States, 203 Ct. Cl. 742 (1974)

59) USA Case, Circle Constr. Group, ASBCA 38844, 90-3 BCA ¶22,999
60) USA Case, Coley Properties Corp., PSBCA 291, 75-2 BCA ¶11,514
61) USA Case, Commercial Contractors, Inc., ASBCA 30675, 88-3 BCA ¶20,877
62) USA Case, Commercial Mechanical Contractors, Inc., ASBCA 25695, 83-2 BCA ¶16,768
63) USA Case, Commonwealth Elec. Co., EBCA 103-12-79, 84-1 BCA ¶16,961
64) USA Case, Construction Pan-caribe, S.A., ENGBCA PCC-18, 83-2 BCA ¶10,238
65) USA Case, Cooper Mechanical Contractor' s, IBCA 2744, 92-2 BCA ¶24,821
66) USA Case, Copco Steel & Eng' g Co. v. United States, 169 Ct. Cl. 601, 341 F.ed 590 91965)
67) USA Case, Coto-Matic, Inc. v. The home indem. Co., 354 F. 2d 720(10th Cir. 1966)
68) USA Case, Cotrell Engineering Corp., Eng. BCA 3964, 4177, 80-1 BCA ¶14,127
69) USA Case, Cross Aero Corp., ASBCA 15092, 71-2 BCA ¶9076
70) USA Case, D.D. Montague, ASBCA 11837, 67-1 BCA ¶6217
71) USA Case, D.J. Barclay & Co., ASBCA 28908, 88-2 BCA ¶20,741
72) USA Case, Davis v. Hedges(1871), L.R, 6QB. 687
73) USA Case, Dawco Constr., Inc., v. United states, 18 Cl. Ct. 682(1989)
74) USA Case, Daymar, Inc., DOTBCA 77-13, 78-1 BCA ¶12,903
75) USA Case, Dayton Constr. Co., HUDBCA 82-C34, 83-2 BCA ¶16,809
76) USA Case, Derric Elec. Co., ASBCA 21246, 78-1 BCA ¶12,942
77) USA Case, Discount Co. v. United States, 213 Ct. Cl. 567, 554 F.2d 435, cert. denied, 434 U.S. 938 (1977)
78) USA Case, Dodson Electric Co., ASBCA 5280, 59-2 BCA 2342, Lee Hoffman v. United States, 340 F. 2d 645(Ct.Cl 1964)
79) USA Case, Dunbar & Sullivan Dredging Co., ENGBCA 3165, 73-2 BCA ¶10,285
80) USA Case, E. Arthur Higgins, AGBCA 76-128, 79-2 BCA ¶14,050
81) USA Case, E.L. David Constr. Co., ASBCA 29224, 90-3 BCA ¶23,025
82) USA Case, E.R. Smith Constr. Co., DOTCAB 1077, 80-1 BCA ¶14,386
83) USA Case, Eagle Contracting, Inc., AGBCA 88-225-1, 92-3 BCA ¶25,018
84) USA Case, Ebonex, Inc., ASBCA 38205, 94-2 BCA ¶26,640
85) USA Case, Ed Dickson Contracting Co., ASBCA 27205, 84-1 BCA ¶16,950
86) USA Case, Edward R. Marden Corp. v. United States, 194 Ct. Cl. 799, 442 F.2d 364 (1971)

87) USA Case, Electric & Missle Facilities, Inc., ABCA 9325, 1964 BCA ¶ 4127
88) USA Case, Electrical Enters., Inc., IBCA 972-9-72, 74-1 BCA ¶ 10,400
89) USA Case, Elliot Consol School Dist. v. Busbroom(1964), 227 F. Supp. 858, S.D. Iowa.
90) USA Case, Engineering Technology Consultants, ASBCA 44912, 93-1 BCA ¶ 25,556
91) USA Case, Eslin Co., AGBCA 90-222-1, 93-1 BCA ¶ 25,321
92) USA Case, Essential Constr. Co., ASBCA 18491, 78-2 BCA ¶ 13,314
93) USA Case, Fairfield Scientific Corp., ASBCA 21152, 78-1 BCA ¶ 12,869, aff' d. 222 Ct. Cl. 167, 611 F.2d 854 (1979)
94) USA Case, Fermin O. Gonzalez, ASBCA 21421, 80-1 BCA ¶ 14,254
95) USA Case, Fire Sec. Sys., Inc., VACAB 3086, 91-2 BCA ¶ 23,743
96) USA Case, Foster Constr. C.A v. United States, 193 Ct. Cl. 587, 435 F.2d 873(1970)
97) USA Case, Fox Constr., Inc. v. General Servs. Admin., GSBCA 11543, 93-3 BCA ¶ 26,193
98) USA Case, Fraser Eng' g Co., VABCA 3265, 91-3 BCA ¶ 24,223
99) USA Case, Fred A. Arnold, Inc., ASBCA 20150, 84-3 BCA ¶ 17,624
100) USA Case, Free-Flow Packaging Corp., GSBCA 3992, 75-1 BCA ¶ 11,105
101) USA Case, Freeman Elec. Constr. Co., DOTCAB 74-23, 77-1 BCA ¶ 12,258, aff' d, 221 Ct. Cl. 884 (1979)
102) USA Case, Freund v. United States, 260 U.S. 60 (1922)
103) USA Case, Ganary Bros., ASBCA 7779, 1963 BCA ¶ 3721
104) USA Case, General Contracting & Constr. Co. v. United States, 84 Ct. Cl. 570 (1937)
105) USA Case, General Motors Corp., ASBCA 10418, 65-2 BCA ¶ 4885
106) USA Case, General Time Corp., ASBCA 22306, 80-1 BCA ¶ 14,393
107) USA Case, George A. Fuller Co., ASBCA 9590, 1964 BCA ¶ 4396
108) USA Case, George E. Jensen, Inc., ASBCA 20234, 76-1 BCA ¶ 11,741
109) USA Case, Gerald Miller constr. Co., IBCA 2292, 92-2 BCA ¶ 23,829
110) USA Case, GIIS Corp., DOTCAB 1534, 85-1 BCA ¶ 17,810
111) USA Case, Glidden v Hellenic Line
112) USA Case, GonZales Custom Painting, Inc., ASBCA 39527, 90-3 BCA ¶ 22,950
113) USA Case, Goodwin Contractors, Inc., AGBCA 89-148-1, 92-2 BCA ¶ 24,931
114) USA Case, Granite Constr. Co. v. United States, 24 Cl. Ct. 735 (1991)

115) USA Case, Granite Constr. Co. v. United States, 962 F.2d 998 (Fed. Cir. 1992), Cert. denied, 113 S. Ct. 965 (1993)
116) USA Case, Great Lakes Dredge & Dock Co., ENGBCA 5606, 91-1 BCA ¶ 23,613
117) USA Case, Gulf & Western Indus., Inc., ASBCA 21090, 87-2 BCA ¶ 19,881
118) USA Case, Gulf Constr. Group, Inc., ENGBCA 5850, 93-1 BCA ¶ 25,229
119) USA Case, H. Bendzulla Contracting, Inc., ASBCA 18588, 74-2 BCA ¶ 10,690
120) USA Case, Hardeman-Monier-Hutcherson, ASBCA 11785, 67-1 BCA ¶ 6210
121) USA Case, Harris & Covington Hosiery Mills, Inc., ASBCA 260, 4 CCF ¶ 60,806
122) USA Case, Harrison Western/Franki-Denys(JV), ENGBCA 5506, 93-1 BCA ¶ 25,406
123) USA Case, Harwell Constr. Co., ENGBCA PCC-30, 79-2 BCA ¶ 14,061
124) USA Case, Hercules Constr. Co., VABCA 2508, 88-2 BCA ¶ 20,527
125) USA Case, Hitemp Wire Co., ASBCA 11638, 67-1 BCA ¶ 6252
126) USA Case, Hoel-Steffen Constr. Co. v. United States, 197 Ct. Cl. 561, 456 F.2d 760 (1972)
127) USA Case, Hull-Hazard Inc., ASBCA 34645, 90-3 BCA ¶ 23,173
128) USA Case, Hunt & Willett, Inc. V. United States, 168 Ct. Cl. 256, 351 F.2d 980 (1964)
129) USA Case, Huntington Constr. Inc., ASBCA 33526, 89-3 BCA ¶ 22,150, recons. denied, 90-2 BCA ¶ 22,727
130) USA Case, Hydro Dredge Corp., ENGBCA 5305, 90-1 BCA ¶ 22,370
131) USA Case, Hydro-Space Sys. Corp., ASBCA 15275, 71-1 BCA ¶ 8739
132) USA Case, Ideal restaurant Supply Co., VACAB 570, 67-1 BCA ¶ 6237
133) USA Case, Ilbau Constr., Inc., ENGBCA 54665, 92-1 BCA ¶ 24,476
134) USA Case, Industrial Data Link Corp., ASBCA 31570, 91-1 BCA ¶ 23,382
135) USA Case, Initec, Inc., DOTCAB 77-29, 78-1 BCA ¶ 12,958, recons. denied, 78-2 BCA ¶ 13,222
136) USA Case, Instruments for Indus., Inc., v. United States, 496 F.2d 1157(2d Cir. 1974)
137) USA Case, InsulGlass, Inc., ASBCA 33577, 89-3 BCA ¶ 22,033; Beacon Constr. Co. v. United States, 161 Ct. Cl. 1, 314 F.2d 501(1963) 등
138) USA Case, Inter-West, Ltd., DOTBCA 2238, 92-3 BCA ¶ 25,073
139) USA Case, J.A. Laporte, Inc., ENGBCA 5252, 88-3 BCA ¶ 20,953

140) USA Case, J.A. Mauer, Inc. v. United States, 485. F. 2d 588 (Ct. Cl. 1973)
141) USA Case, J.D. Hedin Constr. Co. v. United States, 171 Ct. Cl. 70, 347 F.2d 235 (1965)
142) USA Case, J.F. Whalen, ENGBCA 2859, 69-1 BCA ¶ 7,519
143) USA Case, J.W. Bateson Co. v. United States, 308 F.2d 510(5th Cir. 1962)
144) USA Case, J.W. Merz, IBCA 64, 59-1 BCA ¶ 2086
145) USA Case, Jack Stone Co. v. United States, 170 Ct. Cl. 281, 344 F.2d 370 (1965)
146) USA Case, Jack Walser v. United State, 23 Cl. Ct. 591 (1991)
147) USA Case, Jim Challinor, AGBCA 76-185, 78-2 BCA ¶ 13,330
148) USA Case, Jo-Bar Mfg. Corp., ASBCA 17774, 73-2 BCA ¶ 10,311
149) USA Case, Jo-Bar Mfg. Corp., ASBCA 18292, 73-2 BCA ¶ 10,353, recons. denied, 74-1 BCA ¶ 10,392
150) USA Case, John C. Kohler Co. v. United States, 204 Ct. Cl. 777, 498 F.2d 1360 (1974)
151) USA Case, John G. Vann v. United States, 190 Ct. Cl. 546, 420 F.2d 968 (1970)
152) USA Case, John Lembesis Co., ASBCA 24100, 80-2 BCA ¶ 14,571
153) USA Case, John Massman Contracting Co. v. United States, 23. Cl. Ct. 24 (1991)
154) USA Case, John Mcshain, Inc. v. United States, 179 Ct. Cl. 632, 638, 375 F.2d 829(1967)
155) USA Case, John McShain, Inc., GSBCA 3541, 73-1 BCA ¶ 9981
156) USA Case, Joseph Morton Co., Inc., GSBCA 4166, 80-2 BCA ¶ 14,771
157) USA Case, Joseph Penner, GSBCA 4647, 80-2 BCA ¶ 14,604
158) USA Case, JUD Constr. Co., ASBCA 36896, 90-3 BCA ¶ 22,954
159) USA Case, Julian A. McDermott Corp., ASBCA 23435, 80-1 ¶ 14,210
160) USA Case, Jung Ah Indus. Co., ASBCA 22632, 79-1 BCA ¶ 13,642, recons denied, 79-2 BCA ¶ 13,916
161) USA Case, Kaiser Indus. Corp. v. United States, 169 Ct. Cl. 310, 340 F.2d 322 (1965)
162) USA Case, Kakos Nursery, Inc., ASBCA 10989, 66-2 BCA ¶ 5733
163) USA Case, Keco Indus., Inc., ASBCA 13271, 71-1 BCA ¶ 8727
164) USA Case, Kenyon Magnetics, Inc., GSBCA 4769, 77-2 BCA ¶ 12,786
165) USA Case, Kinetic Builders, Inc., ASBCA 32627, 88-2 BCA ¶ 20,657
166) USA Case, Kirk Bros. Mechanical Contractor, Inc., ASBCA 43738, 93-1 BCA ¶ 25,325

167) USA Case, Klefstad Eng' g Co., VACBA 602, 68-1 BCA ¶ 6965
168) USA Case, Koppers Co., ENGBCA 2700, 67-2 ¶ 6492
169) USA Case, Kora & Williams Corp. v. General Serv. Admin., GSBCA 9270, 92-2 BCA ¶ 24,785
170) USA Case, Kordick & Son, Inc. v. United States, 12 Cl. Ct. 662 (1987)
171) USA Case, Kramer, Inc., ASBCA 23820, 80-2 BCA ¶ 14,465
172) USA Case, K-Square Corp., NASBCA 1271-23, 76-1 BCA ¶ 11,867, recons. denied, 76-2 BCA ¶ 12,093
173) USA Case, L.G. Everist, Inc., v. United States, 231 Ct. Cl. 1013(1982)
174) USA Case, Lambert Constr. Co., DOTCAB 77-9, 78-1 BCA ¶ 13,221
175) USA Case, Lathan Co. v. United States, 20 Cl. Ct. 122(1990)
176) USA Case, Liles Constr. Co. v. United States, 197 Ct. Cl. 164, 455 F.2d 527 (1972)
177) USA Case, Litton Sys., Inc., ASBCA 36976, 93-2 BCA ¶ 25,705
178) USA Case, Lowell Monument Co., VACBA 1191, 77-1 BCA ¶ 12,439
179) USA Case, Luria Bros. & Co. v. United States, 177 Ct. Cl. 676. 369 F.2d 701 (1966)
180) USA Case, Luster-On prods., Inc., ASBCA 23367, 80-2 BCA ¶ 4,777
181) USA Case, M&M Enters., ENGBCA 5306, 89-2 BCA ¶ 21,641
182) USA Case, M.A. Mortenson Co., ASBCA 31903, 90-1 BCA ¶ 22,313
183) USA Case, Manis Drilling, IBCA 2658, 93-3 BCA ¶ 25,931
184) USA Case, Mann Construction Co., Inc., AGBCA 76-109, 80-2 BCA ¶ 14,674
185) USA Case, Manufacturers' Casualty Ins. Co. v. United States, 105 Ct. Cl. 342, 63 F. Supp. 759 (1946)
186) USA Case, Martell Constr.Co., ASBCA 23679, 80-1 BCA ¶ 14,429
187) USA Case, Martin Mfg. Co., ASBCA 495, 5 CCF ¶ 61,096 (1950)
188) USA Case, Martin v. Star Publishing Co., 126 A. 2d 238(Del. 1956)
189) USA Case, Marvin Eng' g Co., ASBCA 27016, 84-2 BCA ¶ 17,401
190) USA Case, Massman Constr. Co., ENGBCA 3443, 81-2 BCA ¶ 15,212
191) USA Case, Massman Contracting Co. v. Inited States, 23 Cl. Ct. 24 (1991)
192) USA Case, MCNair Constr. Co. v. Fogle Bros. Co., 64 N.C. App. 282, 307 S.E. 2d 200 (1983)
193) USA Case, Melrose Waterproofing Co., ASBCA 9058, 1964 BCA ¶ 4119
194) USA Case, Mercury Chemical Co., ASBCA 12882, 69-1 BCA ¶ 7769
195) USA Case, Meredith Constr. Co., DOTCAB 1548, 85-1 BCA ¶ 17.895

196) USA Case, Mike Bradford & Co., ASBCA 11196, 66-2 BCA ¶ 5831
197) USA Case, Mil-Craft Mfg., Inc., ASBCA 19305, 74-2 BCA ¶ 10,840
198) USA Case, Mineral Park Land Co. v. Howard, 156 P.458(Cal 1916)
199) USA Case, Mojave Enters. v. United States, 3 Cl. Ct. 353 (1982)
200) USA Case, Morrison-Knudsen Co. v. Unites States, 397 F.2d *26(Ct. Cl. 1968)
201) USA Case, Murray J. Shiff Constr. Co., ASBCA 9029, 1964 BCA ¶ 4478
202) USA Case, Myers-Laine Corp., ASBCA 18234, 74-1 BCA ¶ 10,467
203) USA Case, N & P Constr. Co., VABCA, 93-1 BCA ¶ 25,251
204) USA Case, National Aviation Elecs., Inc., ASBCA 18256, 74-2 BCA ¶ 10,677
205) USA Case, Nochols Dynamics, Inc., ASBCA 17949, 75-2 BCA ¶ 11,556
206) USA Case, Nogler Tree Farm, AGBCA 81-104-1, 81-2 BCA ¶ 15,315
207) USA Case, Norwood Precision Prods., ASBCA 24083, 80-1 BCA ¶ 14,405
208) USA Case, Oklahoma Aerotronics, Inc., ASBCA 25605, 87-2 BCA ¶ 19,917
209) USA Case, Okland Constr. Co., GSBCA 3557, 72-2 BCA ¶ 9675
210) USA Case, Olson Constr. Co., ASBCA 23004, 81-1 BCA ¶ 14,985
211) USA Case, Orbas & Assoc., ASBCA 35832, 89-3 BCA ¶ 22,023
212) USA Case, Oren Childers Paint Contracting Co., ASBCA 13987, 70-2 BCA ¶ 8388
213) USA Case, P.L. Saddler v. United States, 152 Ct. Cl. 557. 287 F.2d 411 (1961)
214) USA Case, Paccon, Inc., ASBCA 7643, 1962 BCA ¶ 3546
215) USA Case, Pan Arctic Corp., ASBCA 20133, 77-1 BCA ¶ 12,514
216) USA Case, Pat-Ric Corp., ASBCA 10581, 66-2 BCA ¶ 6026
217) USA Case, P-B Eng' g Co., ASBCA 39041, 90-2 BCA ¶ 22,686
218) USA Case, Perini corp., ENGBCA 4735, 86-1 BCA ¶ 18,524
219) USA Case, Peter Kiewit Sons' Co. v. Summit Constr. Co. 422 F.2d 242 (8th Cir. 1969)
220) USA Case, Peterson Sharpe Eng 'g Corp., ASBCA 18780, 77-1 BCA ¶ 12,511
221) USA Case, Philadelphia Biologics Center, ASBCA 32567, 88-3 BCA ¶ 21,147
222) USA Case, Pleasant Excavating Co. v. United States, 229 Ct. Cl. 654 (1981)
223) USA Case, Potashnick Constr., Inc., ENGBCA 2865, 69-2 BCA ¶ 7817
224) USA Case, Powell' s Gen. Contracting Co., DOTCBA 77-27, 79-1 BCA ¶ 13,694, recons. denied, 79-1 BCA ¶ 13,702
225) USA Case, Praxix-Assurance Venture, ASBCA 24748, 81-1 BCA ¶ 15,028
226) USA Case, Premiere bldg. Servs., Inc. v. General Servs. Admin., GSBCA 11741, 93-1 BCA ¶ 25,476

227) USA Case, Progressive Tool Corp., ASBCA 42809, 94-1 BCA ¶ 26,413
228) USA Case, R & R Constr. Co., VABCA 1101, 74-2 BCA ¶ 10857
229) USA Case, R.A. Heintz Constr. Co., ENGBCA 3380, 74-1 BCA ¶ 10,562
230) USA Case, R.C. Hedreen Co., GSBCA 4289, 77-1 BCA ¶ 1252, recons. denied, 71-2 BCA ¶ 12,653
231) USA Case, R.D. Lowman Gen. Contractors, Inc., ASBCA 36961,91-1 BCA ¶ 23,456
232) USA Case, R/W Contracting, ASBCA 17239, 73-2 BCA ¶ 10,130
233) USA Case, Ralbo, Inc., ASBCA 43548, 93-2 BCA ¶ 25,624
234) USA Case, RAPOCO, Inc., ASBCA 39371, 93-1 BCA ¶ 25,308
235) USA Case, Reforesters, Dale Whitley, AGBCA 87-374-3, 89-1 BCA ¶ 21,375
236) USA Case, Reliance Ins. Co. v. United States, 20 Cl. Ct. 715 (1990)m aff' d, 931 F.2d 863 (Fed. Cir. 1991)
237) USA Case, RJS Constructors, Inc., ENGBCA 5795, 93-3 BCA ¶ 26,038
238) USA Case, Robert F. Cushman, David R. Tortorello(1992)
239) USA Case, Robert McMullan & Son, Inc., ASBCA 21159, 77-1 BCA ¶ 12,453
240) USA Case, Rohr-Plessey Corp., PSBCA 36, 76-2 BCA ¶ 11,995
241) USA Case, Rottau Elec. Co., ASBCA 20283, 76-2 BCA ¶ 12,001
242) USA Case, S & M-Traylor Bros., ENGBCA 3878, 82-1 BCA ¶ 15,484
243) USA Case, Samford, Inc., DOTCAB 1457, 85-2 BCA ¶ 18,081; P&M Cedar Prods., Inc., AGBCA 89-167-1,90-1 BCA ¶ 22,444
244) USA Case, San Antonio Constr. Co., ASBCA 8110, 1964 BCA ¶ 4479
245) USA Case, Santa Fa Eng' rs, Inc., PSBCA 902, 84-2 BCA ¶ 17,377
246) USA Case, Sauter Constr. Co., ASBCA 27050, 84-2 BCA ¶ 17,288
247) USA Case, School Trustees of Treton v. Bennett
248) USA Case, Schumate Constructors, Inc., VABCA 2772, 90-3 BCA ¶ 22,946
249) USA Case, Schweigert, Inc. v. United States, 181 Ct. Cl. 1184, 388 F.2d 697 (1967)
250) USA Case, Servidone Constr. Co. v. United States, 19 Cl. Ct. 346(1990)
251) USA Case, Servidone Constr. Co. v. United States, 19 Cl. Ct. 346, aff' d, 931 F.2d 860(FED. Cir. 1991)
252) USA Case, Shank-Artukovich v. United States, 13 Cl. Ct. 346 (1987)
253) USA Case, Shumate Constructors, Inc., VABCA 2772, 90-3 BCA ¶ 22,946
254) USA Case, Sigma Constr. Co., ASBCA 37040, 91-2 BCA ¶ 23,926
255) USA Case, Silberblatt & Lasker, Inc. v. United States, 101 Ct. Cl. 54 (1944)

256) USA Case, Simmel Industrie Meccaniche Societa per Azioni, ASBCA 6141, 61-1 BCA ¶2917
257) USA Case, Simpson Constr. Co., VABCA No. 3176, 91-1 BCA(CCH) ¶23,630 at 118,390(1990)
258) USA Case, Slattery Associates, Inc., Eng. BCA 3922, 80-2 BCA ¶14,489
259) USA Case, So Ros Sahakij, Ltd., ASBCA 19238, 75-1 BCA ¶11,028
260) USA Case, Soletanche Radio Nichoson (JV), ENGBCA 5796, 94-1 BCA ¶26,472
261) USA Case, Southern paving Corp., AGBCA 74-103, 77-2 BCA ¶12,813
262) USA Case, Southland Mfg. Corp., ASBCA 10519, 69-1 BCA ¶7714
263) USA Case, Southwest Welding & Mfg. Co. v. United States, 188 Ct. Cl. 925. 413 F.2d 1167(1969)
264) USA Case, Space Dynamics Corp., ASBCA 12085, 69-1 BCA ¶7662
265) USA Case, Space Sys. Lab., Inc., ASBCA 12162, 68-1 BCA ¶6859
266) USA Case, Spencer-Safford Loadcraft, Inc., ASBCA 6562, 1962 BCA ¶3315
267) USA Case, Spirit Leveling Contractors v. United States, 19 Cl. Ct. 84 (1989)
268) USA Case, State Highway Commission v. Brasel & Sims Construction Co., 688 P.2d 871(Wyo 1984)
269) USA Case, State Mechanical Corp., VABCA 2797, 91-2 BCA ¶23,830
270) USA Case, Stock & Grove, Inc. v. United States, 204 Ct. Cl. 103, 493 F.2d 629 (1974)
271) USA Case, Stubnitz Greene Spring Corp., ASBCA 2608, 56-2 BCA ¶1034
272) USA Case, Stuyvesant Dredging Co. v. United States, 834 F.2d 1576(Fed Cir. 1987)
273) USA Case, Sunset Constr. Co., ASBCA 9029, 1964 BCA ¶4478
274) USA Case, Syblon-Reid Co., IBCA1313-11-79, 82-2 BCA ¶16,019
275) USA Case, T&B Builders, Inc., ENGBCA 3664, 77-2 BCA ¶12,663
276) USA Case, Tectonics, Inc., ASBCA 28609, 84-1 BCA ¶17,153
277) USA Case, Tester Corp., ASBCA 21312, 78-2 BCA ¶13,373
278) USA Case, Texas Trinity Mfg. & Supply Co., ASBCA 10465, 75-1 BCA ¶11,151
279) USA Case, Titan Atlantic Constr. Corp., ASBCA 23588, 82-2 BCA ¶15,808
280) USA Case, Titan Pacific Constr. Corp., ASBCA 24148, 87-1 BCA ¶19,626
281) USA Case, Toombs & Co. v. United States, 4 Cl. Ct. 535 91984)
282) USA Case, Tranco Contracting Co. VACBA 1369, 81-1 BCA ¶14,920

283) USA Case, Trevco Eng' s & Sales, VACAB 1021, 73-2 BCA ¶10,096
284) USA Case, Triple "A" Machine Shop, Inc., ASBCA 16844, 73-1 BCA ¶9826
285) USA Case, Tri-State Tool Co., ASBCA 16300, 73-1 BCA ¶9886
286) USA Case, Tucker & Assocs. Contracting, Inc., IBCA 1468-6-81, 83-1 BCA ¶16,140
287) USA Case, Unicon Management Corp., ASBCA 10196, 65-1 BCA ¶a778
288) USA Case, United Contractors v. Unites States, 177 Ct. Cl. 151, 369 F.2d 585 (1966)
289) USA Case, United States v. Meems Bros. & Ward, 196 F. Supp. 188 (D.N.Y. 1961)
290) USA Case, United States v. Spearin, 248 U.S. 132, 39 S. Ct.59(1918)
291) USA Case, United Tech. v. United States, 27 Fed. Cl. 393 (1992) recons. denied, 31 Fed. Cl. 698 (1994)
292) USA Case, Utah-Manhattan-Sundt, ASBCA 8991, 1963 BCA ¶3839, recons. denied, 1963 BCA ¶3854
293) USA Case, Utley-James, Inc., GSBCA 6831, 88-1 BCA ¶20518
294) USA Case, Vann v. United States, 190 Ct. Cl. 546, 420 F.2d 968 (1970)
295) USA Case, Vare Indus., Div. of Audiger, Inc., ASBAC 10097, 67-2 BCA ¶6653
296) USA Case, W.F. Kilbride Constr., ASBCA 19484, 76-1 BCA ¶11,736
297) USA Case, W.H. Armstrong & Co. v. United States, 98 Ct. Cl. 519 (1943)
298) USA Case, W.S. Meadows Eng' g, Inc., ASBCA 32536, 88-2 BCA ¶20,616
299) USA Case, Waltzig Constr. Co., IBCA 92, 62-2 BCA ¶2700
300) USA Case, Wall Street Roofing, VACAB 1373, 81-2 BCA ¶15,417 및 Southern roofing & Petroleum Co., ASBCA 12841, 69-1 BCA ¶7599.
301) USA Case, Webb v. McGowin, 27 Ala. App. 82, 168 So. 196(1935)
302) USA Case, Weeks and Dredging & Contracting, Inc., v, United States, 13 Cl. Ct. 193(1987)
303) USA Case, Weeks Dredging & Contracting, Inc. v. United States, 13 Cl. Ct. 193 (Fed. Cir. 1988)
304) USA Case, Weeks Dredging & Contracting, Inc. v. United States, 13 Cl. Ct. 193 (Fed. Cir. 1988)
305) USA Case, Wexler Constr. Co., ASBCA 23782, 84-2 BCA ¶17,408
306) USA Case, White & McNeil Excavating, Inc., IBCA 2448, 92-1 BCA ¶24,534
307) USA Case, Wickham Contracting Co., ASBCA 32392, 88-2 BCA ¶20,559

308) USA Case, William R. Sherwin v. United States, 193 Ct. Cl. 962, 436 F.2d 992 (1971)

309) USA Case, Wisconsin Machine Corp., ASBCA 18500, 74-1 BCA ¶10,397

310) USA Case, Xplo Corp., DOTBCA 1246, 86-2 BCA ¶18,872

311) USA Case, Yamas Constr. Co., ASBCA 27366, 86-3 BCA ¶19,090

312) USA Case, Yankee Telecommunications Lab., Inc., ASBCA 25240, 85-1 BCA ¶17,786

313) USA Case, Youngdale & Sons Constr. Co. v. United Steates, 27 Fed. Cl. 516 (1993)

314) USA Case, Zinger Constr. Co., ASBCA 26331, 82-2 BCA ¶15,998, aff'd, 807 F.2d 979(Fed. Cir. 1986)

315) USA Case, Zinger Constr. Co., Comp. Gen. Dec. B-203013, 81-2 CPD ¶217

5.3 우리나라

1) 대법원 1963. 5. 15. 63다111 【물품인도】 [집11(1)민,309]

2) 대법원 1976. 6. 22 [76 다 473] 참조

3) 대법원 1977. 2. 22 [74 다 402]

4) 대법원 1978. 2. 14. 선고 76다1530 판결 【손해배상】 [공1978.5.1.(58)3,10699]

5) 대법원 1980. 11. 11. 선고 80다923,924 판결

6) 대법원 1982. 8. 24. 선고 82다카348 판결 【구상금】 [집30(2)민,276;공1982.10.15.(690) 878]

7) 대법원 1983. 1. 18. 선고 81다89,90 판결 【손해배상등】 [집31(1)민,10;공1983.3.15. (700)420]

8) 대법원 1984. 5. 29. 선고 84다카351 판결 【차임등】 [공1984.8.1.(733),1183]

9) 대법원 1986. 9. 9. 선고 85다카1751 판결 【양수금】 [집34(3)민,12;공1986.11.1.(787), 1377]

10) 대법원 1988. 12. 13 [87 다카 3147]

11) 대법원 1990. 5. 22 선고 90다카230 판결

12) 대법원 1991. 12. 10. 선고 91다33056 판결

13) 대법원 1991. 1. 15. 선고 88추27 판결 【재결취소】 [공1991.3.1.(891),759]

14) 대법원 1993. 2. 23. 선고 92다52122 판결 【손해배상(기)】 [공1993.4.15.(942),1078])

15) 대법원 1993. 5. 14. 선고 92다17280 판결 【손해배상(기)】 [공1993.7.15.(948),1692]

16) 대법원 1994. 10. 11. 선고 94다26011 판결

17) 대법원 1996. 6. 11 선고 95다12798 판결

18) 대법원 1996. 2. 27. 선고 95다43044 판결

19) 대법원 1996. 5. 14. 선고 95다24975

20) 대법원 1996. 7. 12. 선고 96다7250, 7267 판결

21) 대법원 1997. 12. 26. 선고 96누17745 판결【공사중지해제거부처분취소】[공1998.2.15.(52),524]
22) 대법원 1997. 10. 14. 선고 97다21451 판결【계약금】
23) 대법원 1998. 3. 13 선고 95다30345 판결
24) 대법원 1998. 3. 13. 선고 97다54376
25) 대법원 1998. 8. 21. 선고 98다17602 판결
26) 대법원 1999. 1. 29. 선고 98다48903 판결
27) 대법원 1999. 12. 10. 선고 98다9038 판결【손해배상(기)】[공2000.1.15.(98),154]
28) 대법원 1999. 7. 13. 선고 99다12888 판결
29) 대법원 2000. 5. 26. 선고 99다53247 판결【손해배상(기)】[공2000.7.15.(110),1510]
30) 대법원 2001. 3. 23. 선고 2000다51650 판결, 대법원 2006.11.24. 선고 2005다39594 판결 등
31) 대법원 2001. 6. 15. 선고 99다40418 판결
32) 대법원 2001. 7. 13. 선고 99다68584 판결【채무부존재확인】[공2001.9.1.(137),1842]
33) 대법원 2001. 9. 18. 선고 2001다9304 판결
34) 대법원 2002. 11. 26. 선고 2002다34727 판결【보증금】[공2003.1.15.(170),208]
35) 대법원 2002. 9. 4. 선고 2001다1386 판결【공사대금】[공2002.10.15.(164),2312]
36) 대법원 2002. 9. 4. 선고 2001다1386 판결【공사대금】[공2002.10.15.(164),2312]
37) 대법원 2003.10.23. 선고 2001다48057 판결【손해배상(기)】[공2003.12.1.(191),2219])
38) 대법원 2003. 4. 11. 선고 2001다53059 판결
39) 대법원 2003. 5. 16. 선고 2001다27470 판결【보증금】[공2003.6.15.(180),1302]
40) 대법원 2003. 6. 27. 선고 2001다734 판결【양수금】[공2003.8.1.(183),1592]
41) 대법원 2004. 11. 26. 선고 2002다68362 판결【보증채무금】[공2005.1.1.(217),12]
42) 대법원 2004. 7. 8. 선고 2004다8494 판결【손해배상(기)】
43) 대법원 2006. 2. 23. 선고 2005다19552,19569 판결【구분소유권등매도청구등】[공2006.4.1.(247),482]
44) 대법원 2006. 4. 28. 선고 2004다16976 판결【보험금】[공2006.6.1.(251),908]
45) 대법원 2006. 7. 27. 선고 2005다72188 판결【공사대금】
46) 대법원 2007. 1. 26. 선고 2002다73333 판결【보증채무금】[공보불게재]
47) 대법원 2007. 8. 23. 선고 2005다59475,59482,59499 판결【지체상금청구】[공2007.9.15.(282),1441])
48) 대법원 2007. 9. 20. 선고 2007다40109 판결【보증금】[공2007.10.15.(284),1636]
49) 대법원 2008. 7. 10. 선고 2008다15940,15957 판결【지체상금】[공보불게재]

50) 대법원 1980. 11. 11, 80다923, 924()
51) 대법원 1990. 3. 9, 88다카31866. 법률신문, 1990.4.9, p.9
52) 대법원 1992. 4. 14, 91다17146
53) 대법원, 선고 2002다68362 판결
54) 대전지법 2006. 4. 19. 선고 2004가합3493,4779 판결 : 항소 【손해배상(기)】 [각공2006. 6.10.(34),1187]
55) 서울고법 2007. 1. 10. 선고 2006나45598 판결(확정)
56) 서울동부지방법원 2008. 2. 1, 선고 2006가합12051 판결
57) 서울중앙지법 2006. 11. 30, 선고 2005가합32536 판결
58) 서울중앙지법 2008. 10. 15, 선고 2006가합50739 판결
59) 서울지방법원 1999. 1. 26, 선고 1996가합90066 판결
60) 공정거래위원회, 제1소회의 의결(약) 제2003-049호, 2003.6.11.
61) 중재 제99111-0020호, 2000.10.19
62) 중재 제99111-0046호, 2000.11.30

5.4 일 본

1) 일본 Case, 大阪高判 1986. 12. 9. 판결 640호 176항
2) 일본 Case, 山形地新壓地判 1980. 2. 28. 판결 1169호 133항
3) 일본 Case, 나고야지판 85년 5월 23일(판결562호136항)
4) 일본 Case, 東京高判(1972.5.29) 民9部判決2471, 2870號, 判例時報668號第49項
5) 일본 Case, 東京 지판 1935년 11월 27일 신문 3944호 3항
6) 일본 Case, 요코하마 지판 1988년 6월 17일(판시 1300호 86항)

5.5 싱가포르

1) 싱가포르 Case, Aoki Corp v. Lippoland (Singapore) Pte Ltd (1994)

5.6 호 주

1) 호주 Case, Abigroup Contractors v. Peninsula Balmain (2002)
2) 호주 Case, Gaymark Investments Pty Ltd v. Walter Construction Group Ltd (1999)
3) 호주 Case, Turner Corporation Ltd (Receiver and Manager Appointed) v. Austotal Pty Ltd (1998)

6. 참고 문헌

1) 곽윤직, 『민법주해 15권』, 박영사, 1997, p.460

2) 곽윤직, 『채권각론(민법강의 IV)』, 박영사, 1999, p.11.

3) 김기선, 『한국채권법각론』, 제3전정판, 법문사, 서울, p.133, 1988

4) 김대정, 「매도인의 하자담보책임에 관한 판례의 동향」, 한국민사법학발표회, p.2 이하, 1996. 6.22;

5) 김대정, 「영미법에 있어서의 하자담보책임-대륙법과의 비교법적고찰」, 首善論叢第14輯, 성균관대학교, 1990.12, p.175

6) 김대정, 「채무불이행설에 의한 하자담보책임의 재구성」, 민사법학, 제9 · 10합병호, 한국민사법학회, p.242 이하, 1993

7) 김상묵, 「하자담보책임의 본질론」, 법정논총, 제24권, 중앙대학교 법과대학, p.75 이하, 1984

8) 김석우, 『채권법각론』, 박영사, 서울, p.181 이하, 1978

9) 김주수, 『채권각론(상)-계약법-(민법강의 IV)』, 삼영사, 서울, p.181 이하, 1986

10) 김증한, 『채권각론(민법강의 IV)』, 박영사, 서울, p.146, 1989

11) 김지한, 민창기, 『對美建設 契約要論』, 1985, p.371

12) 김현채, 『주석채권각칙(I)』, 한국사법행정학회, p.541 이하, 1985

13) 김현태, 『신고 채권법각론』, 일조각, p.117 이하, 1975

14) 김형배, 『채권각론(계약법)』, 박영사, 서울, 1997, p.602 이하

15) 민중서관, 『민중 엣센스 국어사전』, 민중서관, 1995.

16) 박준기, 『건설계약론』, 기공사, 1995, p.92

17) 三宅正男, 『契約法(各論)下巻』, 青林書院, 東京, pp.902~914, 1988

18) 양명조, 『법학총서 미국계약법』, 법문사, 1996, p.36 재인용

19) 윤재윤, 『건설분쟁관계법-건설분쟁의 법적쟁점과 소송실무』, 박영사, 2004, p.222

20) 滝井繁男,『實務法律選書 建設工事契約』, ぎようせい, 1990, p.88.

21) 이태재, 『채권각론』, 진명문화사, 서울, p.172 이하, 1982

22) 이상광 ,『하자담보책임론-한국 · 독일 · 오스트리아 민법 및 국제통일매매법을 중심으로-』, 법원사, 서울, p.53 이하, 2000

23) 長谷川德之輔, 한국건설산업연구원 譯, 『유럽연합의 건설공사 입찰 · 계약제도』, 1995. 11. p.47

24) 장훈기, 『최신 정부계약제도』, 범신사, 1996, p.525

25) 현학봉, 『건설공사 계약관리와 클레임-FIDIC개정판 및 공사계약 일반조건을 중심으로』, 일간건설신문, 2003, p.423 참조

7. 참고 논문

1) 김형배, 「하자담보책임의 성질」, 민법학연구, 박영사, 서울, p.226이하, 1986
2) 박영재, 「하자의 원인과 현장시공상의 대책」, 건축 (대한건축학회지), Vol.30, No.2, 대한건축학회, 서울, 1986, p.60
3) 신길호, 「관급공사 공기연장에 따른 추가비용 지급을 둘러싼 법률관계」, 건설법률, 한울, 2009. 1, p.81
4) 이상태, 「건축수급인의 하자담보책임」, 서울대학교 석사논문(1991), p.91
5) 이상태, 「수급인의 담보책임론」, 무암 이영준 박사 화갑기념논문집 간행위원회 한국민법이론의 발전, 박영사, 서울, 1999, p.886,
6) 이석규, 「주요하자사례 원인 및 대책」, 국내 토목현장 품질관리자 간담회, 쌍용건설, 서울, 2000.
7) 이영환, 「종류매매와 하자담보책임-불완전이행과의 관계를 중심으로-」, 법정, 제7권, 제6호, p.166, 1977
8) 이의섭, 「공동주책의 하자보수 책임제도 개선방안」, 한국건설산업연구원, 서울, p.65, 2002.6
9) 이종광,「건설계약 시공자의 하자담보책임에 관한 연구」, 중앙대학교건설대학원, 석사학위논문, 2001
10) 이준형,「수급인의 하자담보책임에 관한 연구」, 서울대학교 박사학위논문, 2001, p.184
11) 정광수,「도급계약상 하자담보책임과 불완전이행책임과의 관계-회사설립절차의 합리화를 중심으로-」, 한일법학연구 제16집, 한일법학회, 서울, 1997, p27
12) 조규창,「물건의 하자담보책임-현행법규정의 비판적 고찰-」, 법학논집, 제21집, 고려대학교 법학연구소, p.221 이하, 1983
13) 조성민, 「도급계약상 하자담보책임」, 고시계, 제39권, 제8호, 국가고시학회, 서울, p.58, 1994
14) Young-Jun Cho, Chang-Taek Hyun, Sang-Beom Lee and James E? Diekmann, 「Characteristics of Contractor's Liabilities for Defects and Defective Work in Korean Public Projects」, Journal of Professional Issues in Engineering Education &Practice(ASCE), vol 132, Number 2, April 2006 ISSN 1052-3928, pp 180-186
15) 조영준 외, 「해외건설클레임사례분석을 통한 클레임 대응방안 연구」, 한국건설교통기술평가원, 2006.6
16) 조영준, 「ㅇㅇ공사 클레임연구 자문」, 한국건설기술연구원, 1998. 4. 24
17) 조영준, 「건설계약에 있어서 불가항력조항의 해석」, 대한건축학회논문집제14권제6호통권제116호, 대한건축학회, 1998.6

18) 조영준, 「건설클레임예방을 위한 불가항력의 체계화(해석)연구」, 한국건설기술연구원, 1997, p.48
19) 조영준, 「公共建設事業의 瑕疵에 대한 受給人의 責任에 관한 研究」, 서울시립대학교 박사학위논문, 2002.8
20) 조영준, 이상범, 「공공건설사업에서 계약기간 연장처리방법 개선에 관한 연구」, 한국건설관리학회, Vol.6. No.3(81-89), 2005. 6
21) 조영준, 현창택, 「건설공사의 하자에 대한 수급인의 책임의 법적 성질에 관한 연구」, 대한건축학회 논문집(구조계), v.19 n.7, 2003.07
22) 조영준, 현창택, 「설계시공분리계약 공공건설사업에 있어서 수급인의 하자책임에 관한 연구」, 대한건축학회 논문집(구조계), v.19 n.11, 2003.11
23) 조영준, 현창택, 「공공건설사업 하자에 대한 수급인의 책임에 대한 연구-민법과 국가계약법령의 비교를 통하여-」, 한국건설관리학회논문집, 제2권, 제4호, 통권 제8호, p.70, 2001
24) 조영준, 「공공건설사업의 하자에 대한 수급인의 책임에 관한 연구」, 서울시립대학교 대학원, 공학박사학위논문, p.26, 2002
25) SS, SH, HJ, BS, KH, SY 6개사, ○○건설공사 계약금액조정청구 자료, 1998.2

Index

찾아보기

ㄴ

ㄷ

ㄹ

ㅁ

ㅂ

ㅅ

ㅈ

■ 저 / 자 / 소 / 개

■ 조 영 준

▷ 약 력

- 1986. 2 서울대학교 건축학과 학사졸업
- 1991. 2 서울대학교 건축학과 석사졸업
- 2002. 8 서울시립대학교 건축공학과 박사졸업
- 1991. 1 ~ 1999. 5 한국건설기술연구원 선임연구원
- 1999. 6 ~ 2000. 10 중앙건설컨설팅주식회사 연구위원
- 2001. 11 ~ 2003. 2 성창특허법률사무소 수석연구위원
- 1998. 10 ~ 현재 (재)건설산업교육원 강사(계약관리 및 클레임관리분야)
- 2009. 1 ~ 현재 한국건설관리협회 강사(계약관리 및 클레임관리분야)
- 2009. 10 ~ 현재 한국기술사회 CMP과정 강사(계약관리 및 클레임관리분야)
- 2009. 11 ~ 현재 조달청 시설공사계약관리과정 강사(계약관리 및 클레임관리분야)
- 2003. 3 ~ 현재 중부대학교 건축공학과 교수

▷ 자문 및 심의경력

- 2007. 8. 1 현재 제주국제자유도시개발센터 설계자문위원회 자문위원(계약 · 클레임분야)
- 2008.10. 1 현재 행정중심복합도시건설청 자문위원
- 2008.10. 1 현재 수원시 설계자문위원
- 2008.10. 1 현재 한국도로공사 설계자문위원
- 2008.10. 1 현재 한국건설교통기술평가원 건설신기술심의위원
- 2009. 9. 14 현재 대전광역시 중구청 재건축 안전진단 현지조사위원회 위원
- 2009. 9. 14 현재 대전광역시 중구청 재난관리기금심의 위원회 위원
- 2009.10. 현재 용인지방공사 설계자문위원
- 2009.10. 14 현재 대전광역시 서구청 재건축 안전진단 현지조사위원회 위원
- 2009.12. 10 현재 금산군 건축심의위원회 위원

외 다수

▷ 등재경력

- 2009 26th Marquis Who's Who in the World 세계인명사전 등재
- 2009 International Educator of the Year for 2009 IBC 세계인명사전 등재
- 2010 27th Marquis Who's Who in the World 세계인명사전 등재

▷ 저 서

- 5인 공저, 건설경영공학, 기문당, 2004. 2
- 17인 공저, 건설관리학, SCITECH 미디어, 2005. 8
- 건설사업 계약 및 조달, 도서출판 신성, 2006. 1
- 건설사업 계약 및 클레임관리, 도서출판 신성, 2006. 1
- 건축학전서(계약 및 클레임부문), 대한건축학회, 2010 출판예정

건설계약관리

2010년 2월 10일 초판1쇄 인쇄
2010년 2월 15일 초판1쇄 발행

저 자 조 영 준
펴낸이 임 순 재
펴낸곳 한올출판사
등록 제11-403호
121-849
주 소 서울특별시 마포구 성산동 133-3 한올빌딩 3층
전 화 (02)376-4298(대표)
팩 스 (02)302-8073
정 가 25,000원

홈페이지 www.hanol.co.kr
e - mail hanol@hanol.co.kr

저자와의 협의하에 인지생략

□ ISBN 978-89-8325-503-7